[개정 제 5 판]

에센스

FOOD SANITATION

식품위생학

송형익 · 김경림 · 김미정 · 배지현 · 배현수
오창환 · 이미영 · 이웅수 · 최소례 · 최찬익

지구문화사
JIGU PUBLISHING Co.

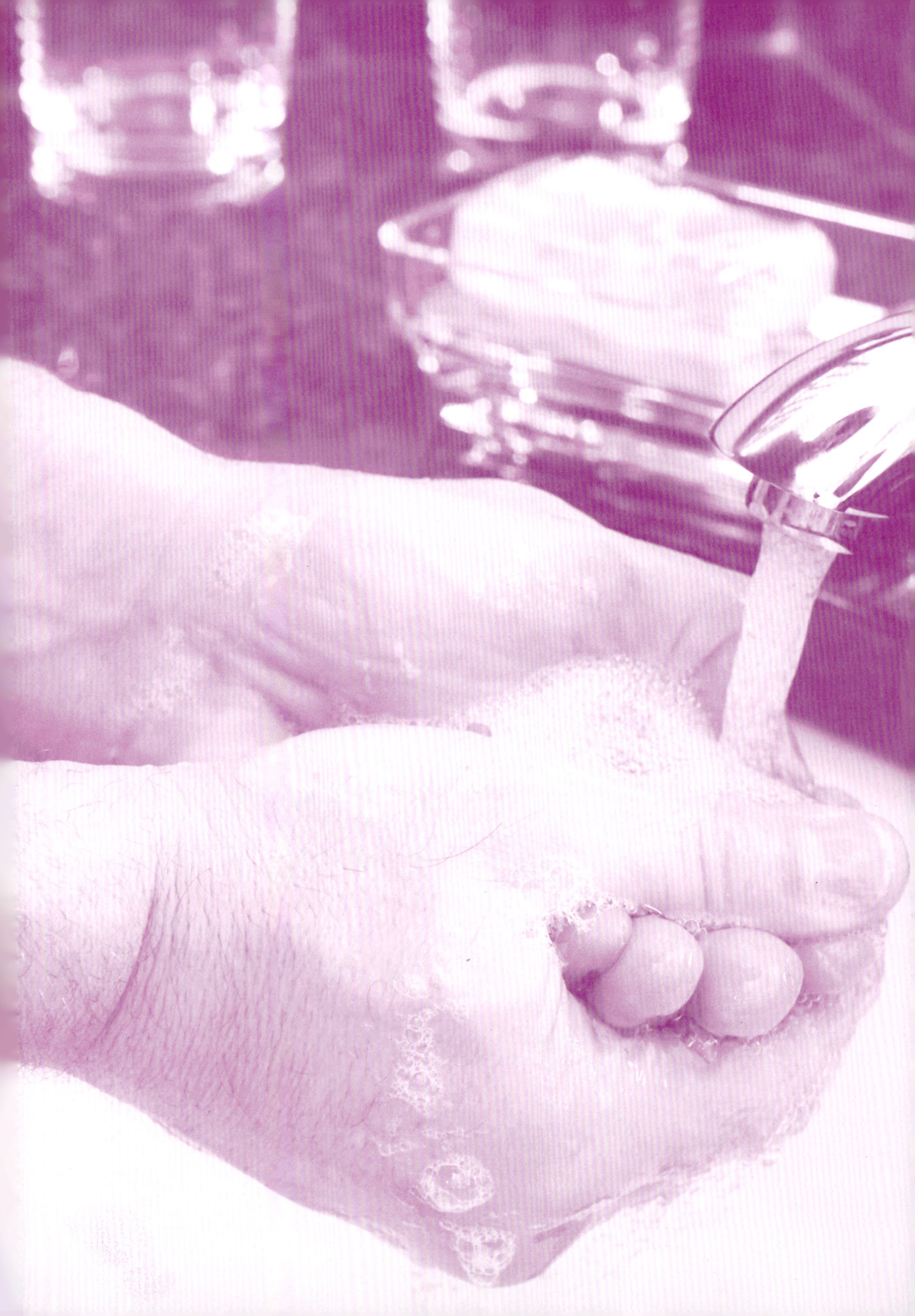

개정판에 즈음하여

현대 사회에서 식생활을 올바르게 영위하기 위해서는 식도락이나 영양적인 측면, 그리고 다이어트가 중요하다고 하겠지만 무엇보다도 식품으로 인한 위생상의 위해 방지가 더욱 중요한 과제입니다.

이런 점에서 우리가 날마다 섭취하는 식품을 위생적이고도 안전하게 확보하고 취급하는 방법을 다루는 식품위생의 중요성은 아무리 강조해도 지나치지 않을 것입니다.

오늘날 고도로 발달된 산업사회에 살면서 식품위생적인 측면에서도 또한 괄목할 만한 발전을 이룩하고 있는 것이 사실이지만, 이러한 산업사회의 여파로 이제까지 나타나지 않았거나 거의 문제시되지 않았던 환경오염과 관련된 새로운 식품의 오염 문제가 오늘날 가장 중요한 식품위생의 문제점으로 대두되고 있습니다.

이 책에서는 식품위생 전반에 걸쳐서 골고루 취급하였으나, 특히 환경오염과 깊은 관련이 있는 중금속이나 농약 등에 의한 식품오염, 빈번히 바뀌는 식품위생관계법규와 식품첨가물에 관한 최신 내용, 곰팡이독의 유래와 그 대책, 바이러스성 식중독, 광우병 등의 새로운 이슈들 등에 중점을 두어서 쉽게 다루려고 노력하였습니다.

아울러 생물의 분류명을 별도의 활자체(Italic체)로 사용하였으며 국·영문 색인을 붙임으로써 찾아보기에 용이하도록 편집하였습니다.

필자들의 미숙한 지식으로 인하여 미흡한 점도 많을 것으로 생각되나 빈번히 판을 거듭하면서 재검토하고 보완하여 보다 체계화된 〈식품위생학〉교재로 꾸며 나갈 것을 다짐합니다.

끝으로 이 책의 출판을 위해서 애써주신 지구문화사 임직원 여러분께 심심한 감사를 드리는 바입니다.

경자년 성하에

필자 대표

차 례

CONTENTS

Chapter 3 세균성 식중독

Chapter 4 화학성 식중독

차 례

CONTENTS

차 례

Chapter 9 식품과 위생환경

식품첨가물

Chapter 11 식품위생행정

차 례

Chapter 12 식품위생검사

Essence
FOOD SANITATION

에센스 식품위생학

Chapter 1

식품위생의 개요

1-1 식품위생의 정의

의식주는 사람이 생활을 유지하는 데 없어서는 안 되는 요소이다. 특히 식생활은 생명과 건강의 유지 및 증진과 직결되는 가장 중요한 요소이다. 식생활은 식품을 선택하여 섭취하는 일상적인 행위로서 기후, 풍토, 습관 등을 요인으로 하는 지역특성과 기호성 및 경제상태 등을 기반에 둔 개인특성을 반영하여 형성된다.

식품의 생산, 제조, 가공, 보존 등 식품공업기술의 발달은 오늘날과 같은 풍요롭고 편리한 식생활문화를 발전시켜 왔지만, 식품첨가물 · 용기 · 포장재료의 안전성, 농약 · 항균항생물질 · 환경오염물질 등 화학물질의 안전성 문제 등 식품을 통해 인간의 생명과 건강을 위협하는 요소들이 상존하는 점도 부인할 수 없는 사실이다.

식품위생학은 식품으로 인한 질병과 위해(危害)를 방지하고 인간의 생명과 건강을 지키는 데 필요한 사항을 취급하는 과학으로서 공중위생학의 중요한 분야이다. 다만 식품에 의한 건강장해 중 영양소의 섭취불량에 의한 경우는 식품위생학보다 영양학에서 다루는 것이 보통이다.

> *Guide*
> 식품위생학은 식품으로 인한 위해를 방지하고 인간의 생명과 건강을 지키는데 필요한 사람을 취급하는 공중위생학의 중요한 한 분야이다.

식품위생학은 WHO(세계보건기구)에서 사용하는 국제적인 표현으로 'food hygiene' 으로 표기하는데, 이는 당초 영국계통에서 사용한 용어이다. 미국에서는 식품의 안전성에 보다 큰 비중을 두어 좀 더 적절한 표현인 'food sanitation' 으로 표기하고 있다. WHO 환경위생전문위원회(1956년)는 "식품위생이란, 식품의 생육(재배), 생산, 제조로부터 최종적으로 사람에게 섭취되기까지의 전체적인 단계에 걸친 식품의 안전성 · 완전성(완전무결성) 및 건전성을 확보하기 위한 모든 수단을 말한다."라고 정의했다.

우리나라 식품위생법에서는 식품위생의 목적을 식품으로 인하여 생기는 위생상의 위해를 방지하고 식품영양의 질적 향상을 도모하며, 식품에 관한 올바른 정보를 제공하여 국민보건의 증진에 이바지하는 데 두고 있다(제1조).

여기서 말하는 식품이란 모든 음식물을 말하며, 의약으로 섭취하는 것은 제외한다고 하였다. 또한 식품위생의 대상범위에 식품 · 첨가물 · 기구 또는 용기 · 포장을 포함시키고 있다(제2조).

식품위생법의 식품위생 목적과 WHO의 식품위생 정의는 안전한 식품을 확보하기 위한 포괄적인 개념을 내포하고 있어서 환경오염으로 인한 식품오염, 일상적인 식품 섭취나 조리과정에서 생기는 발암물질 등 새로운 식품위생상의 문제가 대두되고 있는 오늘날에도 잘 적용된다고 볼 수 있다.

1-2 식품으로 인한 건강장해

식품의 안전성은 식품으로 인해 발생하는 건강장해 문제와 직결된다. 식품으로 인하여 야기되는 건강장해로는 식중독, 경구감염병, 인수공통감염병, 기생충증이 주류를 이루며, 최근에는 식품과 관련된 발암이 부각되고 있다(표 1-1 참조).

그러나 건강장해의 원인물질은 식품 자체의 성분 외에도 외적인 요인, 식품의 제조과정이나 생리적 작용 등에 의하여 생성되기도 한다.

이런 관점에서 식품으로 인한 건강장해를 생성요인별로 분류하면 내인성(內因性), 외인성(外因性) 및 유기성(誘起性)의 3가지로 나눌 수 있다(표 1-2 참조).
내인성이란 식품 자체에 유해인자가 있어서 발생하는 것이고, 외인성은 식품 외적인 원인, 즉 생육 · 생산 · 제조 · 유통 · 소비과정에서 일어나는 경우이다. 유기성은 식품의 조리과정이나 섭취에 의하여 생성되는 유해물질을 말한다.

내인성에 의한 것으로는 유해하거나 유독한 성분과 생리적 작용에 영향을 미치는 성분이 있는데, 유해 · 유독한 물질로는 자연독인 복어독이나 버섯독 등이 있고 생리작용 성분으로는 항비타민성 물질이나 식이성 allergen 등이 있다.

외인성의 경우는 세균성 식중독 · 곰팡이독과 같은 생물적인 것과 불허용 첨가물과 같은 인위적인 것이 있다. 유기성에 의한 것으로는 물리적 · 화학적 및 생리적 작용에 의해 생성되는 물질로 나누어 볼 수 있다.

표 1-1 식품으로 인한 건강장해

<table>
<tr><th colspan="4">건강장해의 분류</th><th>주요 질병 또는 원인 미생물 · 물질</th></tr>
<tr><td rowspan="7">식중독
(광의)</td><td rowspan="6">식중독
(협의)</td><td rowspan="3">세균성</td><td>감염형</td><td>살모넬라, 장염 비브리오, 병원성 대장균 등</td></tr>
<tr><td>독소형</td><td>포도상구균, 보툴리누스 등</td></tr>
<tr><td>중간형</td><td>웰치균, 세레우스 등</td></tr>
<tr><td rowspan="2">자연독</td><td>식물성</td><td>독버섯, 청매, 소철, 고사리, 독보리 등</td></tr>
<tr><td>동물성</td><td>복어독, 조개독, ciguatera 등</td></tr>
<tr><td colspan="2">화학물질</td><td>메탄올, 비소, 주석, 납, PCB 등의 오용 및 혼입</td></tr>
<tr><td colspan="3">기타</td><td>곰팡이독, allergy성 식중독, 잔류농약, 항생물질, 항균물질, 공해병 등</td></tr>
<tr><td colspan="4">경구감염병</td><td>콜레라, 이질, 장티푸스, 폴리오, 바이러스성 간염 등</td></tr>
<tr><td colspan="4">인수공통감염병</td><td>결핵, 탄저, 브루셀라증, 야토병 등</td></tr>
<tr><td colspan="4">기생충증</td><td>회충, 구충, 요충(이상 선충류), 광절열두조충, 유구조충, 무구조충(이상 조충류), 간흡충, 폐흡충(이상 흡충류) 등에 의한 질환</td></tr>
</table>

표 1-2 식품으로 인한 건강장해의 생성요인별 분류

<table>
<tr><th>생성요인</th><th colspan="2">종류</th><th>병인물질</th></tr>
<tr><td rowspan="2">내인성
(natural, intrinsic)</td><td colspan="2">유해 · 유독성분(자연독)</td><td>버섯독, 시안배당체, 발암물질, 식물 알칼로이드, ciguatera독, 복어독, 마비성 조개독 등</td></tr>
<tr><td colspan="2">생리적 작용성분
(고유 유해물)</td><td>식이성 allergen, 항비타민 물질, 항효소성 물질, 항갑상선 물질</td></tr>
<tr><td rowspan="4">외인성
(invaded, added)</td><td colspan="2">생물적인 것</td><td>세균성 식중독균, 경구감염병균, 곰팡이독, 기생충</td></tr>
<tr><td rowspan="3">인위적인 것</td><td>의도적 첨가</td><td>불허용 식품첨가물(dulcin, 불허용 tar색소 등)</td></tr>
<tr><td>비의도적 첨가
(오염물질)</td><td>잔류농약, 환경오염 물질, 방사성 물질, 용기 · 포장용출물 등</td></tr>
<tr><td>가공과정(과오)</td><td>비소, PCB 등</td></tr>
<tr><td rowspan="3">유기성
(induced)</td><td colspan="2">물리적 작용 생성물</td><td>가열(산화)유지, 조사유지 등</td></tr>
<tr><td colspan="2">화학적 작용 생성물</td><td>조리과정의 가열분해물(Trp-P-1, IQ 등), 식품성분 간의 상호반응으로 생성되는 N-nitroso화합물</td></tr>
<tr><td colspan="2">생리적 작용 생성물</td><td>N-nitrosamine의 생체 내 생성</td></tr>
</table>

1-3 식품과 발암성 물질

최근의 역학적 연구에 의하면 식품은 사람에 있어서 가장 중요한 발암인자의 하나로서 일반적으로 발암의 1/3이 어떤 형태로든 식품과 관련이 있는 것으로 알려져 있다. 식품에 함유된 발암물질을 대별하면 다음과 같다.

(1) 식용식물이나 야채 등의 성분으로 존재하는 천연 발암성 물질

① cycasin(소철열매)

② safrole(root beer)

③ ptaquiloside(고사리)

④ canavanine(알팔파 나물)

⑤ quercetin 및 관련 flavonoid(많은 식물)

⑥ theobromine(코코아, 홍차)

⑦ pyrrolizidine계 alkaloid(많은 식물, 주로 국화과의 *Senecio*속)

⑧ allyl isothiocyanate(겨자, 고추냉이)

⑨ gossypol(목화씨)

⑩ anagyrine(루빈콩)

⑪ sesquiterpene lactone류(많은 식물)

(2) 곰팡이에 의해 식품 중에서 생산되는 물질(곰팡이 독소)

① aflatoxin

② luteoskyrin

(3) 조리 또는 가공에 의해 만들어지는 물질

① benzo[a] pyrene 등 다환방향족탄화수소(태운 식품)

② Trp-P-1, Trp-P-2, Glu-P-1, Glu-P-2 등 아미노산 분해산물, AαC, MeAαC 등 대두 globulin 분해산물, IQ, MeIQ 등(가열식품, 갈변물질)

③ N-nitrosamine류(절임식품, 훈연제품)

(4) 합성화학물질로서 인공적으로 화학합성된 물질

① AF-2(보존료)

② 사카린(감미료)

③ estradiol, diethylstilbestrol 등의 합성 호르몬제(사료첨가물)

④ 프탈산에스테르류(합성수지 가소제)

(5) 식품 중의 발암성 오염물질

① 잔류농약
② 중금속
③ 방사성 물질
④ 공업약품

발암성 물질에 의한 위험성은 잔류농약, 수질오염물질, 식품첨가물 등의 화학합성품보다는 천연물질에 의한 위험률이 더 큰 것으로 알려지고 있다.

한편, 항암물질로 알려진 것으로는 tocopherol(비타민 E), ascorbic acid(비타민 C), β-carotene, selenium, glutathione 등을 들 수 있다.

1-4 독성시험

1. 급성중독과 만성중독

식품이 갖추어야 할 성질 중에서 가장 중요한 것은 안전성이다. 안전성이 확보되지 못한 식품을 섭취했을 때 일어나는 중독증상은 시간적으로 급속한 경우와 완만한 경우가 있는데 전자를 **급성중독**이라고 하며, 후자를 **만성중독**이라고 한다.

급성중독으로는 복어중독, 독버섯중독, 세균성 식중독 등이 있다. 초기에는 구토, 오심, 두통, 동통 등이 나타나다가 이어 경련이나 쇼크 등을 일으키고 심하면 허탈, 혼수상태, 호흡곤란, 심장마비 등을 일으켜 사망하기도 한다.

한편, 저농도라도 반복 섭취하면 생체 기관에 축적되어 어느 시점에서 중독증상이 나타나는 아만성 내지 만성중독에는 유기수은에 오염된 어패류를 섭취하여 일어난 미나마타병, 카드뮴에 오염된 음식물을 섭취하여 발병한 이타이이타이병, 식품첨가물에 의한 만성중독 등이 있다.

중독증상은 주로 간장, 신장, 심장 등의 장기장해로 나타나며 회복하기 어려운 치명적인 상태에까지 이르기도 한다. 급성중독보다 원인물질 규명이 곤란한 경우가 많다.

2. 독성시험

식품위생과 관련된 독성시험의 대상은 주로 식품첨가물이다. 오늘날의 과학으로는 사람에 대한 식품첨가물의 안전성 확인에 실험동물을 이용한 독성시험 이외에는 다른 방법이 없다.

독성시험에는 급성 독성시험, 아만성 독성시험, 만성 독성시험 등의 일반독성 시험과 발암성 시험, 최기형성 시험, 번식시험, 변이원성 시험 등이 있다.

(1) 급성 독성시험

일반적으로 마우스나 흰쥐에 검체를 한 번 투여하여 1~2주간 관찰로 반수의 동물이 죽는 양, 즉 반수치사량 또는 중위치사량 LD_{50} (50% lethal dose)을 구한다. LD_{50}은 시험동물의 체중 1kg당의 mg 또는 μg으로 나타낸다.

몇 단계의 약물용량을 설정하고 각 용량별로 10마리 정도의 동물을 써서 용량마다의 사망률에서 통계처리에 의하여 LD_{50}을 산출한다. LD_{50}의 값이 적을수록 독성이 강하며 약물투여 경로는 경구, 경피, 피하, 근육, 복강, 정맥 등이다. 식품첨가물, 농약 등은 경구투여를 한다.

국내에서는 독극물 분류에서 LD_{50}(경구)값이 30mg/kg 이하이면 독약, 30~300mg/kg이면 극약, 300mg/kg 이상이면 보통약으로 구분한다.

독성의 정도를 사람에 대한 경구치사량으로 분류 · 구분해 보면 표 1-3과 같다.

표 1-3 독성의 구분

등급	구 분	사람에 대한 경구치사량	예
1	무독성(practically nontoxic)	>15g/kg	glucose
2	저독성(slightly toxic)	5~15g/kg	ethanol
3	보통독성(moderately toxic)	0.5~5g/kg	sodium chloride
4	고독성(very toxic)	50~500mg/kg	phenobarbital sodium
5	극독성(extremely toxic)	5~50mg/kg	nicotine
6	맹독성(supertoxic)	<5mg/kg	tetrodotoxin

(2) 아만성 독성시험

아만성 독성의 정의는 아급성 독성과 같이 사용되는 경우가 많지만 아만성 독성시험의 주요 목적은 치사가 아니므로 아급성 독성과는 다르다.

아만성 독성시험은 쥐와 개처럼 적어도 2가지 동물을 대상으로 하며, 쥐는 암수 각각 10~20마리, 개와 같은 큰 동물은 암수 각각 4~8마리를 필요로 한다. 여러 수준의 시험물질을 대개 1개월에서 1년 정도 급여하는데, 투여기간은 90일 정도로 하는 것이 보통이다.

아만성 시험은 발암성을 제외한 모든 만성 독성에 대한 정보를 제공하며, 만성 독성시험에서 투여량 등의 조건을 설정하는 데 필수적이다. 또한 시험물질의 표적장기, 축적성, 기형유발 가능성 등의 자료도 제공해 준다.

(3) 만성 독성시험

장기간 피폭 시에만 나타나는 독성 영향, 특히 불가역적이거나 점진적인 영향을 발견하고 확인할 목적으로, 또한 화학물질, 특히 식품의 경우는 식품첨가물을 규제하기 위한 안전한계를 설정하기 위하여 만성 독성시험을 실시한다.

적어도 2가지 동물의 암수에 대하여 4가지 이상의 급여수준을 설정하여 흰쥐는 2~2.5년, 마우스는 1.5~2년, 비설치류인 개, 원숭이 등은 1년 이상 사육한다. 각 수준에 대하여 흰쥐와 마우스는 암수 각각 80마리 정도, 개는 암수 각각 4~6마리가 이용된다. 시험물질은 대개 사료에 섞어서 투여한다.

투여용량은 최대내량(最大耐量, maximum tolerated dose, MTD)과 그보다 낮은 용량인 0.25MTD, 0.125MTD를 사용한다. MTD란 미국 EPA(환경보호청)에서 설정한 용량으로 대조군과 비교하여 10% 이상의 체중감소를 초래하지 않으며, 그 동물의 수명을 단축시킨다고 기대되는 사망률, 독성의 증후, 그 밖의 병리적 병변 등이 나타나지 않는 최대용량을 말한다. 아만성 시험의 결과로부터 구할 수 있다.

모든 기간을 통하여 체중, 사료섭취량, 물섭취량의 측정 외에도 일반 증상, 사망률을 관찰하고 혈청학적 검사, 생화학적 검사, 요검사, 병리조직학적 검사 등을 실시한다. 여기에서 얻게 된 검사결과를 통계학적으로 해석하고 종합적으로 판단하여 최대 무작용량, 최소중독량 등을 결정한다.

(4) 특수 독성시험

1) 발암성 시험

시험물질을 동물의 거의 일생에 걸쳐 매일 투여하면서 종양생성 여부를 관찰하는 시험이다. 종양의 발생이 대조군보다 빠르거나 많은 정도를 통계적으로 해석하여 발암성 유무를 구분한다. 투여량, 사육기간 등은 만성 독성시험과 같다.

2) 번식 시험

시험물질이 생식선 기능 · 발정주기 · 교미 · 임신 · 출산 · 수유 · 이유 및 새끼의 성장에 미치는 영향을 알아보기 위해 실시된다. 통상 설치류를 이용하여 친세대, 1세, 2세까지 관찰하며, 이유기를 제외하고 시험물질을 매일 투여한다.

3) 최기형성 시험

새끼가 자궁 내에서 성장(기관형성)하는 사이에 어미에게 시험물질을 투여하고 출산예정일 직전의 새끼를 대상으로 이상유무를 관찰한다. 투여량은 시험물질이 어미에 악영향을 미치지 않는 최대농도, 즉 최대내량(MTD)보다 낮은 농도로 한다.

4) 변이원성 시험

동물시험 대신에 screening test의 개념으로 널리 행하여진다. Ames test(대장균 또는 살모넬라균을 이용한 돌연변이 유발시험)가 표준으로 되어 있다.

5) 흡수 · 분포 · 대사 · 배설 시험

시험물질에 대한 용량의존성 동력학적 정보를 얻기 위한 시험이다.

3. 1일 섭취허용량과 사용기준의 설정

이상과 같은 일반 및 특수 독성시험을 거쳐 안전성이 확인된 경우, 사용한계량을 결정할 필요가 있다. 식품첨가물을 예로 들어 그 과정을 설명한다.

만성 독성시험에서 얻어지는 최대무작용량(MNEL, maximum no effect level 또는 NOEL, no observed effect level)은 그 동물에 일생동안 계속적으로 투여하여도 아무런 독성이 나타나지 않는 양, 즉 무독성이 인정되는 최고섭취량을 의미하므로 그 동물에 대한 안전량이라고 할 수 있다.

Guide

최대무작용량(안전량)
일생동안 투여하여도 독성이 나타나지 않는 양.

이 값을 FAO/WHO에서 인정하는 각 식품첨가물에 대한 안전계수(safety factor)인 100~250으로 나누어, 그 양을 사람에 대한 1일 섭취허용량(ADI, acceptable daily intake)으로 한다.

안전계수는 대개 100이 이용되는데, 이는 동물과 사람 간의 차이(10배)와 사람 개인 간의 차이(10배)와의 상승효과를 고려하여 정한 값이다.

ADI는 사람이 일생 동안 섭취하여도 아무런 영향이 나타나지 않을 것으로 예상되는 양으로 체중 kg당 mg수로 표시한다. FAO/WHO 합동 식품첨가물 전문위원회(JECFA)에서는 몇 백 개에 이르는 식품첨가물에 대한 ADI를 설정하였고 많은 나라에서 이 자료를 활용하고 있다.

식품첨가물을 각 식품에 사용하는 경우의 한계농도는 다음과 같이 구한다. 먼저 그 물질이 식품에 혼합되어 목표 효과를 나타내는 최소량을 실험적으로 결정한 다음, 이 첨가물이 사용되는 여러 식품의 하루섭취량을 고려하여 그 첨가물의 1일 섭취가능량을 계산한다.

여기에 식품기호계수(2~10)를 곱하면 최대섭취량이 산출되는데, 이 값이 ADI를 넘지 않는 범위 내에서 첨가물의 사용한계량(섭취허용량)이 결정된다. 이렇게 계산된 사용한계량은 한계량이지 최적량은 아니다. 따라서 법적으로 정해진 사용기준량은 사용한계량보다 낮게 설정하는 것이 보통이다.

예를 들어 보존료인 소르브산(sorbic acid)의 경우 최대무작용량이 2.48g/kg, day라면 ADI는 안전계수(100~200)로 나눈 값이 된다.

2.48g/kg ÷ 200 = 12.4mg/kg(안전계수 200인 경우)
2.48g/kg ÷ 100 = 24.8mg/kg(안전계수 100인 경우)

이와 같은 계산에서 각국에서 인용하는 실제 ADI는 12.5~25.0mg/kg이다. 또 사용되는 식품에서 계산된 소르브산의 1일 섭취량은 0.24g이다(표 1-4 참조).

성인의 평균 체중을 50kg으로 간주할 때 하루에 섭취 가능한 소르브산의 양은 0.24g ÷ 50 = 4.8mg/kg이 된다. 이 양은 ADI 25mg/kg을 넘지 않으므로 표 1-4에서처럼 식품별 사용기준량을 정하면 소르브산의 안전성이 보장되는 것이다.

표 1-4 식품첨가물규정으로 계산한 소르브산 1일 섭취량

식품류	1일 섭취량(g) × 기호계수	최대사용농도(%)	섭취량(g)
식육제품	20 × 3	0.2	0.12
어육제품	8 × 5	0.2	0.08
장 유 류	10 × 3	0.1	0.03
채소된장조림	5 × 3	0.05	0.0075
채소식초조림	10 × 5	0.005	0.0025
계			**0.24**

Chapter 2

식품과 미생물

2-1 미생물에 의한 식품의 오염

미생물에 의한 식품의 오염에는 자연환경으로부터의 오염인 1차 오염과 식품의 처리 · 가공 · 저장 공정에서 일어나는 오염인 2차 오염이 있다.

1차 오염은 원재료의 생산환경인 강, 바다, 산림과 가공 전까지의 공기, 동식물체, 물, 토양, 사람 등으로부터의 오염이 중요하고, 2차 오염은 가공 직후부터 섭취할 때까지의 전 과정에서 다양한 오염이 중요시된다.

특히 1차 오염은 미생물이 원재료와 함께 가공공정에 들어온 다음 식품의 가공환경 전반, 사람의 손, 사용용기 · 기구류 등을 매개로 가공 후에도 2차 오염을 일으킬 수 있으므로 주의가 요망된다.

Guide

- **1차 오염**
자연환경으로부터의 오염
- **2차 오염**
처리 공정에서 섭취할 때까지 전과정의 오염

오염원별로 어떤 미생물이 식품을 오염시키는가를 정리하면 표 2-1과 같다.

1. 자연환경으로부터의 오염

(1) 토양미생물

토양은 미생물이 서식하는 근원지로서 비옥도에 따라 1g당 수십만부터 수십억의 무수한 종류의 미생물이 살고 있다.

토양 중의 미생물은 대단히 활발하여 토양의 형성, 유기물의 분해, 토양의 비옥화 또는 자정작용 등에 큰 역할을 하고 있다.

표 2-1 식물(食物) microflora의 오염원별 분류

<table>
<tr><th>오염원</th><th colspan="4">종 류</th></tr>
<tr><td>물
(저온세균)</td><td colspan="4">• Pseudomonas(녹농균, 형광균)
• Flavobacterium(황색 색소)
• Alcaligenes(당분해 안함, 알칼리)
• Acinetobacter
• Aeromonas(장내세균과 유사)
• Vibrio(장내세균과 유사, 장염 비브리오)
• Moraxella(색소생산 안함)
• Chromobacterium(적색 색소)</td></tr>
<tr><td>토양</td><td colspan="4">• Nocardia
• Mycobacterium(결핵균)
• Streptomyces
• Actinomyces(방선균 = Arachnia)
• Cytophaga(황색 색소, Flavobacterium과 혼동되기 쉽다)</td></tr>
<tr><td>동물기생
오염원</td><td colspan="4">• Enterobacteriaceae(장내세균 : 이질균, 장티푸스균, 파라티푸스균, 살모넬라균, 병원성 대장균)
• Staphylococcus(황색 포도상구균)
• Micrococcus(표피, 비병원성)
• Corynebacterium(디프테리아균)
• Erysipelothrix(돈단독균)
• Streptococcus(용혈성 연쇄구균, 장구균)
• Listeria(리스테리아균)</td></tr>
<tr><td rowspan="2">식물기생
오염원</td><td>세균</td><td>효모</td><td>곰팡이</td><td>비병원성 세균</td></tr>
<tr><td>• Erwinia
• Pseudomonas
• Xanthomonas (황색 색소)
• Agrobacterium (해초 분해균)
• Corynebacterium</td><td>• Saccharomyces
• Schizosaccharomyces
• Rhodotorula (적색 색소)</td><td>• Oospora (수용성 변패)
• Botrytis (회색 변성)</td><td>• Lactobacillus
• Streptococcus</td></tr>
<tr><td>건조한 환경 (공기,떡)에 존재하는 오염원</td><td colspan="4">• Micrococcus
• Bacillus(탄저균, 세레우스균)
• Aspergillus(곰팡이독, aflatoxin)
• Staphylococcus
• Penicillium(푸른곰팡이)</td></tr>
<tr><td>혐기적 환경 (병조림,통조림 등)에 존재하는 오염원</td><td colspan="4">• Clostridium(파상풍균, 보툴리누스균, 웰치균)
• Bacteroides(포자형성 안함)</td></tr>
</table>

토양 중의 미생물은 하천이나 저수지 등에 흘러들어가서 물을 오염시키고 공중에 날아 올라가서 공중낙하세균의 근원이 되므로 토양에서 유래한 미생물의 오염을 받는 경우는 대단히 많다.

토양미생물에 의하여 직접 오염을 받기 쉬운 식품은 생선, 야채, 과실, 곡류, 조수육, 유류 및 가공원료로 쓰이는 전분 등이다.

(2) 담수세균

하천, 연못, 저수지, 우물 등의 물에는 언제나 토양 · 인축의 분변 및 하수에서 오염된 미생물이 있다. 특히 하수 중에는 토양과 분변 및 가정 폐기물 등에서 발생한 오염된 세균이 많으며, 미생물의 영양원이 되는 유기물도 많으므로 때로는 오염균의 증식이 일어나 1mL당 수만~수백만의 미생물이 존재한다.

이와 같이 오염된 물을 식품공장에서 용수로 사용하여 씻거나 처리하면 식품을 더욱 오염시키는 결과가 된다. 수돗물은 여과하고 염소소독을 하기 때문에 음료수로서는 적합하지만 본래의 수생세균 일부는 잔존하는 것으로 알려져 있다.

(3) 해수세균

해수에는 NaCl로서 1~3% 정도의 염농도에서 증식하는 해수세균이 있다. 해수 중의 세균수는 깊은 바다보다 표층, 먼 바다보다 연안에 많다. 연안해수는 육지로부터 언제나 오염을 받고 있다. 해수도 자정작용을 하며 육지의 세균에 대한 살균작용도 하지만 유기물질의 혼입이 많으면 살균기능을 상실한다.

어항 및 어시장 주변 해수는 미생물 오염도가 상당히 높기 때문에 이 물로 어패류 또는 어창 등을 일상적으로 씻는 것은 대단히 위험하다.

우리나라 연안해수에는 장염 비브리오균은 물론 이와 유사한 균속이 많으므로 어패류를 취급할 때는 언제나 이들 균에 의한 2차 오염에 주의해야 한다.

(4) 공중낙하균

공기 중에 부유하는 미생물의 기원은 토양이며 이들은 건조와 자외선에 강한 효모의 포자나 세균의 아포 및 구균 등이 대부분이다. 도로포장이 잘 안된 중소도시에는 공중낙하균의 수가 많으며, 특히 직간접으로 조리한 식품에 오염이 많이 일어난다.

현재 우유의 규격에서 어느 수준 이하의 세균수나 대장균군을 인정하는 것도 원유처리과정이 고열 · 고성능 자동충전식으로 되어 있어 거의 멸균유에 가까우나 충전 순간에 일어나는 작업장 내의 낙하균에 의한 2차 오염 등을 고려한 것이다.

(5) 분변세균

수세식 화장실이 보급되고 말단의 분뇨처리가 완비되어 있는 경우는 분변세균에 의한 식품의 오염을 최소한도로 하고 있으나, 특정 지역에서의 분뇨에 의한 토양 및 하천 오염은 이미 일반화되었고 농후한 오염상태에 놓여 있으며 이와 같은 상태는 이질 · 식중독 및 기생충 감염의 온상을 만들고 있다.

2. 식품의 처리 · 가공 과정에서의 오염

곡물 · 채소 · 과실은 수확하면서, 우유는 착유하면서, 어패류는 바다에서 잡히면서, 가축은 도살되면서 이미 자연환경에서 1차 오염이 되고, 사람에 의하여 운반 · 집하되고 공장에서 가공원료로 취급할 때나 시장, 점포, 주방 및 가정에서 2차 오염이 시작되어 최후 단계까지 계속된다.

따라서 식품원료는 청결하게 취급하여야 하며 충분한 위생시설을 갖춰야 한다. 또한 작업환경에서 균수를 최소한으로 억제하고 저온보존 · 저온가공 · 저온유통을 해야 한다.

유의할 점은 가공원료 중 주원료는 물론이고 부원료, 증량제, 첨가물 등도 충분히 오염원이 될 수 있다는 것이다.

2-2 식품의 오염지표균

음식물은 취급하는 동안에 직 · 간접적으로 인축의 분변과 접촉할 수 있으므로 각종 병원균에 오염될 가능성이 크다. 식품 또는 음용수가 인수의 분변에 오염되어 있다는 것은, 식품위생적으로 보면 소화기계 감염병, 인수공통감염병, 세균성 식중독 등의 병원균에 감염될 가능성이 있다는 것을 의미한다.

우리가 일상적으로 섭취하는 음식물 중 미량의 병원균을 개별적으로 검사하기는 현실적으로 곤란하므로 이들과 항상 공존하는 일부 세균을 오염의 지표(指標)로 삼아서 검사하는데, 이와 같은 세균을 오염지표균이라고 한다.

Guide

오염지표균
사람이 일상적으로 섭취하는 물이나 음식물 등과 항상 공존하여 오염지표가 되는 대장균군 · 장구균.

오염지표균은 장에서 유래되는 세균으로서 외계에서는 증식하지 않고 장기간 생존하고 있어 소수라도 비교적 용이하게 검사를 할 수 있어야 한다. 오염지표균으로는 오래전부터 대장균군(大腸菌群)이 이용되어 왔으나 최근에는 장구균(腸球菌)도 검사대상이다.

1. 대장균군(coliform group)

분변오염지표균으로서 대장균군은 세균분류학상 대장균(*Escherichia coli*)과 반드시 일치한다고 할 수 없는 이른바 coli-aerogenes group이라고 하는 특정 균군의 통칭명이다.

대장균군이란 그람음성 무아포의 간균으로서 유당을 분해하여 산과 가스를 생산하는 모든 호기성 또는 통성혐기성 세균을 말한다. 일반적으로 인수의 분변 중에는 대장균이 압도적으로 많고, 여기에 *Klebsiella*나 *Citrobacter* 등이 혼재되어 있다.

그러나 반드시 분변에서만 유래된다고 할 수는 없고 토양이나 식물 등에서 유래되기도 하는 *Enterobacter*나 *Erwinia* 등과 분변과는 무관하고 장내세균과가 아닌 *Aeromonas* 등도 포함된다.

따라서 대장균군이 검출되었다고 무조건 그것을 분변오염에 의한 것으로 단정할 수는 없다. 그러나 일반적으로 어떤 식품에서 대장균군이 검출되었다는 것은 그 식품에 분변이 존재한다는 뜻이며, 불결하고 취급에 잘못이 있다거나 감염병원균에 의한 오염가능성을 시사하는 위험신호로 볼 수 있다.

특히 가열처리한 제품에서 대장균군이 검출되었을 때는 비위생적으로 취급한 증거로 생각하여야 하므로 품질관리상 유력한 지표가 된다.

2. 장구균(enterococcus)

장구균은 일반적으로 사람이나 온혈동물의 장 내에 상존하는 그람양성구균 균으로, *Streptococcus*속의 enterococcus군에 해당하고 혈청학적 분류법은 D군에 속하는 *Streptococcus faecalis*, *S. faecium*, *S. durans*를 포함하는 균군의 총칭이다. *S. faecalis*는 사람의 분변에 널리 분포하며 *S. faecium*과 그 변종이라고 생각되는 *S. durans*는 사람은 물론이고 동물의 분변에서도 검출된다.

장구균은 대장균군과 같은 근거에서 음식물의 분변오염지표균으로 이용된다. 분변 중의 장구균은 대장균군보다 일반적으로 적어서 1/10을 넘지 않지만 대장균군의 분포가 반드시 분변에 의한 오염과 일치하지 않는 경우가 있는 것과는 달리 장구균의 분포는 사람과 가축의 분변에 의한 오염과 대단히 깊은 관계가 있으며, 특히 냉동식품의 경우 대장균군은 빨리 사멸되나 장구균은 오래 생존하므로 냉동식품의 오염지표로 이용된다.

오염지표균인 대장균군과 장구균을 비교해 보면 표 2-2와 같다.

결론적으로 양자 중 어느 쪽을 오염지표균으로 하는가 하는 문제는 아직 통일된 견해가 없다. 따라서 보다 정확한 분변오염 실태를 파악하기 위해서는 양자를 동시에 검사하는 것이 바람직하다.

표 2-2 분변오염지표균으로서 대장균군과 장구균의 비교

특 성	대장균군	장구균
형태	간균	구균
그람염색성	음성	양성
장 내 균수 수준	분변 1g 중 10^7~10^9	분변 1g 중 10^5~10^8
각종 동물의 분변에서의 검출상황	동물에 따라서는 불검출	대부분의 동물에서 검출
장 외에서의 검출상황	일반적으로 낮다	일반적으로 높다
분리 · 고정의 난이	비교적 쉽다	비교적 어렵다
외계에서의 저항성	약하다	강하다
동결에 대한 저항성	약하다	강하다
냉동식품에서의 생잔성	일반적으로 적다	일반적으로 크다
건조식품에서의 생잔성	적다	크다
생선 · 채소에서의 검출률	낮다	일반적으로 높다
생육에서의 검출률	일반적으로 낮다	일반적으로 낮다
절인 고기에서의 검출률	낮거나 없다	일반적으로 높다
식품매개 장관계 병원균과의 관계	일반적으로 크다	적다
식품매개 비장관계 병원균과의 관계	적다	적다

2-3 소독과 살균

소독(disinfection)이란 병원성 미생물이 전파되는 것을 사멸시키거나 억제시키는 것을 말한다. 소독은 미생물의 포자까지 죽일 필요는 없으며 미생물의 오염을 방지하는 데 사용된다.

효과적인 소독제의 조건은 ① 높은 석탄산계수(phenol coefficient) ② 안정성 ③ 용해성 ④ 낮은 독성 ⑤ 부식성과 표백성이 없을 것 ⑥ 강한 침투성 ⑦ 저렴한 가격 등이다.

살균(sterilization)은 물리 · 화학적인 방법으로 모든 형태의 미생물을 완전히 사멸 또는 불활성화하는 것을 의미한다. 그러나 미생물의 모든 구성효소나 대사산물, 독소 등의 파괴를 의미하는 것은 아니다.

1. 물리적 소독살균법

(1) 건열살균법

165~170°C에서 1~2시간 건열멸균기 속에서 작용시켜 멸균하는 방법으로서 보통 초자기구, 외과용 기구, 분말, 기름과 같은 것을 멸균할 때 사용된다. 그러나 열로 인하여 변성되는 휘발성 물질은 멸균할 수 없다. 건열에 의한 세균포자의 사멸시간은 표 2-3과 같다.

표 2-3 건열에 의한 세균포자의 사멸시간

세 균	사멸시간 (분)						
	120°C	130°C	140°C	150°C	160°C	170°C	180°C
Bac. anthracis	—	—	180	60~120	9~90	—	3
Cl. botulinum	120	60	15~60	25	20~25	10~15	5~10
Cl. perfringens	50	15~35	5	—	—	—	—
Cl. tetani	—	20~40	5~15	30	12	5	1
Soil spores	—	—	—	180	30~90	15~60	15

(2) 화염멸균법

물체 표면의 미생물을 화염으로 직접 태워 멸균하는 방법으로 알코올램프, 천연가스 등의 화염을 사용한다. 이 방법은 백금선, 백금이, 유리기구, 도자기, 금속기구 등을 멸균하는 데 사용된다.

(3) 적외선 살균법

적외선 살균은 일반적으로 주사기, 피펫 등의 작은 초자실험기구에 사용되며, 180°C에서 15~22분이면 살균할 수 있다.

(4) 자외선 살균법

자외선은 태양광선 중 파장 100Å에서 3,900Å까지를 말하는 것으로 가장 강한 살균력을 나타내는 것은 2,650Å 부근의 파장이다. 그러나 태양광선 중에 지표에 도달하는 자외선은 2,900Å 이하가 거의 없기 때문에 태양광선의 살균력은 실제로 미약하다. 그래서 살균력이 강한 자외선을 내보내는 등을 만들어서 사용하는데 이것이 파장 2,537Å의 자외선등이다.

자외선등의 살균기작은 미생물의 균체 내 감수성이 민감한 핵단백질 분자에 타격을 주어서 미생물의 세포파괴를 일으킴으로써 살균효과를 갖는다.

자외선등의 가장 유효한 살균대상은 공기와 물이다. 그래서 식품공장이나 집단급식시설의 실내공기 소독, 조리대 소독, 그 밖에 냉장차 내의 살균, 실험실의 무균실 소독 등에 사용된다.

자외선 살균의 장점은 모든 균종에 효과가 있고, 균에 대한 내성이 생기지 않으며, 사용방법이 간편하고, 조사 후에 피조사물에 거의 변화를 주지 않는 것이다. 단점은 침투성이 없으므로 먼지나 미립자에 은폐된 미생물에는 효과가 없으며 자외선이 닿는 표면만 살균된다는 점이다.

또한, 조사하고 있는 동안만 효과가 있고 잔류효과가 없으며, 장시간 조사하면 지방산류의 산패가 일어나고, 유기물 특히 단백질이 공존하는 경우에는 흡수당하여 효과가 현저하게 떨어지며, 자외선을 직사하면 각막염이나 결막염 등이 유발되고 피부에 조사되면 붉은 반점이 생성된다.

(5) 방사선 살균법

X선, γ선 등의 방사선 조사에 의해 살균목적을 달성할 수 있다. 최근에는 Co^{60}이나 Cs^{137}과 같은 방사선 동위원소로부터 방사되는 투과력이 강한 감마선을 이용하며, 포장된 식품이나 약품 등의 멸균에 이용된다.

방사선을 조사하여 살균된 식품을 조사식품(照射食品)이라고 하는데, 최근에 조사식품의 건전성이 국제적으로 인정되고 있고, 에너지 소모가 적으며 완전살충살균이 가능하고, 발아 · 발근 억제효과가 뛰어나서 세계 각국에서 산업화되었거나 특수목적에 실용화되고 있다.

우리나라에서는 식품의 방사선 조사기준을 마련하여 시행하고 있는데, Co^{60}의 γ선을 사용하되 식품의 발아억제, 살충 및 숙도조절의 목적에 한하여 사용하도록 규정하고 있다.

허용대상식품별 흡수선량(단위 kGy)을 보면 다음과 같다.

① 감자, 양파, 마늘: 0.15 이하
② 밤: 0.25 이하
③ 생버섯, 건조버섯: 1 이하
④ 난분, 곡류, 두류 및 그 분말, 전분: 5 이하
⑤ 건조식육, 어패류 및 갑각류 분말, 된장분말, 고추장분말, 간장분말, 건조채소류, 효모 · 효소 식품, 조류식품, 알로에 분말, 인삼(홍삼 포함) 제품류: 7 이하
⑥ 건조향신료 및 이들 조제품, 복합조미식품, 소스류, 침출차, 분말차, 환자식: 10 이하

또한 조사한 식품을 다시 조사할 수 없으며 용기에 넣거나 포장한 후 판매해야 한다. 방사선을 식품에 이용한 예를 표 2-4에 나타내었다.

표 2-4 식품에 있어서 방사선의 이용

조사 목적	조사선량(kGy)*	대상 식품
발아 · 발근 억제	0.03~0.15	감자, 양파, 당근, 고구마, 파, 양배추, 마늘, 밤
살충	0.1~1.0	곡류, 두류, 코코아콩, 돈육(기생충), 과실, 사료원료
숙성지연	0.5~10.0	파파야, 망고, 바나나, 버섯
품질개량	1.0~10.0	건조야채(복원 촉진), 위스키(숙성 촉진), 커피콩(추출률 향상), 밀가루(제빵 적성 향상), 발효원료(효소분해성 향상)
불완전살균(radurization)	1.0~7.0	생선, 수산가공품, 축산가공품(이상, 저장기간 연장), 냉동새우, 가금육, 사료원료(이상, 부패균 살균)
식중독균의 살균(radicidation)	3.0~10.0	향신료, 건조야채, 난분말, 효소제
완전살균(radappertization)	20~50	축산가공품, 환자식, 우주식, 포장용기, 실험동물용 사료

*1Gy = 100rad = 1joule/kg, 1kGy = 1,000Gy
radurization: 부패미생물의 일부를 살균하고 보존기간 연장을 목적으로 하는 처리
radicidation: 포자를 만들지 않는 병원성 미생물을 살균
radappertization: virus 이외의 미생물을 완전히 멸균

(6) 가열살균법

식품에 오염된 미생물이 생존 가능한 온도보다 높은 온도로 식품을 가열 살균하여 보존하는 방법은 오래 전부터 이용되어 왔다. 가열온도가 높으면 여러 종류의 미생물을 살균할 수 있으나 한편으로는 단백질 변성, pH 변화, 비타민 파괴, 갈변, 풍미저하 등이 일어나서 식품의 품질이 현저하게 저하한다. 그러므로 가열온도는 가능하면 낮은 쪽이 바람직하다(표 2-5 참조).

또한 포장 등으로 외부에서 미생물이 침입할 수 없는 상태로 가열하거나 가열처리 후 저온에서 보존하는 방법 등을 병용하면 미생물에 의한 변질을 억제할 수 있다.

표 2-5 식품의 가열살균방법

살균 방법	가열 조건	특징
저온 장시간살균(LTLT)	60~65℃, 30분	우유·술·간장·주스·소스 등의 살균에 이용, 식품의 영양소 및 향미 보존가능, 완전한 살균 불가능
고온 단시간살균(HTST)	71℃, 15초	과즙·우유 살균에 이용, 살균효과가 크고 영양성분 파괴 적음
초고온 순간살균(UHT)	130~135℃, 2~3초	과즙·우유 살균에 가장 널리 사용, 높은 온도로 살균되기 때문에 미생물 증식에 의한 변질 가능성은 거의 없지만 일부 영양소의 파괴·변형이 일어남
고온 장시간살균(HTLT)	95~120℃, 30~60분	통조림·레토르트 파우치 살균에 이용, 장기간 보존 가능
열탕(자비)살균	100℃, 10분	세균 포자가 생존하는 경우가 많음

(7) 증기소독법

물을 끓일 때 생기는 높은 열의 수증기를 이용하여 병원체를 멸균하는 방법으로 100℃의 유동수증기를 사용하는 방법과 고압수증기를 사용하는 방법이 있다. 수증기 소독을 이용할 수 있는 대상물은 소형 기구, 용기, 식기, 조리기구 등이다.

건열살균에 비하여 습열살균이 미생물 살균에 효과적인 것으로 알려져 있는데, 이는 수증기가 미생물세포의 단백질을 응고시키거나 −SH기를 제거하는 데 효과가 좋기 때문이다.

표 2-6 습열에서의 세균포자의 사멸시간

세균	사멸시간 (분)							
	100℃	105℃	110℃	115℃	120℃	125℃	130℃	134℃
Bac. anthracis	2~15	5~10	—	—	—	—	—	—
Bac. subtilis	many hours	—	—	40	—	—	—	—
A putrefactive anaerobes	780	170	41	15	5~6	—	—	—
Cl. tetani	5~90	5~25	—	—	—	—	—	—
Cl. perfringens	5~45	5~27	5~15	4	1	—	—	—
Cl. botulinum	300~530	40~120	32~90	10~40	4~20	—	—	—
Soil bacteria	many hours	420	120	15	6~30	4	—	10~15
Thermophilic bacteria	—	400	100~300	40~110	11~35	3.9~8.0	3.5	—
Cl. sporogenes	150	45	45	12	—	—	—	—

(8) 고압증기멸균법

고압증기멸균(high pressure steam sterilization)은 증기에 압력을 가하여 멸균하는 방법이다.

고압증기멸균기(autoclave)에서 가압된 증기는 온도 100℃ 이상으로 상승하게 되는데, 1kg/cm^{2}의 증기압은 약 120℃가 된다(표 2-7 참조).

고압증기멸균기를 사용할 때 공기가 잔존하면 증기압이 상승하지 못할 뿐만 아니라 온도가 낮아지므로 사용할 때 공기를 제거한 후 수증기압만으로 1kg/cm^{2}에서 15분 간 작용시켜야 소기의 목적을 달성할 수 있다.

이 방법은 실험실내에서 가장 많이 사용되는 멸균방법이다.

표 2-7 증기압과 온도와의 관계

압력		온도 (℃)	압력		온도 (℃)
kg/cm^2	1b/inch^2		kg/cm^2	1b/inch^2	
0	0	100.00	1.0	14.22	119.62
0.2	2.84	104.25	1.4	19.90	125.46
0.4	5.69	108.74	1.8	25.60	130.55
0.6	8.53	112.78	3.0	44.66	142.92
0.8	11.38	116.37			

(9) 간헐멸균법

간헐멸균(intermittent sterilization)은 100℃ 이상에서 사멸되는 미생물을 멸균할 때 사용되는 방법으로서 100℃로 하루에 한 번씩 30분~1시간씩 간헐적으로 멸균하는 방법이다. 이 방법은 포자를 일단 발아시킨 다음, 다시 열을 가하여 멸균하는 것이다. 100℃로 가열할 때는 Koch 증기멸균기를 사용하며, 100℃ 이하(60~90℃)로 가열할 때는 Tyndall 멸균기를 사용한다.

(10) 일광소독법

일광의 살균작용은 자외선의 작용인데, 직사광선일 경우는 모든 균에 대하여 강한 살균력이 있다. 결핵균은 건조한 상태에서는 저항성이 강하나 직사광선에서는 몇 시간이면 죽어버린다. 그러나 일광 작용은 내부에는 미치지 못하므로 표면에만 효과를 나타낸다.

(11) 소각법

병원체를 불꽃에 태워버리는 방법으로 소독방법 중 가장 완전한 방법이다. 균에 오염된 물건이나 의류 또는 폐기물 처리에 효과적이며, 특히 포자를 형성하는 균의 사멸에 효력이 크다. 법정 감염병으로 죽은 가축이나 감염병으로 인하여 오염된 물품도 이 방법으로 처리하는 것이 가장 안전하다.

(12) 여과멸균법

여과기를 이용하여 균체를 제거함으로써 무균액을 만드는 방법으로, 가열에 의한 살균법을 적용하지 못하는 배지 등에 사용된다. 액체여과에서는 Chamberland 여과기, Barkefeld 여과기, Seiz 여과기, 세균여과막(membrane filter)이 사용되며, 미생물을 이용하는 발효공업에서는 공기의 제균목적으로 공기여과기(air filter)가 널리 쓰인다.

2. 화학적 소독살균법

화학약품의 소독 · 살균력을 이용하는 방법이다.

소독제를 작용방식에 따라 구분하면 다음과 같다.

① 단백질 응고(승홍, 포르말린, 석탄산, cresol, alcohol)

② 산화작용(H_2O_2, $KMnO_4$)

③ 단백질과 화합물 형성(Cl_2, I_2)

④ 강산이나 강알칼리 작용에 의한 단백질 변성(중금속의 염류)

소독제의 소독효과는 다음과 같이 영향인자에 따라 크게 달라진다.

① 균종에 따라서 감수성이 다르다.

② 온도가 높을수록 효과가 크다.

③ 유기물질의 농도가 진할수록 효과가 저하된다.

④ 소독제의 농도가 진할수록 효과가 크다.

⑤ 접촉시간이 길수록 살균력이 크다.

한편 소독력의 크기는 $C^n \times t$로 표시할 수 있다. C는 농도, n은 희석배수, t는 시간이다.

(1) 석탄산

석탄산(phenol)은 대개 3~5%, 평균 3% 수용액이 사용된다. 배설물은 5% 용액이 효과적이다. 소독대상은 주로 배설물이지만 오염된 실내벽이나 실험대, 그 밖의 기물 소독에도 쓰인다. 일정한 온도에서 5% 석탄산의 장티푸스균에 대한 살균력과 비교하여 각종 소독제의 효능을 표시하는 것을 석탄산계수(phenol coefficient)라고 한다.

$$\text{석탄산계수} = \frac{\text{소독제액의 희석배수}}{\text{석탄산액의 희석배수}}$$

(2) 크레졸

석탄산의 약 2배 소독력이 있으며 석탄산과 마찬가지로 약품냄새가 강하기 때문에 식품위생면에서 애용되지 못한다. 크레졸(cresol) 비누액으로 만들어 3%(3~5%) 수용액으로 사용하며, 손, 발, 오물통, 축사 등의 소독에 사용한다. 산이나 염을 가하면 크레졸이 분리되어 용해되지 않고 소독력이 감퇴된다.

(3) 포름알데히드 및 포르말린

포름알데히드는 약물소독제 중 유일한 가스소독제이다. 분무기 또는 흡입기와 같은 것을 사용하여 포르말린을 안개 모양으로 뿜어내어 소독한다. 여기에는 몇 가지 방법이 있는데, 모두 특수한 기구와 장치가 필요하다.

포름알데히드를 수용액으로 만든 포르말린은 무균실, 국실, 발효실, 병실, 거실, 도서실 등의 소독에 사용된다. 실내소독의 경우, 증기를 발생시킨 다음에 밀폐시켜야 한다. 이 포르말린은 단백질을 응고시키기 때문에 효력이 떨어지므로 분뇨, 배설물, 퇴비 등의 소독에는 사용되지 않는다.

(4) 표백분

소독력은 주로 표백분 중의 유리염소에 의한 것으로 0.03% 정도 들어 있으면 탄저균의 포자 등 병원균의 포자들도 몇 분 내에 사멸한다.

물 속에 유기물이 들어 있는 경우에는 이 유기물과 결합하여 소독력이 낮아지므로 맑은 물에는 1/200만(0.5ppm), 구정물에는 1/5만~1/50만을 기준량으로 사용하는데, 사용한 뒤 30분이 지나면 유리염소가 소실되어 소독효과를 기대할 수 없다.

(5) 차아염소산나트륨

차아염소산나트륨(NaClO)은 시판 중인 락스의 주성분으로서 유효염소 4% 정도이다. 식품첨가물인 살균료로도 사용이 허용되어 있으며 살균력의 주체는 비해리형 분자인 HClO이다. 차아염소산나트륨은 살균 목적 이외에도 소독, 표백, 탈취 등의 목적으로 널리 사용된다.

(6) 양성비누

양성비누(cationic soap)는 제4급 암모늄염의 유도체로서 보통비누와 반대로 해리하여 양이온이 비누의 주체가 되므로 역성비누(invert soap)라고도 한다. 세척력은 약하나 살균력이 강하고, 가용성이며 냄새가 없고 자극성과 부식성이 없으므로 손이나 식기 소독에 이용된다.

보통 원액(10% 용액)을 200~400배로 희석해서 5~10분간 처리한다. 양성비누는 결핵균에 대한 살균력이 떨어지는 것이 특징이다. 보통비누와 혼용하면 안 되며, 유기물이 공존하면 효과가 감소되므로 세제로 씻은 후 사용하는 것이 좋다. 경수보다는 연수에서, 냉수보다는 온수에서, 산성보다는 알칼리성에서 그 효력이 증대되는 것도 유의할 필요가 있다.

(7) 오존

오존(O_3)은 강력한 산화력을 가지므로 물을 살균하는 데 쓰인다. 방법은 건조한 공기에 전기를 접촉시켜서 오존을 발생시키면 그것을 물과 혼합하는 것으로 대개 $1m^3$의 물에 3~4g의 오존이 소비된다. 침전물이 생기지 않고 냄새가 없어서 좋으나, 전기를 많이 소비하므로 비경제적인 결점이 있다.

(8) 승홍

승홍(corrosive sublimate, $HgCl_2$)은 보통 1,000배 용액(승홍 1, 염산 10, 물 989)을 만들어서 사용한다. 손, 발, 무균상, 금속제가 아닌 물질, 기구, 기계 소독에 적당하다. 금속류는 부식이 될 뿐만 아니라 소독력도 손실되므로 사용해서는 안 된다. 또한 단백질을 응고시키고 소독력도 감소하므로 배설물 소독에도 적당하지 않으며, 알칼리나 암모니아가 있는 곳에서는 소독력이 감소된다.

승홍수는 포자를 죽일 수 있을 정도로 유독하므로 식기 또는 음료수 등에 침투되지 않도록 주의하여야 한다.

(9) 국소 소독제

외상 소독이나 식품위생 분야의 미생물 살균에 유효한 화학적 소독제로는 다음과 같은 것이 사용된다.

1) 에탄올

70% 에탄올이 가장 살균력이 강하며 이보다 농도가 높거나 낮으면 살균력이 약하다.

알코올은 산을 가하면 살균력이 증가되며, 아포에 대해서는 전혀 살균력이 없고, 아포를 형성하지 않는 균에 대해서는 효과가 확실하다. 알코올은 영하 수십℃에서도 얼지 않으므로 추울 때 손의 소독이나 그 밖에 주사 부위 소독에도 적합하다.

2) 옥도정기

보통 외상에 쓰이는데 살균력이 매우 강하고 포자에 대해서도 확실히 효과가 있다.

옥도정기(iodine tincture)는 수술 부위의 피부소독에 가장 적합하며, 점막부에 사용할 때는 자극성을 완화시키기 위하여 옥도정기 2~3배 분량의 글리세린을 가하여 쓴다. 이것은 머큐로크롬보다 살균력이 우수하다.

3) 머큐로크롬

머큐로크롬(mercurochrome, $C_{20}H_3O_6Br_2Na_2Hg$)은 창상에 대하여 1~2% 수용액을 사용하고, 점막에는 2~3% 수용액을 사용한다. 머큐로크롬은 승홍과 달라서 수소이온을 유리시키지 않아서 조직을 자극하는 작용이 대단히 약하기 때문에 점막면에서도 쓸 수 있다.

4) 과산화수소

과산화수소(H_2O_2)는 3~3.3% 용액으로 천천히 물과 산소로 분해된다. 이때 발생하는 산소가 세균을 산화 · 파괴하여 살균력이 나타난다. 과산화수소는 건강한 피부에는 직접 자극성을 나타내지 않으며 주로 화농성 부위나 고름 등을 씻고 소독하는 데 사용한다.

3. 효과적인 세척 · 소독방법

1) 조리종사자의 손

조리종사자는 항상 손을 깨끗한 상태로 유지해야 하는데, 손의 세척 · 소독과정은 다음과 같이 행하는 것이 권장된다.

① 비누를 손에 칠하고 거품을 낸 다음, 손톱브러시 등으로 정성스럽게 때를 제거한다.
② 비누로 거품을 낸 후, 흐르는 물로 충분히 씻는다.
③ 물에 젖은 손에 역성비누 원액을 2~3방울(0.3~0.5mL) 떨어뜨려 손에 넓게 퍼지도록 문지른다.
④ 종이타월 또는 온풍으로 말린다.

2) 행주와 도마

행주는 삶거나 증기소독, 차아염소산 처리, 일광건조 등을 하여 항상 건조상태를 유지한다.

도마는 흐르는 물로 씻은 후에 열탕처리를 하거나 차아염소산으로 비벼서 흐르는 물에 씻어 말린다.

3) 유리기구와 도자기류

석탄산수 · 크레졸수 · 승홍수 · 포르말린에 담그거나 뿌려주며 내열성이 강한 것은 증기소독과 자비소독을 한다.

4) 의복, 침구류 및 모직물

일광소독, 증기소독, 자비소독을 하거나 크레졸수 · 석탄산수에 2시간 정도 담근다.

5) 대소변, 배설물 및 토사물

소각을 하거나 약품으로서 석탄산수, 크레졸수, 생석회 분말 등을 사용한다.

6) 화장실, 쓰레기장 및 하수구

분변에는 생석회를 사용하고 변기나 화장실 내에는 석탄산수, 크레졸수, 포르말린을 뿌려준다.

2-4 식품의 부패

식품이 어떤 요인에 의해 그 품질이 변화하여 섭취할 수 없는 상태에 이른 것을 **변질** 또는 **열화**(劣化, spoilage 또는 decay)라고 한다. 변질이나 열화의 요인에는 생물학적 요인, 화학적 요인, 물리학적 요인 등이 있다.

식품의 변질은 한 가지 또는 그 이상의 변질요인이 복합적으로 작용하여 일어나는데, 그중 생물학적 요인인 미생물에 의한 경우가 대부분이므로 가장 중요하다고 볼 수 있다. 이러한 열화 또는 변질은 관여하는 식품의 성분에 따라 다시 나눌 수가 있다.

부패(putrefaction)는 넓은 의미에서 보면 변질현상에 속하는 것으로 단백질 식품이 미생물의 분해작용에 의하여 형태, 색택, 경도, 맛 등 본래의 성질을 잃고 악취를 발생시키거나 독물을 생성하여 먹을 수 없게 되는 현상을 말한다.

탄수화물이 분해되는 현상은 **발효**(fermentation), 지방이 분해되는 현상을 **산패**(rancidity), 탄수화물이나 지방이 변질되는 현상을 **변패**(deterioration)라고 구분하기도 한다. 그러나 대부분의 식품은 단백질, 탄수화물, 지방 등의 한 가지 성분만으로 된 것은 없다. 이들 성분이 여러가지 조성비로 공존하는 혼합체이므로 식품이 미생물에 의하여 변화를 받을 때 부패와 발효는 동시에 일어난다. 그러므로 부패와 발효의 개념은 과학성이 희박하다.

발효는 식품의 분해반응이 자기가 원하는 방향으로 진행되어 그 생산물이 인간생활에 유용한 것이며, 부패는 식품이 미생물의 분해반응으로 식품의 가치를 잃어버리는 현상을 말한다.

1. 부패에 관여하는 미생물

식품에 세균이 혼입되면 균수의 증가에 따라서 식품성분이 세균들의 효소에 의하여 분해되어 각종 대사산물을 생성시켜서 먹을 수 없는 상태가 된다. 식품 중 단백질 분해에 관여하는 세균을 병원성 세균이라고 하며 식중독 세균과 구별하여 부패세균(putrefactive bacteria)이라고 한다. 식품의 부패는 한 가지 세균의 오염에 의하여 일어나기도 하지만, 일반적으로 몇 종류의 세균들이 시기를 달리하여 증식하면서 부패가 진행된다.

이와 같이 경시적으로 세균들의 교대 증식은 환경(온도, 수분, pH, 식품성분 등)에 알맞은 균 종류가 최초로 증식하며, 변화된 환경에 따라서 다음 종류의 미생물들이 증식하면서 부패가 일어난다.

부패세균의 종류는 식품에 따라서 달라지는데, 어패류 또는 축산물에는 주로 *Pseudomonas*, *Bacillus* 등이며, 혼합가공 단백질식품은 *Bacillus*, *Clostridium* 등에 의한 경우가 많다. 식물성 식품에 잘 번식하는 효모, 곰팡이의 경우는 품질저하요인은 되지만 부패를 일으키는 경우는 적다.

부패에 관여하는 미생물은 여러 종류가 있으나 단백질 분해력이 강한 공통적인 특징을 가진다.

부패에 관여하는 세균으로는 다음과 같은 것이 있다.

① *Clostridium* 속(*Clostridium sporogenes*, *Clostridium putrificum*)
② *Pseudomonas* 속(*Pseudomonas fluorescens*, *Pseudomonas syncyanea*)
③ *Proteus* 속(*Proteus vulgaris*, *Proteus mirabilis*)
④ *Flavobacterium* 속
⑤ *Micrococcus* 속(*Micrococcus agilis*)
⑥ *Bacillus* 속(*Bacillus subtilis*, *Bacillus mesentericus*, *Bacillus vulgatus*)
⑦ *Aerobacter aerogenes*
⑧ *Escherichia coli*
⑨ *Serratia* 속(*Serratia marcescens*)

2. 부패과정의 화학반응

식품의 성분인 단백질, 지방, 탄수화물 등의 고분자화합물은 식품 중의 효소에 의해 분해되어 저분자화합물이 된다. 저분자화합물인 아미노산, 지방산, 유기산 등의 미생물의 작용을 받아 아민류, 암모니아, H_2S, mercaptane, phenol, 개미산, CO_2 등이 부패산물을 생성한다. 이처럼 부패란 저분자화합물이 부패미생물에 의해서 각종 부패산물을 생성하는 것을 말한다.

여기서는 아미노산이 부패 미생물의 작용으로 탈아미노반응이나 탈탄산반응 및 이들의 혼합반응 등에 의하여 분해되어 부패산물이 생성되는 과정을 기술하고자 한다.

탄수화물 → Pyruvate, Gluconate → { 초산, 젖산 → CO_2, 물, 아세톤, Butanol, 에탄올, 호박산, 낙산, Propionate 등 }

지 방 → Glycerine, 지방산, Carbonic acid, Aldehyde 등

단 백 질 → Polypeptide → 아미노산 → { 지방산, 암모니아, 아민류, H_2S, Phenol, Cresol, Indole, Skatole, Mercaptane, α-Keto산, 낙산, 푸말산, CO_2 등 }

(1) 탈아미노반응(deamination)

① 호기적 탈아미노반응

α-keto산과 NH_3가 생성된다.

$$\underset{\text{아미노산}}{R \cdot CH \cdot NH_2 \cdot COOH} \xrightarrow{+O} \underset{\alpha\text{-keto 산}}{R \cdot CO \cdot COOH} + NH_3$$

② 가수적 탈아미노반응

oxy산과 NH_3가 생성된다.

$$R \cdot CH \cdot NH_2 \cdot COOH \xrightarrow{+H_2O} \underset{\text{hydroxy acid}}{R \cdot CH \cdot OH \cdot COOH} + NH_3$$

③ 환원적 탈아미노반응

포화지방산과 NH_3가 생성된다.

$$R \cdot CH \cdot NH_2 \cdot COOH \xrightarrow{+2H} \underset{\text{포화지방산}}{R \cdot CH_2 \cdot COOH} + NH_3$$

④ 불포화적 탈아미노반응

불포화지방산과 NH_3가 생성된다.

$$R \cdot CH_2 \cdot CH \cdot NH_2 \cdot COOH \longrightarrow \underset{\text{불포화지방산}}{R \cdot CH{=}CH \cdot COOH} + NH_3$$

(2) 탈탄산반응(decarboxylation)

미생물의 탈탄산효소가 아미노산의 α–carboxyl기를 탈리하여 아민과 동시에 CO_2 또는 개미산을 생성하는 반응으로 산성조건에서 일어나기 쉽다.

$$R \cdot CH \cdot NH_2 \cdot COOH \longrightarrow \underset{\text{아민}}{R \cdot CH_2 \cdot NH_2} + CO_2$$

$$R \cdot CH \cdot NH_2 \cdot COOH \xrightarrow{+2H} \underset{\text{아민}}{R \cdot CH_2 \cdot NH_2} + \underset{\text{개미산}}{HCOOH}$$

이 반응에서 생성되는 histamine, tyramine, cadaverine, putrescine, agmatine 등은 독성이 매우 강한 유독아민으로서 ptomaine으로 불린다(표 2–8참조).

대체로 아민생성세균에는 amine oxidase가 없으므로 부패과정에서 histamine 등 생성된 아민이 축적되기 쉽다.

표 2–8 각종 아미노산에서 유래하는 아민류와 그 생성미생물

기질 아미노산	아민류		아민 생성미생물
histidine	histamine	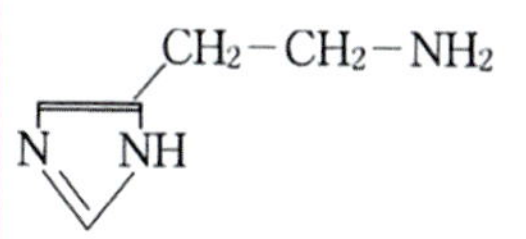	*Escherichia coli*, *Clostridium perfringens*, *Proteus morganii*
tyrosine	tyramine	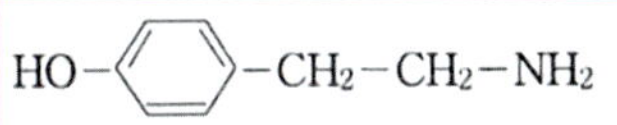	*Streptococcus faecalis*, *E. coli*
arginine	agmatine	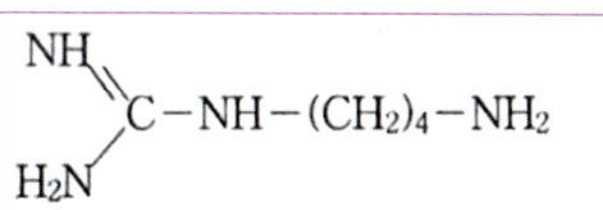	*E. coli*
ornithine	putrescine	$H_2N-(CH_2)_4-NH_2$	*E. coli*, *P. morganii*, *Cl. perfringens*
lysine	cadaverine	$H_2N-(CH_2)_5-NH_2$	*E. coli*, *Bacterium cadaveris*, *Cl. perfringens*
tryptophan	tryptamine	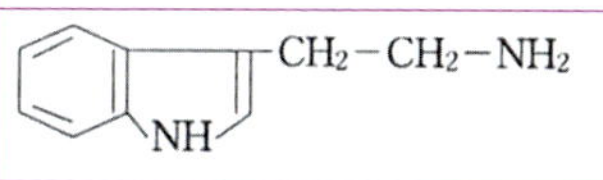	*Candida*
valine	isobutylamine	$(CH_3)_2CH-CH_2-NH_2$	*Proteus vulgaris*
leucine	isoamylamine	$(CH_3)_2CH-(CH_2)_2-NH_2$	*P. vulgaris*
phenylalanine	phenethylamine	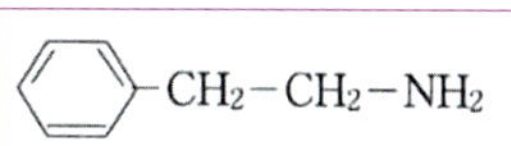	*P. vulgaris*

(3) 탈아미노와 탈탄산의 혼합반응

① 가수분해

$$R \cdot CH \cdot NH_2 \cdot COOH \xrightarrow{+H_2O} R \cdot CH_2 \cdot OH + NH_3 + CO_2$$

$$\underset{\text{valine}}{(CH_3)_2CH \cdot CH \cdot NH_2 \cdot COOH} \xrightarrow{H_2O} \underset{\text{isobutyl alcohol}}{(CH_3)_2CH \cdot CH_2 \cdot OH} + NH_3 + CO_2$$

② 환원

$$R \cdot CH \cdot NH_2 \cdot COOH \xrightarrow{+2H} R \cdot CH_3 + NH_3 + CO_2$$

$$\underset{\text{glycine}}{CH_2 \cdot NH_2 \cdot COOH} \xrightarrow{H_2} CH_4 + NH_3 + CO_2$$

③ 산화

$$R \cdot CH \cdot NH_2 \cdot COOH \xrightarrow{+O_2} R \cdot COOH + NH_3 + CO_2$$

$$\underset{\text{alanine}}{CH_3 \cdot CH \cdot NH_2 \cdot COOH} \xrightarrow{O_2} CH_3COOH + NH_3 + CO_2$$

(4) 기타

① 어류의 체내에 존재하는 trimethylamine oxide(TMAO)는 미생물의 환원 효소에 의해 trimethylamine(TMA)이 되어 부패취의 원인이 된다.

$$\underset{\text{TMAO}}{(CH_3)_3NO} + NADH + H^+ \longrightarrow \underset{\text{TMA}}{(CH_3)_3N} + NAD^+ + H_2O$$

② 함황아미노산은 분해되어 mercaptane, H_2S 등을 생성한다.

$$\underset{\text{cysteine}}{HS \cdot CH_2 \cdot CH \cdot NH_2 \cdot COOH} \longrightarrow \underset{\beta\text{-thio 젖산}}{HS \cdot CH_2 \cdot CH_2 \cdot COOH} \longrightarrow$$

$$\underset{\text{thioglycol산}}{HS \cdot CH_2 \cdot COOH} \longrightarrow \underset{\text{mercaptane}}{CH_3 \cdot SH} \longrightarrow H_2S$$

③ tryptophan에서는 skatole과 indole이 생성된다.

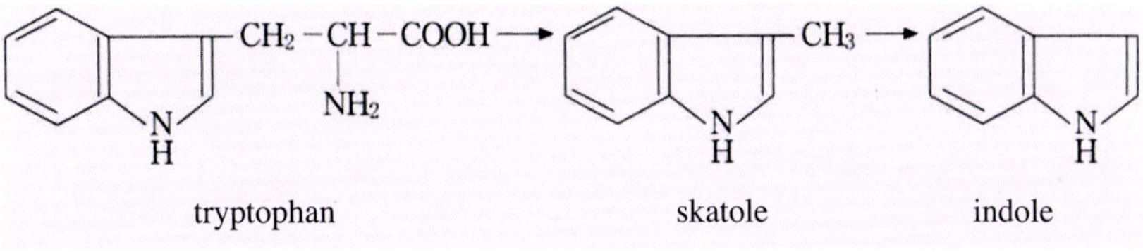

3. 초기부패 판정

자연계의 천연식품 대부분은 부패하기 쉽다. 조리한 것은 천연식품보다 더욱 부패하기 쉬운 상태가 되는 것이 많다. 음식물이 부패하면 냄새가 나고 외관이 변하기 때문에 누구나 쉽게 알 수 있으므로 먹지 않으면 문제가 되지 않지만 부패 초기단계의 음식은 잘 알지 못하므로 문제가 야기된다.

초기부패의 검사법으로는 관능검사, 물리적 검사, 화학적 검사 및 생물학적 검사가 있다.

(1) 관능검사

시각 · 촉각 · 미각 · 후각 · 청각 등을 이용하여 검사하는 방법으로 식품의 종류에 따라서 다르나 초기부패가 일어나면 일종의 부패취(아민, 암모니아, 산패, 곰팡이, 알코올, 에스테르, 분변 등의 냄새)가 발생되며, 색조변화로서는 퇴색 · 변색 · 착색 · 광택소실 등이 있고, 상태변화는 액체식품의 경우 침전 · 응고 · 발포 · 혼탁 등이 있으며 고체식품의 경우 탄력성 저하 · 연화 · 점액화가 있으며, 미각변화는 이미 · 무미 · 자극성 등이 나타난다.

통조림 식품에서는 두드려서 나는 소리로 선도를 알 수 있다. 관능검사는 개인적인 차이가 있으므로 객관적인 척도는 못 된다는 단점이 있다.

(2) 생물학적 검사

식품이 부패하면 그와 함께 세균도 증식하므로 일반 세균수를 측정하여 식품의 선도를 판별할 수 있다.

그러나 생균수만으로 부패의 정도를 판정하는 것은 정확한 것은 아니다. 식품에 세균이 골고루 부착되어 있지 않으며, 세균 중에는 부패력이 강한 균도 있고 그렇지 않은 균도 있기 때문이다. 그러나 부패 정도와 생균수는 대체로 일치하므로 균수가 식품 1g 혹은 1mL당 10^7~10^8이면 초기부패로 보고 있다.

(3) 물리적 검사

식품의 경도, 점성, 탄력성, 색 및 전기저항 등을 측정하는 방법으로 짧은 시간에 간단히 결과를 얻을 수 있어서 좋지만 같은 종류의 식품이라고 할지라도 여러 가지 조건에 따라서 결과가 달라지므로 초기부패의 척도로 사용하는 데 문제점이 생긴다.

(4) 화학적 검사

어류 또는 식육 등의 식품은 휘발성 염기질소(휘발성 amine류, ammonia 등), 트리메틸아민, 히스타민, pH 등의 함량변화를 통해 초기부패를 확인할 수 있다.

① 휘발성 염기질소

어육, 식육 등의 단백질식품은 신선도 저하와 함께 amine이나 NH_3 등을 생성하므로 휘발성 염기질소(volatile basic nitrogen)를 정량하면 이들 식품의 신선도를 측정할 수 있다.

검사방법으로는 통기법, 감압법, Conway의 미량확산법 등이 있다. 휘발성 염기질소의 생성량은 단백질식품의 부패 판정지표가 된다.

극히 신선한 어육은 5~10mg%, 보통 선도의 어육은 15~25mg%, 초기부패 어육은 30~40mg%, 부패한 어육은 50mg% 정도의 값을 나타낸다.

② 트리메틸아민

어패류의 육중에서 trimethylamine oxide가 환원되어 trimethylamine을 생성하는데 어패류의 신선도 저하와 함께 증가하기 때문에 어패류의 신선도 검사에 사용된다.

Guide

트리메틸아민
동·식물이 분해될 때 나는 자극적인 냄새의 기체

검사방법으로는 포르말린으로 암모니아를 고정한 뒤에 측정하는 방법과 요오드의 복염으로 하여 이염화 에틸렌으로 추출하여 측정하는 법이 있다. 4~6mg%가 함유되면 초기부패에 해당한다.

③ 히스타민

Guide

• **히스타민**
동물조직내에 널리 존재하는 독성 화학 물질

• **히스티딘**
키르노신, 안세린, 해모글로빈의 구성 성분으로 히스타민의 전구체

어패류의 부패과정에서 histidine이 세균의 탈탄산작용에 의해 histamine이 되어 어육 중에 축적되는데 4~10mg%이면 알레르기성 식중독을 일으킨다.

④ pH

일반적으로 선육은 pH 7 부근에서 사후강직 및 자기소화를 일으켜 젖산을 생성하며 이로 인해서 pH 6 부근으로 떨어진다. 부패가 시작되면 암모니아와 그 밖의 염기성 물질이 생성되어 중성 또는 알칼리성으로 이행되므로 pH는 중성 부근에서 일단 저하되었다가 상승된다. pH 6.2~6.5를 초기부패라고 한다.

4. 알레르기성 식중독

세균증식이나 세균독소의 원인이 아니라 세균오염에 의한 부패산물이 원인으로 일어나는 식중독으로 그 증상이 allergy상태인 때를 말한다.

꽁치, 고등어, 정어리, 참치, 방어, 날치 등의 붉은살 어류와 그 가공품에는 히스티딘 함량이 높다. 여기에 *Proteus morganii*가 오염세균인 경우 유독아민인 히스타민이 체내에 축적되므로 알레르기성 식중독이 발생한다.

어육 1g에 히스타민이 4~10mg이면 중독이 일어나는데, 공존하는 agmatine 등 아민류의 협동작용으로 일어나는 경우가 많다. 섭취 후 1시간 정도 지나면 발병하지만 빠르면 5분 이내에 일어나기도 한다.

증상은 안면부에서 열이 나고 붉어지며 전신에 두드러기가 생긴다. 그 밖에 심한 두통, 오한, 발열, 구토, 설사가 일어나는데, 하루 이내에 회복되며 사망하는 경우는 드물다. 항히스타민제를 복용하면 회복이 빠르다.

Chapter 3

세균성 식중독

3-1 개 요

1. 세균성 식중독의 정의와 역사

식중독의 명확한 정의를 내리는 것은 어려운 일이지만 일반적으로 넓은 의미에서 볼 때 식품(음식물)을 섭취함으로써 일어나는 급성 위장염을 주된 증상으로 하는 건강장해라고 할 수 있다. 좁은 의미에서 해석하는 경우에는 살아있는 세균 또는 그것이 생산한 독소를 함유하는 식품을 섭취하여 일으키는 설사나 복통 등의 급성 위장염 증상을 나타내는 질병을 의미하기도 한다.

식중독의 범주에 영양섭취불량에 의한 질병, 장티푸스 · 이질 · 콜레라와 같은 급성 감염병, 기생충증 및 외과적 질환은 포함하지 않는다.

식품위생법(제2조)에서는 식중독을 "식품섭취로 인하여 인체에 유해한 미생물 또는 유독물질에 의하여 발생하였거나 발생한 것으로 판단되는 감염성 질환 또는 독소형 질환"으로 정의하고 있다.

식중독에 대한 과학적 조사연구가 진행된 것은 19세기 후반부터 20세기 초까지 당시 식중독은 식품 중에 존재하는 단백분해산물인 유독 amine, 즉 ptomaine에 의해 일어난다고 생각했다(ptomaine설). 그러나 세균학이 점차로 진보함에 따라 식중독의 원인으로서 보툴리누스균이나 살모넬라균 등의 병원균이 증명되었다. 게다가 포도상구균에 의한 식중독이 실험적으로 증명됨에 따라 ptomaine설은 점차로 자취를 감추었다.

많은 경험과 실험의 결과 오늘날 밝혀진 식중독의 확실한 원인균으로는 살모넬라, 장염 비브리오, 병원성 대장균, 웰치균, 포도상구균, 보툴리누스 등이 있다.

2. 세균성 식중독의 분류 및 특징

(1) 분류

세균성 식중독은 감염형(感染型)과 독소형(毒素型)의 두 가지로 분류되지만 때로는 중간형(中間型)을 넣어서 세 가지로 분류하기도 한다.

- 세균성 식중독
  - 감염형: 생균의 경구적인 섭취에 의한 것
    - 살모넬라
    - 장염 비브리오
    - 병원성 대장균
  - 독소형: 식품 중에 증식한 세균이 생산한 독소에 의한 것
    - 포도상구균
    - 보툴리누스
  - 중간형: 장 내에서 증식한 세균이 생산한 독소에 의한 것
    - 웰치균
    - 세레우스

① 감염형

살모넬라(*Salmonella*), 장염 비브리오(*Vibrio parahaemolyticus*), 병원성 대장균(pathogenic *Escherichia coli*) 등과 같이 세균에 의해서 일어나는 것이다. 식품 내에 세균이 증식하여 그 생균을 대량으로 식품과 함께 섭취함으로써 이것이 장 내 점막에 침입하여 발병하는 것이다.

② 독소형

포도상구균(*Staphylococcus aureus*)과 보툴리누스(*Clostridium botulinum*)에 의한 식중독과 같이 식품 중에서 세균이 증식할 때 생기는 특유의 독소에 의해 발병하는 경우이다.

③ 중간형

감염형이나 독소형과는 별도로 장 내에서 증식한 세균이 생산하는 독소에 의해 일어나는 것이다. 웰치균(*Clostridium perfringens*), 세레우스(*Bacillus cereus*) 등이 포함된다.

(2) 특징

식중독 사건 중 원인물질이 밝혀진 것의 약 80%는 세균과 바이러스에 의한 것이고, 원인불명인 것도 역학적으로 대부분 이들에 의한 것으로 추정되고 있기 때문에 식중독에 있어서 세균과 바이러스가 차지하는 비중은 극히 높다.

세균에 의한 일반적인 식중독 원인균으로 인정된 것은 살모넬라, 장염 비브리오, 병원성 대장균, 웰치균, 포도상구균, 보툴리누스 등이다. 그 밖에도 세레우스, 캄필로박터, 여시니아 등이 있다. 바이러스에 의한 식중독은 노로바이러스가 압도적이다

표 3-1 주요 세균성 식중독의 잠복기 및 주요 증상

식중독	분 류	잠복기(보통)	주요증상
살모넬라	감염형(조직침입성)	6~48시간 (12~24시간)	설사, 복통, 발열, 두통, 구토, 구역질
장염 비브리오	감염형(kanagawa현상) 용혈독	8~24시간 (15~20시간)	설사, 복통, 구역질, 구토, 발열
병원성 대장균	감염형(EPEC, EIEC, ETEC, EHEC)	6~72시간 (10~15시간)	복통, 설사, 발열, 구토, 구역질
여시니아	감염형(조직침입성)	3~7일	설사, 복통, 발열, 두통
캄필로박터	감염형	2~7일	설사, 복통, 두통, 발열
포도상구균	독소형(식품 내 독소형) enterotoxin	1~6시간 (3시간)	구역질, 구토, 설사, 복통
보툴리누스	독소형(식품 내 독소형) botulinus독소	12~96시간 (18~36시간)	복시, 연하곤란, 발성곤란, 호흡곤란
세레우스	중간형(생체 내 독소형) enterotoxin	1~6시간 8~12시간	구역질, 구토 복통, 설사
웰치균	중간형(생체 내 독소형) enterotoxin	6~22시간 (12시간)	복통, 설사

일반적으로 감염형 식중독의 경우는 비교적 긴 잠복기 뒤에 두통, 구역질, 구토, 복통, 설사 등의 증상이 일어나며, 주요 증상은 보통 2~3일에 잘 나타나고 1주일 이내에 회복된다. 독소형의 경우는 일반적으로 감염형에 비해 잠복기가 짧고 발열이 거의 없으며, 다른 증상은 감염형과 거의 같다(표 3-1참조).

3-2 살모넬라 식중독

살모넬라 식중독은 *Salmonella*에 속하는 특정 균종이 오염 · 증식된 식품을 섭취하여 일어나는 감염형 식중독이다. 세계적으로 널리 발생되며 특히 유럽에서 가장 많이 발생하는 것으로 알려져 있다.

살모넬라균(그림 3-1 참조)은 1885년 Salmon과 Smith에 의하여 돼지콜레라의 원인균으로서 처음 분리되었고, 1888년 Gärtner가 독일에서 발생한 식중독의 원인균으로 최초로 보고하였다.

Gärtner의 발견은 *Salmonella*가 식중독을 일으킨다는 차원을 넘어 식중독이나 급성 위장염이 세균에 의해 발생된다는 것을 밝혔다는 점에서 역사적으로도 특기할 만한 업적이다.

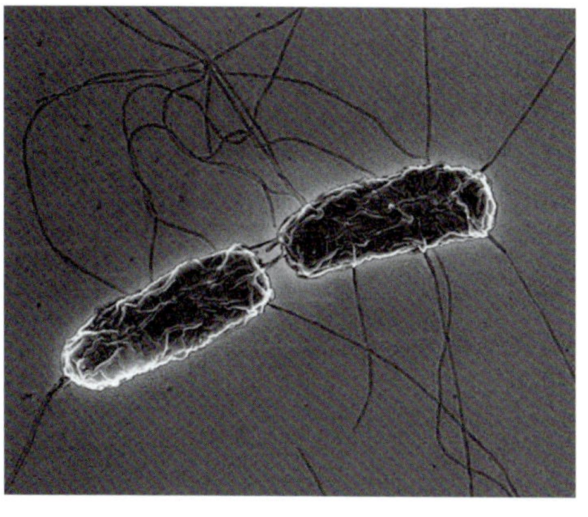

그림 3-1 *Salmonella* (× 9,000)

이후 유사한 세균이 계속 발견되었으며 1890년에 Lignieres의 제안에 따라 이들 세균의 명칭을 Salmon의 이름과 관련지어 *Salmonella*라고 부르기 시작했다.

살모넬라는 통성 혐기성 · 그람음성 · 무아포성 간균으로 주모성 편모를 가지며 포도당을 발효하고, cytochrome oxidase 음성을 나타내는 장내세균(Enterobacteriaceae)에 속한다.

크기는 0.5~0.8 × 3~4μm 정도이며, 발육최적온도는 25~37℃이고 43℃까지 발육증식하지만 10℃ 이하에서는 거의 생육하지 않는다. 대표적인 장내세균인 대장균과는 유당 비분해, 인돌 비형성, 유화수소 생성 등의 성질에 의해 구별된다.

(1) 원인세균

식중독을 일으키는 살모넬라균은 우리나라에서만 30여 종이 알려져 있다. 대표적인 것으로 *Salmonella typhimurium*(쥐티푸스균), *S. enteritidis*(장염균), *S. chloraesuis*(돼지콜레라균), *S. thompson, S. infantis*, *S. derby* 등이 있다. *S. typhimurium*과 *S. enteritidis*가 압도적으로 많은 것으로 보고되고 있다.

(2) 발생상황과 원인식품

발병은 6~9월에 많고 겨울에 적은 경향이 있으나 1년 내내 발생하는 것이 특징이다.

원인식품은 알과 식육 및 그 가공품인 경우가 많다. 살모넬라에 오염된 알이나 식육으로부터 2차적으로 오염된 식품류에서도 식중독 발생을 자주 볼 수 있다. 그러나 종류가 대단히 많은 편이고 감염원이 광범위하므로 원인을 특정식품에 국한시키는 것은 곤란하다.

(3) 중독증상

살모넬라 식중독의 잠복기는 섭취균량과 혈청형 및 감수성에 따라 다르지만 일반적으로 12~48시간이고, 발병의 peak는 12~24시간(평균 20시간)이다. 발병률은 다른 식중독에 비하여 높아서 75% 정도이다.

중독의 주증상은 복통, 설사, 발열이고, 일부에서는 구역질이나 구토 등도 수반한다. 설사는 1일 몇회 정도의 수양성(水樣性)이며, 중증일 때는 혈변이나 점혈변을 배출한다. 발열은 38~40℃이고, 때로는 40℃ 이상의 고열인 경우도 있다.

경증일 때는 주증상이 1~2일 동안 지속되고 1주일 정도 경과하면 회복되지만 중증인 경우는 사망하기도 한다.

(4) 감염원과 감염경로

지금까지 살모넬라에 관한 생태학적 조사에서 보면 정도의 차는 있어도 사람, 가축, 가금, 곤충, 쥐, 개, 고양이, 거북, 뱀, 하수, 하천 등에 극히 광범위하게 분포되어 있는 것이 밝혀졌다. 이들이 직간접적으로 살모넬라의 오염원으로서 역할을 하고 있는 것은 명백하다.

감염경로는 감염원에 의해서 오염된 식품을 섭취함으로써 사람에게 감염된다. 살모넬라는 포유동물이나 조류의 장내에 서식하기 때문에 식육이나 달걀은 이 균에 오염되기 쉬운데 이것을 사람이 섭취함으로써 발병하는 1차 오염이 있고, 쥐나 곤충 등의 보균동물이나 보균자의 배설물이 식품에 오염되어 발생하는 2차 오염이 있다.

식육의 경우는 그 자체가 1차 오염되어 식중독을 일으키는 경우는 아주 드물며 도살 후 처리과정에서 2차적인 오염에 의해 주로 발병한다. 달걀의 경우에는 수란관을 통하여 항문까지 나오는 경로에서 장관 내의 살모넬라균이 분변과 함께 부착되어 있다가 달걀의 기공을 통해 침입한다. 이러한 달걀로 마요네즈, 샐러드, 건조란을 만들 경우에 오염되는 예가 많다.

(5) 예방법

식육 중 쇠고기와 돼지고기는 살모넬라 오염률이 5~10%, 닭고기는 10~30%로 알려지고 있으므로 식육의 생식을 금해야 한다. 또 이들에 의한 다른 식품의 2차 오염에 대해서도 충분히 주의를 기울여야 한다.

살모넬라균은 비교적 열에 약하여 62~65°C에서 20분 간 가열로 사멸되므로 식품의 가열이 식중독 방지에 가장 효과적인 방법이다. 10°C 이하에서도 거의 발육하지 않으므로 식품을 저온보존하는 것도 필요하다. 그 밖에도 축산물의 철저한 위생검사, 환자나 보균자의 식품취급 금지, 식품취급시설의 위생관리 등도 예방대책이 될 수 있다.

3-3 장염 비브리오 식중독

장염 비브리오 식중독은 호염균인 장염 비브리오균에 오염된 식품을 섭취하여 일어나는 감염형 식중독으로 병원성 호염성(halophilism) 식중독이라고도 부른다.

장염 비브리오균(그림 3-2 참조)은 1950년 일본 오사카에서 발생한 마른멸치에 의한 식중독의 원인균으로서 후지노(藤野) 등에 의하여 처음으로 분리되어 *Pasteurella parahaemolytica*로 명명된 세균이다.

이것은 1955년 일본 요코하마(横濱) 병원에서 발생한 식중독의 원인균으로서 다키가와(瀧川)가 분리하여 명명한 호염성 세균 *Pseudomonas enteritis*와 같은 것으로 판명되었다. 그 후에 이 균이 사카자키(坂岐) 등에 의하여 분류학상으로 *Vibrio*에 속하는 것으로 밝혀져 *Vibrio parahaemolyticus*로 명명되었고, 1963년에 학명으로 확정되었다.

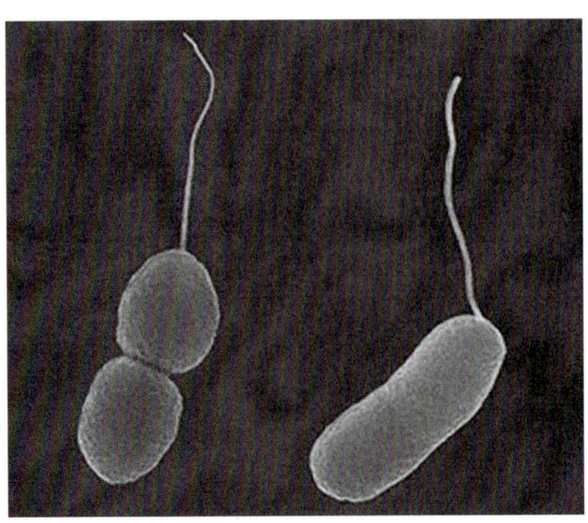

그림 3-2 장염 *Vibrio* (× 7,000)

(1) 원인세균

장염 비브리오균(*Vibrio parahaemolyticus*)은 해수세균의 일종이다. 3~5%의 식염농도에서 잘 발육하고, 10% 이상의 식염농도에서는 성장이 정지되는 세균으로(그림 3-3 참조), 그람음성 무아포의 간균이며 통성 혐기성이다. 편모는 1개이지만 고체배지에서는 주모성 편모를 가진다.

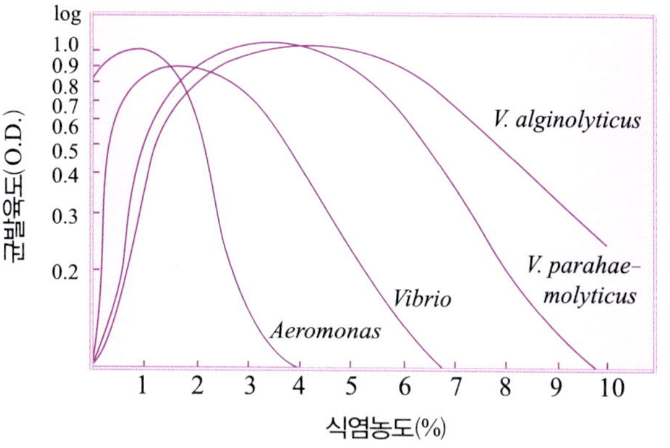

그림 3-3 장염 비브리오와 유연균의 호염성 비교

발육최적온도는 37°C 정도로 비병원성 비브리오의 25~30°C와는 극히 대조적이다. 이 균은 최적조건에서 약 10분에 1회의 속도로 분열하므로 일반세균의 약 20분에 1회에 비해 증식속도가 빨라서 2~3시간이면 발증균량에 도달할 수 있다.

(2) 발생상황과 원인식품

5월에서 11월에 걸쳐 발생하고, 기온이 30°C가 넘는 7~9월에 집중적으로 발생하며 겨울철에는 드물다.

원인식품은 해산어패류 및 그 가공품이 압도적으로 많다. 특히 생선회나 초밥 등이 주된 원인식품이다. 그 밖에도 2차 오염된 도시락이나 야채샐러드 등의 복합식품도 원인식품이 된다. 2차 오염은 어패류에서 조리기구나 손가락 등을 통해 이루어지는 경우가 많다.

(3) 중독증상

잠복기는 8~24시간이고, 발병의 peak는 15~20시간이다. 환자의 공통되는 주증상은 복통과 설사인데, 복통은 위 또는 상복부에 심한 통증을 유발하는 경우가 많다.

설사는 대부분 1일 몇 차례 정도이고 수양성이지만 심한 경우 1일 10회 이상이고 점액이나 혈액이 섞이는 경우도 적지 않다. 구역질 또는 구토는 일부에서만 나타나고, 1회 내지 수회로 끝난다. 복통 · 설사에 이어 37~39℃의 발열을 나타내는 경우가 많다.

증상은 발병 후 12시간 경부터 회복되기 시작하여 24~36시간이면 마무리된다. 경과는 일반적으로 좋은 편이지만 사망할 수도 있다.

(4) 감염원과 감염경로

장염 비브리오는 연안의 해수, 연안흙, 플랑크톤 등에 널리 분포되어 있고, 특히 육지로부터 오염되기 쉬운 해역에 많다. 따라서 장염 비브리오로 오염된 해수가 감염원이 되어 어패류가 직접 오염되고, 이들로부터 조리대, 도마, 행주, 식칼 등을 거쳐서 간접적으로 다른 식품이 2차 오염된다.

이 균은 염분이 적절하게 함유된 식품에서는 여름철에 특히 급속도로 증식하므로 이러한 식품을 섭취하면 감염된다. 환자나 보균자의 분변이 감염원이 되는 수도 있다.

(5) 예방법

장염 비브리오는 여름철 연안해수에서 고빈도로 검출되므로 해산어패류의 장염 비브리오 오염은 피할 수 없다. 그러나 어획 직후에는 오염균수가 적기 때문에 어느 정도 안심할 수 있다.

어패류의 유통과정에서 10℃ 이상이면 균이 증식하므로 저온보관이 필수적이다. 어패류의 신선도와 무관하게 2차 오염에 의해 식중독이 발생할 수도 있다. 이 균은 열에 약하여 60℃에서 5분, 55℃에서 10분 가열로 사멸되므로 가열조리된 식품은 안전하다.

저온인 0~2℃에 보존하면 부착세균이 1~2일 만에 사멸되므로 냉동식품도 안전한 편이다. 또 민물에서는 저항성이 약하므로 잘 세척하는 것도 어느 정도 도움이 된다.

3-4 병원성 대장균 식중독

Guide

- **마이크로플로라**
  ① 육안으로는 관찰할 수 없으나 현미경으로 관찰할 수 있는 식물 및 조류
  ② 특정 미소서식체에서 서식하는 식물 또는 조류
- **엔테로톡신**
  ① 장점막세포에 존재하는 특이적인 독소
  ② 장내에서 발생되는 독소
  ③ 포도상구균 등의 균종에 의해 생산되며 비교적 열에 안정된 외독소

대장균(*Escherichia coli*)은 사람이나 동물의 장 내에 분포해 정상적인 마이크로플로라(**microflora**)를 구성하는 세균으로 글루코오스를 분해하여 산을 생성한다. 자연계에도 널리 분포하며 병원성이 없다. 그러나 1945년 Bray가 영국에서 유아에게 설사를 일으키는 대장균을 보고한 이래, 유아뿐 아니라 성인에게도 급성 위장염을 일으키는 특정 혈청형을 가진 대장균이 발견되었다. 이를 계기로 이러한 대장균을 병원성 대장균이라 하여 일반 대장균과 구분하기 시작했다. 같은 시기에 Kauffmann 등은 유아설사증을 유발하는 대장균의 혈청형이 O항원형 55 또는 111에 해당함을 밝혔다.

한편 1971년 Sack 등은 콜레라와 같은 엔테로톡신(**enterotoxin**)을 생산하는 대장균을 분리하여 이를 장독성 대장균이라 불렀다. 이질균처럼 장 세포 내에 침입하여 설사증을 유발하는 대장균도 발견되었다.

병원성 대장균 식중독은 사람에게 병원성을 나타내는 각종 외래성 대장균이 오염 · 증식된 식품을 섭취함으로써 일어난다.

대장균은 사람이나 동물의 분변에 오염된 외계에 널리 존재하기 때문에 음료수, 수영장이나 식품의 변질에 의한 오염을 검사하는 지표가 된다. 그러나 가열이나 동결에 약해서 가열 · 동결식품의 분변 오염 지표로 이용하기는 다소 무리가 있다.

(1) 원인세균

원인세균은 병원성 대장균으로 장 내의 정상 대장균과는 달리 사람에게 병원성을 나타내는 외래성 대장균이다.

대장균은 그람음성 간균으로 통성 혐기성이고 대부분이 주모성의 편모를 가

진다. 종래 병원성 대장균이라고 하면 사람에게 급성 위장염이나 이질과 같은 장염을 일으키는 특정 항원형을 지칭했으나, 그 후 이들과는 병원인자(病原因子) 및 발병기구가 다른 대장균의 존재가 확인되어 현재 4종에 이른다.

① 장내 병원성 대장균(enteropathogenic *E.coli*, EPEC)

생물학적 성상으로는 보통의 대장균과 구별되지 않으나 특정의 O 및 K혈청형을 가진 대장균이 설사증의 원인이 된다. O혈청형 26, 44, 55, 86, 111, 114, 119, 125, 126, 127, 128, 142 및 146이 알려져 있다.

② 장 침입성 대장균(enteroinvasive *E.coli*, EIEC)

이질균처럼 대장점막 상피세포에 침입 · 증식하는 성질이 있어서 이질과 유사한 장염을 일으킨다. O혈청형 28ac, 112ac, 124, 136, 143, 144, 152 및 164가 대표적인 균이다.

③ 장독성 대장균(enterotoxigenic *E.coli*, ETEC)

이 균은 100℃에서 30분 가열에 견디는 내열성(耐熱性, heat stable toxin, ST)과 가열에 의해 실활되는 이열성(易熱性, heat labile toxin, LT) enterotoxin 중 어느 하나 또는 2가지 모두를 생산하여 병원성을 발휘한다.

O혈청형 6, 8, 11, 15, 20, 25, 27, 78, 148 및 159 등이 독소를 만들지만, 혈청형과 독소생산과는 일치하지 않을 수도 있으므로 반드시 독소생산시험이 필요하다.

④ 장출혈성 대장균(enterohemorrhagic *E.coli*, EHEC)

verotoxin을 생산하며 수양성 및 혈액성 설사를 주증상으로 하는 출혈성 대장염(hemorrhagic colitis)을 일으키는 대장균이다. 솔비톨 발효성이 없는 O157: H7이 주목받고 있다.

세계보건기구(WHO)는 “신선우육 및 우육제품 중 장출혈성 대장균(EHEC) 관련 과학적 권고”인 미생물학적 위해평가(MRA) 시리즈 18 보고서에서 기존의 EHEC와 관련한 위해평가들을 종합하여 위해관리의 관점에서 유용성과 한계를 평가하고, 이를 토대로 위해관리를 위한 과학적 지침을 마련하였다.

이 보고서에 따르면 EHEC는 1982년에 최초 확인된 인체병원균으로서 오늘날 범세계적인 식중독 위해요소로 인식되었으며, EHEC에 감염되면 출혈성 설사증으로 진행하거나 경우에 따라 신장 손상 등의 합병증이 발생할 수 있다.

EHEC 집단식중독은 전 세계적으로 반추동물, 특히 소와 관련하여 주로 발생하고 있으며, EHEC의 주된 원인은 동물의 분변인데, 그 밖에도 다종의 식품이 EHEC 감염 및 질병 발생과 연관성을 갖고 있다. 일반적으로 쇠고기, 특히 분쇄육과 가공한 쇠고기 제품, 유제품, 신선농산물의 식인성 EHEC 감염의 주된 원인이다.

(2) 발생상황과 원인식품

1년 내내 계절과 관계없이 발생하며 여름철에 약간 많은 편이다. 1996년 5월부터 몇 개월에 걸쳐 일본에서 장출혈성 대장균 O157에 의한 집단식중독이 발생하여 1만여 명의 환자와 11명의 사망자를 낸 바 있다. 적혈구가 파괴되고 신장의 기능을 잃게 하는 용혈성 요독증(尿毒症)을 특징으로 한다.

이 균의 분포는 가축, 애완동물, 건강인, 자연환경 등 광범위하다. 그러므로 원인식품은 특별히 한정된 것이 없고 균에 오염되어 증식된 식품이면 식중독의 원인이 될 수 있다. 지금까지 보고된 식품은 햄, 치즈, 소시지, 고로케, 야채샐러드, roast beef, 분유, 도시락, 두부, 소간 등이다. 유아에게는 오염된 우유가 원인이 된다.

(3) 중독증상

중독증상은 원인균에 따라 다르다. 임상적으로는 설사나 복통을 주증상으로 하는 위장염형(EPEC, ETEC), 이질과 같은 증상을 보이는 이질형(EIEC), 그리고 출혈성 대장염형(EHEC)의 3가지로 구분한다.

① 위장염형

EPEC 및 ETEC를 원인으로 하며 음식물을 통하여 경구적으로 감염된다. 통상 12~24시간의 잠복기간을 거쳐 발증한다. 주증상은 설사와 복통이며 발열이나 구토를 수반하기도 한다. 설사는 수양성이고 혈액과 점액이 섞이기도 한다.

유아는 성인에 비해 증상이 심하다. 1~2일째부터 회복되기 시작하여 몇일 내에 정상으로 된다.

② 이질형

EIEC를 경구적으로 섭취하여 감염되며 12~72시간의 잠복기간을 거쳐 발증한다. 증상은 이질과 유사하며 설사 외에 복통, 발열, 구토 등을 나타낸다. 심한 경우 변에 점액이나 혈액이 섞이며 이질처럼 적절한 치료가 요구된다.

③ 출혈성 대장염형

EHEC에 의해 일어난다. 증상은 혈변과 격렬한 복통이고 구역질, 구토 등도 일부 인정된다. 발열도 있고 설사는 처음에는 수양성이나 나중에는 혈변으로 바뀐다.

(4) 감염원과 감염경로

정상 대장균의 일종으로 널리 보균되어 있기 때문에 환자, 보균자, 동물의 배설물이 문제가 된다.

병원성 대장균 중 EIEC는 이질균과 똑같이 사람을 고유숙주로 하며, 때로는 식품의 매개에 의해 대유행을 일으키는 수도 있지만 일반적으로는 사람에서 사람으로 감염된다. 따라서 이 유형의 균은 식육이나 동물에서는 원칙적으로 볼 수 없다.

그에 비해 EPEC 및 ETEC는 식품을 통하여 감염될 뿐이며 신생아 및 유아를 제외하고는 사람에서 사람으로의 감염은 볼 수 없다. 특히 EPEC는 가축과 식품 중에서 분리되는 일이 가끔씩 있으므로 아마도 생태는 살모넬라와 비슷한 것으로 여겨진다.

(5) 예방법

EPEC 및 ETEC는 주변에 널리 분포되어 있고, 건강인의 보균율도 높은 편이다. 따라서 식품오염 가능성이 대단히 높다. 예방은 일반적인 감염형 식중독에 준하고, 특히 식품이나 음용수의 가열이 가장 확실한 방법이다. 주변환경의 청결, 분변에 의한 식품오염 방지 등도 중요하다.

3-5 웰치균 식중독

웰치균의 특정균주가 증식된 식품을 섭취함으로써 발생되는 식중독으로 웰치균이 장관 내에서 아포를 형성할 때 일종의 독소를 생산하고 이것이 식중독의 직접적인 원인이 되는 것으로 생각된다. 이런 점에서 웰치균 식중독은 감염형과 독소형을 합친 특수한 중간형태라고 할 수 있다.

웰치균은 오래전부터 상처감염증에서 가스 괴저의 원인균으로 알려져 왔다. 1941년경부터 영국에서 이 균에 의한 것으로 보이는 식중독 사례가 보고되기 시작하였고, 1943년 Knox 등이 식중독균임을 확인하였으며 1945년 McClung은 미국에서 이 균에 의한 것으로 추정되는 4건의 식중독 사례를 보고했다.

1957년 Hobbs 등에 의하여 식중독의 원인균은 웰치균의 특정균주에 국한되는 것이 증명되었다. 식중독에 직접 관계되는 독소학적 연구는 Duncan, Hauschild에 의해 이루어졌다.

(1) 원인세균

웰치균 *Clostridium perfringens* (*Cl. welchii*)는 그람양성의 편성 혐기성 간균이고 편모는 없으며 난형의 아포를 형성한다. 발육최적온도는 일반세균보다 높은 43~47°C이고, 세대시간은 10~12분으로 대단히 짧다. 발육 pH 영역은 5.5~8.0이다.

이 균은 용혈과 치사작용을 나타내는 lecithinase(α 독소)를 생산한다. 이 독소를 포함하여 웰치균이 생산하는 독소의 면역학적 특이성에 따라 A~F의 6형으로 분류되고 있는데 그 중 A형 균이 대표적인 식중독 원인균이고 C형 균에 의한 것도 보고되고 있다. A형 균의 아포는 내열성이어서 100°C에서 1~4시간의 가열에도 사멸되지 않는다.

(2) 병원성 균주와 enterotoxin

식중독을 일으키는 웰치균은 배양과정에서 아포형성과 더불어 균체 내 독소(enterotoxin)를 생산하며, 시간이 경과하면 독소는 균체 외로 방출된다. 엔테로톡신은 항원적으로 균일한 것으로 독소형별 분류에서 A와 C 및 D형 균의 일부가 생산한다.

이 식중독은 식품 내에 증식된 엔테로톡신 생산균주가 경구적으로 섭취된 후 장관 내에서 증식하여 아포를 형성함과 동시에 균체 내에 엔테로톡신을 생산하며 이 독소가 장관점막에 작용하여 발증된다.

엔테로톡신은 pH 4.0 이하에서 단시간에 파괴되므로 식품에 생산된 독소는 식품과 함께 섭취되어도 위산에 의해 무독화되어 발증되지 않는다.

발증에 필요한 균량은 인체투여실험 결과, 10^7~10^9의 엔테로톡신 생산균인 것으로 밝혀지고 있다.

(3) 발생상황과 원인식품

이 식중독은 1년 내내 발생하므로 계절적인 편중현상은 찾기 어렵다. 또 다른 식중독에 비해 대규모의 집단발생을 특징으로 하고 있다.

원인식품은 식육이나 그 가공품 또는 어류 및 그 가공품 등의 동물성 고단백질 함유식품으로, 특히 가열조리 후 용기에 담아 장시간 실온에 방치한 것들이 대부분이다.

집단발생 사례를 보면 원인식품을 가열 후 하룻밤 방치한 경우인데, 이렇게 되면 식품의 가열조리에 의해 아포형의 내열성 웰치균 이외의 세균류가 사멸되고 더욱이 식품 중의 산소가 제거되어 웰치균의 발육에 가장 알맞는 혐기성 상태가 된다.

이것을 웰치균의 발육최적온도에서 방치하면 내열성 포자가 발아하고, 따라서 가열 후 혐기성 상태가 유지되기 쉬운 대량조리식품에 의한 식중독의 발생이 많아 가끔 대규모가 되기도 한다.

(4) 중독증상

잠복기간은 6~22시간인데 평균 12시간이고, 주증상은 복통과 설사이다. 설사는 수양성으로 1일 1~3회인 경우가 많고, 드물게 점액변이나 혈액변이 배출되기도 한다. 구역질, 구토, 발열은 일부 환자에서만 볼 수 있다.

환자는 일반적으로 가벼운 증세를 보이고, 통상 1~2 일 만에 회복된다.

(5) 감염원과 감염경로

웰치균은 사람과 동물의 장관 내나 토양 또는 하수 등에 널리 분포되어 있다. 특히 사람이나 동물의 분변 중에 압도적으로 많아 내열성 아포를 형성하는 웰치균의 보균율이 사람의 경우 6~40%, 가축의 경우 10~30% 정도이다.

식품의 오염원으로 사람이나 동물의 분변을 중시할 필요가 있으며, 식품 중에도 식육, 육류가공품, 어패류 냉동품 등이 높은 웰치균 검출비율을 보인다.

(6) 예방법

내열성 A형 웰치균의 건강인 보균율은 다른 장관계 병원균에 비해 높고, 보균자의 식품오염으로 인한 식중독 발생도 가장 많은 것으로 추정된다.

식품에 웰치균이 오염되면 내열성 때문에 가열에 의한 사멸이 곤란하므로 일반 식중독과 다른 예방조치가 필요하다. 가열식품의 저온보존으로 아포의 발아 · 증식을 방지하고, 섭취 전 가열하여 영양형의 균 사멸을 유도한다. 60℃ 이상의 온장이나 소분(小分)에 의한 혐기성 상태 억제도 아포의 발아방지에 효과적인 수단 중 하나이다.

3-6 포도상구균 식중독

포도상구균 식중독은 황색 포도상구균이 식품 중에 증식하여 그 대사산물로 생산한 enterotoxin(장독소)을 경구섭취하여 일어나는 독소형 식중독이다.

이 식중독은 1884년 Vaughn에 의해 체다치즈를 원인식품으로 하는 식중독으로 최초로 보고되었다. 1914년 Barber는 급성 위장염의 원인이 된 우유에서 처음으로 포도상구균을 분리하고, 분리된 균이 생산하는 독성물질에 의해 식중독이 발생함을 지적했다.

1930년 Dack 등은 식중독에서 분리한 포도상구균의 배양액 중에 구토를 일으키는 독소의 존재를 증명하였으며, 독소의 명칭을 엔테로톡신이라고 하였다. 엔테로톡신 연구는 그 후 Bergdoll 등에 의해 계승되어 그 정체가 완전히 해명되기에 이르렀다.

(1) 원인세균

식중독의 원인균은 황색 포도상구균인 *Staphylococcus aureus*이다(그림 3-4 참조). 자연계에는 여러 종류의 포도상구균이 있으나 원인독소인 엔테로톡신을 생산하는 균종은 황색 포도상구균에 한정된다.

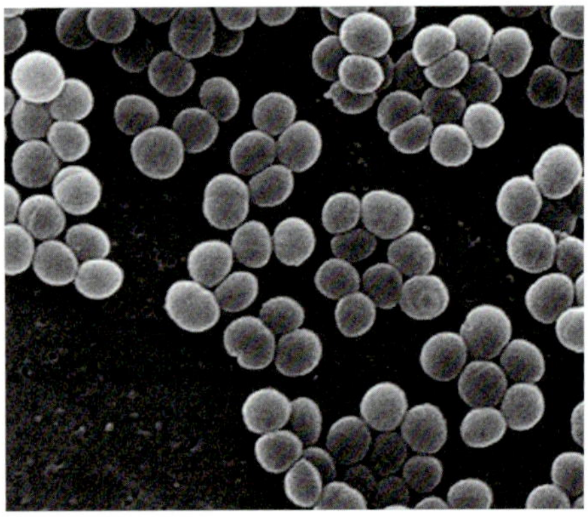

그림 3-4 포도상구균 (×6,000)

이 균은 그람양성의 통성 혐기성 무아포구균으로 특징적인 포도모양 배열을 나타낸다. 내염성(耐鹽性)으로 NaCl 7.5% 함유 배지에서도 잘 증식한다. 보통 한천배지에서 잘 발육하고 발육최적온도는 30~37°C의 중온균이다.

(2) 포도상구균의 enterotoxin

황색 포도상구균은 용혈독, 그 밖에 다수의 독소 및 효소를 생산하지만 이 식중독의 주요증상(구토)의 원인이 되는 것은 이 균이 식품에서 증식하여 생산하는 엔테로톡신이다.

원인균이 생산하는 엔테로톡신은 A~E의 5형이 알려져 있고, C형은 등전점의 차이에 따라 C_1과 C_2로 나누어진다. 어느 것이나 단순단백질이고 분자량은 약 3만이다.

이 독소는 단백질이면서도 trypsin, chymotrypsin, papain 등의 단백질분해효소에 의해 불활성화되지 않는다. pH 2 이상에서는 pepsin에 의해서도 안정하다. 이 독소는 연수(延髓)의 최토중추(催吐中樞)를 자극하여 구토를 일으키고 장관을 자극하여 설사를 일으키는 작용을 한다.

엔테로톡신은 내열성 독소로, 예를 들어 B형 독소인 경우 100℃, 30분의 가열로 무독화되지 않으며 완전히 파괴하는 데는 210℃ 이상에서 30분 가열이 요구된다. 따라서 일단 식품에 이 독소가 생산되고 나면 보통의 조리방법으로는 파괴되지 않는다.

독소생산에 적합한 pH는 6.8~7.2이고, NaCl 10% 이상 첨가된 배지에서는 독소생산이 현저히 억제된다. 독소생산의 최적온도는 16~43°C(보통 10~40℃)이다.

(3) 발생상황과 원인식품

이 식중독은 사계절을 통하여 발생하는 경향이 있지만 기온이 높은 5~9월에 집중발생한다. 우리나라의 경우에는 살모넬라, 장염 비브리오와 더불어 발생빈도가 높다. 1977년 서울에서 5,575명의 환자를 낸 학교급식빵 식중독 사건도 포도상구균이 원인이었다. 식중독의 발생은 원인균의 오염과 식품에서의 증식 및 엔테로톡신 생산의 3단계 과정을 거친다.

원인식품은 다양하여 미국과 유럽에서는 우유와 그 가공품을 비롯하여 육제품이나 알제품 등 단백성 식품에 분포되어 있고, 우리나라는 식생활의 차이에 따라 김밥 · 도시락 · 떡 · 빵 · 과자류 등 전분질을 주체로 하는 곡류와 그 가공품에 주로 분포되어 있지만 때로는 어패류와 그 가공품이나 두부 등에 포함되기도 한다.

(4) 중독증상

이 식중독은 이미 식품 중에 생산되어 있는 엔테로톡신의 섭취에 의해 일어나므로 증상 발현이 극히 짧은 시간 내에 이루어지는 것이 특징이다. 잠복기는 대개 1~6시간인데 평균 3시간으로 대단히 짧다. 환자의 공통적인 주증상은 급성 위장염으로 타액분비, 구역질, 구토, 복통, 설사이다.

구역질과 구토는 반드시 일어나고 발열은 거의 없다. 설사는 1일 몇 차례의 수양성이며, 심하면 설사가 1일 10회 이상 일어나기도 한다. 이 경우에 탈수와 함께 쇠약, 허탈, 의식장애, 혈압강하 등의 증상이 수반된다. 일반적으로 증상이 가볍고 경과가 빨라서 1~3일이면 회복되며 사망하는 경우는 드물다.

(5) 감염원과 감염경로

이 균은 사람이나 동물의 화농성 질환 원인균의 하나이다. 각종 화농소에 존재하며 건강한 사람이나 동물의 콧구멍, 목구멍, 피부 등에 부착되어 있고 토양이나 하수 등 자연계에도 널리 분포하므로 식품오염의 기회가 많다. 따라서 감염원은 화농소나 손 등이고 감염경로는 손이나 조리기구를 통한 2차 오염이다. 그러나 실제로 식중독 사건에서 감염원을 정확히 파악하는 일은 쉽지 않다.

(6) 예방법

식품오염 기회가 많은 점에 유의하여 식품재료의 취급에서부터 섭취에 이르기까지 세심한 주의를 기울여야 한다. 식품오염 방지를 위해서는 화농성 질환이나 인두염에 걸린 사람의 식품취급 금지를 비롯하여 조리종사자의 손 청결과 위생복 및 마스크 착용 등이 필요하다. 또 식품제조시설은 항상 청결하게 관리하고 식품제조용 기구는 멸균된 것을 사용해야 하며, 식품을 저온보존하여 균 증식을 억제해야 한다.

3-7 보툴리누스 식중독

보툴리누스 식중독(botulism)은 보툴리누스균이 식품을 오염시켜 혐기상태에서 증식할 때 생산하는 독소에 의해 일어나는 독소형 식중독이다.

이 식중독은 18~19세기에 유럽, 특히 독일에서 소시지에 의해 발생한 경우가 많았으므로 일명 소시지 중독이라고도 한다. 유럽이나 미국에서는 오래전부터 알려진 식중독이다. 1895년 Van Ermengem은 벨기에에서 일어난 식중독의 원인식품으로부터 최초로 보툴리누스균의 혐기성 아포를 분리하여 이 균이 생산한 독소가 식중독의 직접적인 원인임을 밝혀냈다.

1910년 보툴리누스균 독소는 항원형에 따라 A와 B의 2형으로 구분되었으나 그 후 항원성이 다른 독소생산균도 다수 발견되었다. 1951년에는 일본에서 최초로 E형 보툴리누스균 식중독이 발생하였다.

(1) 원인세균

원인세균(그림 3-5 참조)은 botulinus균 *Clostridium botulinum*이다. 이 균은 그람양성의 편성 혐기성 간균이고, 내열성의 포자를 형성하며 다수의 주모성 편모가 있어 활발한 운동성을 나타낸다.

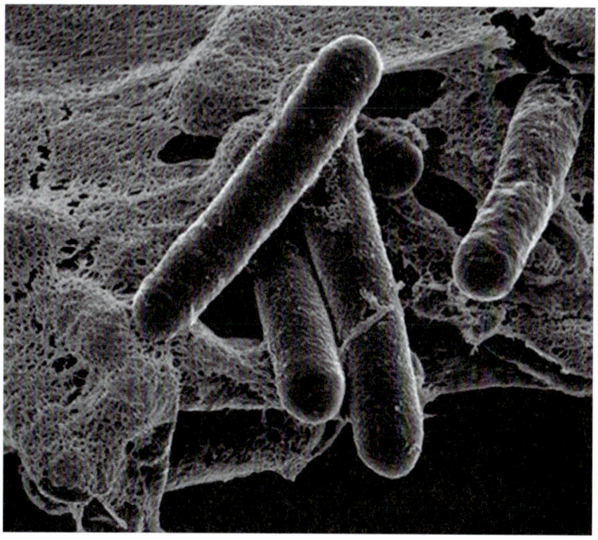

그림 3-5 보툴리누스균 (×14,000)

대체로 중온균이지만 E형 균은 호냉성이어서 5°C에서도 발육하여 독소를 만든다. 생산되는 독소(A~G형)에 따라 균을 A~G형 균으로 분류한다(표 3-2 참조).

이 중 식중독을 일으키는 것은 A, B, E 및 F형 균인데 A, B, F형 균의 아포는 일반적으로 내열성 · 내구성이 매우 강하여 100°C에서 6시간, 120°C에서 4분 이상 가열해야 사멸되지만 E형 균의 아포는 비교적 약하여 90°C에서 5분이나 80°C에서 20분 가열로 사멸된다.

I군균의 내열성이 가장 강하고, II군균은 가장 약하며, III군균은 중간 정도이다. 벨기에에서 처음으로 분리된 균은 II군의 B형 균이었다.

표 3-2 생물학적 성상에 따른 보툴리누스균의 분류

성상 \ 군	I	II	III	IV
독소형	A, B, F	B, E, F	C, D	G
아포 내열성	120°C, 4분	80°C, 20분	100°C, 15분	–
발육최적온도	37~39°C	28~32°C	40~42°C	–
최저발육온도	10°C	3.3°C	15°C	–
trypsin에 의한 독소 활성화	–	+	–	+
응고단백질 액화	+	–	–	+
gelatin 액화	+	–	+	+
glucose	+	+	+	–
mannose	–	+	+	–
lipase	+	+	+	–
indole	–	–	–	–
질산염 환원	–	–	–	–
유사균	*Cl. sporogenes*		*Cl. novri*	

(2) 보툴리누스 독소

보툴리누스균이 생산하는 독소는 신경독(neurotoxin)으로 이열성(易熱性)이어서 80°C에서 가열하면 20분(100°C, 1~2분) 이내에 불활성화되며, 항원성에 따라 A~G형으로 나누어진다(표 3-3 참조). A, B, E, F의 4개형 균주가 사람에게 식중독을 일으키는데 독소는 단순단백질이다.

표 3-3 독소형과 주요 이환동물

독소형	주요 이환동물	주요 매개물	지리적 분포
A	사람, 닭, 밍크	야채, 과실통조림, 육류, 어류	미국, 러시아, 일본
B	사람, 소, 말, 닭, 밍크	육제품, 사료	미국, 일본, 유럽
C	소, 말, 밍크, 닭, 새	사료, 구더기, 사체, 부패식물	세계 각국
D	소	사체	남아프리카, 호주
E	사람, 밍크	어류, 해산동물	일본, 미국, 캐나다, 북유럽
F	사람	육제품	덴마크, 미국
G	–	–	아르헨티나

보툴리누스 독소는 장관에서 흡수되어 choline 작동성의 신경접합부에 작용하여 acetylcholine의 유리를 저해함으로써 신경전달을 방해하고, 신경지배를 받는 근육의 마비를 일으킨다. 중증일 때는 호흡근마비에 의해 질식사한다.

(3) 발생상황과 원인식품

균형의 분포에 관하여 지금까지 알려져 있는 것을 보면, A형 균은 야채, 과일, 육류와 관련이 깊고, B형 균은 육류나 사료 등, E형 균은 주로 어패류, F형 균은 특히 육류와 각각 관련이 깊다(표 3-3 참조).

원인식품은 식생활습관의 차이에 따라서 나라마다 다르다. 구미제국 중 독일에서는 햄이나 소시지 등의 식육제품에 의한 것이 많고, 영국에서는 주로 조육(鳥肉), 러시아 · 프랑스에서는 어류의 훈제품이나 식초절임, 미국에서는 야채나 과일의 통 · 병조림 식품류가 많은데 이들은 특히 가열이 불충분한 자가제품이 대부분이다. 일본의 경우는 각종 어류의 소금절임식품이 원인이었고, E형 중독이 많았다.

(4) 중독증상

일반적으로 잠복기는 12~36시간이며, 짧으면 2~4시간에도 신경증상이 나타나고, 늦으면 2~3일 후에 발증한다. E형 중독은 잠복기가 짧고, A·B형 중독은 긴 경향이 있다.

초기증상은 구토나 변비 등의 위장장해이다. 하지만 특이한 신경증상으로 탈력감, 권태감, 현기증이 이어진다. 신경계의 주증상은 복시, 시력저하, 동공산대, 안검하수, 타액분비 저하, 언어장애, 연하곤란, 호흡곤란 등이다. 변비, 복부팽만감, 보행곤란 등도 나타나며 또 폐뇨가 있는 경우도 있고 발열은 없으며 의식은 명료하다. 호흡근이나 횡격막 마비 때문에 호흡곤란에 빠져 죽음에 이른다.

치료에는 초기에 항독소혈청 투여가 효과적이며, 조기치료를 받지 않으면 사망률이 50%에 이른다.

(5) 감염원과 감염경로

보툴리누스균 아포는 토양, 바다, 하천, 연못의 바닥 등에 널리 분포되어 있어서 농작물, 어패류, 육류 등 식품재료는 오염되기 쉽다. 특히 병 · 통조림식품이나 소시지 등은 내부가 혐기성이므로 균이 쉽게 발아 · 증식하여 식중독을 일으킨다.

(6) 예방법

보툴리누스 식중독은 다음 중 어느 한 가지라도 완벽하게 실시하면 예방할 수 있다.

1) 식품의 완전살균

열저항이 높은 I군균을 완전히 사멸하는데는 120℃에서 4분 간의 가열이 필요하다. 그러나 이 방법은 통조림이나 병조림에는 응용할 수 있으나 모든 식품에 응용할 수는 없다.

2) 보툴리누스균의 증식 저지

① 산의 첨가 또는 발효에 의해 pH 4.6 이하로 한다.
② 건조 또는 식염이나 설탕의 첨가로 수분활성을 0.94 이하로 한다.
③ 식품을 냉동 또는 냉장(4℃ 이하) 보존한다.
④ 아질산나트륨 등의 항균물질을 첨가한다.

3) 식품의 가열조리

식품 중에 독소가 생성되어 있다고 하더라도 식전에 80℃에서 30분 또는 100℃에서 2~3분 동안 가열하면 이열성의 보툴리누스독소는 완전히 파괴된다.

3-8 그 밖의 세균성 식중독

1. 세레우스 식중독

주요 부패세균의 하나인 세레우스균에 의한 식중독은 중간형 식중독으로 간주되며, enterotoxin을 원인독소로 하는 설사형과 구토독소에 의한 구토형의 2가지가 있다.

(1) 원인세균

*Bacillus cereus*는 호기성 그람양성의 간균으로 타원형의 아포를 형성한다. 주모성의 편모가 있어서 운동성을 지닌다.

이 식중독은 경구적으로 섭취된 대량의 생균이 소장 내에서 증식하여 아포를 형성할 때 생산하는 이열성(易熱性)의 enterotoxin에 의해 일어난다.

(2) 발생상황과 원인식품

계절과 관계없이 발생한다. 원인식품은 동식물성 단백질 및 전분식품에 의한 것이 많다.

설사형은 향신료를 사용한 식품이나 요리로 육류 및 채소 수프, 바닐라소스, 푸딩 등이고, 구토형은 주로 쌀밥이나 볶음밥 및 파스타 등이 원인이다.

(3) 중독증상

설사형은 잠복기간이 8~12시간이고, 주증상은 복통 및 설사이며 구역질 · 구토는 거의 볼 수 없다.

구토형은 1~6시간의 잠복기를 가지며 메스꺼움과 구토가 특징이고 설사는 거의 없다. 1~2일 만에 회복된다.

(4) 감염원과 감염경로

토양, 오수, 식물 등 자연계에 널리 분포되어 있으므로 식품에 오염되기 쉽다. 조리과정에서 식품의 실온방치를 비롯하여 조리환경이나 조리기구에서의 2차 오염 등도 식중독을 일으키는 주요인이다.

(5) 예방법

구토형 균주의 아포는 열저항성이 높아 100℃에서 30분 가열에도 견딜 수 있지만 설사형 균주의아포는 열저항성이 낮다. 그 반면에 enterotoxin은 가열에 약하여 60℃에서 5분 간의 열처리로 실활한다. 따라서 가열조리하거나 섭취 전 열처리가 효과적인 식중독 예방책이다. 조리 후 신속히 섭취하고 그렇지 못하면 10℃ 이하로 급속히 냉각보존한다.

2. 여시니아 식중독

(1) 원인세균

여시니아 식중독은 *Yersinia enterocolitica*에 의한 식중독으로 감염형이다. 원인세균인 *Yersinia enterocolitica*는 *Pasteurella* 속으로 분류되기도 하였으나 현재는 장내세균과에 편입되어 *Yersinia* 속에 속한다.

그람음성 간균으로 통성 혐기성이고 대개 1~10개의 편모를 가지며 37℃ 배양에서는 운동성이 없다. 발육최적온도가 25~30℃로 낮고 세대시간은 다른 장내세균의 2배 정도이며 5℃ 전후의 저온에서도 증식한다.

(2) 발생상황과 원인식품

1년 내내 발생한다. 지금까지의 발생 예에서 원인식품이 밝혀진 경우는 극히 드물다. 그러나 살모넬라처럼 원인균에 오염된 식육이나 우유, 보균동물의 배설물에 의한 2차 오염식품, 음료수 등이 원인식품일 가능성이 높다.

(3) 중독증상

잠복기간은 3~7일로 알려져 있으나 명확하지 않으며, 10일 이상인 경우도 있어서 식중독균 중에서 가장 길다.

주증상은 메스꺼움, 구토, 복통, 설사 및 발열(39°C 이상의 고열)이다. 또 회장말단염, 충수염, 장간막림프절염, 관절염 등을 일으키기도 한다.

(4) 감염원과 감염경로

이 균은 다수의 동물과 하천 등 자연계에 널리 분포하여 음료수와 식품을 오염시키는 것으로 보인다. 감염원으로는 식육이 주목되고 있고, 감염경로는 살모넬라와 유사한 것으로 보인다.

(5) 예방법

발육최적온도가 다른 식중독 원인균보다 낮고 5°C 이하에서 증식이 가능하므로 식품보존에 충분한 주의가 요망된다.

특히 이 균은 저연령층일수록 감수성이 높아 학교급식시설에서 주의해야 한다. 65°C 이상의 가열로 쉽게 사멸되므로 식품의 가열이 식중독 방지에 효과적이다.

3. 캄필로박터 식중독

캄필로박터에 의해 일어나는 감염형 식중독으로 주로 *Campylobacter jejuni*에 의한 것과 *Campylobacter coli*에 의한 것의 두 종류가 있다. 이들을 총칭하여 캄필로박터 식중독이라고 한다.

(1) 원인세균

*Campylobacter jejuni*와 *C. coli*는 그람음성 나선형의 무아포 간균으로 한쪽 또는 양쪽 끝에 하나의 편모를 가지며 screw상의 특징적인 운동을 한다. 미호기성이며 5~15%의 산소분압하에서 발육한다.

포도당이나 유당 등 탄수화물을 분해하지 않는다. 캄필로박터는 가축의 유산이나 태반염 등의 원인균으로도 알려져 있다.

한때 *Vibrio* 속에 분류되기도 하였으나, 최근 Spirillaceae의 *Campylobacter* 속에 편입되었다. 25℃에서는 발육하지 않고 43℃에서는 활발하게 증식하므로 고온 캄필로박터라고도 부른다. *C. jejuni*와 *C.coli*는 성질이 유사하며, 마뇨산(馬尿酸)의 가수분해시험에 의해 *C. jejuni*는 양성, *C.coli*는 음성이므로 구분된다.

(2) 발생상황과 원인식품

5~7월 사이의 발병건수와 환자수가 연간의 과반수를 점하고 있으며 8~9월에 비해 5~6월에 발생이 많다. 이런 경향은 *Salmonella*식중독의 경우와는 다르다. 원인식품으로 확인된 것은 많지 않으나 이 균의 오염률이 높은 육류에 의한 발병이 가장 많이 보고되고 있으며, 살균되지 않은 우유에 의한 식중독 발생보고도 다수 있다.

(3) 중독증상

잠복기는 2~7일이며 다른 식중독에 비해 긴 것이 특징이다. 주증상은 설사, 복통, 두통, 발열(38~39℃)이고 메스꺼움, 구토, 탈수증상 등을 수반하기도 한다. 설사는 1일 수회 정도의 수양성이고 어린이에게는 혈변도 다수 나타난다. 사망하는 예는 거의 없으며 1~2주 이내에 완전히 회복된다.

(4) 감염원과 감염경로

식중독 원인균으로 확인된 지 오래되지 않아 생태학적 연구가 미진하다. 이런 이유로 감염경로가 명확하지 않으나, 이 균이 닭 · 개 · 고양이 · 돼지 · 소 등 가축에 널리 분포하므로 보균동물과의 접촉이나 이 균에 오염된 식품 · 음료수를 매개로 감염되는 것으로 추정된다. 따라서 감염원과 감염경로가 살모넬라와 유사한 것으로 생각된다.

(5) 예방법

캄필로박터 식중독균은 25°C 이하에서는 증식하지 않아 다른 식중독과는 달리 식품의 저온보존이 유효하지 않다. 따라서 육류, 우유, 음료수 등의 오염을 방지하고 식품 등의 적절한 가열살균이 가장 중요하다. 우유에 의한 발생사례가 많으므로 완전살균을 실시해야 한다. 음료수에 오염되면 대규모 사고가 될 우려가 있으므로 수원이나 급수관리에 유의해야 한다.

3-9 바이러스성 식중독

1. 바이러스성 식중독의 개념

최근 문제가 되고 있는 바이러스성 식중독은 기온의 영향을 받지 않아 겨울철에 주로 유행한다는 점, 원인식품에서 검출된 예가 없는 등 역학조사 방법이 확립되어 있지 않다는 점, 감염경로가 원인식품에 국한되지 않고 오염된 음용수, 환자의 변이나 토물, 공기감염 등 매우 다양하다는 점 등에서 종래의 세균성 식중독과는 여러 면에서 큰 차이를 보인다.

바이러스성 식중독은 장염바이러스 중 주로 노로바이러스에 의해 일어나며 그 밖에도 로타바이러스, 장아데노바이러스, 아스트로바이러스 등에 의한 사례가 보고되고 있다.

과거 식품매개질환 중 밝혀지지 않은 사례들이 많은 경우에 바이러스성 병원체가 원인인 것으로 알려지는 등 식중독 사례에서 바이러스가 차지하는 비중이 증가하고 있으며, 미국의 경우 식품매개성 및 수인성으로 인한 집단발병 중 약 70% 이상이 노로바이러스에 의한 것으로 밝혀졌다.

바이러스성 식중독은 1990년 중반 이후에 크게 부각됨에 따라 관련연구가 시작되었는데, 로타바이러스가 주로 6개월부터 2세까지의 아이에게서 배탈과 설사를 일으키는 데 비해 노로바이러스는 어린이는 물론이고 주로 성인에게 집단 식중독을 유발하는 대표적인 식중독 바이러스로 알려짐으로써 세계적인 관심의 대상이 되고 있다.

2. 바이러스성 식중독의 발생상황

우리나라 전체 식중독 및 노로바이러스 식중독의 발생현황을 표 3-4에 나타내었다.

표 3-4 식중독 및 노로바이러스 식중독 발생현황

연도	식중독		노로바이러스		
	건 수	총 환자수(A)	건 수	환자수(B)	환자수비율(B/A, %)
2003	135	7,909	14	1,442	18.2
2004	165	10,388	13	922	8.9
2005	109	5,711	6	719	12.6
2006	259	10,833	51	3,338	30.8
2007	510	9,686	97	2,345	24.2
2008	354	7,487	69	2,105	28.1
2009	228	5,999	32	568	9.5
2010	271	7,218	31	1,994	27.6
2011	249	7,105	31	1,524	21.4
2012	266	6,058	50	1,665	27.5

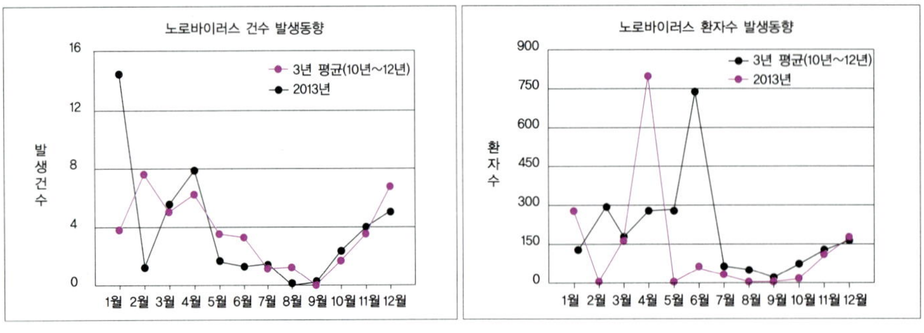

그림 3-6 노로바이러스의 발생동향

바이러스성 식중독의 거의 대부분은 노로바이러스에 의해 발생한다.

최근 7년 동안(2006~2012) 동향을 보면, 노로바이러스 식중독 발생(환자수 기준)은 급격히 증가하여 전체 환자수의 21~30%를 차지하는 것으로 나타났다. 다만, 2009년의 경우는 신종 플루의 영향으로 일시적인 감소를 보였다. 이와 같은 발생비율은 세균성 식중독 중 최고인 병원성대장균을 초과하는 수치이다.

시기적으로는 6월과 겨울철(12월~2월)에 집중되지만 연중 지속적으로 발생하는 경향을 보였다. 노로바이러스 식중독은 학교나 기업체 등 집단급식소에서 주로 발생하였다.

따라서 단체급식을 실시하는 학교와 기업체를 중심으로 예방교육을 실시할 필요성이 제기되었다.

3. 바이러스성 식중독의 종류와 특성

(1) 노로바이러스 식중독

노로바이러스(norovirus)에 감염되면 메스꺼움, 구토, 설사, 복통 등의 증상이 나타나며, 때로는 두통이나 오한 및 근육통을 유발하기도 한다. 미국 오하이오 주 노워크(Norwalk)라는 지역에서 집단 발생된 이후 이 지역의 이름을 따서 NLV(Norwalk-like virus)라고도 불리다가 최근에 노로바이러스로 공식명칭이 승인되었다.

주로 11월부터 3월에 걸쳐 발생하는데 여름철에 발생하기도 한다. 노로바이러스에 의한 위장염은 심각한 건강상 위해는 없으며, 대부분의 경우는 장기간의 합병증 없이 1~2일 후에는 완전히 회복된다.

어린이나 노인의 경우나, 구토나 설사로 인해 손실된 수분을 충분히 보충해 주지 못해 탈수증세가 나타나는 경우에는 병원 치료가 필요하다. 바이러스에 감염된 이후 24~48시간 정도 후에 증상이 나타나기 시작하며, 증상을 느끼는 날부터 회복 후 최소 3일까지는 감염성을 가지고 있다.

일부는 회복 후 2주 정도까지 감염력을 갖기도 한다. 크기가 작아 식품이나 음료수에 쉽게 오염되고, 적은 수로도 사람에게 질병을 일으킬 수 있다. 사람 몸 밖에서는 증식을 할 수 없지만 식품이나 물을 통해 감염될 수 있다.

감염자의 구토물이나 변에서 감염자의 손이나 다른 시설 및 장비 등에 묻었다가 식품에 접촉하면 식품을 오염시킨다. 노로바이러스에 감염된 식품이나 음료수를 섭취하거나 노로바이러스에 오염된 물건을 만진 손으로 입을 만졌을 때, 노로바이러스에 감염된 사람을 간호할 때 또는 환자와 식품 및 기구 등을 함께 사용했을 때 등에 감염된다.

바이러스의 일종이므로 항생제로 치료되지 않으며, 현재 노로바이러스에 대한 항바이러스제는 없다. 노로바이러스는 연령 및 성별에 관계없이 인체에 감염성이 매우 강하며 10비리온만 있어도 장염 등의 인체 질병을 일으킬 수 있다.

또한 면역이 되지 않아 재발이 가능하다. 인체의 ABO 혈액형이 중요한 결정요인으로 작용하며, O형이 노로바이러스에 대한 감수성이 크고 B형은 저항성이 큰 것으로 확인되었다.

노로바이러스는 높은 감염성과 환경에서의 강한 저항성 등으로 인하여 신속하고 정밀한 측정과 진단이 질병예방을 위해 매우 중요한 과제이다.

(2) 로타바이러스 식중독

로타바이러스(rotavirus)는 A~G의 7개 혈청형으로 분류되며, rota는 라틴어로 '수레바퀴'라는 뜻이다. 7개 혈청형 중 A형이 가장 많고 다음이 B형이고 C형은 드물다. 주로 6~24개월된 영 · 유아에게 감염되어 설사의 원인이 되는 바이러스성 감염질환으로 그중 약 50%가 백색 수양성 설사증을 앓는다. 주로 11~12월에 발생한다.

주된 감염경로는 대변과 입이다. 이 질병에 감염된 급성기의 환자는 변 1mL 당 1조 개의 바이러스를 배출하는데, 바이러스 10비리온만 있어도 발병이 가능하므로 사람을 매개로 하여 감염되기 쉽다. 특히 놀이방이나 소아병동 등에서 유행성으로 발생할 확률이 매우 높다.

증상이 콜레라와 비슷해 가성콜레라라고도 하는데, 심한 경우에는 탈수 증상까지 나타난다. 보통 감기 증상에 이어 설사를 일으키며 6~12시간 동안 구토가 지속된 다음에 물 같은 설사를 한다. 변의 빛깔은 옅은 노랑색이나 녹색이 많고, 토할 때는 담즙이나 소량의 피가 섞여 나오기도 한다.

치료할 때 가장 중요한 것은 탈수증세를 막는 것이다. 탈수증을 그대로 방치하면 사망할 수도 있기 때문이다. 그러나 대부분 구토와 설사 정도의 증상을 보이다가 그치는 경우가 많으므로 탈수증이 심하지 않으면 입원하지 않아도 된다. 치료방법은 우선 구토가 심한 발병 초기에는 보리차 등 액체로 된 음료를 극소량씩 자주 먹인다. 예방을 위해서는 백신접종이 가장 효과적이다.

(3) 장아데노바이러스 식중독

아데노바이러스(adenovirus)는 1953년 외과수술로 적출된 소아의 편도와 adenoid(선양조직)에서 분리된 것이 최초였기 때문에 adenovirus라고 명명하였다.

최근에는 장아데노바이러스라고 부르는 새로운 아데노바이러스 40형 및 41형이 젖먹이와 3세 이하 유아에게 설사증을 일으키는 원인 바이러스로 입증되었다. 이화학적으로 안정한 편이지만 60°C에서 30분의 가열로 파괴되며 강산이나 강알칼리에서 쉽게 활성을 잃는다. 사람에서 사람, 분변에서 경구감염이 주요 감염 경로이다.

장아데노바이러스 감염은 동절기를 비롯하여 봄부터 하절기에 많이 검출되며 6~7월이 많은데 설사가 주요 증상이며 발열 및 구토와 기도 염증을 수반하는 것이 많다. 증상으로는 보통 경증에서 중증인 것이 있지만 만성 설사증이나 영양실조 또는 면역 부전 등의 기초 질환을 나타낼 경우에 사망한다. 잠복기는 대략 7일이고 바이러스의 배설은 10~14일이다.

(4) 아스트로바이러스 식중독

아스트로바이러스(astrovirus)는 1975년 처음으로 설사증상의 소아 분변에서 검출되었다. 그 후 각종 동물에서도 설사의 원인 바이러스로 발견되었으며, 로타바이러스나 칼리시바이러스가 가장 먼저 동물에서 검출된 것과는 대조적이다. 주로 젖먹이 어린이에게 많이 발생하지만, 학생 및 성인이나 노인 시설에서의 유행 예도 있다.

임상증상은 가벼우며, 발열이나 구토는 적은 편이다. 감염양식은 사람과 사람의 분변 감염이 주체이지만, 음식물이나 물을 매개로 한 것도 많다. 세계 각지에 널리 분포하며, 겨울철에 주로 유행한다.

(5) 칼리시바이러스 식중독

칼리시바이러스(calicivirus)는 공격성 구형바이러스이다. 표면에 '다윗의 별' 이라고 형용되는 특징적인 표면구조를 가지고 있으며, 주로 젖먹이 어린이부터 4~5세 어린이에까지 널리 감염된다. 임상증상은 설사, 구토, 발열이지만 비교적 가벼운 증상을 보인다.

4. 바이러스성 식중독의 예방과 치료

바이러스성 식중독은 병원체가 바이러스이기 때문에 치료용 항바이러스제제나 예방용 백신이 아직 개발되어 있지 않으며, 기존의 항생제 치료도 불가능한 상황이다. 식중독 환자의 치료는 대증요법에 의존할 수밖에 없으며, 특히 구토나 설사가 심할 때는 탈수가 되지 않도록 수분보충이 필요하다.

바이러스 사멸에는 열탕(노로바이러스는 85°C, 1분 이상)이나 차아염소산나트륨 사용이 도움이 되지만 알코올이나 역성비누는 효과적이지 않다. 바이러스성 식중독은 치료방법이 없기 때문에 예방이 무엇보다도 중요하다.

5. 식중독 지수

여름철 식중독을 예방하고 국민의 위생을 위하여 식품의약품안전처에서 개발한 정량적이고 수치적인 개념으로, 온도와 미생물 증식기간의 관계를 고려하여 식중독 발생 가능성을 백분율로 나타낸 수치이다. 예측 모형을 통해 계산된 현재의 식중독 발생건수를 과거 3년 동안의 식중독 발생건수와 비교하여 식중독 발생 가능성을 4단계(관심, 주의, 경고, 위험)로 예보한다. 이 서비스는 3월부터 11월까지 매일 오전 6시와 오후 6시 두 차례 제공된다.

표 3-5 식중독 지수

단계	지수범위	주의 사항
관심	35미만	식중독 발생 가능성은 낮으나 식중독 예방에 지속적인 관심 요망
주의	35~70미만	식중독 발생 가능성은 중간단계임. 식중독 예방에 주의 요망
관심	70~95미만	식중독 발생 가능성이 높음. 식중독 예방에 경계 요망
관심	95이상	식중독 발생 가능성이 매우 높음. 식중독 예방에 각별한 경계 요망

6. 세균성 및 바이러스성 식중독의 예방대책

(1) 식중독 예방 3대 요령

식품의약품안전처에서는 식중독 예방을 위한 3대 요령으로 손씻기, 익혀먹기, 끓여먹기를 제시하고 있다.

① **손씻기** : 비누를 사용하여 손가락 사이 · 손바닥 · 손등 · 손톱 밑을 흐르는 물에 20초 이상 씻기

② **익혀 먹기** : 가열 조리 식품의 중심부가 85℃ 이상이 되도록 1분 이상 가열하기

③ **끓여먹기** : 물은 끓여먹기

(2) 장마철 식중독 예방 요령

장마철에는 많은 강수량으로 인해 하천이나 하수가 범람하여 채소류나 지하수 등이 여러 식중독균에 오염될 수 있다. 따라서 이 시기에 식중독을 예방하기 위해서는 손씻기, 익혀 먹기, 끓여먹기 이외에도 다음 조치들이 필요하다.

① 모든 음식물은 반드시 익혀 먹으며 부득이 생식할 경우는 반드시 세척하여 섭취할 것

② 침수되었거나 침수가 의심되는 식재료와 음식물은 반드시 폐기할 것

③ 실외에 있는 된장 · 고추장 독에 비가 새어 들지 않도록 주의할 것

④ 행주, 도마, 식기 등은 매번 끓는 물 또는 가정용 소독제로 살균할 것

⑤ 냉장고에 있는 음식물을 과신하지 말 것

⑥ 설사나 구토 증상이 있다고 해서 약을 함부로 복용하지 말고, 병원 · 보건소를 방문할 것

(3) 과일 · 채소 세척 및 보관 요령

생식이 이루어지는 음식물은 대부분 과일과 채소이므로 이를 안전하게 섭취하기 위해서는 세척제를 이용하여 철저하게 세척하며, 다른 음식물로부터 교차오염을 방지하고, 냉장보관해야 한다.

① 세척제를 이용한 철저한 세척

식품에 직접 접촉이 가능한 채소 · 과일류용 세척제(1종 세척제)를 물에 풀어 소독액을 만든 후 3~5분 간 식품을 담근다. 그 다음 흐르는 수돗물에 3회 이상 충분히 헹군다.

② 교차오염 방지

다른 식품으로부터의 오염을 방지하기 위해서 과일과 채소를 절단할 때에는 전용 도마와 칼을 이용한다.

③ 냉장보관

과일 · 채소는 구입 후 가능한 한 빨리 섭취하는 것이 좋으며, 섭취한 후 남은 것은 신선도를 유지하고, 미생물 오염 및 증식을 억제하기 위해서 별도로 포장하여 냉장고에 보관한다.

(4) 냉장고의 식중독균으로 인한 식중독 사고 예방 요령

장마철 식중독 예방 요령에서 언급했듯이 식중독을 예방하기 위해서는 냉장고를 맹신해서는 안 된다. 냉장온도에서도 증식하는 식중독균이 있으며 냉장고에 넣어두면 상하지 않을 것이라는 생각에 음식물을 냉장고에 꽉꽉 채워 넣어 위생상태가 엉망인 경우가 많기 때문이다.

냉장고의 식중독균으로 인한 식중독 사고를 예방하기 위해서는 다음과 같은 사항을 주의해야 한다.

① 햄이나 두부 등은 개봉 후 밀폐보관하고 빨리 섭취하기

식품을 개봉한 후에는 즉시 밀폐보관하는 것이 좋으며 식품이 변질되거나 미생물에 노출되었을 위험이 있기 때문에 유통기한이 남아 있더라도 개봉 후 1주일 이내에 섭취하는 것이 좋다.

② 먹다 남은 식품은 재가열 후 냉장보관하기

먹다 남은 찌개나 반찬은 섭취하는 과정에서 이미 오염되었을 가능성이 높기 때문에 먹고 남은 음식을 보관할 때에는 충분히 가열한 후 보관하는 것이 좋다.

③ 냉장보관 식품은 70℃ 이상에서 3분 이상 재가열한 후 섭취하기

냉장보관된 식품이더라도 식품끼리 혹은 사람의 손에 있는 균에 의해 세균이 번식할 수 있어 냉장보관된 음식을 먹기 전에 재가열하는 것이 안전하다.

④ 냉장 온도는 5℃ 이하, 냉동 온도는 -18℃ 이하로 유지하기

5~60℃는 세균이 가장 잘 증식하는 온도이기 때문에 음식을 보관할 때에는 이 온도범위를 피해야 한다.

⑤ 냉장고는 최소한 한 달에 한번 청소하기

냉장고를 청소할 때에는 분리가 가능한 선반 등은 전부 분리한 후 행주로 내부의 얼룩을 닦아낸다. 그러고 나서 세재를 묻힌 행주로 닦은 후 젖은 행주로 세재를 잘 닦아낸다. 마지막으로 마른 걸레로 물기를 닦아준다.

[출처 : 서울대학교 의과대학 국민건강지식센터, 2014. 6. 11]

Chapter 4

화학성 식중독

사람이 유독한 화학물질에 의해 오염된 식품을 섭취함으로써 중독증상을 일으키는 것을 화학성 식중독(chemical food poisoning)이라고 한다. 화학물질에 의한 식중독은 종래에는 급성중독만 문제가 되었지만 1955년 일본에서 발생한 분유 비소중독사건을 위시하여 미나마타(minamata)병, 이타이이타이(itai itai)병, 미강유 PCB 중독사건 등이 일어나 화학물질에 의한 아급성 또는 만성독성도 큰 문제가 된다는 사실이 밝혀졌다.

원인물질의 유래에 따라 다음과 같이 나눌 수 있다.

① 고의 또는 오용에 의한 유해물질
② 제조 · 가공과정 중에 혼입되는 유해물질
③ 기구 · 용기 및 포장재 등으로부터 용출 · 이행되는 유해물질
④ 제조 · 가공 및 저장 중에 생성되는 유해물질
⑤ 환경오염에 의한 유해물질
⑥ 그 밖의 원인에 의한 유해물질

4-1 고의 또는 오용에 의한 유해물질

1. 식품첨가물

식품첨가물에 의한 식중독은 ① 불허용 첨가물의 사용 ② 오용 ③ 허용된 첨가물의 과다사용 ④ 불순한 첨가물의 사용 등의 경우에 일어나기 쉽다.

(1) 보존료

보존료로서 지정되어 있는 품목은 비교적 독성이 낮은 것으로 사용기준을 정해서 허가하나 이러한 보존료도 전혀 무해한 것은 아니다. 대상식품이나 사용량에 관하여는 기준을 지키기에 유의해야 한다. 불허용의 보존료는 무엇보다도 독성이 강하기 때문에 사용을 금지시킨 것이며, 방부효과, 경제적인 이유 등으로 자주 부정하게 사용되고 있다.

① 붕산(H_3BO_3)

햄, 베이컨 등에 붕산이, 과자 등에는 붕사($Na_2B_4O_7 \cdot 10H_2O$)나 과붕산나트륨($NaBO_3 \cdot 4H_2O$)이 보존료로 쓰이고 있으며, 방부효과는 비교적 약하다.

붕산은 축적성이 있고, 세포원형질의 팽화와 acidosis에 의한 대사장해 및 소화효소작용을 억제 · 저해하여 식욕감퇴와 소화불량을 일으킨다. 또한 영양소의 동화를 방해하고 지방의 분해를 촉진시켜 체중감소를 가져오며 장기 출혈을 일으킨다.

② 불소화합물

불화수소(HF)나 불화나트륨(NaF) 등은 상당히 강한 방부효력이 있기 때문에 공업용 풀의 방부 등에 이용되고 있다. 식품에의 혼입은 육류 · 우유 · 알코올 음료 등에 방부, 살균 및 이상발효 억제를 목적으로 하여 첨가하는 경우가 있는데, 독성이 강하기 때문에 금지되어 있다.

③ 승홍 ($HgCl_2$)

강력한 살균작용을 가지고 있어 의약품으로 쓰이고 있으며 방부력도 강하기 때문에 주류 등에 쓰는 수가 있다.

④ 포름알데히드(HCHO)

formaldehyde는 단백질을 변성시키는 작용이 있는데 살균력이 강하고 0.1% 용액에서 아포형성균에 유효하고 0.002% 용액에서는 세균발육을 저지한다.

formalin(포름알데히드의 약 35% 수용액)은 방부력이 강하고 주류, 장류, 시럽, 육제품에 사용되는 경우가 있는데 독성이 강하다. 포름알데히드는 알킬화제로서 핵산의 $-NH_2$, $-OH$기와 결합하여 단백질을 불활성화한다.

소화작용을 저해하고 두통, 구토, 위경련, 식도나 위의 괴사, 순환장해, 현기증 등을 일으킨다. 또한 체내에서 개미산(HCOOH)으로 산화되어 배설되며 신장에 염증을 일으킨다. 치사량은 10~20mL이다.

⑤ 우로트로핀(hexamethylene tetramine)

물에 잘 녹고 포름알데히드가 유리되어 방부효과가 있으므로 음식물에 첨가하는 수도 있다. 의약품으로는 urotropine의 이름으로 요도살균제로서 사용되고 있으나 식용으로는 부적당하다.

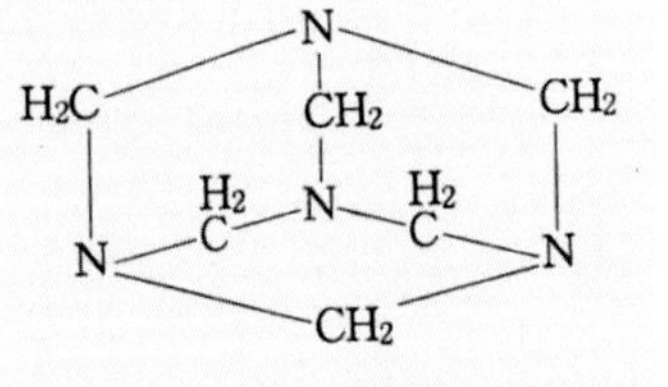

urotropin

⑥ 베타 나프톨(β-naphthol)

곰팡이류에 0.005%로 유효하기 때문에 간장의 방부제로서 일시 사용된 적이 있으나 독성이 강하기 때문에 사용을 금지하고 있다.

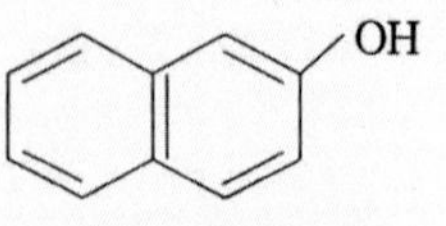

β-naphthol

⑦ 살리실산(salicylic acid)

백색의 침상결정 또는 결정성 분말로 약간 감미가 비치는 산미를 가진다. 물에 난용성이고 알코올이나 에테르에 잘 녹는다. 방부작용이 강하고 약산성의 배지에서 항균성을 나타낸다. 곰팡이, 효모, 세균류에서 약산성 조건일 때 발육저지작용이 있고, 특히 화락균과 같은 유산균이나 초산균에 대하여 강한 항균작용을 나타낸다.

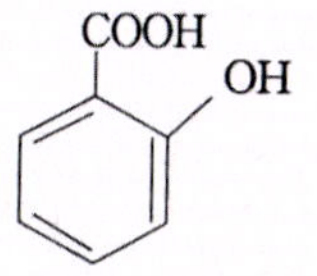

salicylic acid

사람이 대량으로 섭취하면 위점막의 자극에 의한 오심이나 구토와 함께 격렬한 두통을 일으킨다.

보존료로서 청주, 과실주, 식초 등에 널리 사용되었으나, 우리나라의 경우에는 1973년 1월부터 사용이 금지되었다.

(2) 인공착색료

인공착색료 중에는 타르색소가 값이 싸고 색이 선명하며 사용이 간편하여 불법으로 사용되는 경우가 많고, 이로 인한 중독이 일어나기도 한다. 대부분의 인공착색료는 사용량이 비교적 적기 때문에 급성중독보다는 만성중독이 일어날 가능성이 크다. 법으로 지정되어 있는 식용타르색소는 독성이 낮은 산성 색소가 많은데 불법으로 쓰이는 것은 염기성 색소가 주류이다.

① 아우라민(auramine)

염기성 황색 타르색소로 햇빛이나 열에 안정하고 착색성이 좋으며 값이 싸서 과자, 단무지, 팥앙금류, 카레가루 등에 사용될 가능성이 있다. 마우스에 대한 LD_{50}(경구)은 0.48mg/kg인데, 다량섭취하면 식후 20~30분에 피부에 흑자색 반점이 생기고 두통 · 구토 · 사지마비 · 맥박감소 · 심계항진(心悸亢進) · 의식불명이 나타난다. 만성독성시험에서는 10mg/kg 투여했을 때 간조직에 혈관확장이나 액포지방변성 등이 인정되었다.

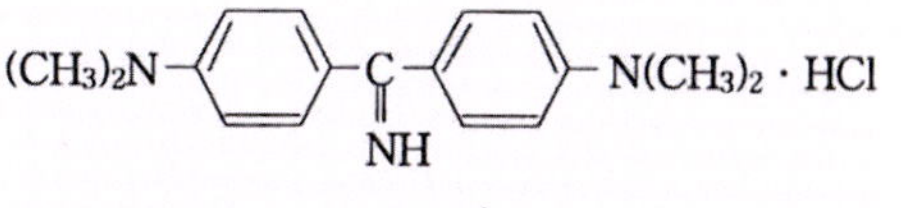

auramine

② 로다민 B(rhodamine B)

핑크색의 염기성 타르색소로 형광을 가진다. 어묵, 과자, 토마토케첩, 얼음과

자 등에 사용하여 중독을 일으키는 수가 많다.

마우스에 대한 LD_{50}(경구)은 0.1~0.2mg/kg이고 사람은 0.1g/kg 섭취 시 색소뇨와 전신착색을 나타내며, 심한 경우 오심, 구토, 설사, 복통을 일으킨다.

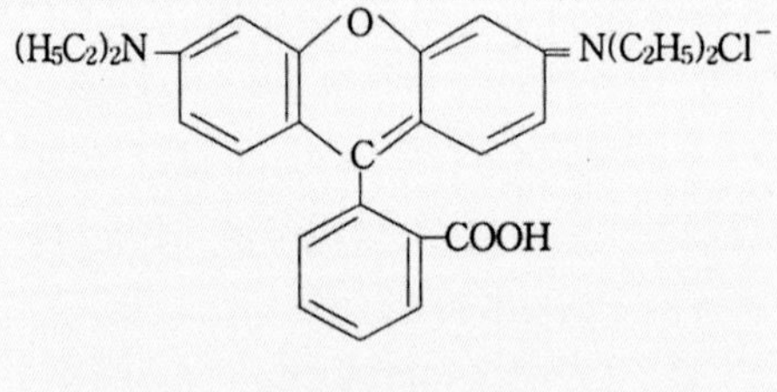

rhodamine B

③ 파라 니트로아닐린(*p*-nitroaniline)

황색의 유해성 합성착색료이며, 방향족 아민이나 nitro화합물에 공통된 혈액독과 신경독을 가지고 있다. 섭취 10~30분 후 두통, 청색증(cyanosis), 혼수, 맥박감소, 심계항진, 황색뇨 등의 증상이 나타난다.

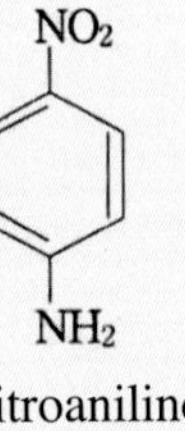

p-nitroaniline

④ 실크 스칼릿(silk scarlet)

등적색의 수용성 타르색소로 착색이 잘 되고 안정하므로 식품에 사용하는 예가 있다. 일본에서는 이것으로 착색된 대구알젓을 먹고 중독된 예가 있는데, 구토, 복통, 두통, 오한, 마비 등의 증상을 보였다.

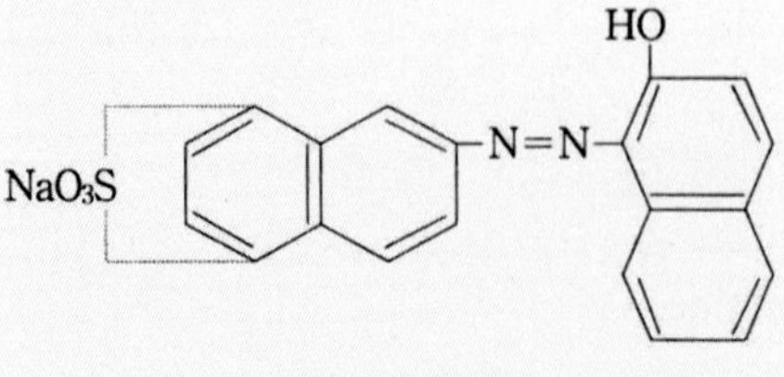

silk scarlet

(3) 표백료

과산화수소와 아황산 계통 표백제는 사용기준이 정해져 있다. 과산화수소는 발암성이 인정되므로 최종제품의 완성 전에 반드시 제거하여야 하고, 아황산계 표백제는 이산화황으로서 최대잔존량은 식품별로 규정하고 있으므로 사용기준에 맞게 써야 한다.

① 론갈리트(rongalite)

포름알데히드에 산성아황산나트륨을 축합시킨 후 이것을 환원하여 제조한 것으로 sodium formaldehyde bisulfide와 sodium formaldehyde sulfoxylate의 혼합물이다.

물에서 아황산이 유리되어 나오므로 표백력이 강하게 나타나는데 물엿의 표백에 쓰이기도 한다. 식품 중 아황산 외에 상당량의 포름알데히드가 유리되어 신장을 자극하는 등 독성을 나타내므로 사용을 금지하고 있다.

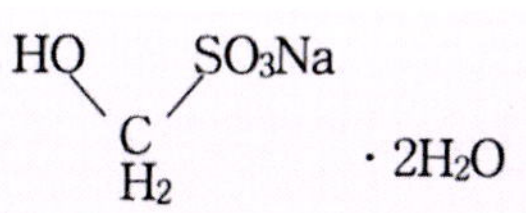

sodium formaldehyde bisulfite

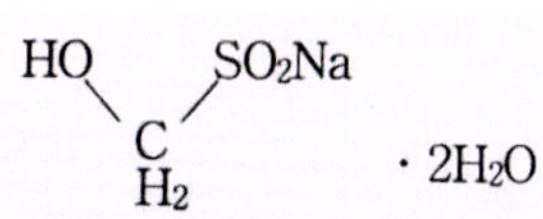

sodium formaldehyde sulfoxylate

② 삼염화질소(NCl_3)

밀가루의 표백료로 미국에서 쓰였던 것이다. 독성이 강해서 삼염화질소로 처리한 밀가루로 개를 사육하면 히스테리성 증상을 나타내므로 오늘날은 사용을 금지하고 있다.

③ 형광염료

형광염료의 독성은 충분히 밝혀진 것은 아니나 상당히 큰 것으로 알려져 있다. 디아미노스틸벤계, 티마졸계, 벤지딘계 등이 있는데, 압맥, 국수, 어육연제품 등을 희게 보이기 위하여 형광염료를 쓰는 것은 허용되지 않는다. 형광염료로 사용될 가능성이 있는 것은 diaminostilben sulfonic acid와 그 유도체가 있다.

(4) 인공감미료

설탕 대신으로 인공감미료가 개발되어 한때 널리 사용되었으나 그 안전성에 문제가 제기됨에 따라 사용금지된 것이 많다. 허용된 것이라도 다량 섭취하면 중독을 일으키므로 주의를 요한다.

① 둘신(dulcin)

백색결정으로 공기 중에 장기간 방치하거나 오랫동안 가열하면 분해되어 적자색으로 착색한다. 냉수에 잘 녹지 않고 열탕에 녹으며 감미는 설탕의 약 250배이고 3,000배의 용액에서도 감미를 느낄 수 있다. 사카린 나트륨과 병용하면 감미도가 커지고 설탕과 비슷한 맛을 내므로 청량음료수 · 과자류 · 절임류 등에 널리 쓰였으나 독성 때문에 사용금지되었다.

장기간에 걸쳐 사용하면, 분해 시 생성되는 *p*-aminophenol 때문에 혈액독이 생기고 간장 또는 신장장해를 나타내며 0.1% 투여한 쥐에서 간종양이 발생한다. 소화효소의 작용을 억제하고 중추신경계에 자극을 주기도 한다.

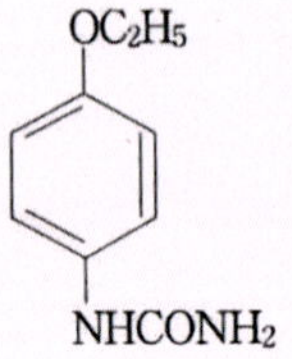

dulcin (*p*-ethoxyphenylurea)

② 사이클라메이트(cyclamate)

sodium cyclamate(sodium cyclohexyl sulfamate)와 calcium cyclamate (calcium cyclohexyl sulfamate)가 대표적이며, 무색~백색의 결정성 분말로서 물에 잘 녹고 열과 햇빛에 대하여 비교적 안정하다. 감미도는 설탕의 40~50배로 청량감이 있고 설탕과 비슷한 단맛을 가지므로 한때 많이 사용되었다.

마우스나 흰쥐에 대한 LD_{50}(경구)이 10g/kg으로 아주 낮으나 만성독성시험에서 2,500mg/kg 투여군의 숫쥐에서 방광암의 발생이 인정되었다. 그 후 연구에서는 사이클라메이트가 장내세균에 의해 발암물질인 cyclohexylamine으로 대사되는 것이 밝혀졌다.

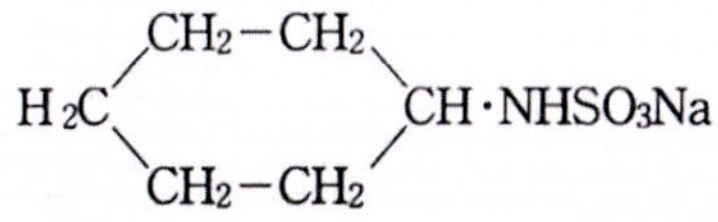

sodium cyclamate

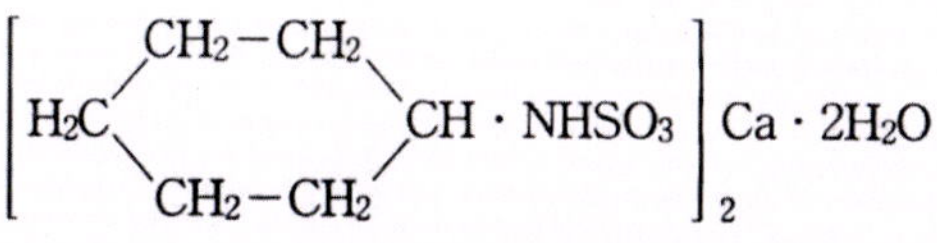

calcium cyclamate

③ 파라 니트로 올소 톨루이딘(*p*-nitro-*o*-toluidine)

원래 염료의 중간산물로서 황색의 주상(柱狀)결정이다. 감미도는 설탕의 200배에 이르지만 독성이 강하고 중독사고가 많기 때문에 일본에서는 살인당(殺人糖) 또는 원폭당(原爆糖)이라는 별명이 있을 정도다.

중독증상은 섭취 2~3일 후에 위통, 식욕부진, 오심, 권태, 미열, 피부 및 점막의 황달이 나타나고 혼수상태에 빠져 사망에 이른다. 분자 내에 nitro기와 amino기를 가지므로 혈액독과 신경독을 나타내며 계속 섭취하면 간이나 신장 등에 장해를 초래한다.

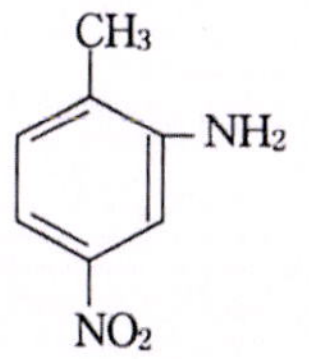

p-nitro-*o*-toluidine

④ 에틸렌 글리콜(ethylene glycol)

무색 · 무취의 점조성 액체로서 글리세린과 비슷한 성질을 가지고 있고, 부동액으로 쓰인다. 물에 타면 감미와 알코올 모양의 취하는 감이 있기 때문에 감주나 팥앙금의 맛을 내는 데 사용되기도 한다. 체내에서 산화되어 수산이 되고 신경이나 신장 등의 장해를 일으키며, 치사량은 약 100mL로 알려졌다. 중독증상은 구토, 요의(尿意) 빈발, 호흡곤란 등으로 중증일 때는 의식불명에 빠져서 사망한다.

$$\begin{array}{c} CH_2OH \\ | \\ CH_2OH \end{array}$$

ethylene glycol

2. 메틸알코올

메틸알코올은 주류의 위화에 오래전부터 쓰였고, 중독의 원인이 되기 쉽다. 메탄올은 알코올발효에서 pectin이 존재하면 생성되기 때문에 포도주나 사과주 등의 과실주와 정제 불충분한 에탄올이나 증류주에는 미량이 함유되어 있다. 그렇기 때문에 식품위생상 메탄올을 0.5 mg/mL(과실주는 1.0 mg/mL) 이상 함유하는 주류는 판매나 제조를 금한다.

메탄올의 중독증상은 급성일 때 두통, 현기증, 구토, 복통, 설사 등을 일으키는 것 외에 시신경에 염증을 일으켜 눈을 멀게 하는 경우가 많다. 중증의 경우에는 마취 상태에 빠져 호흡장애나 심장쇠약 등으로 인하여 사망하며, 만성일 때는 두통, 흉통, 신경염 등이 나타난다.

독성은 배설이 완만하고 체내에서 산화불충분으로 개미산과 포름알데히드를 생성하기 때문이다. 중독량은 5~10 mL이고 치사량은 개인차가 크나 대개 30~100 mL이다. 일반적으로 섭취 후 몇 시간 이내에 중독을 나타낸다.

3. 멜라민

2008년 중국에서 우유에 물을 타 양을 불린 후 멜라민을 섞어 가공한 분유를 유통시킨 저질분유사건이 일어나 커다란 파문을 일으켰다. 일명 중국산 유제품 멜라민 오염사건(Chinese milk scandal)으로 말미암아 영 · 유아 5만여 명이 신장결석이나 신부전 등으로 치료를 받았고 6명이 사망했다.

이를 계기로 우리나라에서도 2009년 우유와 유제품에 대한 멜라민 검사를 실시하였고 관리기준을 신설하였다. melamine($C_3H_6N_6$)은 질소성분 66.64% 정도로 매우 높아 소량만 넣어도 우유의 질소함량을 대폭 상승시켜 단백질이 많은 것처럼 속일 수 있다. 멜라민의 급성독성 LD_{50}(rat, 경구)값은 3,248mg/kg 정도로 식염의 독성에 해당한다.

4-2 제조 · 가공과정 중에 혼입되는 유해물질

1. 비소우유 사건

1965년 일본 오카야마현(岡山縣)을 중심으로 조제분유(森永유업 제품)에 의한 유아의 비소중독 사건이 발생하였다. 원인은 분유의 단백질 안정제로 사용된 제2인산나트륨에 불순물인 비소(As_2O_3로서 3.77~9.17%)가 함유되었기 때문이었다. 전형적인 비소중독 사건처럼 37~38°C의 발열을 수반하며 운동저하와 식욕부진이 나타났고, 수면불량과 함께 설사, 구토, 피부의 발진과 색소침착, 신경염, 흑피증, 각화증, 빈혈 등의 증상이 이어져 사망하는 일까지 있었다.

분유 중에는 As_2O_3로서 21~35ppm의 비소가 들어 있었는데, 이는 유아의 1일 분유섭취량을 100g으로 가정할 때 1일 2~3mg의 비소(As_2O_3 환산치)를 섭취한 것이 되므로 유아에 아급성 또는 급만성의 중독을 일으킬 수 있는 충분한 양이다. 1966년 2월의 보고에서는 중독 12,159명, 사망자수 131명이었다.

사건이 발생한 지 14년 후에도 70~80%의 어린이에게서 후유증이 나타났는데, 증세는 보행불능, 언어장애, 피부종기, 난청, 약시, 복통 등이었다.

2. 미강유중독(油症) 사건

1968년 일본 후쿠오카현(福岡縣)에 있는 가네미 창고회사의 미강유 탈취공정 중에 polychlorinated biphenyl(PCB)이 혼입되어 이를 사용하여 조리한 식품을 먹은 서부지방 일대 주민이 중독되는 아만성의 식중독 사건이 발생하였다.

이 사건은 전형적인 제조공정상의 과실(過失)이었다. 가열용 열매체로 사용된 PCB(kanechlor 400)가 스테인리스제 열교환 파이프에 생긴 미세구멍(pin hole)을 통하여 새어 나와 그대로 미강유에 섞임으로써 일어났다.

미강유의 PCB 함량은 약 2,000ppm, 중독자의 섭취량은 0.5~2.0g으로 추산되었다. 유증(油症)환자의 증상은 여드름 모양의 피부발진, 발한(發汗)과다, 모공 확대, 피부의 각질화 등이었고 몸이 나른하고 피곤하며 식욕부진 등의 전신 증상도 나타났다.

또한 눈곱이 많아지고 손 · 발톱과 잇몸에 색소가 침착되며, 잇달아 염소여드름(염소좌창), 손톱 변형, 눈꺼풀과 관절의 종창 등이 나타났다. 심해지면 간경변이나 간종양을 일으킬 수 있고 혈중 지질함량이 높아지는 특징을 보였다.

PCB 노출이 중단된 후 8년이 지난 시점에서도 중독증상이 관찰되었는데 중독된 임산부에게서 태어난 신생아에게도 증상이 나타났다. 중독의 발증은 1인당 0.5g의 PCB를 3~5개월 동안 섭취하면 가능한 것으로 알려졌다. 이 사건의 인정환자는 1,788명이고 사망자 수는 112명이다.

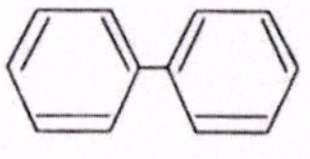

biphenyl(diphenyl)

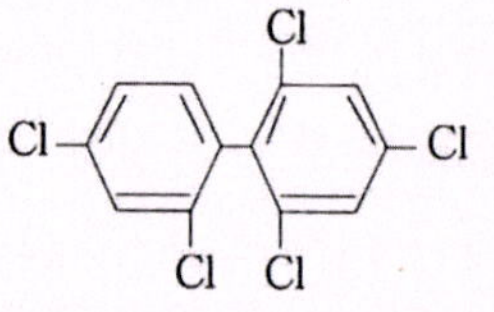

2, 4, 6, 2′, 4′-5 염화 biphenyl

1979년에는 대만 중부에서도 이 사건과 유사한 PCB에 의한 미강유중독 사건이 발생하였다. 미강유 중에는 50~400ppm의 PCB가 들어 있었고 1,152명이 중독되었다. 중독자의 혈중 PCB 농도는 2~460μg/mL 정도였다. 중독증상은 일본의 경우와 유사하였으나 다소 가벼웠다.

4-3 기구 · 용기 · 포장재에 기인하는 유해물질

식품포장에 사용되는 포장재료에는 인체에 유해 · 유독한 성분이 함유되어서는 안되지만 이따금 포장재료에 유해한 성분이 함유되어 식품 중으로 이행함으로 인해 문제가 되는 일이 있다.

현재 사용되고 있는 포장재료에서 내용 식품으로 이행될 우려가 있는 물질로는 표 4-1과 같은 것을 들 수 있다.

표 4-1 포장재료로부터 이행될 수 있는 물질

포장재료	이행물질
종이류(셀로판 포함)	착색제(형광염료 포함), 충진제, 사이징제, 펄프용 방부제(잔류)
금속제품	납(땜납에서 유래), 도료성분(monomer, 첨가제), 주석(도금에서 유래)
도자기, 법랑기구, 유리제품	납(유약, crystal glass 등), 그 밖의 금속(유약, 안료 등)
합성수지	잔류 monomer(vinyl chloride, styrene, acrylonitrile 등), 첨가제(안정제, 가소제, 산화방지제 등), 잔류촉매(금속, 과산화물 등)

1. 종이 및 가공지

현재 식품포장의 재료에서 가장 광범위하게 사용되는 것이 종이이다.

종이는 목재펄프를 주원료로 하여 표백제, 사이징제, 충진제, 착색료 등의 첨가물을 가하여 제조한다.

가공지는 종이의 제조 시에 화학합성섬유를 섞거나 제지 후에 주로 방습 · 방수의 목적으로 왁스(파라핀왁스, 마이크로 크리스탈린왁스 등) 또는 합성수지(폴리에틸렌, 염화비닐수지, 폴리프로필렌 등)를 도장가공하거나 알루미늄과 폴리에틸렌을 라미네이트(laminate)하거나 복합필름으로서 폴리에스테르나 폴리아미드 등을 적층한 다층의 포장용 가공지가 사용되고 있다.

종이는 식품포장용을 제외하고는 대부분이 경제적인 이유로 종이 원료인 신선한 펄프에 탈묵 · 표백한 오래된 종이를 혼합하거나 비위생적인 폐지로 만든 재생지가 오용되기도 한다.

제조과정에서 각종 첨가제가 사용되고 있는데, 이들 물질은 다소나마 독성이 있으며 일부 제조업자들 중에는 사용이 금지된 형광염료를 첨가해서 형광증백하고 있다. 주로 blankophor B, leucopher B 등의 디아미노스틸벤 디술폰산유도체를 사용하고 있으나 형광증백제 중에는 발암성 논란이 있었던 점과 폐지를 재생하는 데 사용한다는 점을 감안하여 형광증백제가 있는 포장지는 식품에 사용하지 못하도록 규제하고 있다.

2. 금속제

조리용 기구 · 식기류 · 식품가공용 기계 · 기구류에는 주로 금속재료를 사용하고 있으며, 특히 조리용 기구와 식기류에는 철 · 알루미늄 · 스테인리스스틸을 재료로 한 것이 일반적이다. 그 밖에 동이나 은 등도 소량 사용되고, 알루미늄은 솥, 냄비, 포일 등에 주로 사용되며 산과 알칼리에 부식되는 단점이 있다.

스테인리스스틸에는 많은 종류가 있지만 식기용에는 18-8강(Cr 18~20%, Ni 10% 정도)이 일반적으로 이용되고 있으며, 내식성이 강하여 위생상 가장 적당한 소재지만 종류에 따라서 또는 가공처리 방법이 나쁘면 크롬이 용출될 우려가 있다.

동은 표면을 연마해서 동 고유의 광택을 갖도록 하면 안전하지만 습한 곳에서는 산 가용성의 녹청(綠靑)이 생성되어 위생상의 위해를 초래하기도 한다. 녹청의 주성분은 염기성 탄산동[$CuCO_3 \cdot Cu(OH)_2$]이다. 녹청방지를 위해서는 크롬, 은, 주석, 니켈 등으로 도금해 사용한다.

금속제 용기포장 중에서 가장 중요한 것은 금속관으로, 식품의 장기보존을 가능하게 한 것은 금속관의 발명이라고 해도 과언이 아니다. 이는 식품공업의 발전에 크게 기여하였으나 위생상의 문제도 자주 거론되는 용기이다.

금속관은 주석도금한 철판으로 제조된다. 순수한 주석은 비교적 독성이 적고 도금에 의한 철의 용출이 지연되는 것을 이용한 것이지만, 도금이 불완전하여 미세구멍이 있을 때 유기산이나 산소 등이 존재하면 국부전류가 흘러 주석이 용해된다. 장기간 보존하면 관이 팽창해서 부풀어 오르는 현상이 일어나기 때문에 최근에는 내면도장을 한 위생관을 주로 사용하고 있다.

통조림은 밀봉 후 용기 그대로 살균할 수 있는 이점이 있고 용기재질과 보존방법이 좋으면 야채는 수년 간 변질없이 저장할 수 있지만, 통상 1~2년이 보존기간인 데 비해 과실 또는 과즙과 같이 유기산이 함유되어 있는 것은 1년 이내에 소비할 필요성이 있다.

금속제 용기로부터 용출이 우려되는 유해금속과 용출원을 보면 표 4-2와 같다.

표 4-2 금속의 용도와 용출원인

금속명	용 도	용출원인
Cu	놋쇠, 청동, 양은	산성
Pb	옹기의 유약	산성식품
Sn	통조림	질산 · 아질산이온, 산성식품
Zn	물통, 용기	산성식품
Sb	법랑제 식기, 도자기의 착색료	산성식품
Cd	식품용 기계, 용기, 식기도금	산성식품
Al	식기, 용기	염장식품

3. 유리 · 법랑도포 · 도자기 및 옹기

유리는 규산을 주성분으로 하여 탄산나트륨이나 탄산칼슘 등의 염기성분 및 산화납과 산화아연을 혼합해서 1,200~1,500°C의 고온에서 용융하여 만든다.

유리제품은 청량음료 · 술 · 우유의 용기 및 접시, 컵 등으로 사용된다. 도자기는 무기물질(흙, 돌, 광물류)을 원료로 하여 성형한 다음, 1,200~1,500°C에서 소성시켜 만든 제품의 총칭이다.

이들 제품은 고온에서 소성시켜 유리화하므로 독성은 없으나 성형품의 표면에 색, 그림, 모양 등을 나타내는 데 사용하는 전사지가 연단(Pb_3O_4)을 50% 이상 붕산 또는 붕사를 10~20% 함유하고 있으며, 소성온도가 비교적 저온인 600~700°C이어서 산성물질과 접촉할 경우 쉽게 용출된다.

법랑은 철판상에 유리화하여 얻은 성분을 도포하여 약 800°C에서 가열하여 용착시킨 것으로 법랑면을 미려하고 매끈하게 하기 위하여 저용융유약으로서 붕사 또는 납 · 주석 · 티탄 · 크롬 · 코발트 등의 산화물 또는 황화물이 사용되고 있다. 법랑제품으로는 조리기구나 식기류 등이 있다.

옹기는 우리나라의 고유 용기로서 김치 및 장류의 용기로 사용되고 있다. 제조과정에서 납이 다량 함유되어 있는 연단(광명단)을 사용하는데, 소성과정에서도 적정온도를 유지하지 않아 김치 등의 산성식품과 장기간 접촉하면 납이 용출되는 사례가 있으므로 납을 함유한 유약을 사용하지 못하게 하고 있다.

4. 고무제

고무에는 천연고무와 합성고무가 있으며 예전에는 천연고무가 주로 사용되어 왔다. 하지만 최근에는 부타디엔고무, 이소프렌고무, 아크릴로니트릴고무, 실리콘고무 등 주로 합성고무가 사용되고 있다.

고무는 가교제, 가황제, 가황촉진제, 노화방지제, 보강제, 충진제 등 많은 첨가제가 가해진다. 첨가물 자체의 독성, 첨가물 중의 불순물, 분해생성물 등 많은 위생상의 문제가 있으나 비교적 최근에 이르러 프탈산에스테르 등 용출물에 대한 연구가 시작되었다. 고무는 식품용 호스, 고무마개 및 포유기구 등에 사용된다.

5. 합성수지

합성수지는 가소성을 갖고 있는 유기고분자화합물을 주성분으로 하는 합성물질로서 열경화성 수지와 열가소성 수지로 분류할 수 있다. 열경화성 수지는 열을 가하면 초기에는 가소성을 가지고 있지만 한 번 경화하면 다시 유연해지지 않는 성질을 갖고 있으며, 이것은 가열에 의해서 망상의 화학결합이 진행하여 분자가 자유로이 움직이지 않기 때문이다.

열가소성 수지는 가열하면 연화하여 가소성을 보이고, 냉각하면 고화하는 합성수지를 총칭하는 말이다. 열가소성 수지는 가열에 의해 연화 · 고화를 반복해도 본질적인 분자구조의 변화는 없기 때문에 가열하여 연화상태로 성형가공과 부형조작을 행하여 용기 등의 제품을 만들 수 있다(표 4–3 참조).

최근 합성수지 1종으로는 방습성, 내수성, 내열성, 방가스성 등 모든 요인을 완전히 만족시킬 수 없기 때문에, 식품포장에서 몇 종의 합성수지를 공중합 또는 라미네이트해서 만든 다층제품의 수요가 증가하고 있다.

합성수지는 제품에 대해서 이행성도 없고 그 자체가 화학적으로 극히 안정하여 유해성은 없는 것으로 전세계적으로 인정받고 있다. 그러나 합성수지는 성형 · 가공 · 사용상의 문제로 다소나마 첨가제가 가해지고 또한 중합공정상 미반응의 단량체(monomer)가 잔존하여 용출되는 경우가 있다.

표 4-3 합성수지의 종류와 주요 용도

	수 지 명	식품 및 주방 용도
열경화성 수지	phenol수지	주발, 찬합, 냄비손잡이 등
	urea수지	쟁반
	melamine수지	급식용 식기, 젓가락, 쟁반 등
	guanamine수지	급식용 식기, 젓가락, 쟁반 등
	불포화 polyester silicon수지	우유병 꼭지, 관, 프라이팬, 가공 등
	epoxy수지	통조림통, 내면도장 등
열가소성 수지	polyethylene	병, 용기, 물통, 바구니, 포장대
	polypropyrene	밀봉용기, 쓰레기통, 전기기기 부품 등
	polyvinyl chloride	병, 호스, 뚜껑, 포대
	polyvinylidene chloride	햄포장
	polystyrene	컵, 주발, 용기, 요구르트 용기 등
	acrylonitrile styrene수지	컵, 샐러드 주발 등
	acrylonitrile butadiene styrene수지	버터상자, 용기 등
	methacryl수지	컵, 접시, 용기 등
	polycarbonate	우유병, 급식용 식기 등
	polyamide	용기, 포대, 자동밥솥, 냉동식품 포장 등
	초산 cellulose수지	용기
	polyurethane	스펀지
	polyethylene terephthalate(PET)	인스턴트 면용 컵, 청량음료수 용기

열경화성 수지인 페놀수지, 멜라민수지, 요소수지는 제조 시 가열 · 가압조건이 부족할 때는 미반응원료인 페놀, 포름알데히드가 용출되는 경우가 있다.

열가소성 수지에는 폴리에틸렌, 폴리프로필렌, 폴리스틸렌, 염화비닐수지 등이 있다. 폴리에틸렌 및 폴리프로필렌은 첨가제도 거의 사용하지 않고 단량체도 무해한 것으로 밝혀졌으며, 폴리스틸렌계는 휘발성 물질 및 스틸렌 단량체로 인한 이취문제로 일본 등에서는 5,000ppm 이하로 규제하고 있다.

염화비닐수지(표 4-4 참조)는 원재료인 염화비닐 단량체(vinyl chloride monomer)에 노출된 작업자에게서 마취나 폐부종 등의 급성중독증상과 간혈관육종 등의 만성중독증상을 보여 미국이나 일본 등에서는 재질에 1ppm 이하로 잔류하도록 규제하고 있다.

표 4-4 PVC 제조에 사용되는 첨가제의 종류

종류	첨가량	대표적인 화합물명
가소제	15~30%	프탈산에스테르, 아디핀산에스테르, 크레졸인산에스테르, 구연산에스테르, 에폭시화유, 세파진산에스테르
안정제	2~3%	지방산의 Ca, Li, Mg, Al, Zn, Ba, Cd, Pb염, 유기주석화합물
산화방지제	0.5%	BHT, BHA, TNDP, Tono × 220, Iono × 330, Topanol 330
자외선흡수제	0.5%	살리실산 유도체, 벤조페논 유도체
착색제	0.1%	$PbCrO_4$, CdS, TiO_2, ZnO, carbon black, CoO · $nSnO_2$, HgS, Pb_3O_4, $(NH_4)_2MnO_2(P_2O_7)_2$

이들 제품에는 가소제, 안정제, 산화방지제, 착색제 등 각종 첨가제가 최고 80%까지 첨가되며, 그중에는 독성이 강한 물질들도 있어 미국 등은 최종제품뿐만 아니라 수지에 첨가되는 물질을 간접첨가제로 규제하고 있으며, 우리나라는 완제품만을 규제하고 있다.

가소제로는 프탈산에스테르 등이 15~30% 첨가되고 있는데, 프탈산에스테르 중 dioctyl phthalate(DOP)는 기구 및 용기 · 포장을 제조함에 있어서 사용하지 못하도록 식품위생법에 규정하고 있다.

안정제로는 납 · 칼슘 · 카드뮴 · 아연의 지방산염 및 유기주석화합물이 2~3% 사용되고 있으며, 최근에는 칼슘 및 아연의 지방산염이나 유기주석화합물이 사용되기도 한다.

4-4 제조·가공·저장 중에 생성되는 유해물질

1. 지질의 산화생성물

식품 중에 함유된 지질성분인 불포화지방산이 산소에 의해 산화되면 과산화물, 분해산물, 중합체가 생성된다.

이들 지질의 산화생성물은 화학반응성이 높고 독성이 강해서 식욕감퇴, 구토, 설사, 동맥경화, 간 · 신장의 비대, 그 밖의 조직의 변화를 가져오게 한다.

지질의 산화생성물 중에는 과산화물인 hydroperoxide와 그 2차 산화생성물의 독성이 가장 잘 알려져 있다. 특히 2차 산화생성물 중에는 과산화물보다 급성 독성이 강한 것도 있다.

식품 중에 생성된 2차 산화생성물은 섭취된 다음에 장관에서 흡수되고 혈류를 따라 각 조직에 운반되며 분해될 때 수산 radical(·OH) 등을 생성한다. 이들 radical은 산화력이 강하여 조직 중의 막에 존재하는 아라키돈산(arachidonic acid) 등의 불포화지방산과 반응하여 과산화지질을 생성한다.

젊은 조직에서는 glutathione peroxidase 등의 효소에 의해 과산화지질이 모두 분해된다. 그러나 오래된 조직에서는 분해가 이루어지지 않아 생체막에 이상을 일으키므로 동맥경화 등의 노화현상을 일으키기도 한다.

지질과산화물인 알데히드 중 유지산패의 지표가 되는 멜론알데히드(malon-aldehyde)는 발암성이 의심되는데, 멜론알데히드는 아미노기와의 높은 반응성 때문에 DNA와 반응하여 발암성과 돌연변이 유발성을 나타낸다고 한다.

2. 니트로사민

아질산염은 반응성이 대단히 강해서 식품의 가공 · 보존 중에 식품성분이나 첨가물과 쉽게 반응한다. 이들 반응생성물 중 아질산염이 아민이나 amide류와 반응하여 생성하는 N-nitroso 화합물은 발암물질이어서 식품위생상 중요한 문제를 야기한다.

N-니트로소 화합물은 동물실험에서 90% 이상이 발암성과 관련되어 있음이 증명되었고, 이들은 사람에게도 암을 일으킨다는 간접적인 증거가 발견되었다.

N-니트로소 화합물은 N-N=O의 관능기를 가지며 N-nitrosamine과 N-nitrosamide의 2가지 그룹으로 나눌 수 있다.

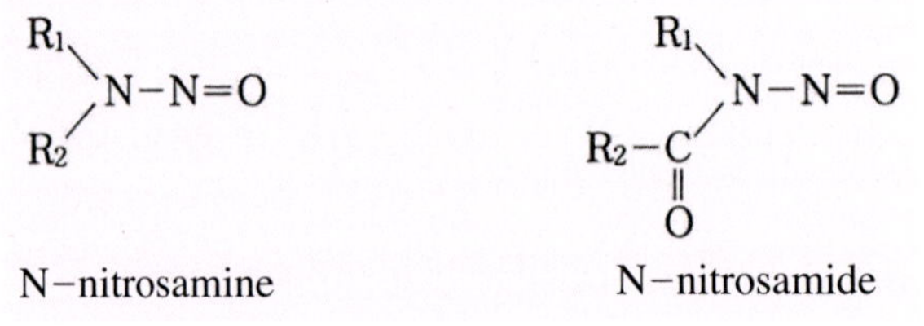

N-nitrosamine은 일반적으로 식품에서 매우 안정하지만 N-nitrosamide는 pH 2 이상에서 불안정하여 식품의 조리조건에서 파괴된다.

N-nitrosamine의 발암성은 투여경로와는 무관하게 기관(organ)특이성이 높은 특징을 가진다(표 4-5 참조).

표 4-5 N-nitrosamine의 발암성

종류	생물종	발암 부위
니트로소디메틸아민 (NDMA)	쥐(소량, 장기) 쥐(다량, 단기)	간암 직장암
니트로소디에틸아민 (NDEA)	쥐 햄스터	간암 호흡기암
니트로소디부틸아민 (NDBA)	쥐	방광암
니트로소디아밀아민 (NDAA)	쥐	폐암

N-니트로사민은 다음 반응식과 같이 생체 내 또는 생체 외에서 아민과 아질산과의 반응에 의해 생성된다. 생체 내에서는 pH 1~3의 위 내에서 이루어진다.

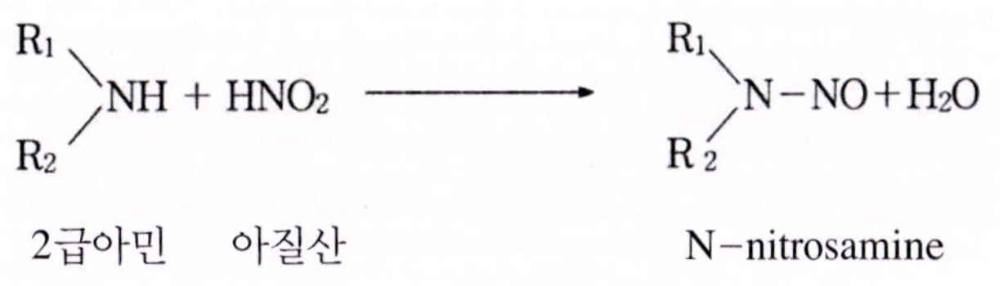

이때 실제 반응에서는 니트로화제로 아질산에서 생성된 N_2O_3 분자가 관여한다. 일반적으로 니트로소화 반응은 할로겐이온 존재하에서는 촉진되고 비타민 C 존재하에서는 저해된다.

종양을 일으키기에 필요한 NDMA의 농도는 rat에서 130μg/kg, 마우스에서 10μg/kg으로 알려져 있고 이 농도는 식품에서 검출되는 수준과 비슷하다.

식품의 안전성을 생각할 때는 N−nitrosamine뿐만 아니라 그 전구체가 되는 아민, 아질산염, 질산염의 존재에 대해서도 관심을 가져야 한다.

아질산염과 질산염은 육류의 발색제로서 육류의 색소고정 외에 *Clostridium botulinum*의 억제효과를 나타내는 등 유용하게 사용되는 첨가물이고 식품 중에도 상당량 분포되어 있다.

질산염은 야채, 특히 절임채소 등에 최고 몇 천 ppm까지, 토마토, 오이, 아스파라거스 등에는 몇 ppm 정도, 무, 시금치, 상추 등에는 몇 백 ppm이 함유되어 있다.

비료를 많이 사용하거나 유기농법으로 재배한 채소는 질산염 함량이 높은 경향이 있다. 아질산염도 소량이나마 채소류에 존재하며, 질산염의 경우는 음료수에도 미량 함유되어 있다. 질산염은 가공 · 저장 중 미생물의 작용으로 아질산염으로 환원되며, 입안에 들어와서는 타액 중에서 질산이온이 되고 구강 내 세균에 의해 아질산으로 환원된다.

아민은 식품 중 특히 어패류에 많은데 dipropylamine, dimethylamine이 주성분이고, diethylamine도 미량 함유한다. 어란도 100~300ppm의 diethylamine을 가진다. 또한 아민은 식품성분인 트리메틸아민, 아미노산, 단백질, 인지질에서 쉽게 생성될 수 있다.

N−nitrosamine은 가열처리에 의해서 그 함량이 현저히 증가한다고 한다. 식품 중 N−니트로사민의 공급원으로는 맥주, 베이컨, 생선 등이 있고, 식이에서 유

래되는 N-니트로사민의 1인당 1일 섭취량은 독일 1.1μg, 영국 0.12μg(맥주 제외), 일본 1.8μg으로 보고되어 있다.

3. 다환방향족탄화수소 및 헤테로고리아민류

1964년 불에 구운 고기에서 benzo[a]pyrene이 분리된 이래 각종 다환방향족탄화수소(polycyclic aromatic hydrocarbon, PAH)가 불고기, 불갈비, 훈제육 등에서 발견되었다(그림 4-1 참조).

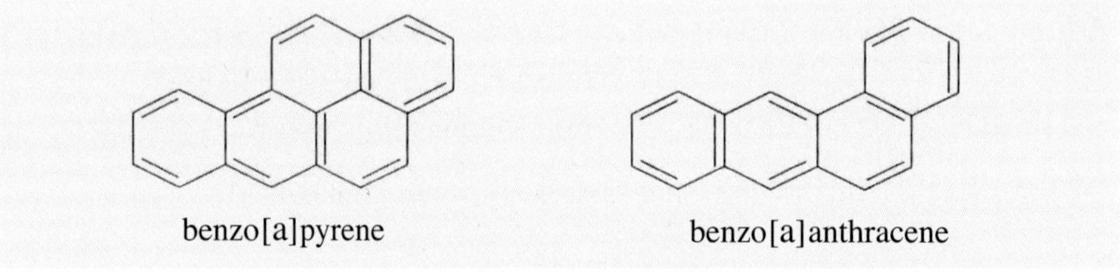

그림 4-1 PAH의 화학구조

PAH는 산소가 부족한 상태에서 식품이나 유기물을 가열할 때 생기는 타르상 물질의 구성성분으로 그중 benzo[a]pyrene(3,4-benzopyrene)이 가장 강력한 발암물질로 알려져 있다. PAH의 생성은 300℃ 또는 그 이상의 고온에서 촉진되며, 식품의 가열가공이나 훈연과정에서도 이 온도에 쉽게 접근할 수 있다. 식품 중 benzo[a]pyrene의 함량은 식품의 종류나 가열방법에 따라 다르지만 훈연품, 구운 생선, 구운 육류 등에서는 10ppb를 초과하는 경우도 있다고 한다.

benzo[a]pyrene 외에 1970년대에 들어와 구운 생선이나 육류로부터 새로운 돌연변이 유발물질인 헤테로고리아민류(heterocyclic amines, HCAs)가 발견되었다. 이들은 식품 자체 또는 아미노산이나 단백질을 300℃ 이상 온도에서 가열할 때 생성되는 열분해산물(pyrolysate)로부터 분리 · 확인되었다.

Trp-P-1과 Trp-P-2는 트립토판, Glu-P-1과 Glu-P-2는 글루탐산, Lys-P-1은 라이신으로부터 각각 생성되고 대두 globulin의 열분해산물에서는 AαC와 MeAαC, 불에 구운 정어리에서는 IQ와 MeIQ, 튀긴 쇠고기에서는 MeIQx가 각각 분리되었다. 가열식품 중 헤테로고리아민류의 함량은 대체로 낮은 편이다.

대부분의 헤테로고리아민류는 마우스에서는 주로 간장에, rat에서는 간장 · 소장 · 대장에 암을 유발한다.

4. 아크릴아미드

acrylamide(CH_2=CHCONH$_2$)는 당과 asparagine을 고온에서 가열하면 형성되는 물질로, 굽고 튀기고 볶은 식품에서 갈색 빛깔과 특유의 맛과 향기를 내는 Maillard 반응과 함께 만들어진다.

2002년 스웨덴 연구자들이 고탄수화물식품의 고온처리과정에 아크릴아미드가 생성됨을 처음으로 규명하여 식품안전에 경각심을 불러 일으켰다.

아크릴아미드는 동물에게는 발암물질이며, 사람에게는 신경계, 즉 neuron에 이상을 일으켜 마비증상을 나타내고 사망에 이르게 한다. 빵, 크래커, 비스킷, 튀김류, 팝콘, 시리얼, 커피 등 고온 조리 · 가열 식품에 주로 검출된다. 아크릴아미드의 효과적인 저감화 방안, 독성, 안전성 등에 관한 많은 관심과 연구가 절실하다.

프렌치프라이 · 감자칩 · 감자스낵류 등 튀김식품에 함유 가능성이 높은 아크릴아미드는 전분이 많은 감자와 곡류 등을 높은 온도에서 가열할 경우는 온도와 시간에 따라 생성량이 증가하는 경향이 있기 때문에, 조리시에 120℃ 이하 온도에서 삶거나 끓이고 튀김온도는 175℃를 넘지 않게 하며 오븐에서도 190℃를 넘지 않게 하고 오랜 시간 조리하지 않아야 한다.

5. 에틸카바메이트

ethyl carbamate($H_2NCOOC_2H_5$)는 무색 · 무취의 물질로 urethane이라고도 하며 포도주, 매실주, 복분자술, 청주, 약주, 위스키, 브랜디 등의 발효 · 숙성 과정에서 생성되는 인체발암 추정물질이다. 에틸카바메이트는 과일(핵과류)의 씨에 있는 시안화합물이나 발효과정에 생성되는 urea가 에탄올과 반응하여 자연적으로 형성된다. 주류 외에도 간장, 된장, 요구르트, 치즈 등에서도 소량 발견된다.

WHO, EU, 캐나다 등에서는 규제치가 마련되어 있다. 에틸카바메이트의 효과적인 저감화 방안으로 낮은 온도유지, 효모개량, 제조방법 개선 등이 검토되고 있다.

가정에서 매실 등 씨가 있는 과일을 원료로 한 담금주 등에서 주로 생성되는 에틸카바메이트는 씨를 제거한 후 담그고, 25℃ 이하의 온도에서 보관해야 에틸카바메이트 생성을 줄일 수 있다.

6. 3-MCPD

3-MCPD(3-monochloro-1,2-propandiol)는 식물성단백가수분해물(hydrolyzed vegetable protein)이나 산분해 간장처럼 산을 이용한 가수분해 과정에서 2-MCPD, 1,3-DCP, 2,3-DCP와 함께 생성된다.

우리나라에서도 1985년과 1996년 두 번의 간장 파동으로 사회적인 문제가 된 적이 있다. 3- MCPD의 LD_{50}(rat, 경구)값은 150mg/kg 정도이며, 인체독성은 알려져 있지 않으나 발암과는 무관하다. 우리나라나 EU 등에서 기준을 설정하여 관리하고 있다.

Chapter 5

자연독에 의한 식중독

우리들이 관습적으로 식용하고 있는 동 · 식물 중에는 그 종류와 부위에 따라 독성을 가진 것들이 있다. 이들 독성물질은 사람에게 발암, 돌연변이, 기형, 알레르기, 영양장해 및 급 · 만성 중독을 일으킨다.

자연에 존재하는 유독한 동 · 식물을 잘못 섭취하거나 정상적인 조리방법에 따르지 않으면 식중독이 발생한다. 이처럼 천연 동 · 식물에 함유된 유기화합물로서 사람에게 급성 및 아급성 식중독을 유발하는 것을 자연독(naturally occurring poison)이라고 한다.

일반적으로 자연독은 식물성 자연독(poisonous plant)과 동물성 자연독(poisonous animal)으로 구분된다. 자연독은 동 · 식물의 특수한 대사산물로서 2차 대사산물(secondary metabolite)로 분류된다.

자연독은 동식물 고유의 성분인 경우가 원칙이지만, 먹이연쇄의 변동에 따른 일시적인 유독성분도 포함된다.

자연독에 의한 식중독의 특징은 세균성 식중독에 비해 발생건수 및 환자수가 적은 반면, 사망자수는 훨씬 높아서 식중독 사망의 주요 원인이 된다는 점이다.

중독증상은 대부분의 세균성 식중독과 같이 단순한 위장염 증상 외에 정신 · 신경 증상 등 독성물질에 따라 다양하게 나타난다.

자연독 식중독의 원인식품은 식물성에서는 버섯류, 동물성에서는 복어가 가장 중요시 된다. 시기적으로는 버섯류의 경우는 채취시기와 잘 일치하는 9~10월, 복어의 경우는 제철이라고 볼 수 있는 겨울철에 많이 발생한다.

5-1 식물성 식중독

식물성 자연독은 버섯(담자균류)을 위시하여 엽록소를 가진 고등식물의 독을 지칭한다. 이들 식물은 독성분으로 유독 alkaloid나 배당체를 함유하고 있다.

식물성 식중독의 원인으로는 식용해도 되는 것으로 잘못 알고 있는 경우(독버섯 등), 유독부위가 제대로 제거되지 않은 경우(감자 등), 특정시기에 유독화된 것을 모르고 섭취한 경우(청매 등) 등이다.

1. 독버섯류

한국의 버섯은 약 1,700종이 기록되어 있다.

식용버섯이 320여 종, 독버섯이 100여 종인데 맹독성인 독버섯은 극히 소수인 20여 종으로 파악되고 있다. 우리나라 산간지방에서는 버섯의 발생에 적합한 계절인 추석 전후에 버섯 중독사고가 가끔 일어나지만 의료체계의 미비로 제대로 보고되지 않고 있다.

독버섯의 종류와 특성을 보면 다음과 같다.

(1) 화경버섯(*Lampteromyces japonicus*)

송이과 화경버섯속에 분류된다.

이 버섯은 갓이 반원형~콩팥형, 긴지름이 15~20cm로 표면은 황갈색인데 작은 인편이 있고 후에 자갈색~암갈색이 된다.

그림 5-1 화경버섯

갓의 살은 희고 두껍고 자루의 살은 암자색~흑갈색인 것이 특징이다. 밤에는 청백색으로 발광한다. 여름과 가을 사이에 활엽수가 말라죽은 줄기에 번식한다.

독성성분은 처음 lampterol로 알려졌으나 illudin S와 동일한 물질임이 밝혀졌다. 이 물질과 중독증상과의 관계는 명확하지 않고 illudin S만으로 중독증상을 완전히 설명할 수 없다. 최근 발광성분은 riboflavin 유도체인 lampteroflavine이라는 사실이 밝혀졌다.

중독증상은 구토, 복통, 설사 등 심한 위장장해를 일으키고 특히 구토가 오래 지속된다.

(2) 알광대버섯(*Amanita phalloides*) 및 광대버섯(*Amanita muscaria*)

알광대버섯은 광대버섯과의 광대버섯속에 분류된다. 갓의 지름이 7~8cm로 처음에는 난형이지만 나중에 편평하게 변한다. 표면은 황록갈색이며, 약간 점성이 있다. 주름살은 떨어진 형이고 빽빽하며 백색이다. 대는 8~12 × 0.5~0.8cm로 표면은 백색~회백색이다. 대 위쪽은 약간 가늘고 막질의 턱받이가 있으며, 아래쪽은 인편이 덮여 있다. 기부는 굵고 크며 단단한 칼집모양의 대주머니가 있다.

여름과 가을에 침엽수림 또는 활엽수림의 땅 위에 탄생하며, 전 세계에 분포한다. 독버섯으로는 가장 유명하다.

독성성분으로는 환상 peptide구조를 가지는 amatoxin군, phallotoxin군, virotoxin군 등이 있다.

amatoxin군은 α-, β-, γ- amanitin 등이 있고, 모두 8개의 아미노산으로 이루어진 유사 환상 peptide군이다. 경구투여하면 장관에서 흡수되어 RNA polymerase II와 특이적으로 결합하여 이 효소의 작용을 방해하므로 RNA 생합성이 이루어지지 않고, 나아가 단백질의 생합성이 저해되어 간장이나 신장 등의 세포괴사 또는 조직파괴를 일으켜 사망한다.

phallotoxin군에는 phalloin, phalloidin, phallisin 등이 있고, 이들은 7개의 아미노산으로 구성된 구조가 유사한 환상 peptide이다. 비경구투여나 in vitro에서는 독성 정도가 amatoxin군에 필적하고 보다 속효성의 맹독성을 나타내지만, 경구투여에서는 장관에서 흡수되지 않아서 독성을 나타내지 않으므로 버섯중독과는 관련이 없는 것으로 생각된다.

virotoxin군에는 viroidin이나 viroisin 등이 있고, 이들은 7개의 아미노산으로 구성된 구조유사 환상 peptide군이다. phallotoxin류와 동일한 독성을 나타내며, 따라서 버섯중독과는 무관한 것으로 여겨진다.

알광대버섯의 중독증상은 식후 6~24시간에 격렬한 콜레라상 증상인 설사, 구토, 복통에 이어 간장이나 신장 조직의 괴사가 진행되고 혼수상태에 빠져서 사망한다.

알광대버섯과 모양이 유사하고 독성분과 중독증상이 동일한 것으로 독우산광대버섯(*A. virosa*)이 있다. 또한 흰알광대버섯(*A. verna*)도 독성과 중독증상이 같다.

광대버섯의 중독증상과 독성분은 이들과 판이하다. 중독증상은 섭취 후 20분~2시간 정도에서 발현한다. 발한(發汗), 눈물흘림, 설사, 구토, 환각 등을 일으킨다.

그림 5-2 광대버섯

환각 이외의 중독발현의 원인물질은 부교감신경 흥분작용(choline 작동성)이 있는 muscarine인데, 광대버섯은 이 muscarine을 미량 함유하므로 보통은 일과성으로 중증에 이르지는 않으나 대량으로 섭취하였을 경우에 독성이 강하게 나타나서 경련이나 혼수 등에 이르기도 한다.

광대버섯에서 환각작용을 일으키는 물질은 tryptophan 유도체인 bufotenine으로 생각된다. 이 버섯은 파리를 죽일 수 있는 ibotenic acid도 함유한다. ibotenic acid는 tricholomic acid(독송이의 파리 살충성분)와 같이 지미(旨味)를 가지고 있으나 비교적 불안정하므로 건조 등에 의해 쉽게 탈탄산되어 muscimol이 된다. muscimol은 중추신경계에 있어서 억제성 전달물질인 γ-aminobutyric acid(GABA)에 작용한다. 따라서 muscimol 1~2mg/kg을 마우스에 투여하면 진정작용을 볼 수 있다.

마귀광대버섯(*A. pantherina*)은 일명 파리버섯이라고도 불린다. 중독증상과 독성성분이 광대버섯과 동일하다.

(3) 외대버섯(*Rhodophyllus sinuatus*)

외대버섯과의 외대버섯속에 속한다. 갓은 지름이 5~15cm로 원형이며 거의 편평하다. 표면은 다소 점성이 있는 편이고 담회갈색이며 육질은 흰색인데 주름은 희지만 살색으로 변한다. 자루는 지름이 8~25mm에 높이가 9~11.5cm로 굵기가 비슷하고 흰색이며 다소 광택이 있고 세로로 쪼개지기 쉽다. 가을철에 활엽수림 내의 땅 위에 발생한다. 우리나라에서는 굽은 외대버섯이라고 불린다.

독성성분은 불명이다. 중독되면 복통, 구토, 설사 등의 급성 위장장해를 나타낸다. 같은 속에 속하는 독버섯으로 삿갓외대버섯(*R. rhodopolius*)이 있으며 여기에는 choline, muscarine, muscaridine 등의 독성분이 함유되어 있고 중독증상은 구토나 설사 등이다.

그림 5-3 외대버섯

(4) 미치광이버섯(*Gymnopilus spectabilis*)

끈적버섯과의 미치광이버섯속에 분류된다. 갓은 지름 5~15cm로 처음에는 반구형이지만 볼록편평형이 된다. 표면은 평활하고 황금색~갈황색이며 섬유상의 미세한 인편이 있고, 조직은 담황색이고 쓴맛이 있다.

그림 5-4 미치광이버섯

주름살은 완전 붙은형이며 빽빽하고 황색이지만 적갈색으로 바뀐다. 대는 5~20 × 1~2.5cm로 표면은 황색~황토색이며 섬유상의 세로줄이 있다. 갈황색의 턱받이가 있으나 때로는 불분명하다. 여름과 가을에 활엽수, 드물게는 침엽수의 생나무나 죽은 나무에 군생한다.

북미산 버섯에서는 환각작용물질인 psilocybin이 분리되었으며 환각 등을 수반하는 흥분작용이 있다. 이 버섯은 우리나라 분류상으로 갈황색 미치광이버섯이라고 불린다.

(5) 깔때기버섯(*Clitocybe acromelalga*)

송이과 깔때기버섯속에 분류되며 우리나라 분류에서는 독깔때기버섯이다.

갓은 지름 5~10cm로 중앙이 오목한 호빵형이나 더 지나면 깔때기 모양이 되고 주변부는 안쪽으로 감긴다. 표면은 등적색~황적갈색이며 매끄럽고 끈기는 없다. 살은 얇고 담황갈색이며 주름살은 담크림색~담황갈색이고 밀생하며 긴 내린 주름살이다. 자루는 길이 3~5cm로 섬유질이며 세로로 잘 갈라지고 표면은 갓과 같은 색이며 근부는 부풀고 속이 비어 있다.

가을철에 대나무밭이나 잡목림 등의 땅 위에 군생한다. 독성성분으로 clitidine, acromelic acid A, B가 분리되었다.

중독은 식후 4~5일 지나서 손발의 끝이 붉어지고 불에 덴 것 같은 통증을 느낀다. 1개월 이상 지속되는 수도 있으나 치명적이지는 않다.

그 밖에 흰삿갓깔때기버섯(*C. fragrans*), 비단빛깔때기버섯(*C. candicans*)도 muscarine을 함유하고 있는 독버섯이다.

그림 5-5 깔때기버섯

(6) 그 밖의 독버섯

① 마귀곰보버섯(*Gyromitra esculenta*)

안장버섯과 마귀곰보버섯속에 속하며 여름과 가을철에 침엽수의 그루터기나 톱밥더미 위에 단생 · 군생한다. 독성분인 gyromitrin은 체내에서 가수분해에 의해 더욱 독성이 강한 monomethylhydrazine을 생성한다.

gyromitrin을 끓이거나 건조시키면 monomethylhydrazine으로 분해되어 휘발되므로 독성이 없어진다. monomethylhydrazine은 저비점(b.p 87.5°C) 화합물이므로 조리 중 휘발되어 증기에 의한 중독이 일어나기도 한다.

증상은 구토, 설사, 복통 등에 이어 황달, 빈혈, 경련 등이 나타나고, 심한 경우는 2~4일 만에 사망한다.

② 두엄먹물버섯(*Coprinus atramentarius*)

먹물버섯과 먹물버섯속으로 분류된다. 봄 · 가을철에 정원, 밭 특히 썩은 나무 근처에 군생한다.

독성분은 coprine이며, 이 독소는 아세트 알데히드탈수소효소의 작용을 저해하므로 술과 함께 버섯을 먹으면 혈중 아세트 알데히드 상승으로 악취 등의 증상을 일으킨다. 중독증상은 안면홍조 · 심장박동 증가 · 혈압저하 · 구토 · 구역질 등이며, 이런 증상은 만성 알코올중독 치료약으로 쓰이는 disulfiram의 작용과 유사하다.

③ 땀버섯속(*Inocybe*)

끈적버섯과의 땀버섯속에는 독버섯 종류가 많은데 우리나라는 13종이 기재되어 있다. 대부분 크기가 작아서 식용의 대상이 되지 않지만 큰 것은 경계를 요한다.

여기에 속하는 독버섯 종으로 솔땀버섯(*Inocybe fastigiata*), 보라땀버섯(*I. geophylla*), 삿갓땀버섯(*I. asterospora*), 비듬땀버섯(*I. lacera*), 백색꼭지땀버섯(*I. albodisca*) 등이 있다. 독성분으로 부교감신경을 흥분시키는 muscarine을 함유하는 종류가 대부분이다.

땀이 많이 나고 구토 또는 설사가 일어난다. 축동(縮瞳), 호흡곤란, 서맥(徐脈) 등의 증상이 이어지며 다량 섭취 시에는 사망하기도 한다.

④ 목장말똥버섯(*Panaeolus papilionaceus*)

먹물버섯과의 말똥버섯속으로 분류된다. 여름에서 가을에 걸쳐 말똥이나 퇴비 등에서 군생한다. 중독성분은 psilocybin과 psilocin으로 생각되며, 중독증상은 환각이나 정신착란 등이다.

검은띠말똥버섯(*P. subbalteatus*), 레이스말똥버섯(*P. sphinctrinus*)도 같은 독성분을 함유하는 독버섯이다.

⑤ 붉은싸리버섯(*Ramaria formosa*)

분류상 싸리버섯과의 싸리버섯속에 속하며 가을에 활엽수림 내 땅 위에 군생하는 대형버섯이다. 산호형이고, 자실체 자체가 적등색~담홍색이며 가지 끝은 황색이다. 구토 · 설사 · 복통을 일으키고 독성분은 불명이다.

노랑싸리버섯(*R. flava*) · 황금싸리버섯(*R. aurea*)도 독버섯으로 분류된다.

⑥ 노란다발(*Naematoloma fasciculare*)

분류상 독청버섯과 개암버섯속의 이 버섯은 봄부터 가을에 걸쳐서 활엽수, 침엽수, 대나무 등의 그루터기에 속생하며, 우리나라 버섯중독 사망의 주원인이 되는 버섯이다.

독성분은 fasciculol E 및 F이다. 증상은 구토, 설사, 마비, 경련 등이며 의식불명으로 사망한다.

⑦ 무변색무당버섯(*Russula subnigricans*)

무당버섯과의 무당버섯속이며, 여름과 가을에 걸쳐서 상록활엽수림 내 땅 위에 단생 또는 군생한다.

독성분은 불명이고 중독증상은 구토나 설사 등이며 때로는 심장쇠약으로 사망한다. 여름과 가을에 활엽수림 · 침엽수림 내의 땅 위에 단생 또는 군생하는 냄새무당버섯(*R. emetica*)도 같은 속의 독버섯이다.

⑧ 큰붉은젖버섯(*Lactarius torminosus*)

무당버섯과 젖버섯속이며, 가을철에 활엽수림 내 땅 위에 발생하는데 주요증상은 위장형이다. 노란젖버섯(*L. chrysorrheus*)도 독버섯으로 간주된다.

⑨ 독청버섯(*Stropharia aeruginosa*)

독청버섯과 독청버섯속이며, 여름에서 초겨울 기간에 숲 속의 습한 땅이나 풀밭에서 난다. 독버섯으로 알려져 있다.

⑩ 그 밖의 독버섯

파리살충력이 있는 독송이(*Tricholoma muscarium*)에는 tricholomic acid라는 독성분이 들어 있다. 거북송이(*T. pardinum*), 담갈색송이(*T. ustale*), 맑은애주름버섯(*Mycena pura*), 털참버섯(*Panus tigrinus*), 좀환각버섯(*Psilocybe coprophila*) 등도 독버섯으로 분류된다.

(7) 유독성분

버섯의 종류에 따라 다르며 지금까지 알려진 유독성분은 다음과 같다.

① muscarine

맹독성이며 사람에 대한 치사량은 경구투여 0.5g, 피하주사 3~5mg이다. 땀버섯에 가장 많고 광대버섯, 마귀광대버섯(파리버섯) 등에도 함유되어 있는 alkaloid의 일종이다. 부교감신경을 흥분시켜 섭취 1.5~2시간 후에 군침과 땀이 나고 맥박이 느려진다. 각종 체액분비 항진, 축동, 호흡곤란, 위장의 경련성 수축, 구토, 설사, 방광 및 자궁수축 등을 일으킨다.

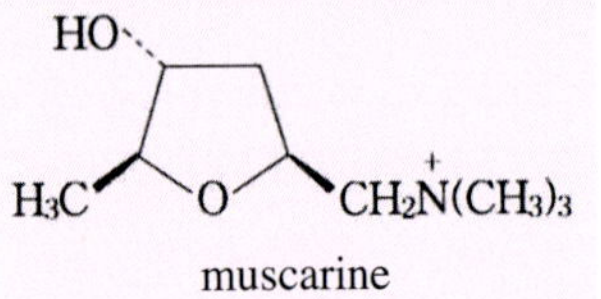

muscarine

② muscaridine

pilzatropin이라고도 하며, L−hyoscyamin과 거의 같은 것으로 알려져 있다. 광대버섯에 들어있는데, atropin과 비슷한 뇌증상 · 산동(散瞳) · 일과성소광상(一過性騷狂狀)을 일으킨다.

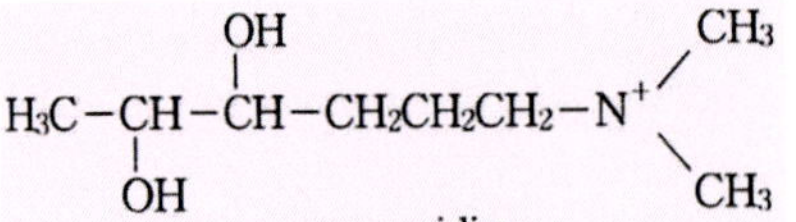

muscaridine

③ choline

삿갓외대버섯 등 많은 독버섯에 들어 있으며 muscarine과 비슷한 작용이 있다. 독성이 약하여 거의 문제시 되지 않는다.

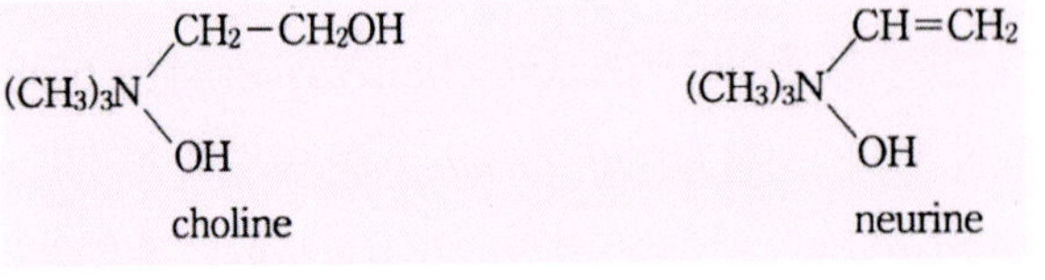

④ neurine

대장균, 고초균 등의 부패균이 단백질에 작용할 때 choline으로부터 생성된다. 침흘림, 호흡곤란, 설사, 경련, 사지마비 등 muscarine과 비슷한 증상을 나타낸다.

⑤ phaline

알광대버섯, 독우산광대버섯 등에 함유되어 있는 독성분으로 일종의 배당체이며 맹독성이고 강한 용혈작용이 있다. 콜레라상의 증상과 구토 및 설사 등을 일으키며, 열에 약하여 가열로 파괴된다.

⑥ agaricic acid

말굽잔나비버섯에 들어 있다. 위장카타르, 설사, 구토, 두통 등을 일으키나 독성은 강하지 않다.

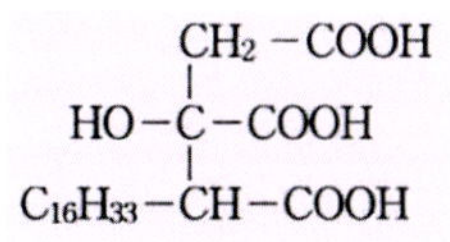

agaricic acid

⑦ amanitatoxin

알광대버섯, 독우산광대버섯, 흰알광대버섯 등에 함유되어 있다. 버섯류에 함유된 유독성분 중 가장 맹독성이고 내열성이다. 생리 및 화학적 성상에 의해 amatoxin군과 phallotoxin군 등으로 구분되며, 이들 모두 환상 peptide구조를 가진다.

amatoxin군의 amanitin류($\alpha-$, $\beta-$, $\gamma-$amanitin)는 LD_{50}(생쥐)이 0.2~0.5 mg/kg으로 매우 독성이 강하고 지효성(아급성)인 것이 특징이다.

phallotoxin군의 phalloin, phalloidin, phallisin 등의 독성은 LD_{50}(생쥐)이 1.5~2.5mg/kg으로 amatoxin군보다는 다소 약하지만 속효성이다. amatoxin군은 RNA 생합성을 저해하고 단백질 생합성의 저해작용으로 간장 · 신장의 조직을 파괴한다.

phallotoxin군은 비경구투여에서는 이와 버금가는 독성을 나타내지만 경구투여에서는 장관에서 흡수되지 않아 중독을 일으키지 않는다는 보고도 있다. amanitatoxin은 phaline과 비슷한 증상을 나타내며 혼수상태 후 2~4일 내에 사망한다.

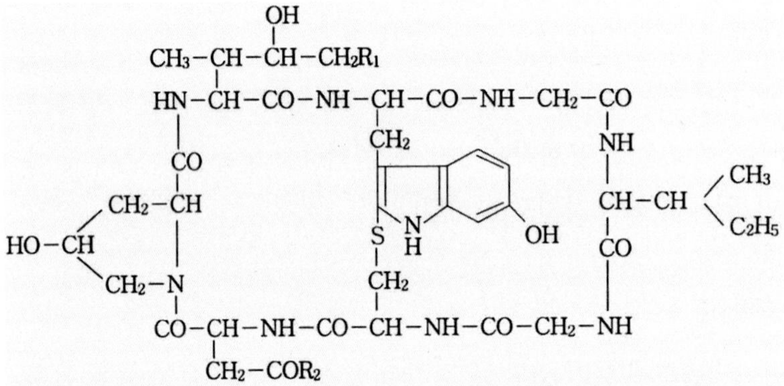

	R_1	R_2
α-amanitin	OH	NH_2
β-amanitin	OH	OH
γ-amanitin	H	NH_2

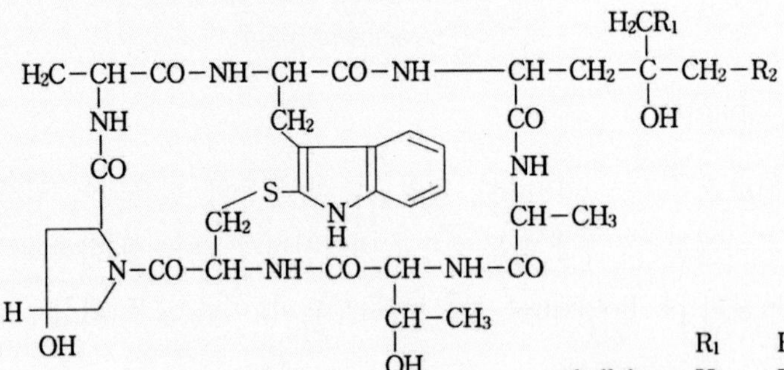

	R_1	R_2
phalloin	H	H
phalloidin	OH	H
phallisin	OH	OH

⑧ pilztoxin

균독소라고도 하며, 열이나 건조에 약하다. 중독증상은 반사항진, 평형장애, 강직성 경련 등이다.

⑨ bufotenine

광대버섯 등에 함유되어 있다. 환각, 발한, 구역질, 동공확대, 우울증 등의 증상이 나타난다.

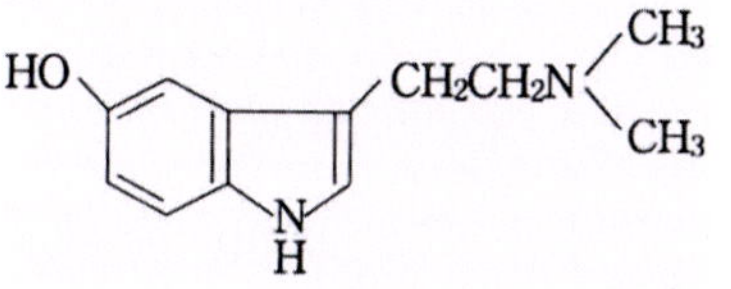

bufotenine

(8) 그 밖의 유독성분

① psilocybin과 psilosin: 미치광이버섯, 목장말똥버섯 등에 함유되어 있으며, 환각작용이 있다.

② coprine: 두엄먹물버섯의 독성분이다. 음주 시 aldehyde dehydrogenase를 저해하여 악취를 유발한다.

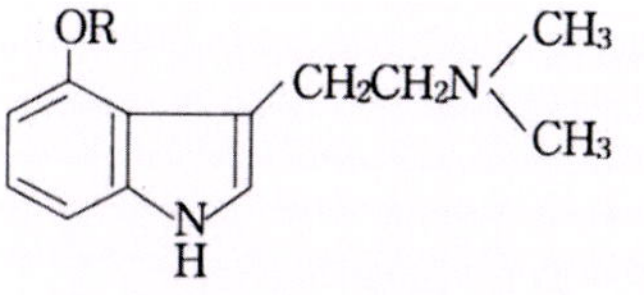

R : $PO(OH)_2$ psilocybin
R : H psilosin

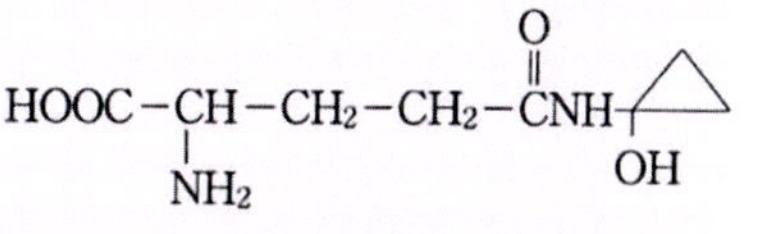

coprine

③ fasciculol: 노란다발에 들어 있다. 구토 · 설사 · 마비 · 경련 등을 일으키며 사망에 이르게 한다.

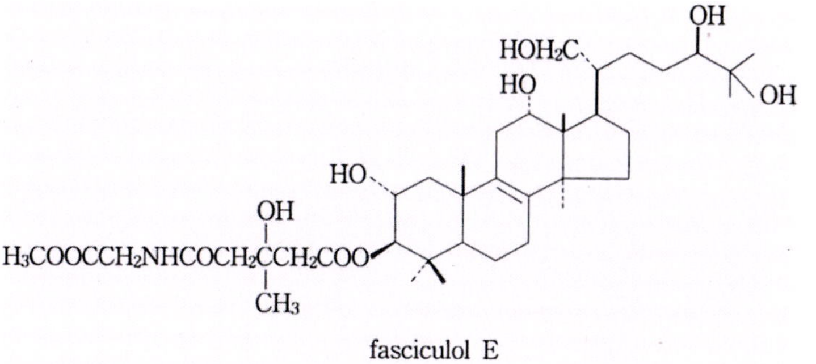

fasciculol E

④ gyromitrin: 마귀곰보버섯에 들어있다. 체내에서 가수분해되어 monomethylhydrazine으로 변해 독성이 강해진다. 황달, 경련, 빈혈 등을 일으킨다.

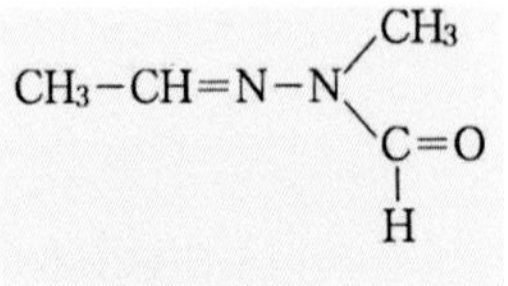

gyromitrin

⑤ illudin S: 화경버섯의 독성분으로 lampterol과 동일한 물질이다. 구토와 심한 위장장해를 유발한다.

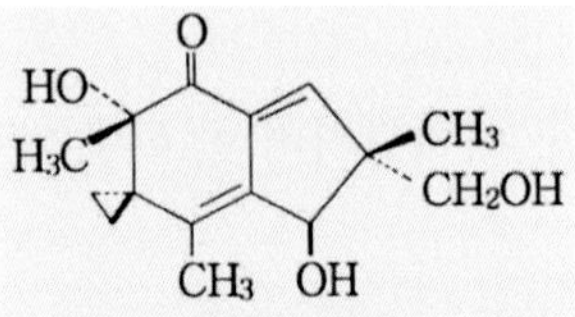

illudin S

⑥ ibotenic acid와 muscimol: 마귀광대버섯, 광대버섯에 들어있다. ibotenic acid는 파리살충성분으로 건조 등에 의해 쉽게 탈탄산되어 muscimol이 된다. muscimol은 중추신경계에 작용하여 진정작용을 나타낸다.

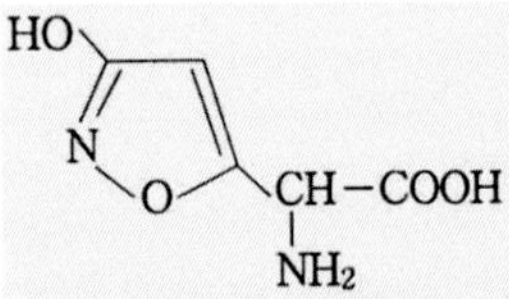

ibotenic acid

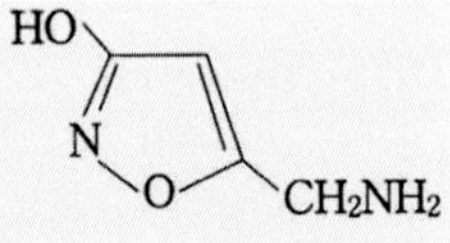

muscimol

⑦ tricholomic acid: 독송이의 독성분으로 ibotenic acid와 같이 파리살충성이 있다.

⑧ acromelic acid: 깔때기버섯에 clitidine과 함께 들어있다. acromelic acid는 A, B의 2종이 확인되었다. 손발에서 불에 덴 것 같은 통증을 일으킨다.

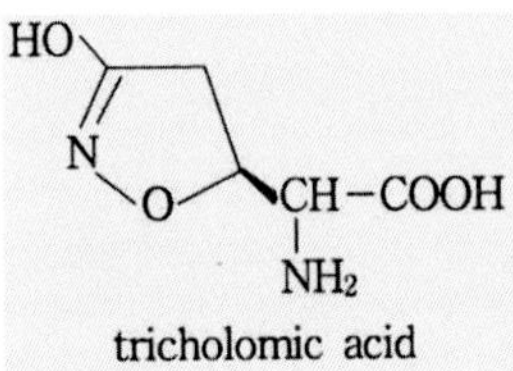

tricholomic acid

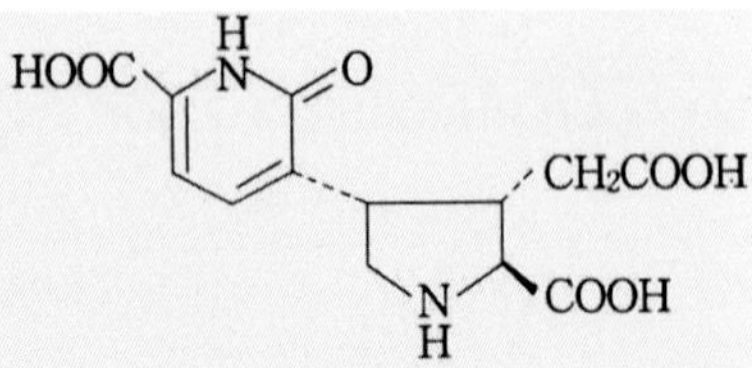

acromelic acid A

(9) 버섯의 독성분류

미국의 Lincoff와 Mitchell(1977)은 버섯의 독성을 다음과 같이 5군 8그룹으로 분류하고 있다.

1) 간장, 신장에 장해를 주는 치명적인 맹독

① 환상 peptide(amanitin 등)에 의한 것: 독우산광대버섯, 알광대버섯, 흰알광대버섯 등

② gyromitrin에 의한 것: 마귀곰보버섯, 안장버섯속(*Helvella*)의 일부

2) 주로 자율신경계에 작용하는 독

③ 술(알코올)과 함께 섭취하였을 때 중독되는 것: 두엄먹물버섯, 배불뚝이깔때기버섯 등

④ muscarine 중독: 땀버섯속 대부분, 깔때기버섯속 일부, 적색인 그물버섯속 일부

3) 주로 중추신경계에 작용하는 독

⑤ ibotenic acid, muscimol 등에 의한 것: 광대버섯, 마귀광대버섯 등

⑥ psilocybin, psilocin에 의한 환각을 일으키는 것: 목장말똥버섯, 좀말똥버섯, 검은띠말똥버섯 등

4) 주로 위장을 자극(구토, 설사, 복통)하는 독

⑦ illudin S(lampterol), fasciculol, choline 등에 의한 것: 순서대로 화경버섯, 노란다발, 삿갓외대버섯 등

5) 손발 끝의 종창(腫脹), 괴사 등의 통증을 유발하는 독

⑧ glyzicin 등에 의한 것: 독깔때기버섯

(10) 중독증상

Ford, W. W.는 버섯에 의한 중독증상을 위장장해형(화경버섯, 외대버섯 등),

콜레라상 증상형(알광대버섯, 독우산광대버섯 등), 신경계장해형(광대버섯, 마귀광대버섯, 땀버섯 등), 혈액독형(마귀곰보버섯 등), 뇌증형(미치광이버섯, 외대버섯 등)의 5개로 분류한 바 있다. Husemann은 위장형 중독, 콜레라형 중독, 뇌증형 중독(muscarine형, amanitatoxin형)의 3가지로 분류하고 있다.

(11) 버섯의 감별법

경험적으로 민간에 전승되어 내려온 버섯의 감별법은 다음과 같다.

① 대(자루)가 세로로 쪼개지는 것은 무독하다.
② 색이 아름답고 선명한 것은 유독하다.
③ 악취가 나는 것은 유독하다.
④ 대에 턱받이가 있는 것은 대체로 유독하다.
⑤ 유즙(乳汁)을 분비하거나 점성의 액이 나오거나 공기 중에서 변색되는 것은 유독하다.
⑥ 쓴맛, 신맛을 가진 것은 유독하다.
⑦ 버섯을 끓일 때 나오는 증기에 은수저를 넣었을 때 검게 변하는 것은 유독하다.

2. 유독성분을 함유하는 식용식물

(1) 감자(*Solanum tuberosum*)

감자는 유독성분으로 solanine을 함유한다. solanine은 potato glycoalkaloid라 부르며 solanidine의 배당체이다. solanine($C_{45}H_{73}NO_{15}$)은 steroid 골격을 가지는 solanidine($C_{27}H_{43}NO$)에 galactose, glucose, rhamnose가 결합된 것이다.

감자의 solanine 함량은 0.004~0.03% 정도여서 별로 유해하지 않지만 발아부위와 일광에 노출되어 생기는 녹색부위는 0.1% 이상을 함유하므로 다량섭취하면 식중독을 일으키는 경우가 있다.

solanine은 비교적 안정하여 보통 조리법으로 파괴되지 않으며 물에 녹지 않고 뜨거운 알코올에 녹는다. 생체 내에서 cholinesterase의 작용을 억제하므로 용혈, 운동중추 마비, 국소자극 등의 작용이 있다. 토끼에 대한 LD_{50}은 경구투여 0.45g/kg, 피하주사 0.25g/kg이고 사람이 0.2~0.4g을 섭취하면 중독을 일으킨다.

중독증상은 복통, 설사, 구토, 발열, 의식불명, 두통, 언어장애, 현기증, 축동, 졸음 등이다. 섭취 후에 몇 시간의 잠복기를 거쳐서 발증한다. 중독예방법은 감자의 껍질을 벗겨 발아부위와 녹색부위를 제거하고 섭취하는 것이다.

썩은 감자에서는 sepsine($C_5H_{11}N_2O_2$)이 생성되어 중독을 일으킨다.

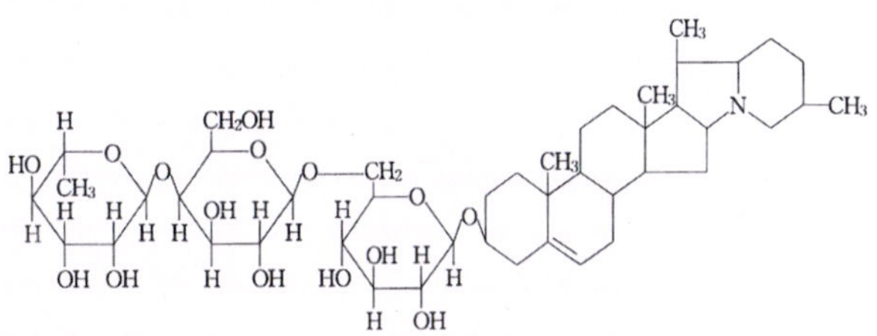

solanine

그림 5-6 감자

(2) 시안배당체 함유식물

장미과에 속하는 미숙한 매실(青梅), 살구씨, 복숭아씨 등에는 amygdalin이란 cyan배당체가 함유되어 있는데 이는 nitrile배당체이다. amygdalin은 식물조직의 효소 emulsin이나 인체 장내세균의 β-glucosidase에 의해 분해되어 청산(HCN)을 생성하며, 청산은 치명률이 높은 중독의 원인이 된다. 중독은 섭취 후 30~60분에 발생한다.

숙성된 과육에는 amygdalin이 함유되어 있지 않으나 숙성 전(15~20일)의 과실로 만든 매실주 등에는 amygdalin이 약간 들어있다.

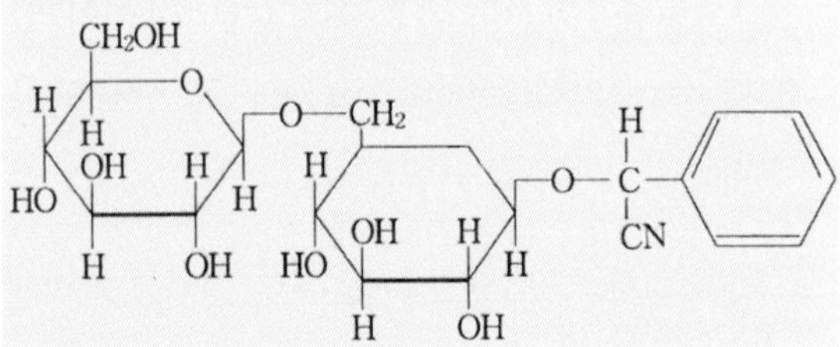

amygdalin

그림 5-7 매화나무

오색두(버마콩), cassava, 강낭콩 등에는 phaseolunatin(일명 linamarin)이라는 acetone cyanhydrin과 glucose가 결합된 청산배당체가 함유되어 있다. 자가소화에 의한 분해로 청산을 유리하여 중독의 원인이 된다.

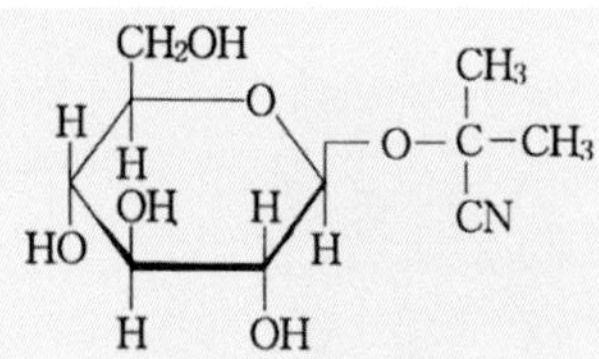

phaseolunatin

그림 5-8 카사바

수수에는 dhurrin이라는 시안배당체가 들어 있고, 벚나무속의 미숙과일 종자에는 또다른 청산 배당체인 prunasin이 함유되어 있으며, 은행의 종자에도 청산함유물이 들어 있다.

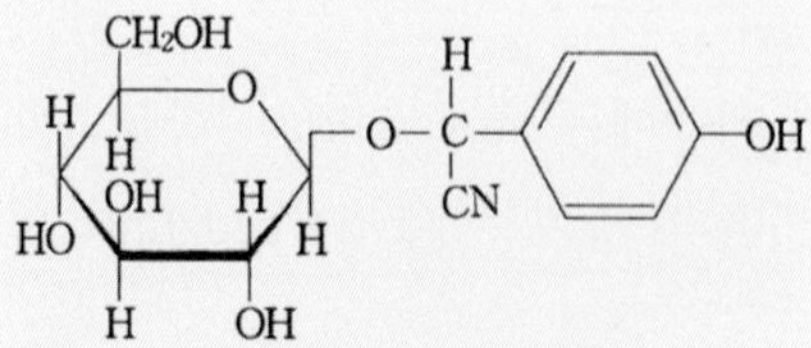

dhurrin

그림 5-9 수수

cyan배당체를 함유한 것을 많이 먹으면 두통, 구토, 설사, 복통 등 소화기계 증상을 시작으로 호흡곤란, 전신의 강직성 경련을 일으키고 심하면 호흡중추 마비로 사망한다.

청산은 호흡효소계의 cytochrome oxidase를 저해하여 조직호흡을 급속히 저하시킨다.

물에 오래 끓여 청산을 휘발시키거나 물로 깨끗이 씻어 제거하면 중독을 예방할 수 있다. 중독의 치료방법은 일반적으로 청산중독과 동일하다.

(3) 목화(*Gossypium indicum*)

목화의 종자, 뿌리, 줄기에는 polyphenol화합물인 gossypol이라는 독성분이 함유되어 있다. 정제가 덜 된 면실유와 그 박(粕)에는 gossypol이 함유된다. 압착박에는 양질의 단백질이 다량 함유되어 있지만 식품이나 사료로서 효과적인 이용에는 장애가 된다.

중국에서는 이 독소를 개발하여 남성의 피임약으로 이용하고 있다. 식이 중 단백질 함량이 높으면 독성이 발현되지 않으나 중독에서는 심부전(心不全), 심비대(心肥大), 간장해, 황달, 장기출혈 등이 인정된다.

그림 5-10 목화

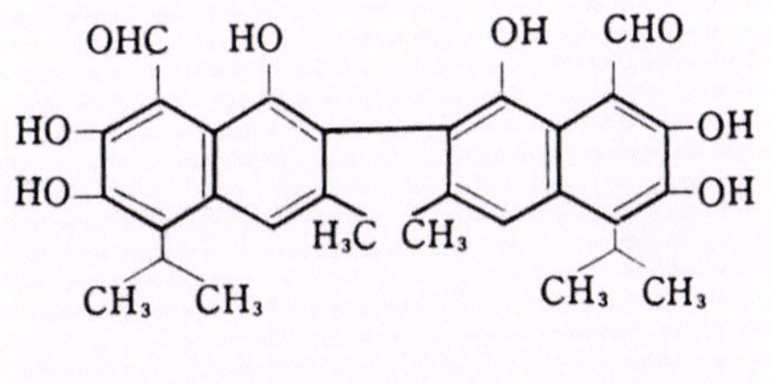

gossypol

(4) 피마자(*Ricinus communis*)

피마자(아주까리)의 종자는 ricin, ricinine 등의 유독성분과 사람에게 심한 allergy상 증상을 일으키는 allergen을 함유하고 있다. 따라서 이로부터 얻은 피마자유나 그 박(粕)에 의해 중독을 일으킬 수 있다. 복통, 구토, 설사와 allergy 증세 등을 나타낸다.

ricin은 독성이 매우 강하나 열에 쉽게 파괴되며, 피마자 외에도 많은 식물의 잎과 뿌리 및 구근과 특히 콩과식물의 종자에 널리 분포되어 있다. 적혈구를 응집시키는 식물성 hemagglutinin 또는 phytagglutinin이라는 특수한 단백질이다. ricin은 피마자기름을 용매로 추출한 후 용매를 제거하는 과정에서 제거된다.

그림 5-11 피마자

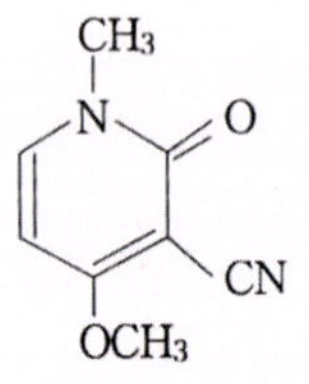

ricinine

ricinine은 ricin보다 독성이 약한 alkaloid이고 함량이 많지 않기 때문에 큰 문제가 되지 않는다. allergen은 피마자박에 6~9% 들어 있는데 비교적 열에 강하여 불활성화되지 않는다. 피마자유는 ricinoleic acid를 많이 함유하고 있으므로 설사약으로 이용된다.

(5) 콩류

대두 · 완두콩 · 땅콩 · 강낭콩에는 protease 활성 억제물질인 trypsin inhibitor와 강한 용혈작용물질인 saponin · sapogenin이 들어있다.

대두에는 5~6종 이상의 트립신 억제물질이 존재하며 이들은 protease의 구조를 변형시켜 효소기능을 상실시킨다. 그러나 가열처리로 억제물질은 그 활성을 잃는다. saponin은 가열조리과정에서 거의 영향을 받지 않지만, 대두에 함유된 소량(0.5%)으로는 유해작용을 가져오지 않는다고 한다.

그림 5-12 대두

3. 오용하기 쉬운 유독식물

(1) 독미나리(*Cicuta virosa*)

독미나리는 미나리와 모양이 비슷하지만 크기가 약간 큰 편이어서 구별된다. 독미나리는 지방족 불포화알코올인 cicutoxin이라는 유독성분을 함유한다. 독성분은 지하경(地下莖)에 많이 함유되어 있으며 섭취 후에 몇 분, 늦어도 2시간 이내에 발병하여 빠르면 10~20시간 후에 사망한다. 중독증상으로는 침흘림, 구역질, 구토, 발한에 이어 호흡곤란, 정신착란, 경련 등이 일어난다.

$$HOCH_2(CH_2)_2-(C\equiv C)_2-(CH=CH)_3-\overset{OH}{\overset{|}{C}}HCH_2CH_2CH_3$$

cicutoxin

그림 5-13 독미나리

(2) 독공목(*Coriaria japonica*)

독공목(毒空木)은 열매와 잎에 유독성분인 coriamyrtin($C_{15}H_{18}O_5$)과 tutin ($C_{15}H_{18}O_6$)을 함유하고 있다.

중독증상은 구토, 동공축소, 전신경직, 경련 등이고, 호흡곤란으로 사망하는 수도 있다. coriamyrtin 0.08g을 토끼에 경구투여하면 죽는다.

독공목은 산과 들에 자생하는 높이 1.5m 내외의 낙엽관목으로, 열매에는 단물이 있기 때문에 어린이가 멋모르고 먹어서 중독되기 쉽다.

그림 5-14 독공목

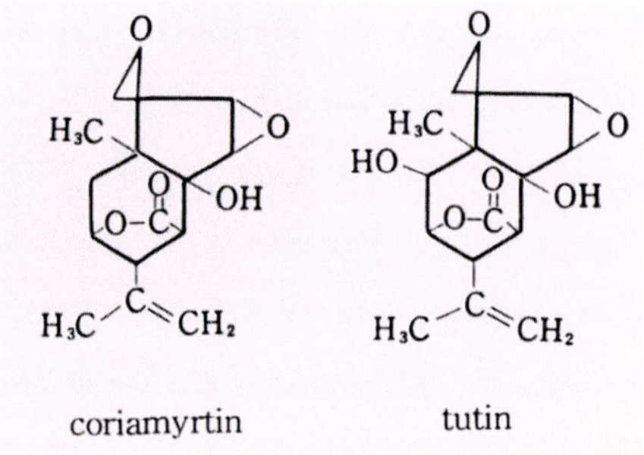

(3) 붓순나무(*Illicium anisatum*)

목련과에 속하는 높이 4~5m의 상록관목이다. 이 나무의 열매는 향신료로 이용되는 대회향(大茴香)과 비슷하여 오용에 의해 중독을 일으키는 수가 있다. 유독성분은 shikimin, shikimitoxin, hananomin 등이며, 구토, 경련, 현기증, 허탈 등의 중독증상을 나타낸다.

그림 5-15 붓순나무

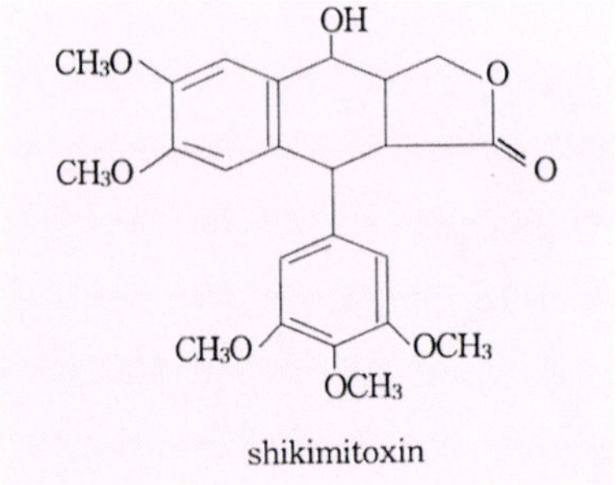

(4) 흰독말풀(*Datura alba*)

가시독말풀이라고도 하며, 가짓과의 1년생 초본으로 높이는 1~1.5m이다. 종자가 검고 참깨와 비슷해 오용하면 중독을 일으킨다. 독성분은 scopolamine, hyoscyamine, atropine 등이다. 종자, 잎, 근경 등에 들어 있다.

중독증상은 미치광이풀과 유사하여 식후 얼마 되지 않아 흥분상태가 되고, 몸의 저림, 무도병 같은 운동이나 환각 등의 증상을 볼 수 있다.

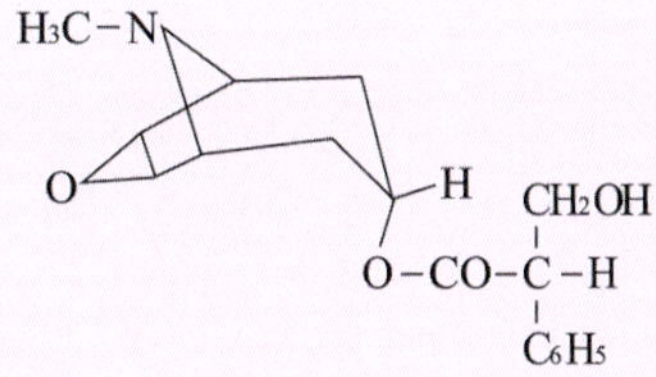

scopolamine

그림 5-16 흰독말풀

(5) 미치광이풀(*Scopolia japonica*)

가짓과에 속하는 다년생 초본으로 지하경을 마로 잘못 알거나 어린 싹을 산나물로 잘못 알고 식용하는 수가 많다. 먹으면 중독을 일으킨다. 유독성분은 alkaloid인 hyoscyamine이 주성분이고 그 밖에도 atropine 및 scopolamine 등이 있으며 식물의 잎 · 지하경 · 뿌리에 함유되어 있다. 중독증상은 흥분, 심계항진, 동공확대, 최면작용, 호흡곤란 등이다. 심하면 호흡정지로 사망하기도 한다.

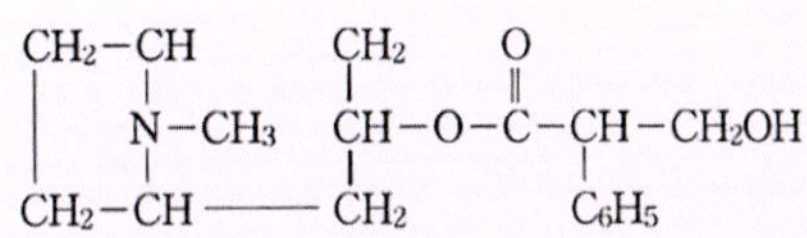

L 체 : hyoscyamine
DL 체 : atropine

그림 5-17 미치광이풀

(6) 바곳(*Aconitum jaluense*)

바꽃 또는 쌍란국이라고 하며, 미나리아재빗과에 속하는 다년생 숙근초본으로 높이가 0.5~1m이고 산과 들에 자생한다. 한방에서는 건조한 근경을 부자(附子) 또는 오두(烏頭)라고 하여 진통제로 사용한다.

이 식물은 전체가 유독하다. 특히 근경에는 맹독성의 alkaloid가 0.5~ 1.0% 함유되어 있는데 그 성분은 aconitine, mesaconitine 등이다.

역사적으로도 유명하여 추출물은 아이누족이 독화살을 만드는 데 사용하였다. 산나물로 잘못 알고 식용하면 급성중독을 일으킨다. 중독증상은 입술이나 손발의 저림, 마비, 복통, 구토 등이다. 중증일 때는 늦어도 3~4시간 이내에 인사불성이 되어 호흡마비로 사망한다.

그림 5-18 바곳

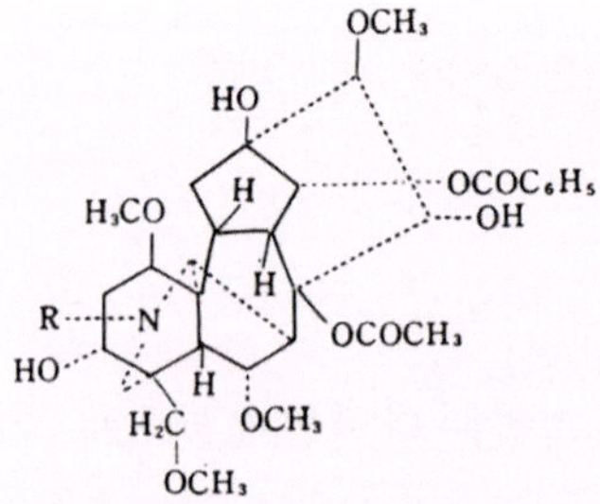

$R=C_2H_5$: aconitine
$R=CH_3$: mesaconitine

(7) 꽃무릇(*Lycoris radiata*)

꽃무릇과에 속하는 다년생 식물로 비늘줄기로 번식한다. 이 식물의 지하경에는 약 8%의 전분이 들어 있어서 전분원료로 사용되는데 정제가 불충분하면 중독을 일으키기도 한다.

유독성분은 맹독성 alkaloid인 lycorine으로 인경에 들어 있다. 중독증상은 구토와 경련이고 심하면 호흡마비를 거쳐서 사망하는 수도 있다.

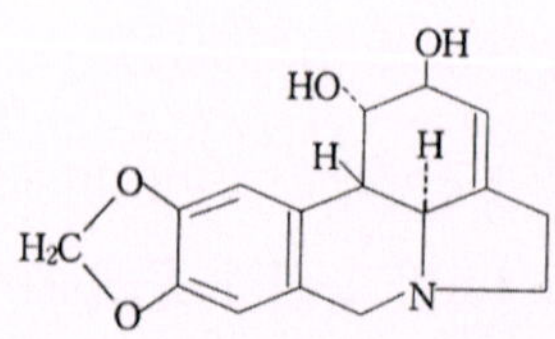

lycorine

그림 5-19 꽃무릇

(8) 독보리(지내보리; *Lolium temulentum*)

화본과에 속하는 키 50cm 정도의 보리와 비슷한 잡초인데 그 씨가 혼입된 곡류를 먹으면 중독을 일으킨다. 독보리씨에는 유독 alkaloid인 temuline이 함유되어 있고, 종자는 보리보다 작다. 독성분은 종피와 배유 사이에 균이 번식하여 생산된다는 설이 있고, 식물 자신이 생산한다는 설이 있다.

중독증상은 두통, 현기증, 무기력, 귀울림 외에 오심, 위통, 변비 또는 설사 등이다. 중증일 때는 배뇨곤란, 식은땀, 맥박난조, 허탈, 경련, 혼수 등을 일으켜서 사망한다.

그림 5-20 독보리

(9) 디기탈리스(*Digitalis purpurea*)

약용 또는 관상용으로 재배되는 키 1m 정도의 다년생 초본으로 강심배당체인 digitoxin을 함유한다. 과량섭취하면 중독을 일으킨다.

digitoxin은 용혈작용이 있으며, 중독증상은 오심, 구토, 맥박난조 등이고, 심하면 심장정지로 사망한다. 줄기와 잎이 컴프리(comfrey)와 비슷하여 중독이 잘 일어난다.

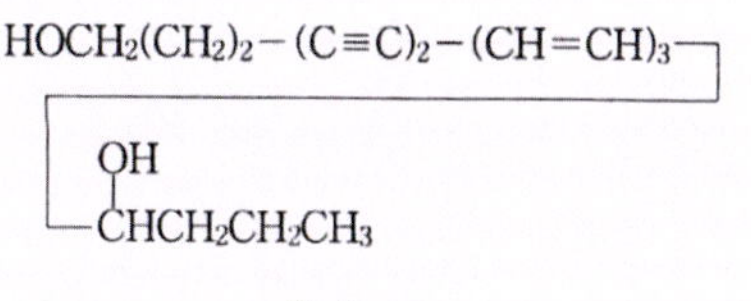

digitoxin

그림 5-21 디기탈리스

4. 발암성 물질을 함유하는 식용식물

(1) 고사리(*Pteridium aquilinum*)

고사리에는 가축에게 비뇨기나 장관의 출혈을 일으켜 급성중독으로 죽게 하는 물질이 존재한다는 사실이 영국에서 확인된 일이 있다. 그 후 소에서는 방광에 종양이 발생하고 마우스에서는 암 발생과 함께 기형유발성도 확인되었다.

고사리의 발암물질은 그 정체가 밝혀지지 않아 bracken toxin이라고 불려져 왔으나 히로노(廣野) 등은 고사리에서 norsesquiterpenoid 배당체를 분리하여 ptaquiloside라고 명명하였다.

ptaquiloside는 불안정하므로 고사리에서 떫고 쓴맛을 우려내는 처리로 쉽게 분해되어 발암성을 잃는다. 이 독소의 발암성은 실험동물 주입실험에 의해서 확인되었다.

그림 5-22 고사리

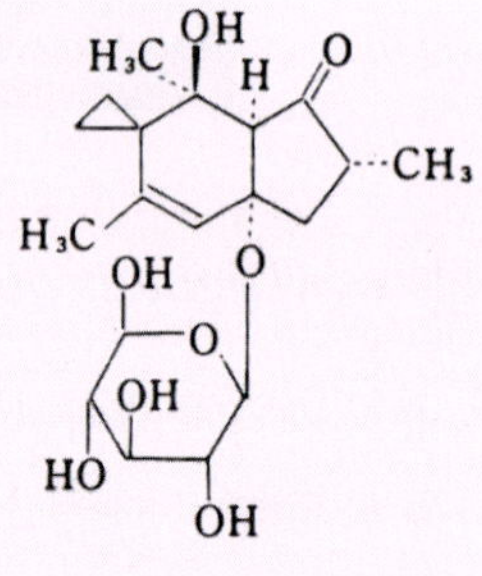

ptaquiloside

(2) 소철(*Cycas revoluta*)

관상용으로 정원에 심는 소철(蘇鐵)의 줄기와 종자에는 전분이 들어있어 예로부터 기근 시에 이용되어 왔으나 정제가 덜 된 것을 섭취하면 그 속에 함유된 독성분에 의해 중독을 일으킨다.

소철의 독성은 소철 등을 전분으로 이용하는 괌의 원주민에게서 발견된 근위축성 측색경화증(筋萎縮性側索硬化症)이나 운동실조에서 처음으로 확인되었다.

소철의 유독성분은 cycasin이라는 배당체의 일종이다. cycasin이 동물 장내세균의 β-glucosidase에 의해 분해되면 포도당과 함께 aglycone인 methylazoxymethanol이 생성되고 이 aglycone이 핵산 및 단백질의 alkyl화제로 작용하여 실험동물의 간장, 신장, 소장 등에 종양을 발생시킨다.

따라서 β-glucosidase가 없는 동물조직에 비경구투여하거나 무균동물에 투여하면 aglycone이 유지되지 않아 독성이 나타나지 않는다.

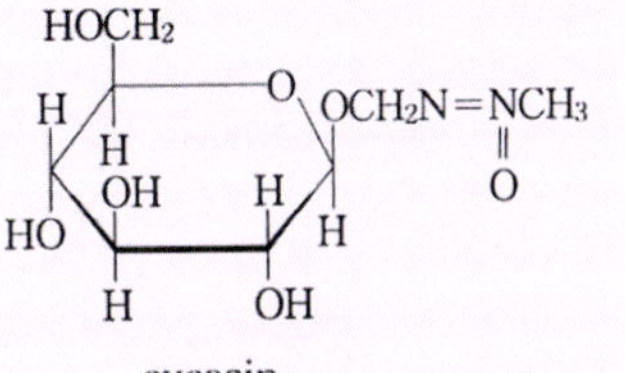

그림 5-23 소철

(3) 피롤리지딘 알칼로이드 함유식물

유럽원산의 귀화식물로 우리나라 각지에 분포되어 있는 개쑥갓(*Senecio vulgaris*) 중에는 senecionine이라는 pyrrolizidine핵을 가진 alkaloid를 함유하고 있다.

pyrrolizidine alkaloid는 주로 국화과의 *Senecio*속에 다량 함유되어 있으므로 senecio alkaloid라고도 하며, 국화과 외에 지칫과나 콩과 등의 식물에도 함유되어 있다.

약 250가지가 6천여 종의 식물에서 발견되는데 현재 약 30여 종이 유독한 것으로 확인되고 있다. 우리 주변에서는 산나물로 이용되는 머위(*Petasites japonicus*), 생약다류(herbal tea)의 주요 재료인 comfrey(*Symphytum officinale*) 등에도 들어 있다.

그림 5-24 개쑥갓

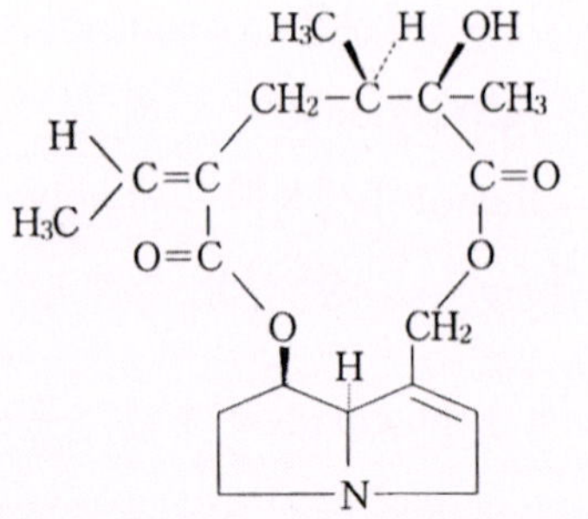

senecionine

유독성분으로 senecionine 외에도 isatidine, retrorsine, monocrotaline, lasiocarpine, petasitenine, senkirkine, symphytine, clivorine 등의 alkaloid가 확인되었다. 이들은 대부분 간장에 독성을 나타내며 황달, 간경변을 일으키고 만성독성으로는 간암을 유발한다.

pyrrolizidine alkaloid에 의한 식중독은 주로 이 alkaloid가 함유된 잡초가 밀, 옥수수와 같은 곡류에 섞여서 수확되기 때문에 일어난다. 아프가니스탄, 인도 등에서 피해사례가 보고되었다.

(4) 사사프라스(*Sassafras albidum*)

녹나뭇과 식물인 사사프라스의 뿌리에서 나오는 사사프라스유(油)는 청량음료의 향료로 사용된다. 이 기름은 사사프라스의 뿌리를 증류해서 얻는 황색 또는 황적색의 정유(精油)이다.

사사프라스 기름에는 발암물질인 safrole이 다량 함유되어 있어 사용이 금지되었다. safrole은 대회향유(大茴香油)에도 들어 있다.

safrole 함유사료를 쥐에게 장기간 투여하면 간세포암 및 담관암이 발생한다. safrole과 유사한 1′-hydroxysafrole도 발암물질이다. safrole의 변이원성은 Ames test에서 증명되지 않았는데 이는 cycasin과 같은 procarcinogen이기 때문으로 생각된다.

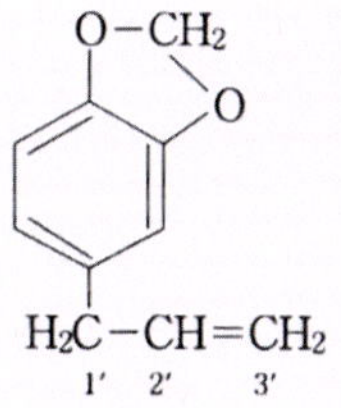

safrole

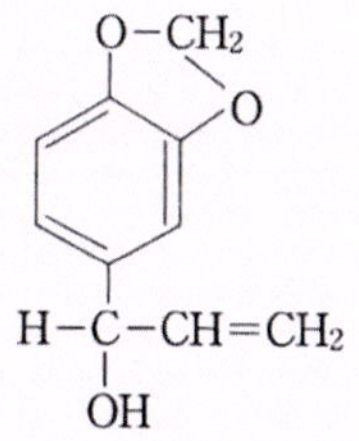

1′-hydroxysafrole

그림 5-25 사사프라스

5-2 동물성 식중독

동물성 식중독은 어패류에 의해 일어나며, 독소의 생산은 동물 자신에 의한 경우와 먹이에서 유래되는 경우가 있다.

어류에서는 복어중독이 대부분이지만 어장의 확대, 어업자원 부족, 수입어류 증가 등으로 다른 어류에 의한 중독도 발생할 소지가 있다. 연안오염의 악화로 조개류에 의한 중독도 자주 발생하는데, 특히 조개류는 특이한 환경조건이나 특정 시기에 독화(毒化)되므로 양식환경의 정화와 채취시기에 주의해야 한다.

1. 복어(河豚, globe fish, puffer fish, swell fish)

복어는 일반적으로 난해성(暖海性)이며 세계 각지에 널리 분포한다. 그 종류는 분류학적으로 충분히 정리되어 있지 않지만 100여 종에 이르며 우리나라 해안 및 근해에서 발견된 것만도 약 20여 종이나 된다(표 5-1 참조).

요리재료로 가장 널리 쓰이는 것은 자지복이고, 그 다음이 까칠복, 검복의 순이다.

표 5-1 우리나라에서 발견된 복어의 종류

복어의 종류		학명	일명
맹독복어	검복	*Takifugu porphyreus*	ma-fugu
	매리복	*Takifugu vermicularis*	shosai-fugu
	졸복	*Takifugu pardalis*	higan-fugu
	황복	*Takifugu obscurus*	me-fugu
	복섬	*Takifugu niphobles*	kusa-fugu
강독복어	자지복	*Takifugu rubripes*	tora-fugu
	자치복	*Takifugu rubripes chinensis*	karas-fugu
	까치복	*Takifugu xanthopterus*	shima-fugu
	바실복	*Takifugu basilewskianus*	korai-fugu
	까칠복	*Takifugu stictonotus*	goma-fugu
	청복	*Canthigaster rivulatus*	kitamakura
	눈불개복	*Takifugu chrysops*	akame-fugu
무독복어	밀복	*Lagocephalus lunaris*	saba-fugu
	꺼끌복	*Arothron stellatus*	moyo-fugu
	가시복	*Diodon holacanthus*	harisenbon
	불욱복	*Triodon bursarius*	uchiwa-fugu
	거북복	*Ostracion immaculatus*	hako-fugu
	육각복	*Kentrocapros aculeatus*	itomaki-fugu

(1) 복어의 독성

복어의 독성은 종류, 부위(장기), 계절, 개체, 지역 등에 따라 달라진다. 종류별로는 매리복, 복섬, 검복 등은 독력이 가장 강하다. 그러나 밀복 등은 거의 무독하다. 부위, 즉 장기별로 보면(그림 5-26 참조) 육질부는 다소 독이 있는 종류도 있지만 정상적인 섭취량이면 중독되는 일은 거의 없다.

그러나 난소(卵巢)와 간장은 대부분의 종류가 맹독 또는 강독으로 복어중독의 주원인이 될 정도로 독력이 대단히 강하고, 그 다음은 장(腸)의 독력이 강한 편이다. 피부는 흑색이면 무독이지만 다갈색(茶褐色)이나 암록색(暗綠色)계는 강하다.

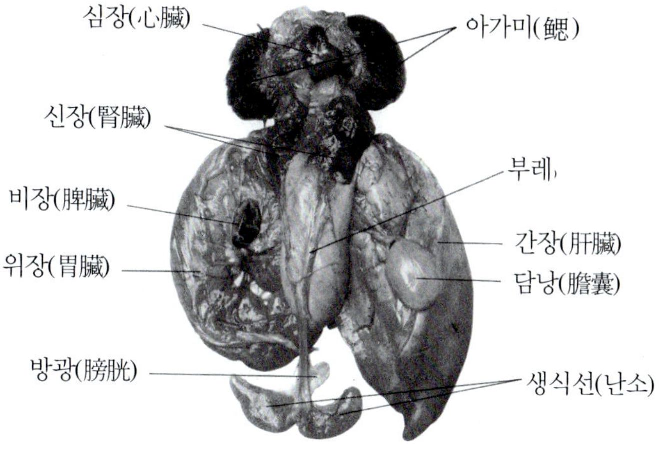

그림 5-26 복어의 내장 부위

계절별로는 난소의 무게가 가장 커지는 산란기 직전인 4~6월에 독력이 강하다. 장기의 독 보유빈도가 계절에 따라 차이가 있고 종류에 따른 개체차도 크다. 또한 같은 종이라도 어획장소, 즉 지역에 의한 독력의 차도 심한 편이다.

(2) 복어독

복어독은 1909년 다하라(田原)가 복어의 난소에서 분리하였고 복어의 과명(科名)에 근거하여 tetrodotoxin이라고 명명하였다. 1950년 요코미(横尾)는 테트로도톡신의 단리 · 결정화에 최초로 성공하였고, 1964년에는 츠다(津田), Woodward, 히라다(平田) 등의 연구그룹이 거의 동시에 X선 회절법으로 화학구조를 밝혀냈으며 1972년 키시(岸) 등은 생합성에 성공했다.

테트로도톡신의 분자식은 $C_{11}H_{17}N_3O_8$(분자량 319)이고 hemiacetal 고리를 가진다.

독소는 무색의 침상결정으로 무미 · 무취이고 약염기성이다. 물에 녹지 않고 초산산성액에 녹으며 다른 유기용매에는 녹지 않는다.

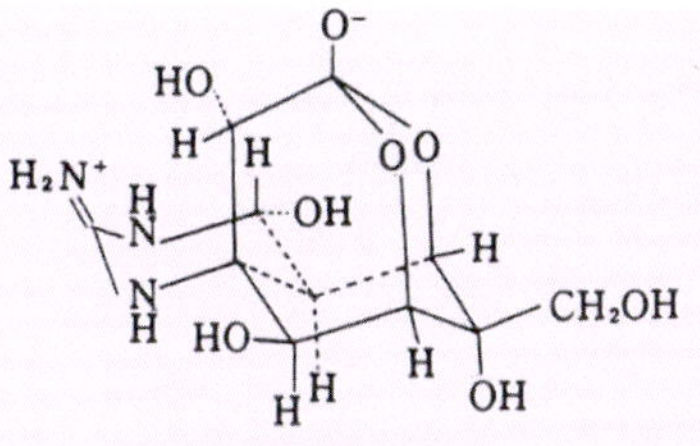

tetrodotoxin

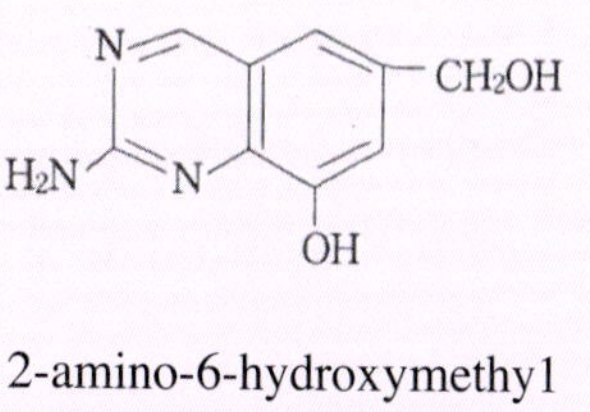

2-amino-6-hydroxymethy1
-8-hydroxyquinazoline

조직 중에 함유된 복어독은 수용성이어서 물로 쉽게 추출된다. 이 독소는 알칼리성에서는 불안정하여 4% NaOH 용액에서 4분이면 무독화된다. 그러나 0.8% NaOH, 탄산나트륨, 중탄산나트륨 등에서는 쉽게 파괴되지 않는다.

산에 강하여 유기산으로는 파괴되지 않고, 진한 무기산에 의해서는 파괴된다. 또한 물에서 4시간 이상을 끓여도 변화가 없고 6시간 이상일 때 파괴될 정도로 열에 대한 저항성도 강하다. 알칼리에 의해 가수분해되면 tetrodonic acid와 2-amino-6-hydroxymethyl-8-hydroxyquinazoline을 생성한다.

독력은 저분자 자연독 중 가장 강한 편이다. 순수한 복어독은 LD_{50}(마우스, 경구)값이 180μg/kg 정도이고, 정맥주사로는 9μg/kg이며, 사람에 대한 치사량은 0.5~2mg이라고 한다. 독력은 NaCN의 약 1,000배나 된다.

조직에 함유된 복어독의 독력은 생물학적 시험에 의해 측정하여 마우스 단위(MU)로 표시한다. 즉, 복어의 장기 1g을 체중 20g의 수컷 마우스의 복강 내에 투여하여 30분 내에 죽게 하는 독력을 1MU(mouse unit)라고 정의한다.

간장과 난소에는 5,000MU의 독력이 있는 종류도 있는데, 이것은 1g의 장기로 5,000마리의 마우스를 죽일 수 있는 독력인 것이다. 사람의 치사량은 1만 MU 정도이다. 그리고 10MU 이하는 무독, 1,000MU 이상은 맹독으로 간주한다.

중독은 독량에 좌우되며 독량은 아래와 같이 계산한다.

$$\text{독량(MU)} = \text{독력(MU/g)} \times \text{장기섭취량(g)}$$

독력이 강하면 소량으로도 중독되고, 약한 독력일지라도 다량으로 섭취하면 중독이 된다. 실제로 중독은 독력이 강한 것보다 약한 것에서 일어나는 경우가 많다.

(3) 중독증상

복어중독은 섭취 후 30분 내에 발생하기도 하지만 대개 3~6시간에 발증한다. 치사까지는 1.5~8시간 정도 소요되며 4~6시간인 경우가 많다. 사망률은 40~80%로 알려져 있으나 증세가 가벼우면 회복은 비교적 빠르다.

중독증상의 특징은 마비이다. 먼저 입술, 혀끝, 사지말단의 마비로 시작하여 두통, 구토가 일어나고 운동, 지각 등에 마비가 온다. 그 결과 말초혈관 확장에 의한 혈압저하, 마비에 의한 호흡곤란이 수반된다. 의식은 사망직전까지 명료하지만 곧 의식도 상실되고, 호흡중추의 완전한 마비에 의해 죽음에 이른다.

전형적인 중독증상을 단계별로 나누어 보면 다음과 같다.

① 제1도(초기증상)

입술 주위나 혀끝의 지각이 마비되고 저리며 손끝도 저리다. 이 시기에 팔의 지각이 마비된다. 보행은 가능해도 술에 취한 것처럼 비틀거리며 이어 오심 · 구토가 나타난다. 구토가 심할수록 뒤끝은 좋다.

② 제2도(불완전 운동마비)

구토 후에 곧 운동불능이 되며 제대로 앉지 못해 옆으로 몸이 기울어져 넘어진다. 지각마비 · 언어장애가 심해지고 호흡곤란 · 혈압저하가 시작된다. 그러나 건반사(腱反射)는 유지되고 의식은 뚜렷하다.

③ 제3도(완전 운동마비)

완전한 운동마비가 온다. 골격근의 완전마비로 전신주같이 굳어지며, 손가락 끝도 움직일 수 없어진다.

여전히 반사행동은 남아 있으나 지각마비가 점점 현저하게 나타난다. 발성곤란 · 연하(燕下)곤란이 되고 호흡곤란과 혈압강하는 더욱 심해진다. cyanosis(靑藍症)가 나타나서 혈액 중 산소의 급격한 결핍으로 피부나 점막이 검푸르게 변한다. 이어 반사기능이 모두 상실되고 의식은 점점 혼미해진다.

④ 제4도(의식소실)

의식이 흐려지고 호흡이 정지되어 사망에 이른다. 심장은 박동이 약해지다가 끝내 정지된다.

한편, 임상증상별로는 지각이상, 운동장애, 혈행(血行)장해, 호흡장해, 위장장애, 뇌증 등으로 구분한다.

(4) 예방과 치료

예방대책으로는 복어요리 전문가에 의해 요리된 것을 먹도록 한다. 알을 위시하여 난소, 간, 내장, 껍질 등에 독성이 많으므로 이런 부위는 먹지 않도록 한다.

폐기된 유독부분의 처리를 철저히 하여 다른 사람이 주워서 먹고 중독되는 일이 없도록 하며, 동결 시에 유독개체에서 독소가 유출되거나 동일개체에서도 간, 난소 등에서 육질부로 독소가 이행될 우려가 있으므로 주의할 필요가 있다.

해독제가 없으므로 치료는 대증요법에 의존할 수밖에 없다. 중독초기에는 응급처치로 구토와 설사를 시키거나 위세척에 의한 위장 내의 독소 제거나 불필요한 운동 금지 등이 필요하다. 혈압강하에 있어서는 강심제와 혈압상승제 투여, 호흡곤란에는 호흡촉진제 투여, 인공호흡을 실시한다. 대개는 경과가 빨라서 치료가 충분하지 못할 때가 많다.

(5) 복어독의 자연계 분포

테트로도톡신은 복어 외에 캘리포니아 도롱뇽(*Taricha torosa*), 어류인 망둥어(*Gobius criniger*), *Atelopus*속의 개구리, 표범무늬낙지(*Octopus maculosus*), trumpet shell(*Charonia sauliae*) 등의 권패류, *Astropecten*속의 불가사리류, 유형(紐形)동물인 띠벌레류, 환형동물인 다모류(多毛類), 편형동물인 납작벌레, 부채게과의 게류 등에서도 계속 확인되고 있다.

(6) 독화기구

복어 등에 있어서 테트로도톡신의 유래에 대해서는 외인설(外因說)과 내인설(內因說)이 있다. 그러나 권패류에 의한 복어독 검출이 보고된 것을 보면 그 독화원인은 먹이에 의한 외인성인 듯하다.

양식복어인 자지복은 무독하지만 복어의 간장 등을 먹이면 짧은 기간 내에 독화된다. 또한 해양성 세균 *Vibrio alginolyticus*, *Alteromonas* 등도 테트로도톡신 생산능력이 있음이 확인되고 있다. 그러나 최근의 연구에서는 복어알에서도 독이 생성되는 것이 확인되고 있다.

2. 조개류(shellfish)

일부 조개류에 강력한 유독성분이 함유되어 있다는 것은 비교적 오래전부터 알려져 왔다. 중독의 원인이 되는 유독물질은 유독플랑크톤에 의해 생성된 독소를 조개류가 섭취하여 체내에 축적하는 것으로 알려져 있다.

조개류는 이매패(二枚貝)와 권패(卷貝)로 구분되며, 이매패에 의한 중독이 주종이지만 최근에는 권패중독도 발생하고 있다.

조개중독은 특정지역에 국한해서 발생되고, 계절적으로는 독성이 증가하는 시기와 일치하는 것이 보통이므로 이 시기에는 채취와 섭식을 금하는 것이 바람직하다.

(1) 마비성 조개중독

섭조개(*Mytilus edulis*), 홍합(*Mytilus coruscus*), 대합조개(*Meretrix lusoria*) 등의 이매패에 의해서 일어난다.

이 중독은 처음에는 섭조개중독(mussel poisoning)이라고 하였으나 중독증상의 특징이 마비이기 때문에 최근에는 마비성 조개중독(paralylic shellfish poisoning)이라고 불린다.

마비성 조개중독은 북미대륙 인디언 사이에서 오래전부터 알려졌고 1790년 알래스카에서 Petroff 탐험대원이 섭조개에 의해 중독된 것이 최초의 보고이다. 본격적인 연구는 독의 정량법이 확립된 1930년대 이후이다.

그림 5-27 섭조개

그림 5-28 홍합

초기에는 북미대륙의 태평양 · 대서양 양안(兩岸), 영국 · 노르웨이 · 덴마크 등의 북해연안, 스페인 · 포르투갈의 대서양 연안 등 비교적 고위도에서 집중적으로 발생하였다. 그러나 근래에는 보르네오, 뉴기니아, 필리핀, 태국, 대만, 싱가포르, 인도, 베네수엘라 등 열대 · 아열대 해역, 아르헨티나 · 호주 등 남반구에서도 발생되고 있어서 범세계적인 경향을 보인다.

일본에서는 모시조개나 굴 등에 의한 중독이 보고되었다. 우리나라에서도 섭조개나 홍합에 의한 중독이 최근 빈발하고 있다.

1) 유독성분

1889년 독일 Brieger는 섭조개로부터 염기성 아민($C_6H_{15}NO_2$)을 제4급 암모늄염 형태로 분리하여 이것을 mytilotoxin으로 명명하였다.

1957년 Schantz는 이온교환수지 등을 사용하여 독성분을 단리하였고 1962년 미국 Rappoport는 유독물질을 순수하게 분리하여 saxitoxin(STX)이라고 하였다. 그 후 분석기술의 발달로 유독성분은 STX 외에도 유사 화합물인 gonyautoxin(GTX), protogonyautoxin(PX) 등 10여 종의 guanidyl 유도체가 차례로 발견되어 그 구조가 해명되었다. 이들 유도체는 STX를 기본골격으로 하며 치환기의 종류와 위치가 다르다(그림 5-29 참조).

STX의 독성은 $LD_{50} = 10\mu g/kg$(마우스, 복강내 주사)이고 사람의 최저치사량은 0.5g 이하로 추정되어 복어독과 같은 독력을 가지고 있다. STX는 내열성 독소이다.

독화원인은 와편모조류(渦鞭毛藻類) *Alexandrium catenella, A. tamarense* 등과 같은 유독 플랑크톤을 조개가 섭취하여 그 독소가 조개의 중장선(中腸腺)이나 흡배수공(吸排水孔)에 축적되기 때문인 것으로 밝혀졌다. 그 밖에 마비성 조개독을 만들어내는 것으로 확인된 플랑크톤은 *A. cohorticula, A. acatenella, A. phoneus, Pyrodinium bahamense, Gymnodinium catenatum* 등이 있다.

시기적으로는 5월~9월, 특히 한여름에 독성이 가장 강하다.

마비성 조개독		R_1	R_2	R_3	R_4	비독성 (MU/mg)
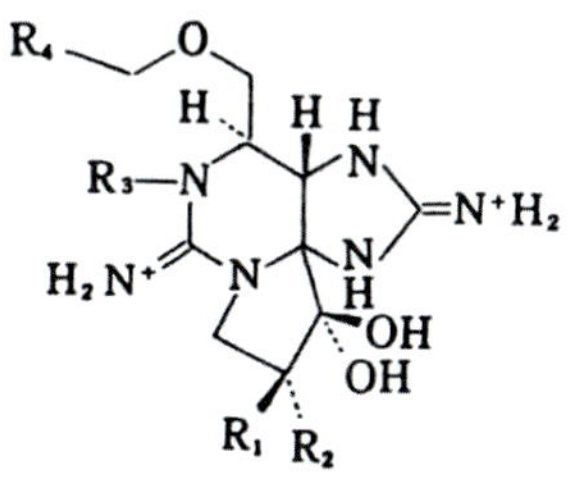	saxitoxin군					
	STX	H	H	H	$CONH_2$	5,500
	neo STX	H	H	OH	$CONH_2$	3,900
	gonyautoxin군					
	GTX_1	H	OSO_3^-	OH	$CONH_2$	5,000
	GTX_2	H	OSO_3^-	H	$CONH_2$	4,200
	GTX_3	OSO_3^-	H	H	$CONH_2$	5,600
	GTX_4	OSO_3^-	H	OH	$CONH_2$	1,600
	저독성 gonyautoxin군					
	$GTX_5(B_1)$	H	H	H	$CONHSO_3^-$	280
	$GTX_6(B_2)$	H	H	OH	$CONHSO_3^-$	200
	$PX_1(C_1, GTX_8)$	H	OSO_3^-	H	$CONHSO_3^-$	30~40
	$PX_2(C_2)$	OSO_3^-	H	H	$CONHSO_3^-$	300~600
	$PX_3(C_3)$	H	OSO_3^-	OH	$CONHSO_3^-$	—
	$PX_4(C_4)$	OSO_3^-	H	OH	$CONHSO_3^-$	—
	decarbamoyl군					
	decarbamoyl STX	H	H	H	H	4,200
	decarbamoyl neo STX	H	H	OH	H	?

그림 5-29 마비성 조개독의 각 성분과 비독성

2) 중독증상

대단히 급격하게 진행된다. 통상 식후 30분경에 입술, 혀, 잇몸, 안면 등의 마비로 시작하여 사지가 마비되고 기립보행이 곤란해진다.

심하면 언어장애 · 운동장애가 오고 몸이 떨림을 느낀다. 침흘림, 두통, 입마름, 심장박동 항진, 연하곤란, 근육통이 나타나기도 한다. 메스꺼움, 구토, 복통 등 소화기계 장해도 수반된다. 의식은 뚜렷하다. 마비가 진행되면 호흡마비로 사망한다. 보통 12시간 이내에 사망하지만 이 기간을 넘기면 회복되는 수가 많다. 치명률은 10% 정도이다.

마비증상은 독이 신경세포의 Na^+ channel에 선택적으로 흡수되어 세포 내로의 Na^+ 유입을 차단하기 때문에 일어난다.

3) 예방과 치료

특효약이 없고 위세척이나 인공호흡 등 대증요법에 의존할 수밖에 없다. 독은 중장선에 거의 국한되어 축적되므로 이를 제거하면 중독방지에 도움이 된다. 그러나 독이 수용성이기 때문에 끓임 등 가공과정에서 다른 조직으로 이행될 수 있으므로 주의가 필요하다.

식품위생법에 정해진 규제치(80μg 이하/100g)가 지켜지도록 채취시기를 조절하거나 출하 전 감시체계를 강화하는 조치도 강구되어야 한다. 독화는 적조보다 훨씬 적은 100~200cells/mL 정도에서 나타나므로 독화의 예측은 사실상 곤란한 것으로 알려져 있다.

(2) 베네루핀 중독

모시조개(*Cyclina sinensis*), 바지락(*Tapes philippinarum*), 굴(*Crassostrea gigas*) 등의 이매패에 의하여 일어나는 식중독으로, 당시 바지락의 학명인 *Venerupis semidecussata*에 따라 venerupin($C_6H_{15}NO_3$)이라고 명명하였다.

1942년 일본에서 바지락을 섭취하고 334명의 중독환자가 발생하여 114명이 사망한 사건이 처음으로 보고된 이래 일본에서 몇 차례 발생하였다.

우리나라에서도 1968년과 1969년에 거제도 장승포 주민 90여 명에게서 발생하여 18명의 사망자를 낸 바 있고, 1974년에도 삼척이나 속초 지방에서도 발생한 바 있는데 이는 모두 바지락에 의한 식중독 사건이었다.

베네루핀 중독의 발생시기는 3~4월경으로 이 시기는 조개가 독화되어 독이 중장선 및 소화관에 축적되는 2~5월과 거의 일치한다. 6~11월에는 거의 독이 검출되지 않는다.

1) 베네루핀

베네루핀은 모시조개의 중장선에서 최초로 추출 · 분리되었으며 일종의 아민으로 추정되지만 화학구조는 아직 밝혀지지 않았다.

베네루핀은 열에 안정하여 pH 5~8에서 100℃, 1시간 가열하여도 파괴되지 않는다. 그러나 pH 9에서는 오랫동안 가열할 경우에는 파괴된다. 물이나 메탄올에는 잘 녹으나 에테르나 에탄올에는 녹지 않는다. 마우스에 대한 치사량은 5mg/kg이다.

독화원인은 확실하지 않지만 환경의 변화, 또는 와편모조류 등의 유독플랑크톤의 식이와 깊은 관련이 있을 것으로 생각된다.

이 독소는 지역 특이성이 있어서 유독지역에서 무독지역으로 옮기면 무독화된다. 또 특정 해역에서 채취한 것에 한하여 중독이 발생한다.

2) 중독증상

잠복기는 12시간~7일인데, 대개 1~2일의 잠복기를 거쳐 발병한다.

초기증상은 불쾌감, 권태감, 식욕부진, 복통, 오심, 구토, 변비가 나타나고, 피하에 반드시 출혈반점이 생긴다.

출혈반점은 가슴이나 사지 등에 나타나고 적색~암적색의 좁쌀크기이다. 또 간장비대나 황달 등의 간기능 저하를 볼 수 있다.

중증일 경우에는 토혈(吐血)이나 뇌증상이 나타나고 의식장해를 일으켜 7일 이내에 사망한다. 경증인 경우도 회복기간이 길어 20일이 지나도 전신권태를 호소하며, 노인이나 어린이는 뒤끝이 좋지 않다. 치사율은 비교적 높아서 44~50% 정도이다.

(3) 설사성 조개중독

섭조개(*Mytilus edulis*), 가리비(*Patinopecten yessoensis*), 백합(*Dosinia japonica*), 민들조개(*Gomphina*(*Macridiscus*) *melanaegis*) 등 다수의 이매패가 독화되어 발생하는 식중독으로 설사가 주요증상이다.

유독성분이 물에는 녹지 않고 유기용매에 녹으므로 처음에는 수용성의 마비성 조개중독과 구별하기 위해 지용성 조개중독이라 부르다가 1981년부터 설사성 조개중독(diarrhetic shellfish poisoning)이라고 하였다.

최초로 발생한 것은 1976년 일본에서 섭조개 섭취로 일어난 집단식중독이었고, 1983년까지 중독환자는 13,000명 이상이었다. 1981년에는 스페인에서 5,000명, 프랑스에서 2,000명 이상의 중독이 보고되었다. 오스트리아, 스웨덴, 노르웨이, 호주, 칠레에서도 중독이 발생하였다.

1) 유독성분

유독성분으로는 10종이 분리되어 8종의 구조가 결정된 상태이다(그림 5-30 참조). 독성분은 대부분 폴리에테르 화합물이고 기본골격이 다른 3가지 화합물군으로 되어 있다.

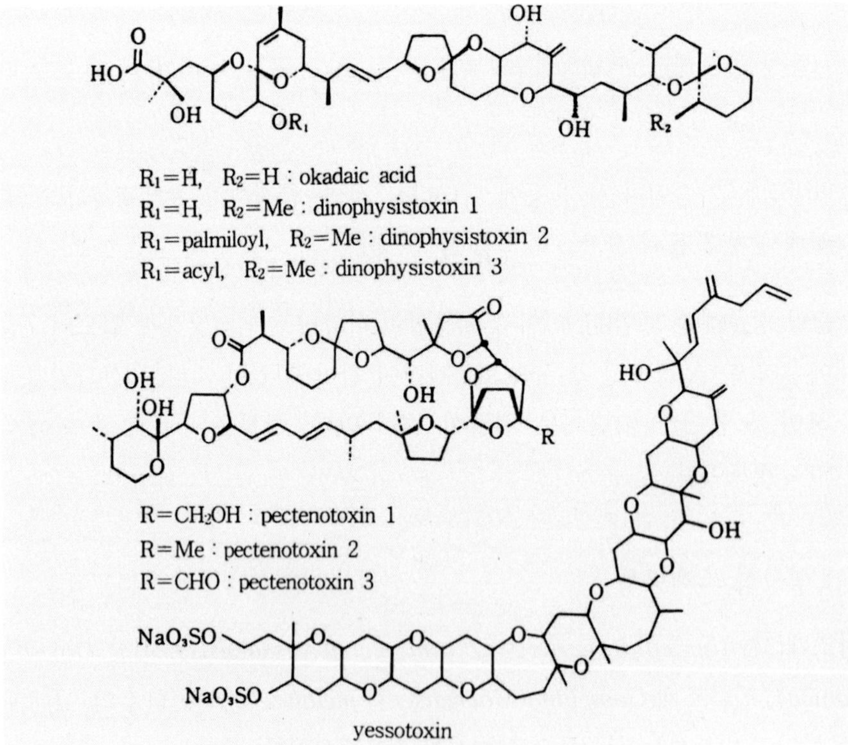

그림 5-30 설사성 조개독의 각 성분의 구조

제1그룹은 강한 설사의 원인이 되는 okadaic acid 및 dinophysistoxin (DTX) 1~3으로 구성되어 있고, 제2그룹은 pectenotoxin(PTX) 1~5로 구성되며 PTX 1~3의 구조가 밝혀졌다. 제3그룹은 최근 가리비에서 분리되어 구조결정된 yessotoxin(YTX)이다. 섭조개의 성분조성은 DTX 3이 40% 이상, PTX 2가 10~20%, DTX 1, PTX 1 및 PTX 3이 각각 10% 정도이다.

독은 중장선에 존재하고 내열성이어서 조리에 의한 독의 감소는 기대할 수 없다. 독화는 5~8월경으로 알려져 있으나 지역이나 생산년도에 따라 다소 차이가 있다. 양식하면 수심이 깊을수록 독력이 강하고 수심 10m 이하에서는 독화율이 높아진다. 마우스에 대한 최소치사량은 28μg/kg 정도이다.

독화원인인 플랑크톤은 일본의 경우에 와편모조류 *Dinophysis fortii*이지만 *D. acuminata*와 *D. acuta*도 의심된다.

해수 중 *D. fortii*가 200cells/L에 이르면 섭조개 중장선의 독력이 1MU 정도가 되고, 사람은 12MU 정도에서 중독된다고 한다. 마비성 조개중독과는 달라서 설사성 조개독의 1MU는 무게 17~20g의 수컷마우스에게 복강내 주사하여 24시간 내에 죽이는 독력을 말한다.

북해와 접하고 있는 유럽에서는 *D. acuminata, D. acuta*가 주요 원인 플랑크톤이다. 같은 와편모조인 *Prorocentrum lima*도 okadaic acid를 생산한다. 일본에서는 가식부 독량이 1g당 0.05MU를 넘으면 출하가 규제된다.

2) 중독증상

소화기계 장해가 주로 일어난다. 가장 발증률이 높은 것은 설사이고, 메스꺼움, 구토, 복통 등을 일으킨다. 발열은 거의 없고 복통은 장염비브리오보다는 가볍다. 70% 정도의 환자가 식후 4시간 이내에 발증하지만 3일 후에는 거의 회복되고 뒤끝은 좋다. 사망하는 일은 없다.

(4) 테트라민 중독

한류성 심해에 서식하는 육식성 권패 소라고둥(*Neptunea arthritica*)이나 조각매물고둥(*Neptunea intersculpta*) 등을 섭취하여 발생하는 식중독으로 독소는 권패의 타액선에 존재하는 테트라민이다.

소라고둥

조각매물고둥

그림 5-31 유독권패류

아민의 일종으로 tetramine $(CH_3)_4N^+$은 소라고둥 1개당 17mg, 조각매물고둥은 44mg 정도 함유한다. 사람의 중독량은 350~450mg으로 알려져 있다.

식후 30분 정도에서 발병하여 후두부의 두통, 현기증, 배멀미 증상, 다리의 휘청거림, 안저병(眼底病), 눈의 깜박거림, 메스꺼움 등의 증상이 나타나며 때로는 두드러기가 나기도 한다. 대개 2~3시간이면 회복되며, 증세가 가벼워서 사망하는 예는 없다.

(5) 수랑 중독

육식성 소형 권패인 수랑(*Babylonia japonica*)을 먹어서 일어나는 식중독이다. 일본에서 1965~1967년에 걸쳐서 산발적으로 발병한 것이 처음이고, 1971년에 다시 발생하였다.

원인독소인 neosurugatoxin과 prosurugatoxin은 수랑의 중장선에만 존재한다. 물, 함수알코올, 함수아세톤에 가용이고 에테르, chloroform에 불용이다. 현저한 동공확대작용이 있으며 atropine 활성의 10배에 이르는 자율신경 차단작용도 나타낸다. 네오스루가톡신과 프로스루가톡신은 모두 불안정하여 무독한 물질인 스루가톡신으로 변환된다(그림 5-32 참조).

Guide

아트로핀

Atropabelladonna의 뿌리에 함유되어 있는 백색 결정성 알칼로이드.
중추신경에 작용하여 처음에는 흥분 · 동공확대 환각따위를 일으키다가 나중에는 혼수 · 체온강하 · 부정맥 · 호흡마비 등을 일으키는 부교감신경 차단제.

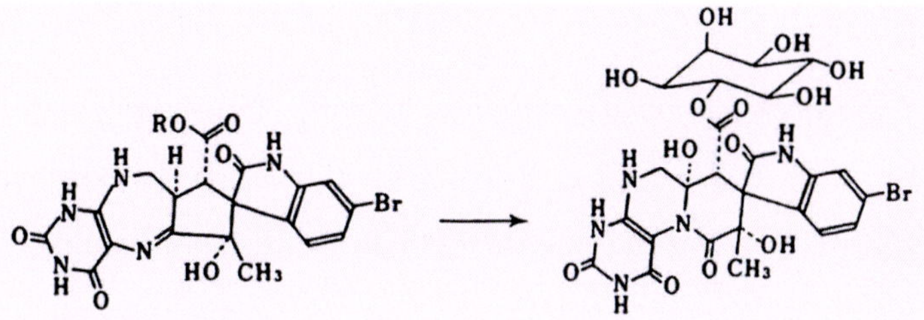

neosurugatoxin
R=6'-myo-inositol-5-1(β)-xylopyranose
prosurugatoxin
R=6'-myo-inositol

surugatoxin

그림 5-32 surugatoxin류의 구조

독화는 지역차와 개체차가 크며, 독은 수랑 서식지 주변의 뻘 속에 있는 Br 축적능이 높은 coryneform형 세균이 만드는 듯하다.

수랑의 중장선에서 세균이 분리되었으며 세균의 분포와 생태는 아직 불명이다. 중장선의 독력은 7~10월에 현저히 강해진다. 독은 조리에 의해서도 잔존한다.

섭취 후 3~18시간이면 시력감퇴, 동공확대, 입마름, 복부팽만, 변비, 혈압강하, 언어장해 등의 증상이 나타난다. 사망하는 일은 거의 없고 약 1주일 후에는 회복된다.

(6) 기억상실성 조개중독

1987년 북미대륙에서는 홍합 등에 의한 설사, 구토, 복통 등의 소화기계 장해와 함께 기억상실 같은 신경장해를 동반한 식중독이 발생하여 사망한 사고가 있었다.

이 중독은 기억상실증에 근거하여 amnesic shellfish poisoning이라 하며 원인물질은 domoic acid로 밝혀졌다. 또한 독소의 기원은 해산규조류인 *Nitzschia navis-varingica, Pseudo-nitzschia* sp.로 판명되었다.

조개류는 이 플랑크톤을 내장에 축적하고 있어 사람이 먹으면 중독을 일으킨다.

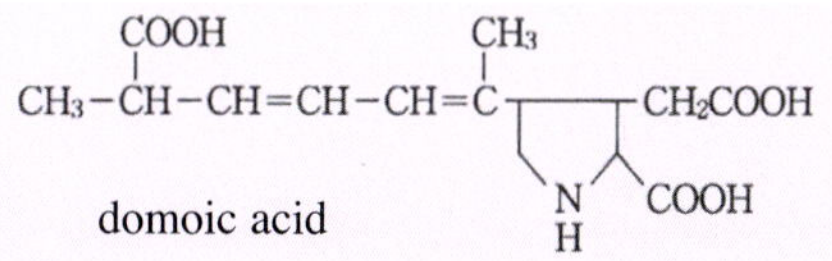

domoic acid

(7) 신경성 조개중독

쌍편모조류 *Karenia brevis*(*Gymnodium breve*의 개명)가 생산하는 brevetoxin(BTX)은 강력한 신경독 물질로 알려져 있다. BTX에 의해 독화된 섭조개, 굴, 대합 등을 섭취하면 신경성 조개중독(neurotoxic shellfish poisoning)을 일으킬 수 있다.

중독되면 몇 시간 내에 구토와 설사를 유발하고, 입안이 짜릿해지고 얼굴과 목 등의 감각이상, 운동실조, 동공확대 등이 나타난다. 대개 하루만에 회복한다.

3. 그밖의 어류

(1) 독꼬치 중독

독꼬치(*Sphyraena picuda*)는 태평양의 열대해역이나 인도양 및 미대륙의 대서양쪽 열대 또는 아열대 연안에 분포하는 어종인데 다른 바닷고기와 섞어 어획된 것을 식용꼬치로 잘못 알고 먹으면 중독을 일으킨다.

독꼬치는 식용꼬치와 같이 꼬치고기과(Sphyraenidae)에 속하지만 몸길이나 측선비늘 등에 의해 구별된다.

독꼬치고기는 몸길이가 다른 꼬치고기류(barracudas)의 50~60cm에 비해 대단히 커서 1.5m나 되므로 great barracuda라고 부른다. 측선의 비늘 수에 있어서도 식용 꼬치고기의 90~95개와는 구별되는 85개 정도이다.

1) 유독성분

지용성의 마비성 신경독인데 일종의 염기성 물질로 추정되며 독성분은 단리되지 않았다. 독력은 복어독보다 약한 것으로 알려져 있으며 개체차가 심하다. 보통의 가열조리로는 없앨 수 없다.

2) 중독증상

잠복기는 30분~몇 시간이며, 주증상은 입술 주위의 가벼운 마비로 시작하여 얼굴 전체로 확산되며 사지 또는 전신은 가벼운 마비로 탈력감(脫力感) · 명정

감(酩酊感)을 느낀다. 심하면 언어장애와 운동장해를 일으킨다. 2~3일이면 회복되며 사망하는 일은 없다.

(2) 시구아테라 중독

ciguatera는 카리브해에 서식하는 권패 *Turbo*(*Livona*) *pica*의 쿠바어인 cigua가 어원인 말로서, 원래는 cigua에 의한 중독이라는 뜻이었다.

그러나 카리브해뿐만 아니라 태평양의 열대 · 아열대 해역, 인도양의 산호초 해역에 서식하는 물고기로 인해 같은 중독이 자주 발생하기 때문에 이제는 이 주변에 서식하는 독어(毒魚)를 섭취하여 일어나는 식중독을 총칭한다.

시구아테라의 원인이 되는 어류는 약 400여 종에 이르고 있으나 식품위생상 문제가 되는 것은 10~30종 내외이다(표 5-2 참조).

표 5-2 ciguatera와 관련있는 어종과 독소

유독종	독의 종류, 성질	사람이나 실험동물에게 나타나는 주요증상	비 고
곰치, 부시리, 상어, *V. louti* 등의 육식어	ciguatoxin (지용성)	설사, 구토, 관절통, 권태감, 온도감각의 이상	중독 예가 아주 많음.
*C. striatus*와 그 근연의 초식어	maitotoxin (수용성)	심한 구토	
곰치	ciguaterin (수용성)	심한 구토	사람의 증상은 불명
독곰치	불명(지용성)	입술저림, 언어장애, 보행곤란	설사, 구토를 하지 않음.
대다수의 잡식성, 산호초 서식어	palytoxin (수용성)	눈물, 사지마비, 운동실조	
점망둑, Coral-cods	grammistin (수용성)	구토, 사망	점액독으로 용혈성과 어독성이 있음.
숭어	불명	환각, 원기상실, 특히 위장증상	
독가시치	불명	간지럼, 두통, 발열	장마 후에 독화
청어류, 독돔	불명	마비, 호흡곤란	사람을 단시간 내에 사망하게 함.

시구아테라라 해서 모두가 유독한 것은 아니다. 유독개체의 출현빈도가 대체로 낮고 지역차도 심하다. 시구아테라의 독화는 와편모조인 *Gambierdiscus toxicus*에 의한 것으로 확인되었다.

1) 유독성분

유독성분으로는 ciguatoxin, maitotoxin, scaritoxin, grammistin 등의 몇 종이 알려져 있다. palytoxin도 시구아테라의 독성분이다(그림 5-33 참조).

그 중에서 가장 중요한 것은 단리되어 결정화된 ciguatoxin이다. 분자식은 $C_{60}H_{86}O_{19}$이고 분자량은 1,111 정도이다.

LD_{50}은 0.45μg/kg 마우스로 복어독보다 20배나 강하다. ciguatoxin의 입체구조는 유도체인 gambiertoxin 4b(분자식 $C_{60}H_{84}O_{16}$)의 ^{1}H-NMR spectrum 등에 의해 해명되었다.

ciguatoxin은 설사성 조개중독의 성분인 okadaic acid와 chromatography에서의 거동이 유사하다. 시구아톡신은 Na^{+}의 세포 내 유입을 현저히 증가시키는 약리작용이 있으며, 이 작용은 tetrodotoxin에 의해 길항된다.

maitotoxin의 분자량은 3,400 ± 2로 추정되지만 구조는 밝혀지지 않았다. 최소치사량(복강내 주사)은 0.17μg/kg 마우스로 시구아톡신보다 훨씬 강하며, 지금까지 알려진 어패류 중독 중에서 가장 강하다.

이 독을 혈관이나 소화관 등의 평활근에 작용시키면 용량에 비례하여 지속적으로 수축한다. 이런 현상은 평활근세포에서 Ca^{2+}의 투과성을 높여 결국 세포내 Ca^{2+}농도를 상승시키기 때문인 듯하다.

scaritoxin은 시구아톡신과 성질이 비슷하여 시구아톡신에서 상호변환으로 생성될 가능성도 있다.

구조가 해명된 palytoxin은 LD_{50}(복강내 주사)이 0.5μg/kg 마우스로 맹독성이다. 아주 낮은 농도로도 관동맥 수축작용이 있고, 말초신경수축과 세포괴사도 일으킨다.

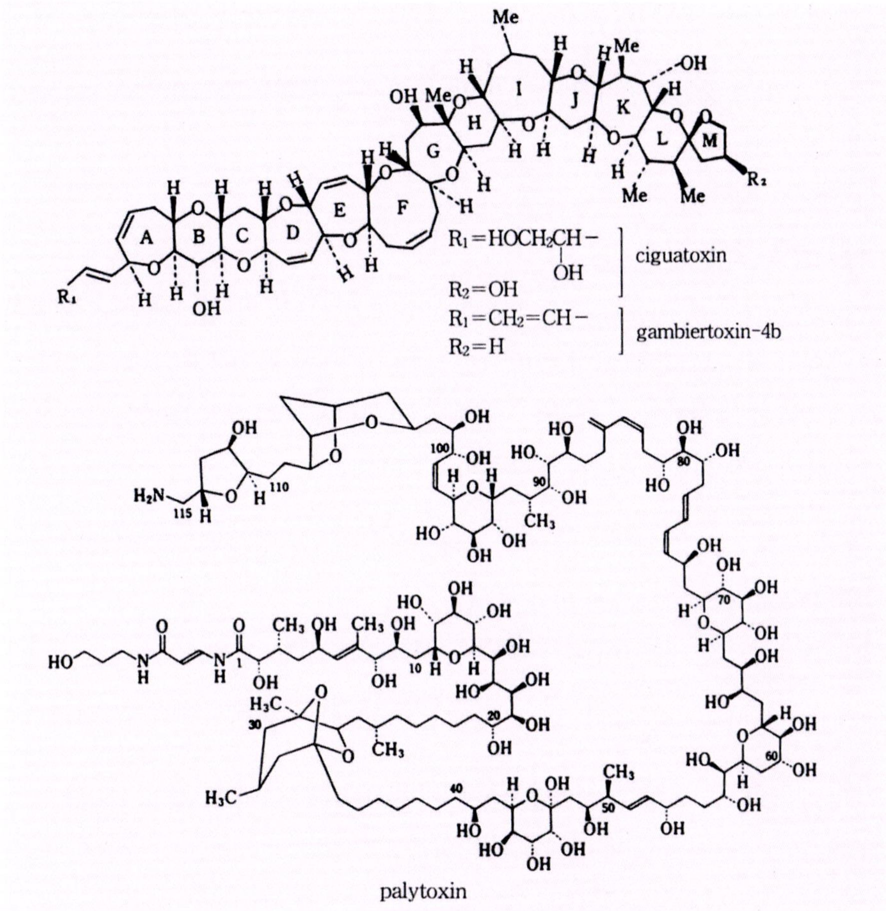

그림 5-33 ciguatera 독성분의 구조

2) 중독증상

잠복기는 1~8시간 정도이지만 때로는 2일 이상인 경우도 있다. 가벼우면 증상의 소실이 빨라 2~3일로 완전히 회복되지만 심하면 1개월 이상 지속되기도 한다. 사망률은 일반적으로 1% 정도이다.

중독되면 소화기계와 신경계에 이상이 온다. 주증상은 입술과 혀 및 인후의 찌르는 듯한 통증, 입과 손발의 마비, 메스꺼움, 구토, 금속맛, 입마름, 설사, 입과 볼의 오므라드는 듯한 느낌, 두통, 관절통, dryice sensation이라는 냉온감각 이상(뜨거운 것에 닿으면 차갑게 느껴지고 물에 손을 넣으면 드라이아이스에 닿거나 감전된 것처럼 느껴짐) 등이다. 이런 증상은 cholinesterase 저해작용 때문에 발생하므로 PAM이나 atropine 등이 치료에 이용되기도 한다.

어종에 따라 중독증상이 일정하지 않다. 그것은 원인물질이 다양하기 때문이라고 생각된다.

(3) 돗돔 중독

돗돔(*Stereolepis ischinagi*)은 농어과의 어류로, 북쪽 찬 바다에 널리 분포하고 있으며, 여름에 특히 맛이 좋다. 1955년 이후 일본 각지에서 돗돔의 간에 의한 식중독이 발생하였다. 돗돔의 간에는 비타민 A가 다량으로 함유되어 있어서 비타민 A가 원인물질이라고 추정하고 있다.

돗돔 등의 간장을 다량 섭취하면 급성 비타민 A 과잉증과 비슷한 식중독이 발생하는데, 식후 30분~12시간의 잠복기를 거쳐서 심한 두통이 일어나고 이어서 발열, 오심, 구토, 안면홍조 등의 증상이 나타난다.

약 1일 후부터는 얼굴에서 피부의 박리가 시작되어 전신으로 퍼져나간다.

돗돔 간장의 비타민 A 함량은 10만~20만 IU/g 정도이고, 최고 150만 IU/g에 이른다. 따라서 5~10g 섭취로도 발병하므로 간장의 식용을 삼가야 한다. 살코기에도 상당량의 비타민 A가 함유되어 있으나 중독되는 일은 없다.

간장 중독은 돗돔 외에 참치, 다랑어, 상어 등 대형어류의 간장에서도 일어날 수 있으므로 주의를 요한다.

Chapter 6

곰팡이독

6-1 식품의 곰팡이 오염

1. 농산물

곡류, 야채류 및 과실류에는 여러 종류의 곰팡이가 증식하며, 이들 곰팡이의 신진대사 결과 생성된 독성물질이 인체에 유해한 작용을 나타낸다. 농산물의 곰팡이 오염원에는 재배지의 토양, 주변의 식물, 하천수 등이 있다.

Guide

농산식품곰팡이
- 포장곰팡이
- 저장곰팡이
- 부후촉진성 곰팡이

농산물 특히 탄수화물이 많은 곡류에 발생하는 곰팡이로는 cellulase, amylase 등의 활성이 강한 *Aspergillus, Penicillium*이 주종이다.

그러나 재배와 수확 및 저장 과정에서 곰팡이의 기생생태는 달라진다.

Chrystensen, C는 곡류에 번식하는 곰팡이를 3개 그룹으로 분류하였다. 수확 전에 곡류의 재배과정에 번식하는 것으로 식물병원성인 *Fusarium, Helminthosporium, Alternaria, Phoma, Rhizoctonia* 등의 **포장(圃場)곰팡이**(field fungi), 수확 후 저장 중에 기생하는 것으로 *Penicillium, Aspergillus* 등의 **저장곰팡이**(storage fungi), 그리고 곡류의 부패가 진행될 때 기생하는 것으로 **부후(腐朽)촉진성 곰팡이**(advanced decay fungi)가 있다.

시기별로 보면 농산물의 재배과정에서 번식하는 1차 오염균인 포장곰팡이 *Fusarium* 등은 수확 · 저장과정에서 급격히 감소하고 대신 2차 오염을 받아 2차 오염균인 저장곰팡이 *Aspergillus, Penicillium* 등이 크게 확산된다.

곰팡이 오염을 좌우하는 물리 · 화학적 요인은 표 6-1에서처럼 각종 인자가 관계된다. 그 중에서 온도와 습도가 가장 큰 영향인자임을 알 수 있다.

저장농산물의 2차 오염은 창고내부나 수송과정에서 발생한다. 2차 오염방지를 위해서는 수확 후 농산물을 신속하게 건조시켜 곰팡이의 생육한계 이하까지 수분을 감소시키고 재흡습을 방지하며 탄산가스 저장이나 저온저장 등이 필요하다.

표 6-1 곰팡이 오염의 영향인자

영향인자	시기별		
	재배	수확	저장
물리적 인자			
수분활성도	+	+	+
건조의 속도	−	+	+
재흡습	−	+	+
관계습도	+	+	+
온도	+	+	+
기계적인 손상	+	+	+
곡립의 혼합	−	+	+
부분적인 오염	−	−	+
시간	+	+	+
화학적 인자			
탄산가스	−	−	+
산소	−	−	+
기질의 성질	+	−	+
무기영양	+	−	+
약제처리	−	−	+

+ : 관련있음, − : 관련없음

2. 가공식품

가공식품의 곰팡이 오염원에는 공중부유균, 제조시설(벽, 천장, 기계 등), 작업종사자, 용수 등이 있으며, *Aspergillus*나 *Penicillium* 등이 각종 가공식품에 발생하여 많은 종이 곰팡이독을 생산한다. 그러나 식품의 종류나 보관조건 등에 따라 발생하는 곰팡이의 종류는 제한된다(표 6-2 참조).

표 6-2 식품별로 본 곰팡이독 생산균의 발생

식품	곰팡이독 생산 곰팡이	식품	곰팡이독 생산 곰팡이
곡류, 곡류가공품, 두류	*Aspergillus flavus, A. parasiticus, A. ochraceus, A. versicolor, Fusarium graminearum, Penicillium citrinum, P. griseofulvum, P. islandicum, P. verrucosum, P. rubrum, P. purpurogenum, P. cyclopium*	커피 원두	*A. flavus, A. ochraceus, A. versicolor*
		과즙, 과즙 제품	*P. expansum*
		육류	*P. verrucosum*
땅콩, 견과류	*A. flavus, A. parasiticus*	햄	*A. versicolor*
향신료	*A. flavus, A. parasiticus, A. versicolor*	경성 치즈	*A. versicolor, P. expansum, P. verrucosum, P. cyclopium*
유지원료	*A. flavus, A. parasiticus*	연성 치즈	*P. camenberti, P. griseofulvum*
건조과실	*A. flavus*	치즈	*P. brevicompactum, P. roqueforti*

6-2 곰팡이독

1. 곰팡이독과 곰팡이중독증

곰팡이가 생산하는 2차 대사산물로서 사람이나 가축(때로는 가금, 어류)에 급성 혹은 만성의 생리적 · 병리적 장해를 유발하는 유독물질군을 총칭하여 곰팡이독(mycotoxin)이라고 한다. mycotoxin의 어원(語源)은 그리스어의 곰팡이를 의미하는 mykes와 프랑스어의 독을 의미하는 toxicum에서 유래되었다.

한편 미코톡신을 경구적으로 섭취하여 일어나는 급 · 만성의 건강장해를 총칭하여 곰팡이중독증(眞菌中毒症, mycotoxicosis)이라고 한다.

일반적으로 미코톡신은 비병원성 곰팡이가 생산하는 비단백질성의 저분자화합물로서 곰팡이의 또다른 대사산물인 항생물질과는 구별되고, 항원성을 가지지 않으며 곰팡이 자체는 유독하지 않다.

미코톡신을 생산하는 곰팡이는 *Aspergillus, Penicillium, Fusarium* 등이 주종이고, 그 종류는 100여 종이 넘는다. 사람에 대한 진균중독증은 고대 로마시대부터 알려져 중세 유럽 각지에서 발생했던 맥각중독이 가장 오래된 것이고,

1960년대 영국에서 발견된 aflatoxin은 강력한 발암물질임이 확인되어 미코톡신의 위해가 세계적으로 인식되는 계기가 되었다.

생산곰팡이와는 달리, 미코톡신은 비교적 열에 안정하여 가공과정에서 분해되지 않고 잔류한다는 점, 유독 곰팡이들이 수확 전후에 곡류나 그 가공품에 침입하여 증식하므로 오염기회가 많다는 점, 만성독성, 특히 발암성이 매우 강한 종류도 있어서 보건위생상 중대한 문제를 야기할 수 있다는 점 등에서 세계적인 관심의 대상이고 식품위생상 매우 중요하다.

우리나라는 쌀을 주식으로 하고 발효식품의 섭취량이 많은데다 여름철 기후가 고온다습하여 곰팡이 번식에 적합하므로 미코톡신에 의한 피해가능성을 배제할 수 없다.

미코톡신 연구의 권위자 중 한 사람인 수의학자 Forgacs, J.는 가축을 대상으로 한 곰팡이중독증 연구경험을 바탕으로 그 특징을 다음과 같이 들고 있다.

① 탄수화물이 풍부한 농산물을 섭취하여 일어나는 수가 많다.
② 의심되는 원인식품에서 곰팡이오염의 증거 또는 흔적이 인정된다.
③ 급성 mycotoxicosis에는 계절적인 경향을 볼 수 있다. 예를 들면 *Fusarium* 독소군에 의한 중독은 추울 때에 많고, *Penicillium* 및 *Aspergillus* 독소에 의한 중독은 고온다습할 때 많이 발생한다.
④ 사람과 사람, 동물과 동물, 동물과 사람 사이에서는 직접 이행되지 않는다. 즉, 감염형이 아니다.
⑤ 항생물질 투여나 약제요법을 실시하여도 별 효과가 없다.

Coveney, R. D. 등은 장해를 일으키는 기관이나 생체부위별로 미코톡신을 다음과 같이 분류하였다.

① 간장독(hepatotoxin): 동물에게 간경변, 간종양 또는 간세포의 괴사를 일으키는 물질군이다. 간암을 일으키는 aflatoxin을 비롯하여 rubratoxin류, sterigmatocystin, luteoskyrin, ochratoxin류, islanditoxin 등이 포함된다.
② 신장독(nephrotoxin): 급성 또는 만성의 신장장해를 일으키는 물질군이다. citrinin, citreomycetin, kojic acid 등이 있다.
③ 신경독(neurotoxin): 뇌와 중추신경계에 장해를 일으키는 것으로서 patulin, maltoryzine, citreoviridin, cyclopiazonic acid 등이 포함된다.

④ 광과민성 피부염물질(photodynamic dermatoxic metabolite): 독소섭취 후 햇빛을 쬐면 피부염, 특히 안면습진을 일으키는 것으로 sporidesmin류와 psoralen류가 있다.

⑤ 기타: 유연(流涎)물질로서 slaframine, 발정(發情) 유인물질인 zearalenone, 방사선장해 같은 병변, 즉 조혈기능장해를 일으키는 *Fusarium*독소류 등이 있다.

2. 주요 곰팡이독

(1) 아플라톡신

1960년 영국에서 봄부터 여름에 걸쳐 10만 마리 이상의 칠면조가 폐사한 사건이 발생했다. 처음에는 이를 '칠면조 *x*병'이라고 하여 가금류 질환으로만 인식했으나 영국정부 내의 대책위원회와 Tropical Product Institute에서 조사한 결과에 따라 급성 간장장해를 일으킨다는 것이 밝혀졌다.

이 질병의 원인은 1961년 Sargent에 의하여 브라질 수입 땅콩박에 번식한 *Aspergillus flavus*가 강한 형광성 독소를 생산하기 때문인 것으로 확인되었고, 1962년 Nesfitt 등은 그것을 생산하는 곰팡이의 이름을 따서 aflatoxin이라고 명명하였다.

오늘날 아플라톡신 생산은 *Aspergillus flavus*와 *A. parasiticus*의 특정 균주에 의해 이루어진다는 것이 확인되었고, 1987년 Kurtzman 등이 신종으로 *A. nomius*를 발표하여 생산균으로 인정되었다.

아플라톡신 생산균의 최적 생산조건은 쌀, 보리, 옥수수 등 탄수화물이 풍부한 곡류를 주요 기질로 한다. 기질수분 16% 이상, 상대습도 80~85% 이상, 온도 25~30℃이다. 따라서 농산물의 피해를 방지하려면 수확 직후 건조하여 수분함량을 낮추고 저장실의 상대습도를 70% 이하로 유지하여 생산 곰팡이의 번식을 억제해야 한다.

우리나라 사람이 즐겨먹는 전통발효식품에 사용되는 국균(麴菌) *Aspergillus oryzae*와 장류제조에 쓰이는 *A. sojae*는 분류상 *A. flavus*균군(菌群)에 포함된다. Kurtzman 등이 보고한 *A. oryzae*와 *A. flavus* 사이에 100%, *A. sojae*와 *A. parasiticus* 사이에 91%로 대단히 높은 DNA 상동성을 나타냈다는 사실이 이를 뒷받침한다.

아플라톡신은 dihydrofuran 고리를 가지는 일군의 화합물을 총칭하며, 그 종류는 자연오염 측면에서 중요한 B_1, B_2, G_1, G_2를 포함하여 현재 약 16종이 알려져 있다(그림 6-1 참조). 어느 것이나 무색~담황색의 결정이고 자외선을 조사하면 형광이 청색(blue), 녹색(green) 등으로 나누어진다. B_1과 B_2가 각각 체내에서 대사되면 대사산물로 동물의 오줌이나 젖 중에 자색형광을 내는 M_1과 M_2가 배설된다.

aflatoxin은 화학구조상 7,8-dihydrofuro-(2, 3b)-furan(DHFF) 또는 2, 3, 7, 8-tetrahydrofuro-(2, 3b)-furan(THFF)의 구조를 공통으로 가지며, 이 DHFF와 THFF 부분이 바로 대사산물 특유의 생리작용을 일으키는 것으로 알려져 있다.

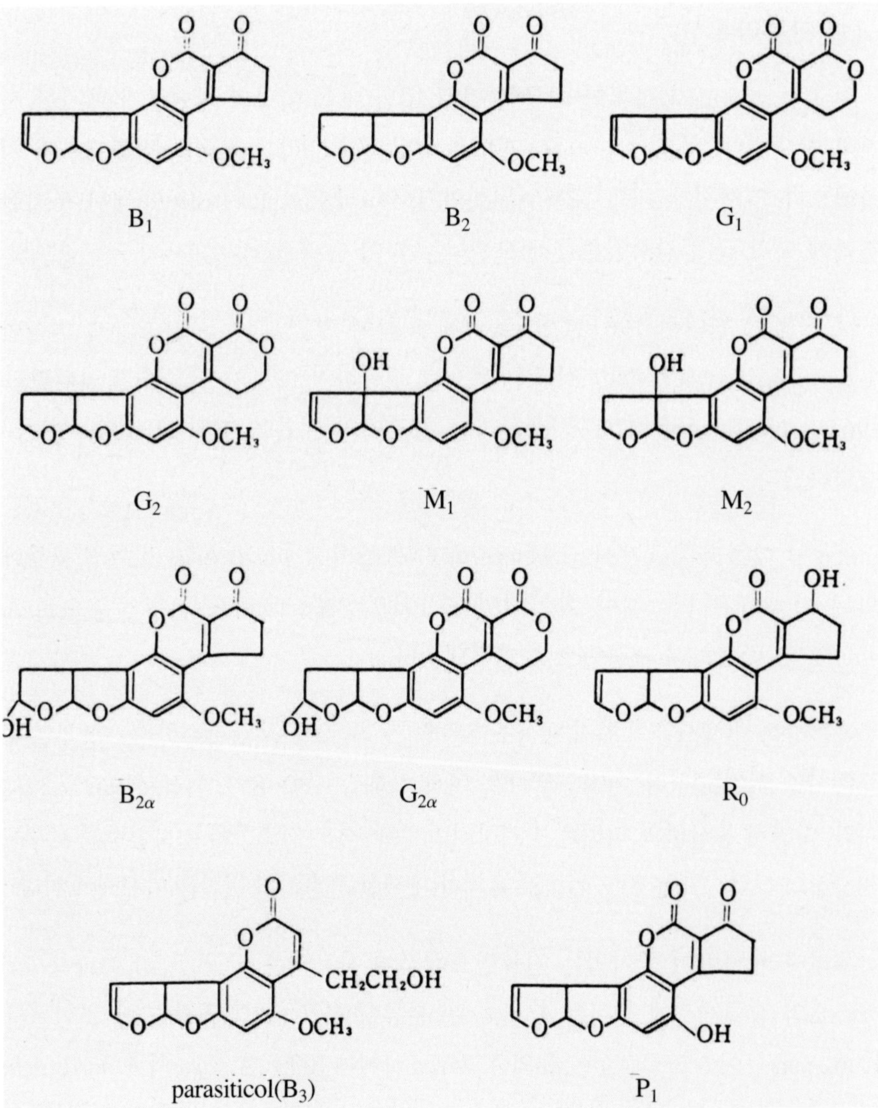

그림 6-1 aflatoxin의 화학구조

아플라톡신은 물에 극히 불용이지만 아세톤이나 chloroform에 녹고 강산 · 강알칼리에 의해 분해된다. 열에 안정하여 270~280℃ 이상이 아니면 분해되지 않아 식품가공과정의 열처리에 의해서는 독성이 없어지지 않는다. 동물에 대한 독성은 B_1이 가장 강하고, G_1, B_2, G_2의 순으로 강하며 M_1도 B_1과 거의 같은 정도의 독성을 나타낸다. 동물에 따라서 감수성에 차이가 있다(표 6-3 참조).

일반적으로 어린 동물이 민감하고 연령이 높아짐에 따라 저항성이 커진다.

표 6-3 aflatoxin B_1의 독성

시험동물	LD_{50}(mg/kg)	시험동물	LD_{50}(mg/kg)
토끼	0.3~0.5	양	2.0
새끼오리	0.3~0.6	원숭이	2.2
고양이	0.55	닭	6.5~16
돼지	0.62	마우스	9.0
개	1.0	햄스터	10.0
기니피그	1.4~2.0	렛드	5.5~18

아플라톡신은 강한 간독성 물질이고 가장 강력한 간암유발물질이다. 흰쥐 사료에 B_1을 15ppb 농도로 투여하면 68~82주 후에, 1ppb로 낮추어도 78~105주 후에 간암 발생이 확인되었고, 마우스의 경우도 0.1ppb 수준으로 20개월 투여하면 투여군 10% 정도에서 간종양 발생이 인정되었다. 이와 같은 결과는 B_1 외에 G_1, B_2, M_1 등에서도 확인되고 있다(표 6-4 참조).

표 6-4 rat 에서의 aflatoxin 발암 (Wogan & Newberne, 1967)

성별	aflatoxin B_1 (사료 중 ppm)	투여기간 (평균주수)	정상사료 (평균주수)	발암률
♂	1	41		18/22
♀	1	64		4/4
♂	0.3	52		6/20
♀	0.3	70		11/11
♂	0.015	68		12/12
♀	0.015	62		13/13
♂	40μg/일	10일	82	4/24
♀	40μg/일	10일	82	0/23

아플라톡신은 대단히 광범위한 식품에 자연오염을 일으킨다. 아프리카에서의 역학연구는 아플라톡신으로 오염된 농작물의 섭취와 간암 발생과의 사이에 높은 상관성을 보여준다. 특히 *Aspergillus flavus*가 생육되기 쉬운 연간 기온 20℃ 이상의 아열대 및 열대지역에서 생산된 농산물의 아플라톡신 오염도가 높다. 땅콩, 옥수수, 면실, 쌀, 견과 등이 오염되기 쉽고 콩, 보리, 밀, 호밀, 수수 등은 오염가능성이 적다.

동물은 오염된 사료를 섭취하면 체내에 일시적으로 잔류 · 이행되어 2차 오염을 일으킨다. 우유 및 유제품의 M_1 오염이 대표적인 예이고, 그 밖에도 P_1, Q_1, R_0(aflatoxicol)가 알려져 있다.

성인의 aflatoxicosis에 관한 많은 보고 중 특히 주목되는 것은 인도에서의 중독사례이다. 집단 아플라톡신 중독에 의해 1,000여 명의 간장장해 환자와 160여 명의 사망자를 기록했는데 지금까지 보고된 최대중독사건으로 알려져 있다.

아플라톡신에 오염된 식품을 섭취함으로써 오는 위해성(risk)과 그것에 의해 얻게 될 수 있는 유용성(benefit)을 비교 · 검토하여 양자의 균형에서 사용여부를 결정할 필요가 있다. 이를 위해성-유용성 개념(risk-benefit concept)이라고 한다. 만약 위해성이 유용성보다 큰 경우에는 사용해서는 안 된다.

아플라톡신에 대한 규제는 대단히 엄격하다. 각국의 규제치를 보면 WHO/FAO 20ppb(B_1, B_2, G_1, G_2의 총량, 전식품), 미국 20ppb(총량, 식품과 사료), 프랑스 10ppb(총량, 전식품), 일본 10ppb(B_1, 전식품), 중국 50ppb(B_1, 쌀, 땅콩, 옥수수 등), 영국 5ppb(B_1, 견과 · 견과제품), 한국 15ppb(총량, 단 B_1은 10 이하, 곡류 등, 영유아식은 B_1, M_1 별도규제)로 되어 있다.

(2) 황변미독

쌀에는 상당히 많은 종류의 곰팡이가 기생하고 있다. 그중에서도 독소를 생산하는 곰팡이에 오염되어 외관이 황색으로 변한 쌀을 황변미(yellow rice)라고 하며, 이에 의한 중독을 황변미 중독이라고 한다.

수분을 14~15% 이상 함유하는 쌀에는 *Penicillium*이나 *Aspergillus* 등의 곰팡이가 잘 생육한다. 황변미는 동남아시아산 쌀에 특히 많은데 이는 기후조건 때문에 저장곡류의 수분함량 조절에 문제가 많아서이다.

지금까지 연구된 황변미에는 3종이 있다.

1) 톡시카리움(toxicarium) 황변미

1937년 대만의 황변미에서 분리된 *Penicillium toxicarium*은 후에 분류학적으로 *Penicillium citreoviride*임이 확인되었고, 이 곰팡이가 생성하는 유해 대사산물을 citreoviridin이라고 한다. 이 독소는 강한 신경독으로 경련 · 호흡장애 · 상행성(上行性) 마비를 일으키며, 마우스에 대한 경구 LD_{50}은 29mg/kg이다. 또한 급성 심장성 각기(脚氣)와 같은 증세를 보인다.

*Penicillium citreoviride*의 자연오염은 쌀에서만 알려지고 있으며 citreoviridin의 최적생산온도는 12~18°C이다.

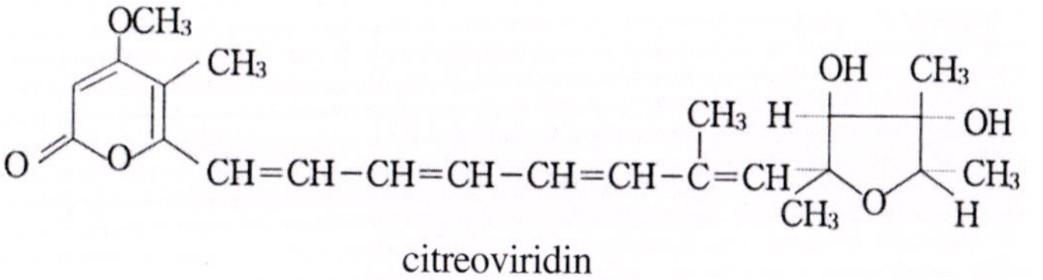

citreoviridin

2) 아일랜디아(islandia) 황변미

1948년 이집트산 쌀에서 분리된 *Penicillium islandicum*이 원인 곰팡이이다. 이 곰팡이는 세계적으로 널리 분포하여 동남아시아, 일본, 미국, 유럽 등지에서 생산된 곡류에서 분리된다. 동물실험 결과로 급 · 만성 모두 심한 간장장해를 나타내고 장기투여로 간암 발생이 증명되었다.

이 곰팡이는 지효성(遲效性)과 속효성(速效性)의 독소를 생산하는데, 대표적인 것이 지효성의 지용성 황색색소인 luteoskyrin과 속효성의 수용성 함염소 peptide인 cyclochlorotin이다. 사이클로클로로틴은 처음에 islanditoxin이라고 명명되었으나 두 물질 사이에는 아미노산 배열순서만이 차이 나므로 사이클로클로로틴으로 바꾸어 부르고 있다.

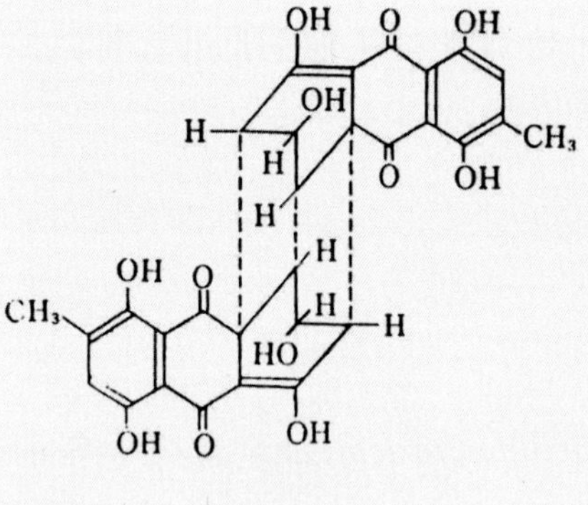
luteoskyrin

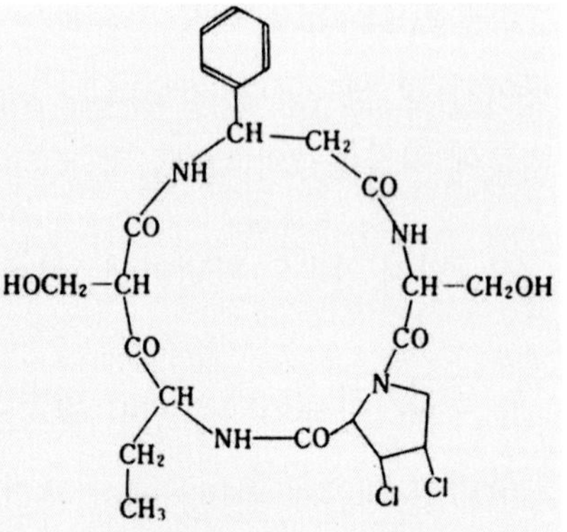
cyclochlorotin(islanditoxin)

luteoskyrin은 황색결정으로 마우스에 대한 경구 LD_{50}은 221mg/kg이다. 무색 결정인 cyclochlorotin의 LD_{50}은 6.55mg/kg으로 luteoskyrin보다 훨씬 강하다.

*Penicillium islandicum*의 자연오염은 쌀 외에 보리, 소맥, 수수, 후추 등에서도 볼 수 있다.

3) 태국 황변미

1951년 태국산 쌀로부터 분리된 *Penicillium citrinum*이 기생하여 만들어진다. 그 유독물질은 citrinin이라는 페놀화합물이고 자외선을 쬐면 강한 레몬색의 형광을 나타낸다.

citrinin은 레몬색의 침상결정으로 마우스에 대한 LD_{50}은 35mg/kg(피하 또는 복강)이다. 증상은 전형적인 신장독으로 급성 또는 만성 necrosis를 일으키고, 이때 신장에서의 수분 재흡수가 저해된다.

citrinin은 *P. citrinum* 외에도 여러 종류의 곰팡이에서 생산된다. 원인곰팡이는 자연계에 널리 분포하고, 특히 온대지방에 많다. 옥수수, 쌀, 맥류(麥類) 등의 곡류, 땅콩에 주로 발생한다. 자연오염의 예는 보리 등에서 보고되고 있다.

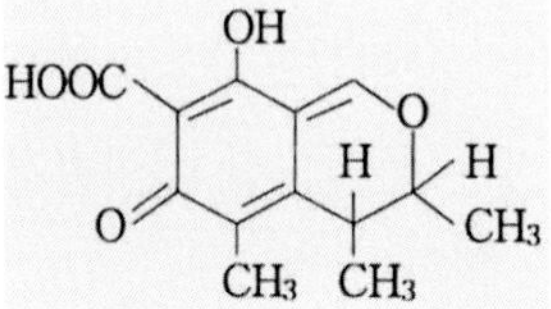
citrinin

(3) 맥각(麥角)독

맥각(ergot)은 맥각균(*Claviceps purpurea, C. paspali* 등)이 라이맥의 자방(子房)에 기생하여 발생하는 암자색, 흑색, 흑갈색의 균핵(sclerotium)으로서 이것이 혼입된 곡물을 섭취하면 맥각중독(ergotism)을 일으킨다.

프랑스에서는 994년에 4만 명이, 1129년에는 12,000명이 사망한 기록이 있다. 이런 폭발적인 중독 때문에 사람들은 이를 '성 안토니오의 불'이라고 부르기도 했다. 프랑스에서는 1951년에도 환자발생이 보고된 바 있다.

맥각은 오래전부터 약용이나 분만촉진용으로 이용되었는데 그 후에 ergotamine, ergotoxine, ergometrine 등 3군의 유독 alkaloid가 함유되어 있음이 알려졌다. 이 alkaloid는 좌선성에는 어미에 -ine, 우선성은 -inine를 쓴다(표 6-5 참조).

표 6-5 맥각의 alkaloid류

군	명칭	분자식	융점(℃)	비선광도
ergotamine	ergotamine	$C_{33}H_{35}O_5N_5$	180	−155°
	ergosine	$C_{33}H_{37}O_5N_5$	228	−179°
	ergotaminine	$C_{33}H_{35}O_5N_5$	241~243	+385°
	ergosinine	$C_{33}H_{37}O_5N_5$	222	−226°
ergotoxine	ergotoxine	$C_{33}H_{39}O_5N_5$		−226°
	ergocornine	$C_{31}H_{39}O_5N_5$	182~184	−188°
	ergocryptine	$C_{32}H_{41}O_5N_5$	212	−187°
	ergocristine	$C_{35}H_{39}O_5N_5$	100	−183°
	ergotoxinine	$C_{35}H_{39}O_5N_5$		
	ergocorninine	$C_{31}H_{39}O_5N_5$	228	+409°
	ergocryptinine	$C_{32}H_{41}O_5N_5$	240~242	+408°
	ergocristinine	$C_{35}H_{39}O_5N_5$	226	+336°
ergometrine	ergometrine	$C_{19}H_{22}O_2N_3$	162~163	−44°
	ergobasinine	$C_{19}H_{23}O_2N_3$	195~197	+414°

구조상으로 이들은 전부 lysergic acid(좌선성) 또는 isolysergic acid(우선성)의 유도체이며, lysergic acid에 diethylamide가 결합한 lysergic acid diethylamide는 근래 환각제로 문제가 된 LSD이다.

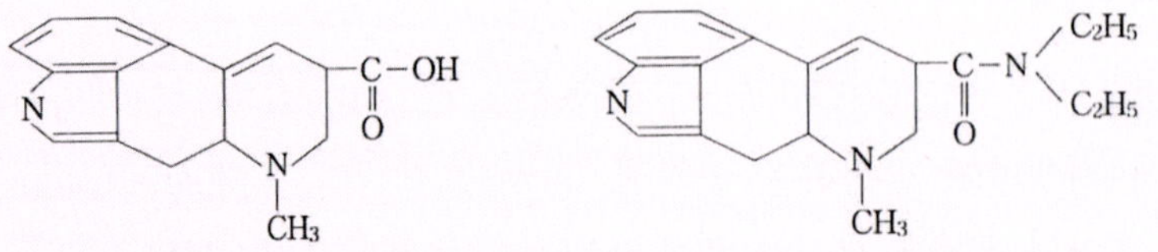

lysergic acid　　　　lysergic acid diethylamide

중독은 0.5~1%의 맥각균 혼입곡류를 섭취하면 일어나고 7% 이상이면 치사량이다. 급성중독증상은 구토 · 설사 · 복통을 일으키고 피부가 청백색이 되며 신체의 표면에 냉감을 가지는 것이 특징이다. 그 후 지각 및 운동장해가 일어나고 시력에도 영향을 미친다.

증상이 심하면 맥박이 약해지고 혈압강하, 현기증, 환각, 경련 등이 일어나며, 최종적으로는 의식을 잃고 사망한다. 임산부는 유산을 일으키기도 한다.

만성중독은 경련형과 괴저형의 2가지가 있는데 장기간 소량섭취하면 경련형이 많고 대량섭취의 경우에는 괴저형이 많다. 어느 경우나 초기 증상은 구토, 두통, 연하곤란, 감각이상, 난청이다. 경련형은 정신장해를 일으키기도 하고, 괴저형은 손발이 심하게 아프고 최후에는 말단부터 썩어 들어간다.

(4) 식중독성 무백혈구증

식중독성 무백혈구증(alimentary toxic aleukia, ATA)은 1913년 동부 시베리아 일대 및 아무르 지방에서 발생하였고 그 후 1941~1947년에 걸쳐 빈발하였는데, 특히 1944년 오렌버그 지방에서 주민의 10%가 중독되고 40~80%의 사망률을 나타냈다.

원인은 *Fusarium*속, *Cladosporium*속 곰팡이의 유독대사산물에 의한 중독임이 밝혀졌으며, 원인균으로 이러한 기후조건에서 잘 번식하는 *Fusarium trincinctum, Clodosporium epiphylum, C. fagi* 등이 알려져 있다.

오염식품을 섭취했을 경우, 몇 시간 이내에 발증하여 환자는 구강 및 소화기에 이상을 호소하고, 위염 · 오심 · 구토를 수반하는 급성중독증상을 나타내며, 중증인 환자는 호흡곤란, 경련과 심부전을 일으키는 것이 보고되었다.

아급성 중독증상에서는 전기(임상적으로 정지기)에 말초성 백혈구 감소, 과립백혈구 감소, 임파구의 증가 등이 인정되고 있다. 3~8주의 정지기 중 격렬한 증상을 수반하는 말기적 상태로 진행된 환자의 경우는 구강 necrosis, 인두염, 비강 · 구강 · 소화관 · 신장 등에서의 출혈, 백혈구의 극단적 감소, 임파구 비의 이상 증대(90%에 달함), 혈구응고시간의 지연 등이 일어난다.

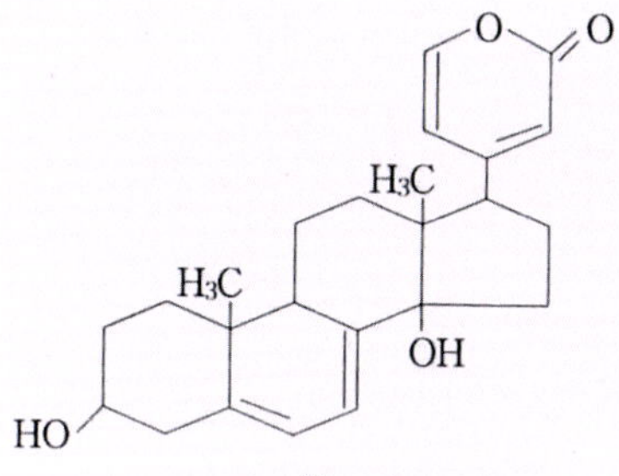

sporofusariogenin

$CH_3(CH_2)_7CH{=}CH(CH_2)_{13}COOH$

epicladosporic acid

$CH_3(CH_2)_9CH{=}CH(CH_2)_9COOH$

fagicladosporic acid

이와 같은 현저한 조혈기능장해에 의해 전신의 저항력이 감퇴되어 2차 감염이 일어나기 쉽다고 보고되었다. 지금까지 밝혀진 병인물질은 sporofusariogenin, epicladosporic acid, fagicladosporic acid 등이다.

(5) 푸모니신

1980년대 말부터 돼지, 말, 닭 등에서 aflatoxin과 유사한 피해사례가 발생한 이후, *Fusarium moniliforme*가 생성하는 새로운 곰팡이 독소가 발견되었다. 1988년 Gelderblom 등이 원인물질 2종을 분리하였고, 곰팡이의 이름을 따서 fumonisin B_1과 B_2로 명명했다. 1991년 Cawood 등이 6종, 1997년 Sydenham 등이 10종 이상의 이성체를 발견하였고, 현재 B_1, B_2, B_3 등 28종이 보고된 가운데 B_1이 가장 강한 독성과 함께 발생빈도도 가장 높은 것으로 알려져 있다.

fumonisin은 *Fusarium moniliforme*, *F. proliferatum* 등에서 생성되며, 곰팡이의 최적발육온도는 20~25℃이고 전세계적으로 곡류에서 발견되고 있다. 특히 옥수수 부패곰팡이로 옥수수와 그 가공식품에서 많은 분포를 보인다.

B_1은 돼지의 폐수종, 말의 뇌백질연화증, 병아리의 간회저증 등을 유발하며,

사람의 간암이나 식도암 발생과도 관련된 것으로 조사되어 인체발암가능물질로 분류되고 있다. fumonisin은 열처리나 발효과정에서도 안정하기 때문에 오염방지가 가장 바람직하다. 옥수수(B_1과 B_2의 합, 4mg/kg 이하)와 옥수수 단순가공품 및 가루(B_1과 B_2의 합, 2mg/kg 이하) 등에 기준을 정하여 관리하고 있다.

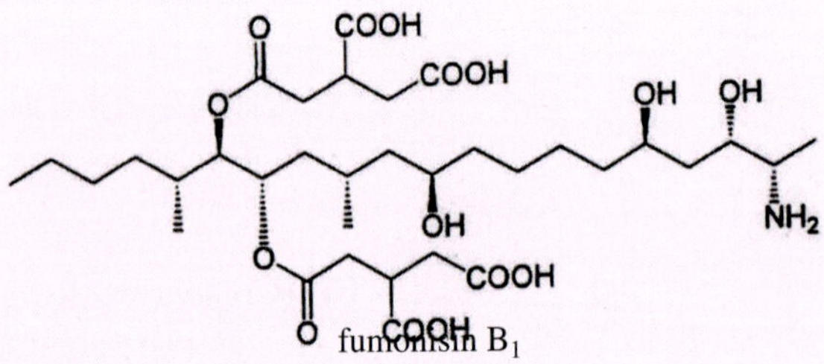

fumonisin B_1

(6) 제랄레논

가축에 이상발정증후(異常發情症候)를 초래하여 가축의 생산성 저하와 관련이 있다. 옥수수나 보리 등에 잘 오염되는데 현재 곡류 등에 기준이 설정되어 있다. zearalenone은 일명 F−2 toxin, fermentation estrogenic substance(FES) 등으로 불리고 있으며 20여 종의 이성체가 있다. 이 독소는 *Fusarium graminearum*(완전세대의 자낭균은 *Gibberella zeae*라고 함), *F. roseum, F. tricinctum, F. oxysporum* 등의 대사산물이다.

중독증상은 외음부의 팽윤, 질의 탈출, 유선 및 자궁의 비대가 특징인 소위 가축의 발정증후군(estrogenic syndrome)이다. 독소는 자궁의 estrogen 수용체에 결합하고 염색질로 이동하여 핵 RNA의 합성을 촉진한다.

동물에 대한 급성독성은 약한 편이고 소에서는 사료 중의 농도가 1~5ppm일 때 증상이 나타난다. 사람에게는 유방암과의 관련성이 의심되고 있다.

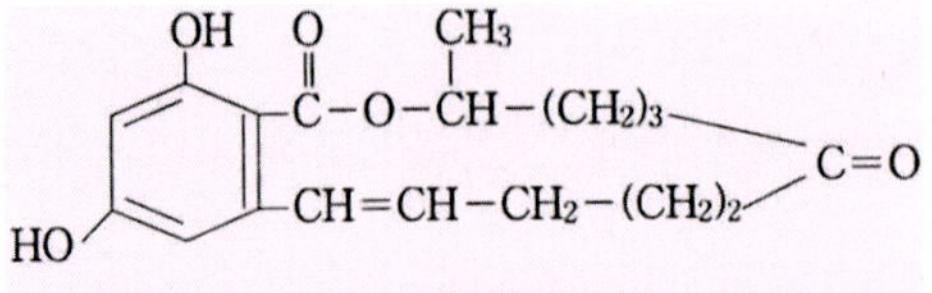

zearalenone

(7) 트리코테센계 곰팡이독

*Fusarium*속 등의 많은 곰팡이가 생성하는 대사산물 중에는 공통구조로 sesquiterpene의 trichothecene계 화합물이 있다.

*Fusarium trincinctum*에서는 T-2 toxin과 diacetoxyscirpenol, *F. nivale*에서는 nivalenol과 fusarenon X, *F. roseum*에서는 vomitoxin(deoxynivalenol)과 monoacetoxyscirpenol, *F. solani*에서는 neosolaniol이 각각 생산된다.

트리코테센계는 아니지만 *F. trincinctum*이 생산하는 butenolide는 호주나 미국 등에서 소의 다리 저는 병(fescue foot)의 원인물질로 알려져 있다.

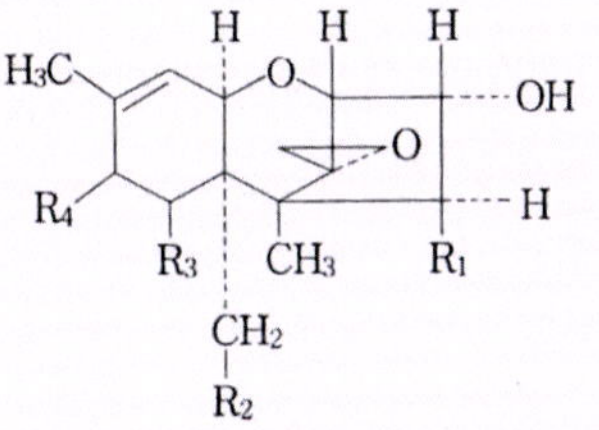

	R_1	R_2	R_3	R_4
T-2 toxin	OAc	OAc	H_2	$OCOCH_2CH(CH_3)_2$
nivalenol	OH	OH	OH	=O
fusarenon X	OAc	OH	OH	=O
vomitoxin	H_2	OH	OH	=O

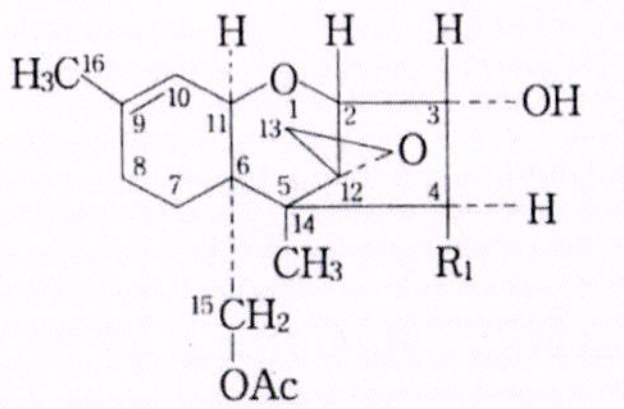

monoacetoxyscirpenol(R_1=OH)
diacetoxyscirpenol(R_1=OAc)

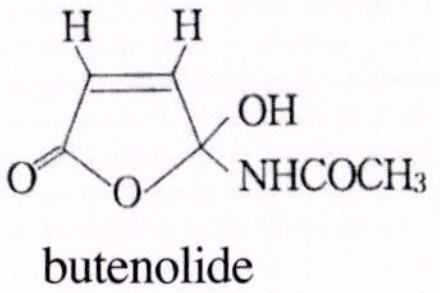

butenolide

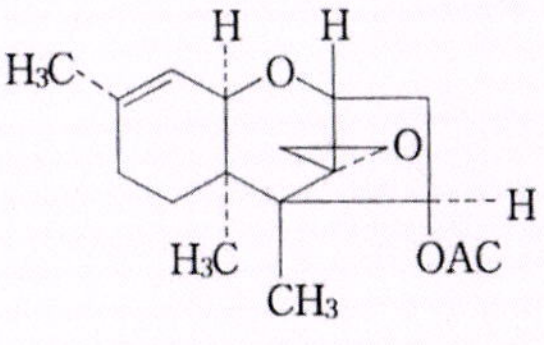

trichodermin

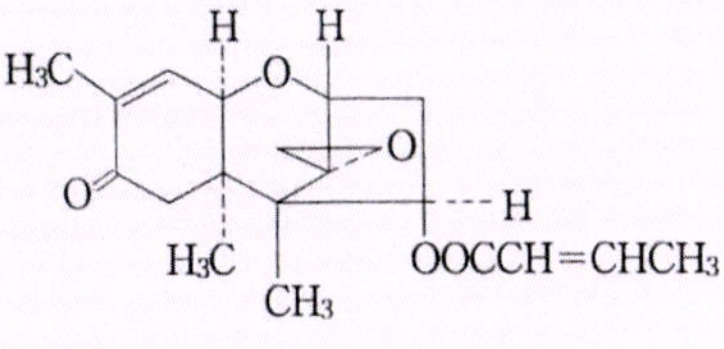

trichothecin

*Fusarium*속 이외의 곰팡이에서 분리된 트리코테센계 독소도 있는데, *Tricho derma viride*로부터는 trichodermin, *Trichothocium roseum*으로부터는 tricho thecin과 trichothecolone이 생산된다.

이들 곰팡이독은 모두 강력한 급성독성, 피부독성, 골수 등의 조혈조직장해나 소장점막 상피세포의 장해 등을 일으키며, 진핵세포에서는 단백질합성 저해작용과 관련이 있다. 가장 대표적인 T-2 toxin은 마우스에서 LD_{50}(복강)값이 3.04mg/kg 정도이다.

가장 독성이 강한 것은 monoacetoxyscirpenol인데, LD_{50}(마우스, 복강)은 0.75mg/kg이고 최토작용(催吐作用)이 강해 중독 후 30분 이내에 구토를 일으키고 기면(嗜眠)을 초래하며 중증이면 사망한다.

공통된 중독증상으로는 오심, 구토, 설사, 출혈, 피부점막자극, 재생불량성 빈혈 등이 알려져 있다.

(8) 스테리그마토시스틴

*Aspergillus versicolor*가 생산하는 sterigmatocystin은 아플라톡신과 유사한 구조를 가진다. rat의 LD_{50}(경구)은 166mg/kg으로 약한 편이지만 간장해를 유발하고 만성일 때는 간암을 일으킨다. 아플라톡신에 비해 급성독성이 약한 것은 낮은 용해성 때문이며 acetyl화시켜 지용성을 크게 한 o-acetylsterigmatocystin은 aflatoxin B_1에 견줄만한 독성을 나타낸다. 아플라톡신과 같이 생체내에서 대사활성화로 생겨난 epoxide체가 발암성을 나타낸다.

이 독소의 생산균으로 *Aspergillus nidulans* 등도 알려져 있으며 독소생산균인 *A. versicolor*의 분포는 넓고 비교적 낮은 온도에서도 생육할 수 있으므로 곡류의 오염가능성이 크다. *A. versicolor*는 스테리그마토시스틴 외에 sterigmatin, versicolin A나 austocystin A와 같은 bisfuran계 독소도 생산한다.

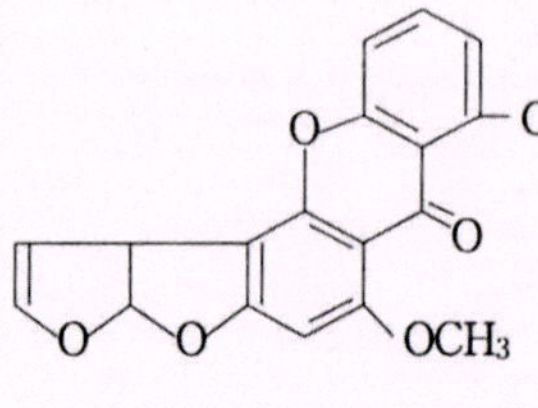

sterigmatocystin

(9) 오크라톡신

오크라톡신은 *Aspergillus ochraceus* 등에 의한 대사산물로서 A, B, C 3종이 알려져 있으며 A의 독성이 가장 강하다. ochratoxin A의 rat에 대한 LD_{50}(경구)은 22mg/kg 정도이고, 장해는 주로 간과 콩팥에서 나타난다. 최근 마우스에 대하여 40ppm을 연속적으로 매일 경구투여하면 45주 후에 신장과 간에 암이 발생한다는 것이 밝혀졌다. B와 C의 독성은 A의 약 1/10 정도이다.

사람에 대한 장해는 아직 명확하지 않으나 발칸반도를 중심으로 발생하는 유행성 신장병(발칸증후군)이 음식을 통한 오크라톡신의 중독으로 추정되어 주목된다.

오크라톡신의 분포는 쌀, 보리, 밀, 옥수수, 콩, 커피콩 등인데, 자연오염도 광범위한 지역에서 일어나고 있다.

오크라톡신은 극히 안정하여 오염된 콩을 통조림 가공하여도 감소율은 10~21% 정도이고, 커피콩을 200℃ 부근에서 배소하여도 20~30% 정도 잔류한다.

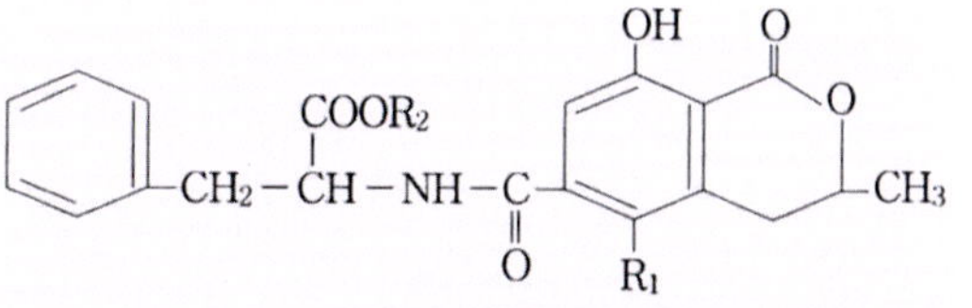

ochratoxin

A	$R_1 = Cl$	$R_2 = H$
B	$R_1 = H$	$R_2 = H$
C	$R_1 = Cl$	$R_2 = C_2H_5$

(10) 파툴린

파툴린은 원래 항생물질로 보고되어 한때 사용되었던 신경독 물질이다. 1954년 일본에서 맥아사료에 의한 중독으로 100마리 이상의 젖소가 폐사하였는데 원인은 *Penicillium patulum*이 사료에 오염되어 생산한 patulin으로 판명되었다. 파툴린은 *P. patulum* 외에 *P. expansum*, *P. melinii*, *P. leucopus*, *P. urticae*, *Aspergillus clavatus*, *A. giganteus*, *A. terreus*, *A. claviforme* 등에서도 생산된다.

파툴린은 일종의 신경독으로 LD_{50}(마우스, 경구)은 35mg/kg이며, 급성중독증상은 출혈성 폐부종이나 간 · 비장 · 신장의 모세혈관 손상 및 뇌수종이고 뇌와 중추신경에 출혈반이 생긴다.

결핵균을 위시한 그람양성 · 음성세균 및 효모나 곰팡이 등에 대한 항균작용이 있으며, 비교적 열에 안정하여 100℃에서 15분 동안 가열하여도 파괴되지 않는다. 파툴린은 사과 부패균인 *P. expansum*에서도 대량으로 생산되므로 부패된 사과나 사과주스의 오염사례가 많다.

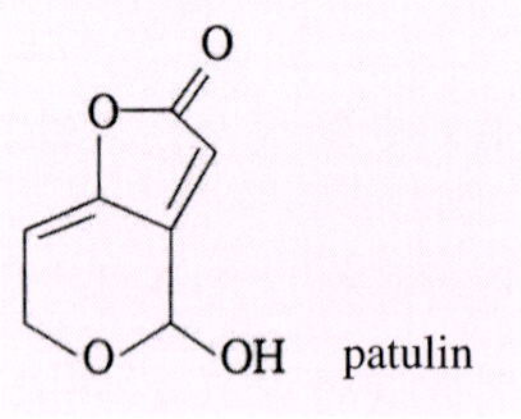

(11) 루브라톡신

rubratoxin은 *Penicillium rubrum*이 생성하는 대사생산물로 가축이 곰팡이에 오염된 옥수수에 의해 중독되면서 알려졌다. 루브라톡신에는 A와 B의 두 종류가 있고, B의 생산이 많다. 마우스의 LD_{50}(경구)값은 120mg/kg 정도로 보고되었다.

이 독소는 간에 현저한 장해를 일으키고 신장과 폐에도 약간의 유해작용을 나타낸다. 이 독소는 *P. purpurogenum*에 의해서도 생산되며, *A. flavus*는 B형만 생산한다.

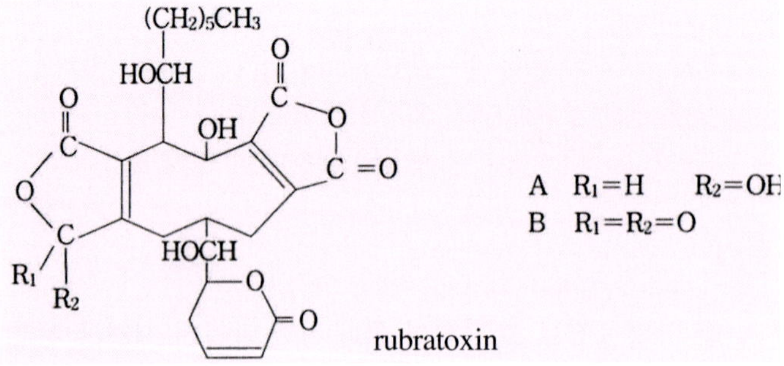

(12) 말토리진

Aspergillus oryzae var. *microsporum*이 생산하는 maltoryzine은 1954년 9월에서 11월에 걸쳐 일본에서 발생한 젖소의 집단중독에 의해 알려졌다. 중독된 젖소는 식욕부진과 함께 다리 힘이 약해지고 비유량의 격감이나 허리마비 등이 일어난 후 폐사하였다.

말토리진의 rat에 대한 LD_{50}(복강주사)은 3mg/kg이고 뇌중추신경계 장해를 유발하는 신경독 물질이다.

식욕부진, 근육마비, 뇌 및 장막에 현저한 출혈도 관찰된다.

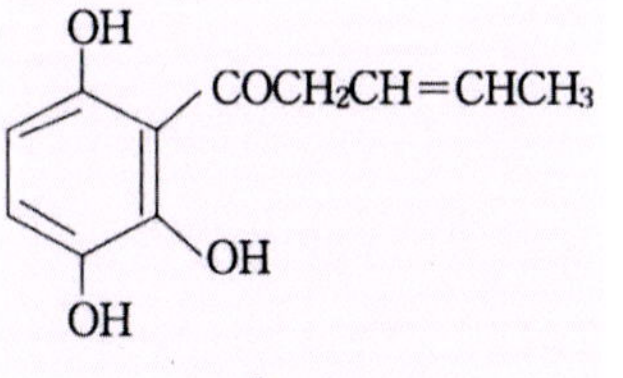

maltoryzone

(13) 슬라프라민

1957년경 미국에서 소 · 면양이 red clover를 먹고 중독되었다는 보고가 있었다. 연구결과, 원인은 *Rhizoctonia leguminicola*가 생산하는 slaframine임이 알려졌다. 주증상은 식욕부진, 침흘림(流涎), 설사 등이고 심하면 사망한다. 유연증후군(salivation syndrome)을 유발하는 슬라프라민은 일종의 alkaloid이다. 구조상으로는 1-acetoxy-6-aminooctahydroindolizine인데, 분자식은 $C_{10}H_{20}N_2O_3$이다.

고양이를 이용한 실험에서 0.3mg/kg 투여 후 1~3시간 만에 침흘림이 시작되고 그 후 6시간 정도 지속되었다고 한다.

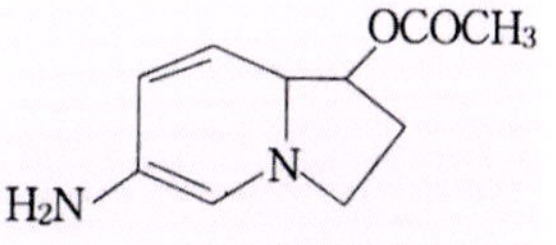

slaframine

(14) 그 밖의 *Penicillium*속 곰팡이독

*Penicillium islandicum*과 형태적으로 유사한 *P. rugulosum*은 주요 대사산물로 rugulosin을 생산한다. 이 독소는 luteoskyrin과 구조적으로 유사하며, 간장해와 간경변 및 간암 발생이 확인되었다. cyclopiazonic acid는 소 옥수수병 원인균의 하나인 *Penicillium cyclopium*에서 분리된 신경독 물질이다.

동물에 신경장해를 일으켜 죽게 하고, 간장, 신장, 장관에도 장해를 일으킨다.

*Penicillium griseofulvum*의 균체에서 추출 · 분리한 griseofulvin은 항곰팡이제로 사용되기도 하지만, 피부의 혈관신경부종, 발적, 두드러기, 구토 등의 부작용을 나타내고 간장 및 골수의 장해도 보고되었다.

(15) 광과민성 피부염물질

일광피부염으로 알려진 이 곰팡이독은 2가지의 전혀 다른 기작에 의하여 일어난다. 하나는 순수한 피부염 물질로 celery병원균인 *Sclerotinia sclerotiorum*에 의한 것으로, 이 식물병원균이 침입한 celery를 수확할 때 접촉한 사람이 햇빛을 쬐면 피부염을 일으킨다. 독성물질로 4,5′,8-trimethyl psoralen 및 8-methoxy psoralen의 두 가지 물질이 확인된 바 있다.

또 하나는 뉴질랜드 및 오스트레일리아의 일부 지방에서 발견된 가축의 안면 일광피부염증이다. 원인은 건초 등의 사물기생곰팡이인 *Sporidesmium bakeri*(그 후 분류명이 *Pithomyces chartarum*으로 바뀜)의 유독대사산물에 기인한다. 동물은 먼저 간장대사에 장해를 받아서 일광피부염을 일으킨다. 특정한 기후조건 아래에서 원인 곰팡이가 포자를 형성하고 유독물질은 그 포자에 함유된다.

중독의 주된 원인물질은 sporidesmin A이고 B~H 등 모두 8종의 독소가 발견되었다. 반추동물에 대해 간장장해를 일으키고 체중감소와 황달 및 광과민증을 유발한다. 안면습진은 간장장해의 제2차 증세이다.

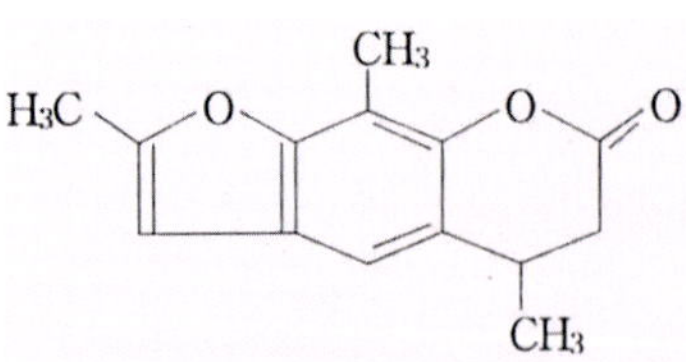

4,5′, 8-trimethyl psoralen

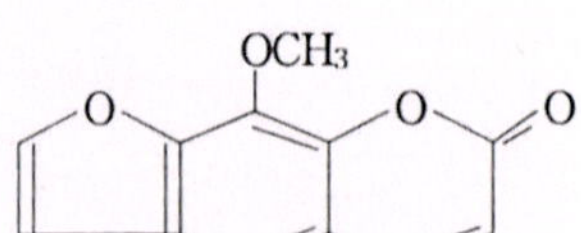

8-methoxy psoralen

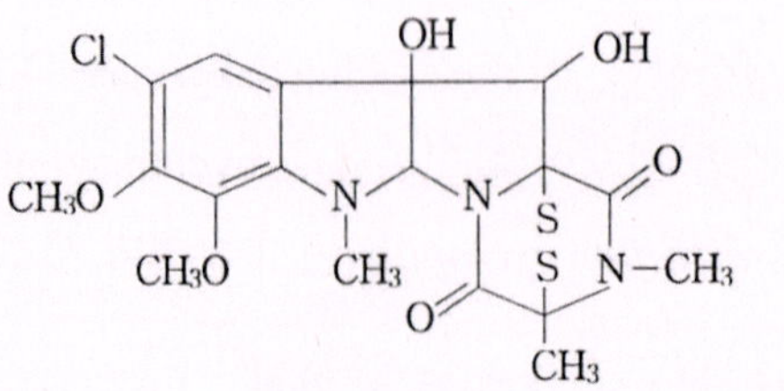

sporidesmin A

Chapter 7

식품과 감염병 · 기생충증

7-1 경구감염병

병원미생물이 어떤 원인에 의해 사람에게 감염됨으로써 전파되는 질병을 감염병이라고 한다. 경구감염병은 병원체가 음식물이나 음료수에 부착되거나 손이나 완구 등을 매개로 하여 입을 통해 소화관으로 들어가서 감염을 일으키는 병으로 대부분이 소화기계통의 감염병이다.

소화기계통의 감염병은 중요한 병변이 소화기계에 있는 것으로 생각하기 쉬우나 꼭 그런 것은 아니고 주병변이 소화기계 이외에 있는 것도 있다.

식품을 매개체로 하여 미생물이 인체 내로 들어와 질병을 일으키는 것에는 경구감염병과 세균성 식중독의 두 가지가 있다. 경구감염병은 감염경로와 주로 소화기계 증상을 나타낸다는 점에서 감염형 식중독과 유사하지만, 양자는 근본적으로 차이가 있다.

경구감염병에서는 병원체와 고유숙주 사이에 감염환(infection cycle)이 성립되고 병원체는 고유숙주에서 고유숙주로 감염을 일으키는데, 세균성 식중독에서는 고유숙주 간의 감염환에서 병원체가 어떤 원인으로든 비고유숙주에 감염을 일으키는 것으로서, 그 이후의 감염이 일어나지 않는 종말감염(terminal infection)이라는 점이다.

다시 말해서 경구감염병은 2차 감염이 빈번하게 일어나는데, 세균성 식중독은 2차 감염이 거의 일어나지 않는다.

경구감염병에서는 극소량인 균량으로도 감염을 일으키기 쉬운 반면, 세균성 식중독에서는 다량의 균이 필요하다. 잠복기는 일반적으로 경구감염병이 세균성 식중독에 비해 긴 편이다. 면역성의 경우, 경구감염병에는 있는 경우가 많지만 세균성 식중독에는 없다.

감염병이 발생하려면 표 7-1에서 보는 바와 같이 감염원(병원체), 감염경로, 감수성의 3요소가 구비되어야 한다. 이를 세분하면 6개 요소가 되는데, 이들은 연쇄적으로 작용하여 감염병을 발생시킨다. 이 중 어느 한 가지라도 빠지면 발생하지 않는다.

표 7-1 감염병 발생의 3요소와 감염병 생성 6개 요소와의 관계

감염병 발생 3요소	감염병 생성 6개 요소
감염원	① 병원체
	② 병원소
감염경로	③ 병원소로부터 병원체의 탈출
	④ 전파
	⑤ 새로운 숙주로의 침입
감수성	⑥ 숙주의 감수성

감염병의 예방 및 관리에 관한 법률(제2조제1호)에 의하면, 감염병(기생충질환 포함)은 감염속도와 위해정도 및 예방 또는 관리의 용이성 등을 기준으로 제1급, 제2급, 제3급, 제4급, 기생충감염병, 세계보건기구 감시대상 감염병, 생물테러감염병, 성매매감염병, 인수공통감염병 및 의료관련 감염병 등으로 정하여 관리하고 있다. 특히 경구감염병인 콜레라, 장티푸스, 파라티푸스, 세균성 이질, A형 간염과 식중독균인 장출혈성 대장균감염증이 제2급 감염병으로 분류되고 있어 주목된다.

1. 이질(bacillary dysentery)

이질에는 세균성 이질과 아메바성 이질이 있으며, 일반적으로 이질이라고 하면 세균성 이질을 뜻한다.

(1) 병원체

*Shigella*속으로 A군(*S. dysenteriae*), B군(*S. flexneri*), C군(*S. boydii*), D군(*S. sonnei*)의 4군으로 분류한다. 그람음성간균이고 호기성이며 운동성이 없고 아포 및 협막을 갖지 않는다.

저항력은 비교적 약한 편으로 분변 중에서 2~3일, 물 속에서 2~6일이면 사멸한다. 60℃에서 10분 간 가열하면 사멸하고 5% 석탄산 또는 승홍수에 의해서도 사멸한다.

(2) 증상

잠복기는 2~7일이나 보통 2~3일이다. 발병은 급격하고 오한 · 전율 · 발열 · 오심 · 구토 · 설사 · 하복통이 일어나며 발열은 38℃ 전후가 보통이나 40℃까지 오른다. 설사는 빈번히 일어나고 때로는 1일 2~3회 정도로 가벼운 경우도 있으며 변은 점액혈변이고 고열과 함께 뇌신경 증상, 순환기 증상이 일어나는 경우도 있다.

(3) 발생상황

온대와 열대지방에서 유행하며 원시적 · 비위생적 생활을 하는 집단이나 국민에게 많다. 우리나라에서는 6월경부터 증가하기 시작해서 9월경에 정점에 달한다. 환자발생은 기후와 밀접한 관계를 나타내고 연도에 따라 최고기온이 높아지면 환자발생곡선도 높아진다. 10세 이하의 어린이들에게 주로 발생하여 전체의 약 60%를 차지하며 4세 전후의 유아에게 최고의 이환율을 보인다. 성별로는 남자가 다소 많다.

(4) 감염

인체 외에서 다소 생명력이 약한 점을 제외하고는 장티푸스와 같다. 물, 우유, 식품 등에 의한 것과 가정이나 그 밖의 일정한 장소에서 발생하는 감염의 대부분은 환자나 보균자와의 직접 접촉에 의한 것이 많다. 환경위생이 불충분한 지역에서는 파리가 가장 중요한 매개체가 된다.

(5) 예방 및 치료

예방상 특히 문제가 되는 것은 경증이질이다. 1일 2~3회의 설사를 하므로 의사의 진찰을 받지 않고 본인이 음식을 잘못 먹거나 찬 곳에서 잠을 잤다고 생각하고 고통도 적으므로 건강한 사람과 같이 생활하는 경우인데, 이러한 무자각이질은 감염원으로서 상당히 중요한 역할을 한다.

이 점은 건강보균자보다 더 위험한 것으로 경증이질은 성인에게 의외로 많다. 이질의 예방접종은 여러 가지가 시도되고 있으나 아직 유효하게 쓰이는 것은 없다. 치료에는 설파제의 효과가 크고, 항생물질은 효과가 높으나 내성균이 생겨 커다란 장해를 주고 있다.

2. 장티푸스(typhoid fever)

일종의 열병이며 급성단계는 보통 며칠 내지 몇 주일 간 계속된다. 병원균은 초기에는 혈액 중에 나타나지만 다음 주부터는 이 현상이 극히 희소해진다. 감염은 장의 림프조직 · 담낭 · 신장 등에 국한되는 것이 보통이나, 때로는 뼈, 연골, 뇌막 등에 나타나기도 한다.

(1) 병원체

*Salmonella typhi*이며 그람음성간균으로서 협막 · 아포가 없고 편모가 있어서 운동을 한다. 저항력이 비교적 강하여 토양, 물속, 얼음 속에서도 생존한다. 0.1% 승홍수나 5% 석탄산수에 의해 30분이면 사멸한다.

(2) 증상

잠복기는 7~14일로서 오한과 함께 열이 단계적으로 상승하여 1주 후에 40℃에 달해 1~2주 간 지속되다가 그 후에 점차 내린다. 맥박이 느려지고 비장의 종창, 백혈구의 감소, 피부에 조그만 장미 모양의 발진이 나타난다.

(3) 발생상황

사계절을 통해 발생하나 8~9월에 가장 많다. 여름철에 많은 이유는 균이 번식하기 좋은 조건이며, 물 등 음료를 많이 섭취하여 소화기 장해를 일으키기 쉽고 파리 등에 의한 전파기회가 많기 때문이다. 이환연령은 20세 전후가 가장 많고 남자가 약간 많다. 위생시설이 완비된 도시에서는 이환율이 적지만 밀집생활이나 불결한 생활을 하는 경우에 많이 발생한다.

(4) 감염

감염원은 환자와 보균자로서 이들의 분뇨 또는 타액을 통해 배균된다. 보균자에는 병후보균자와 건강보균자가 있는데 감염원으로서 중요한 역할을 한다. 감염양식은 환자나 보균자와의 직접접촉감염과 음식물을 매개로 한 간접접촉감염이 있다.

장티푸스의 경우에 배균은 발병 전보다 제2, 3주에 최고를 나타내고 하열 후 제1주에는 환자의 10% 정도에서 균이 증명되며 1개월 후에는 2~3%가 된다. 이 중에는 상당히 장기간 배균하는 수도 있다. 영구보균자에 있어서 균의 생장 장소는 담낭, 장, 신장 등이다.

(5) 예방 및 치료

장티푸스의 예방은 이질에 준하며 오줌(尿)에서도 균이 배출되는 점을 고려하여야 한다. 또한 장기보균자가 많으므로 이러한 보균자가 감염원으로서의 역할이 크다는 점도 명심하여야 한다.

물, 얼음, 어패류 등의 위생적 관리와 파리의 구제도 요구된다. vaccine접종이 유효하다.

3. 파라티푸스(paratyphoid fever)

장티푸스와 같은 열병으로 비슷한 증세를 나타내지만 기간이 짧고 경미하다. 때로는 식중독과 같이 급성위장염을 일으키는데 임상적으로 뚜렷이 구별된다.

(1) 병원체

장티푸스와 같은 속인 *Salmonella paratyphi*로 A, B, C의 3가지 형이 있다. 장티푸스균과는 혈청반응과 발효반응에 의해 구별되며 이들은 주모성 간균으로 포자와 협막은 없다.

(2) 증상 및 발생상황

A형에 의한 감염은 증상이 장티푸스와 거의 같으나 사망률이 낮다. B형에 의한 감염에서는 사망률이 훨씬 낮고 식중독과 같이 급성으로 나타난다.

잠복기간은 3~6일이지만 24시간일 때도 있다. C형에 의한 감염도 장티푸스와 비슷한 증상을 나타내지만 경과가 가볍고 사망률은 아주 낮다.

일반적으로 남자에게 많은데, A형은 청장년층에, B형은 청소년층에 많이 발생하고 계절적으로는 여름철에 많다. A형과 B형의 유행비율은 1 : 10~1 : 20이며 C형은 거의 없다.

(3) 감염 및 예방

환자나 보균자의 대소변이 감염원이 되며, 이들을 통하여 직접 또는 간접 전염된다. 예방방법은 장티푸스와 같다.

4. 콜레라(cholera)

예전에는 호열자(虎列刺)라고 불렸다. 원발생지가 인도의 갠지스강 삼각주인 외래감염병으로 콜레라 독소에 의해 격심한 위장증상을 일으키고 심한 전신증상을 보이는 급성감염병이다.

(1) 병원체

Vibrio cholerae (1883년 Koch 발견)이다. 그람음성간균으로 한쪽 끝에 편모를 갖고 있어서 활발히 운동한다. 통성 혐기성이며 협막 및 아포는 없다.

콜레라균은 O항원 I군에 속하고 혈청형에 따라 Asia형(고전형) cholera균(*Vibrio cholerae*), El Tor형 cholera균 (*Vibrio cholerae* biotype eltor)의 구별이 있으며, 현재 유행하는 것은 El Tor형이다. 콜레라 홍반응(紅反應)은 콜레라균의 진단에 이용된다.

저항력은 약한 편으로 60°C에서 30분, 3% 석탄산에서 5분, 건조상태로 햇빛에서 1시간, 분변 중에서 1~2일이면 사멸된다. 그러나 저온에서는 강해서 얼음에서도 3~4일 동안 생존할 수 있다.

(2) 증상

잠복기는 10시간~5일인데 보통 1~3일이다. 설사(쌀뜨물 같은 설사), 구토, 탈수에 의한 구갈, 근육통, 피부건조, 무뇨, 무성, 체온 저하 등이 나타난다. 병변은 장관이 주이며, 설사에 의한 쇠약의 원인은 콜레라균의 체내 독소의 흡수에 의한 것으로 보고 있다.

(3) 발생상황

초여름에서 시작하여 7~9월에 걸치며 때로는 10~12월까지도 계속된다. 20~40세의 청장년층에 많으며 치명률은 60%로서 노년과 유년층일수록 높아진다.

(4) 감염

환자의 구토물과 환자나 보균자의 분변으로 인해 오염된 음식물이나 음료수 등에 의해서 감염이 일어난다.

(5) 예방 및 치료

외래감염병이기 때문에 검역을 철저히 하여 국내에 침입되지 않도록 해야 하며, 국내에 들어온 경우에는 일반적인 경구감염병 관리원칙에 따라 관리한다.

사균 vaccine에 의한 예방접종이 이용된다. 음료수 · 식품에 대한 위생관리와 인분처리, 청소, 파리구제 등 환경위생면에서의 관리가 중요하다. 환자에게는 안정과 함께 체액을 보급한다.

5. 디프테리아(diphtheria)

인후나 코 등의 상피조직에 국소적 염증을 일으키며 체외독소를 분비한다. 이것은 혈류를 통해 신체 각 부위에 운반되어 특히 심근 · 신경조직에 결합해서 장기조직에 장해를 일으키는 급성질환이다.

(1) 병원체

Corynebacterium diphtheriae(1883년 Klebs 발견)에 의해서 발병하는데 그람양성간균으로 아포와 편모는 없다. 일광, 열, 화학약품에 대한 저항력이 비교적 약하다.

(2) 증상

잠복기는 2~5일로서 인두에 감염된 균은 점막이나 상피세포에서 증식하여 체외독소를 생성한다.

편도선이 빨갛게 붓고 인후두에 흰 막이 생기며 38°C 내외의 발열이 있다. 혈류 중에 균은 없으나 생산된 독소로 인하여 전신증상이 일어나고 심장장해나 위막에 의한 기도폐쇄로 호흡곤란을 일으킨다. 그 밖에도 균의 침입부위에 따라 눈, 코, 귀, 피부 등의 디프테리아가 있다.

(3) 발생상황

10세 이하, 특히 1~4세가 전체 환자의 60%를 차지하며 성별에 따른 차이는 없다. 사계절을 통해 발생하나 늦가을이나 이른 봄에 많다.

(4) 감염

환자나 보균자의 코와 목의 분비물이 비말감염되는 것이 주된 경로지만 이러한 분비물이 오염된 식품을 통한 경구감염도 이루어진다.

(5) 예방 및 치료

조기진단이 중요하며 음식물의 오염방지 및 환자나 보균자에 접근하지 않는 것은 물론, toxoid에 의한 예방접종도 필요하다.

6. 폴리오(poliomyelitis)

소아마비 또는 급성 회백수염이라고도 하며, 인지되는 형에 있어서는 중추신경계통의 증상을 나타내고 때로는 영구적인 마비를 초래하는 급성의 열성 전신질환이다.

(1) 병원체

신경친화성의 poliomyelitis virus에 의해 발병되며, 면역학적으로 lansing, brunhilde, leon의 3종으로 분류한다. 약품에 대한 저항성이 강하며 열에 쉽게 파괴된다.

(2) 증상

잠복기는 7~12일이다. 마비형일 때는 처음에 감기증상으로 시작한다. 발열이 2~3일 동안 계속되며 두통, 식욕감퇴, 구토, 요통, 복통이 있는 동안이나 때로는 열이 내리기 시작할 무렵 사지의 마비가 일어난다. 뇌증상만으로 회복되는 수도 있다.

(3) 발생상황

임상 자료에 의하면 5~8월에 가장 많으나 일반적으로 늦여름과 초가을에 많다. 그러나 발생은 연중 볼 수 있다.

가장 많은 환자층은 5세 이하에서 나타나지만 선진국에서는 성인층의 발생 비율이 증가하고 있으며 일반적으로 남자가 많다.

(4) 감염

virus는 감염자의 분변이나 인후분비액에 함유되어 배출되며 감염은 경구감염과 비말감염에 의한다. virus가 척추의 운동신경중추인 전각(前角)에 침입하면 여기에서 병변을 일으켜 운동신경의 지배하에 있는 부분은 모두 마비를 일으킨다.

불현성 감염이 많아서 감염자 수백 명 중 발병자는 한 명 정도이며, 발생하여도 불완전형(감기와 같은 증상)이나 비마비형이 많다.

(5) 예방 및 치료

무엇보다도 예방접종이 유효하다. 특히 생 sabin vaccine은 강한 면역을 만들기 때문에 널리 이용된다. 사망방지와 후유 마비증의 방지 또는 경감에 역점을 두어 치료를 한다.

7. 바이러스성 간염(viral hepatitis)

간염이 특정 바이러스에 의해 발생하는 것으로 대체로 식욕부진, 구역질, 구토, 나른함, 황달, 간비대 등의 증상을 나타낸다.

(1) 병원체

현재 A, B, C, D, E, G형 바이러스가 발견되었으며, 이 중에 경구감염에 의한 것은 A, E형이고 혈액 감염에 의한 것은 B, C, D형이다.

(2) 감염 및 증상

A형 간염은 유행성으로 오염된 음식물을 섭취함으로써 감염되며, 잠복기는 15~40일이다. 오심, 구토, 식욕부진 등의 증세와 함께 피로감이나 근육 및 관절통도 나타난다. 또 소변의 색깔이 짙어지고 황달이 나타나며 미열이 나기도 한다. 보통 1~2주 지나면 좋아지지만 어떤 경우에는 몇 개월 지속되기도 한다. 우리나라의 경우에 성인에게는 거의 발생하지 않는다.

B형 간염은 주로 환자의 혈액, 침, 소변이나 정액이 피부나 점막의 상처를 통해 침입하여 감염된다. 오염된 주삿바늘이나 침, 환자의 수건, 면도기, 키스나 문란한 성행위가 감염원인이 될 수 있다.

A형 간염에 비해 잠복기가 길고, 증세가 심하여 회복기까지 오래 걸리며 간에 많은 상처를 남긴다.

(3) 예방 및 치료

간염 virus는 대변, 침, 눈물, 혈액 등에서 전파되며 위생상태가 나쁜 지역에서 전파가 잘된다. 예방으로는 A형 간염은 γ-globulin 근육주사로 잠정적인 면역을 얻을 수 있으며, B형 간염은 백신을 주사한다. 혈액검사로 A형과 B형 간염을 감별할 수 있다. 특별한 약이 없고 간에 특별히 좋은 음식이나 영양소도 없으므로 균형 있는 영양섭취와 절대 안정이 중요하다.

B형 간염의 경우는 가끔 증세가 6개월 내지 1년 이상 지속되는 만성형으로 이행되거나 간암으로 발전하는 수도 있다.

7-2 인수공통감염병

식품을 매개로 하여 일어나는 감염병 가운데 사람과 동물을 공동숙주로 하는 병원체에 의해 일어나는 감염병을 인수(人獸)공통감염병(zoonosis)이라 한다.

이 감염병은 척추동물과 사람 사이에서 자연적으로 전파되기 때문에 감염경로는 사람이 병원체가 들어 있는 식육이나 우유 등을 섭식하거나 감염동물, 동물조직, 분비물 등에 접촉하여 직접 감염되는 경우와 배설물이나 오염물에 접촉한 파리나 쥐 등에 의해 병원균이 음식물에 감염된 다음, 이 음식물을 사람이 섭취하여 감염되는 경우의 두 가지가 있다.

현재까지 알려진 인수공통감염병은 세계적으로 약 200여 종이나 된다. 1959년 WHO는 인수공통감염병을 인간과 척추동물 사이에 전파되는 질병이라고 정의하였다.

1967년 국제전문위원회에서는 동물로부터 사람으로 감염되어 위생상 중요한 문제를 일으키는 감염병을 90여 종으로 분류하는데, 그중에서 식품위생상 문제가 되는 것은 10여 종이다. 우리나라 식품위생법(제2조제11호)에서 정의는 '동물과 사람 간에 서로 전파되는 병원체에 의하여 발생되는 감염병 중 보건복지부장관이 고시하는 감염병' 으로 되어 있다. 그 종류는 탄저, 브루셀라증, 결핵, 장출혈성대장균감염증, 일본뇌염, 공수병, 조류인플루엔자인체감염증, 중증급성호흡기증후군, 변종크로이츠펠트-야콥병 등이다.

1. 탄저(anthrax)

소, 말, 양, 산양 등의 가축에 급성패혈증을 일으키며, 동물의 치명률은 75~100%에 달한다. 소의 탄저가 가장 많다.

(1) 병원체

비탈저(脾脫疽)라고도 하는데, 병원체는 *Bacillus anthracis*이고 그람양성간균으로 호기성이며 아포를 형성한다.

아포는 습열에서 100°C, 2~5분이면 파괴되고 건열에서는 150°C, 30~60분간 견디며 10% formalin에 15분 처리로 사멸된다. 무아포균은 60°C에서 15분, 80°C에서 1분이면 사멸된다.

1876년경에 Koch가 발견하여 동정된 것으로, 감염병의 병원체로서는 최초로 발견되었다. 1881년 Pasteur가 고온배양(42~43°C)하여 얻은 약독생균으로 가축에 예방접종을 하는 데 성공하였다.

(2) 감염

세계적으로 널리 퍼져 있는데 소, 말, 돼지, 면양, 산양 사이에 유행을 일으킨다. 조류는 체온이 높기 때문에 감염되지 않는다. 이와 같이 주로 초식동물이 감염되는 것은 오염된 풀이나 사료를 먹기 때문이며 동물에서 동물로 접촉 감염되는 일은 드물다.

사람에의 감염은 주로 피부상처를 통하나 경구적 또는 흡입에 의하기도 한다. 가축을 사육하는 농부 · 목축업자 · 도살업자 · 피혁업자 · 양모취급자 · 수의사에 감염되며 경구적으로 침입된 아포는 작은창자에서 증식하고 혈액에 들어가서 패혈증을 일으킨다.

(3) 증상

잠복기는 통상 4일 이내이다. 피부탄저는 균이 상처를 통해 침입하여 악성농포(malignant pustule)를 만들고 주위에 침윤, 부종, 중심부의 궤양, 주위에 림프선염을 일으키며 혈액으로 들어가서 패혈증을 일으키므로 사망한다.

양모취급자 등이 아포를 흡입하면 폐탄저를 일으키는데 폐증상은 혈류 중에 들어간 균에 의한 전신증상의 하나라고 생각된다. 흡입된 아포는 감염을 일으키지 않고 오랫동안 생존한다.

그리고 이환동물의 고기를 통해 아포를 섭취하면 장탄저를 일으키는데 복통, 복수(腹水), 설사, 복부압통 등의 위장증상이 나타난다.

(4) 예방 및 치료

예방으로서 이환동물의 조기발견 · 격리 · 치료를 실시한다. 그리고 이환동물 사체의 소독을 철저히 하고 분비물이나 혈액 등이 토양에 오염되지 않도록 한다. 또 가축에 대한 예방접종을 실시하는데 접종액으로서 약독아포의 glycerin 식염수 부유액이 쓰인다.

도축장에서 이환동물의 발견과 처리가 필요한데 아포는 내열성이기 때문에 사체나 오염물건의 소독은 가열 또는 고압증기소독에 의한다. 치료에는 과거에 면역혈청이 쓰였으나 최근에는 항생물질이 많이 사용된다.

2. 브루셀라증(brucellosis)

파상열(波狀熱)이라고도 하며, 소, 돼지, 양, 염소 등에 감염성의 유산(流産)을 일으키는 것이 특징인데 사람에게는 열성 질환을 일으키며 유럽이나 미국 등에서 많이 발생한다.

(1) 병원체

*Brucella*속에 의한 감염병으로 병원체는 Malta열균 (*Br. melitensis*, 산양형균), 소 유산균(*Br. abortus*, 우형균), 돼지 유산균(*Br. suis*, 돈형균)의 3종이 있다.

이 균(1887년 Bruce 발견)은 그람음성 구 · 간균으로서 아포를 형성하지 않는다. 내성이 강하고 체외에서도 상당 기간 생존할 수 있으며 우유살균 때 파괴된다.

(2) 감염

*Br. melitensis*는 면양, 산양, 소, 돼지 등에서 나타나며, 지중해 지역과 남아프리카 및 미국 등지에 많다. 동물들의 젖이나 오줌(尿)을 통하여 균이 배출되며 이것을 매개로 해서 동물 사이에 감염이 이루어진다. 불현성 감염이 많고 발병하면 불규칙한 유산을 일으킨다.

*Br. abortus*는 소에서 주로 나타나나, 면양, 산양, 말, 돼지, 개, 산토끼, 닭 등에도 있다. 유럽과 미국에 많으며 일본에도 있다. 소에서 유산을 일으키고 균은 유즙 · 분비물 · 분뇨를 통해 배출되며, 유즙 또는 분뇨에 오염된 사료에 의해서 경구적으로 감염된다.

*Br. suis*는 주로 돼지에서 볼 수 있으며, 그 밖에 소 · 말 · 닭 등에서도 볼 수 있다. 사람에 대한 병원성이 보다 크며 미국이나 유럽 등에 많다. 동물 사이의 감염은 생식기를 통해 일어나며 경구감염에 의한 것도 있다.

사람에의 감염은 이환동물의 유즙이나 유제품 혹은 고기를 매개로 하는 경구감염이 많으며 경피감염 또는 경기도감염도 있다. 그러나 사람이 감염원이 된다는 보고는 없다.

(3) 증상

잠복기는 각기 다르나 3~60일로 보통 5~21일 정도이며, 장티푸스와 같이 열이 단계적으로 올라가 38~40℃가 되어 이러한 상태가 2~3주 계속된 후 열이 내려 며칠~십여일 경과하였다가 다시 발열한다. 이와 같이 주기적으로 반복되어 열이 나므로 파상열이라고 한다.

한편, 불규칙한 발열이 지속되는 경우도 있다. 사람에게는 불현성 감염도 많은데 감염되었을 때의 증상은 오한, 발열, 발한, 관절이나 근육의 동통, 경련, 쇠약, 간 및 비장의 비대, 백혈구 수 감소, 변비 등이고 패혈증을 일으키기도 한다. 진단은 혈액에서 균을 분리하거나 응집반응 및 피부반응 등이 이용된다.

(4) 예방 및 치료

가축의 예방접종, 이환동물의 조기발견 · 도살 또는 격리, 유산된 태아, 분뇨, 축사 등의 소독을 한다. 젖 · 고기 및 그 가공품에 대한 살균이 중요하다. 치료는 streptomycin 등 항생물질과 설파제를 병용한다.

3. 결핵(tuberculosis)

사람의 결핵은 주로 인형 결핵균(*Mycobacterium tuberculosis*)에 의해서 일어나지만, 소에서 결핵을 일으키는 우형 결핵균(*Mycobacterium bovis*)이 병에 걸린 소의 유즙이나 유제품을 거쳐 사람에게 경구적으로 감염되기도 한다.

(1) 병원체

신체의 거의 모든 부분을 침범할 수 있는 만성감염병으로 병원체는 *Mycobacterium tuberculosis* (1882년 Koch 발견)이다. 이 균은 호기성의 가늘고 긴 간균으로 아포와 편모가 없고 건조 · 기타 환경요소에 대한 내성이 크며 우유살균 시 파괴된다. 비운동성이고 협막을 형성하는 내산성균으로 인형(human type) · 우형(bovine type) · 조형(avine type)의 3가지 형이 있다.

이 중 식품과 관련된 것은 주로 우형 결핵균이지만, 조형(*Mycobacterium avium*)이 사람에 감염된다는 보고도 있다.

(2) 감염

소의 결핵은 모두 우형균이므로 주로 감염된 소의 우유에 균이 함유되어 이를 음용함으로써 장관에 감염을 받아 사람에게 결핵이 발생된다. 유아의 결핵은 이 우형 결핵균에 의한 것이 상당히 많은 비중을 차지한다.

(3) 증상

잠복기는 불명인데 폐에서 흔히 볼 수 있고 섬유조직을 산출하며 때로는 석회화를 보인다. 우형균은 주로 뼈나 관절을 침범하여 경부림프선 결핵을 일으키고 증상은 침범되는 장소에 따라 다르다.

(4) 예방 및 치료

예방은 정기적으로 tuberculin 반응검사를 실시하여 결핵감염 여부를 조기에 발견하는 것이 중요하다. BCG 또는 우형 결핵균의 약독생균이 결핵예방을 위해 경구적으로 쓰이고 있다.

우유에 의한 감염을 막기 위해서는 우유의 살균을 철저히 해야 한다. 치료는 INAH, PAS, streptomycin 등을 사용한다.

4. 야토병(tularemia)

산토끼(野兎)나 설치류 사이에 유행하는 감염병으로 병에 걸린 산토끼나 동물에 기생하는 곤충에 의해서 사람에게도 감염된다. 미국, 유럽, 아시아 등 각지에 널리 퍼져 있다.

(1) 병원체

병원체인 *Francisella tularensis*(1912년 McCoy가 발견)에 의해 일어나는데 이 균은 그람음성 작은 구 · 간균으로서 호기성이다.

배양기에서는 발육하지 못하기 때문에 혈액 및 그 밖의 특수성분을 필요로 한다. 56~58°C에서 10분이면 사멸하고 0.1% formalin에서 24시간 처리로 파괴되며 cresol도 효과적인 소독제이다.

(2) 감염

동물 사이의 감염은 흡혈곤충인 이, 진드기, 벼룩, 파리 등에 의하여 전파되며, 동물과 산토끼의 상호 접촉에 의하여 감염된다.

사람의 감염은 병원균을 보유하는 곤충에 물렸을 때, 병에 걸린 산토끼의 혈액, 오줌, 침 등을 손으로 만지거나 가죽을 벗길 때, 그리고 고기를 요리할 때 등에 경피감염된다.

더 나아가서 충분히 가열 조리하지 않은 산토끼의 고기를 섭식하거나 오염된 손으로 눈을 만지면 안구로도 감염된다.

(3) 증상

잠복기는 1~14일로 보통 3~4일이다. 증상은 오한과 발열이 주증상이며 균의 침입장소가 피부일 때는 농포가 생기고 이것이 궤양이 됨과 동시에 국소의 림프선이 붓는다. 소화기관으로부터 감염일 때는 장티푸스와 같은 열성증상을 나타낸다.

(4) 예방 및 치료

산토끼를 취급하는 사람들에 대한 예방접종이 연구되고 있는데 LVS(live vaccine strain)가 알려져 있다. 산토끼 고기를 취급하거나 조리할 때 손의 상처로부터 균이 침입하여 감염되므로 상처가 있을 때 특히 주의하여야 한다.

치료는 항생물질이 쓰이는데 황산 스트렙토마이신을 1일 1g씩 2~3주간 근육 주사한다.

5. 리스테리아증(listeriosis)

소, 양, 산양, 말, 돼지 등의 가축과 닭이나 오리 등의 가금류에 많이 감염되며 때로는 사람에게 감염된다. 증상은 다양하게 나타나고 사람의 감염경로도 다양하다.

(1) 병원체

*Listeria monocytogenes*로 그람양성 무포자간균이며 운동성이 있고 냉온성의 통성혐기성균이다. 이 균은 육류에서 검출빈도가 대단히 높다.

(2) 감염

사람은 감염동물과의 직접접촉에 의해 감염되거나 오염된 식육이나 유제품 등에 의한 경구감염 또는 오염된 먼지의 흡입에 의해 감염된다.

(3) 증상

잠복기는 1일~3주이고 발열, 근육통, 오심, 설사 등 증상은 다양하며, 수막염을 일으키는 예가 많다. 특히 림프종 또는 면역부전 환자는 리스테리아증에 걸리기 쉽다. 임신부는 자궁 내 패혈증과 태아사망을 일으킨다.

(4) 예방과 치료

식품을 완전히 익히고 취급을 잘 해야 한다. 가축에 있어서는 무독생균 백신이 개발되어 있으며, 사람의 경우는 penicillin, tetracycline으로 임상적 치유가 가능하다.

6. 광우병(mad cow disease)

광우병(狂牛病)의 정식명칭은 소해면상뇌증(bovine spongiform encephalopathy, BSE)이며, 최근 병인체가 변형 프리온 단백질이라는 것 때문에 감염성 해면상뇌증(transmissible spongiform encephalopathy, TSE)으로 분류되고 있다.

소에서 발생하는 만성 신경성 질병으로서 일병 프리온 질병(prion disease)이라고 부른다. 이 질병은 변형 프리온 단백질 감염에 의한 신경세포의 공포변성과 중추신경조직의 해면상 변화로 일어난다.

2008년 미국 소고기의 수입 재개와 더불어 사회적으로 문제가 된 적이 있으며 우리나라에서는 제2종 가축감염병으로, 국제수역사무국(OIE)에서는 B급 질병으로 분류하고 있다.

(1) 병인체

광우병의 병인체는 변형 프리온으로 알려져 있으며, 변형 프리온은 단백질로서 β-sheet 구조가 많고 열(133°C, 20분) · 자외선 · 화학물질 및 단백질 분해효소에 저항성을 가진다.

(2) 증상 및 발생상황

소에 감염되면 2~5년의 잠복기를 거친다. 불안, 보행장애, 기립불능, 전신마비 등 임상증상을 보이다가 결국은 100% 폐사되는 치명적인 만성 진행형 질병이다.

1985년 영국에서 처음 발견되었으나 1995년에 이 병이 사람에게도 감염된다는 사실이 밝혀졌다. 사람도 오염된 고기를 먹거나 이 병에 걸린 사람의 혈액을 수혈받으면 인간 광우병인 변형 크로이츠펠트-야콥병(variant Creutzfeldt-Jakob disease, vCJD)에 걸릴 수 있고 실제로 유럽 · 미국을 중심으로 환자가 발생하고 있다.

(3) 감염

광우병은 이 병에 감염된 소의 육골분(肉骨粉) 등이 함유된 사료를 섭취함으로써 전파되는 것으로 알려져 있다. 접촉감염은 일어나지 않으며 수직전파의 가능성은 매우 낮지만 확인되지 않았다.

소 외에도 양과 산양에서는 스크래피(scrapie), 사슴류는 만성소모성 질병(chronic wasting disease, CWD) 등과 연관성이 밝혀지고 있다.

(4) 예방과 대책

변형 프리온이 존재할 수 있는 동물의 특정위험물질(specified risk material, SRM)이 함유된 사료의 사용을 금지하여 광우병의 발생을 차단하고, 소고기, 특히 수입육은 SRM이 완전 제거된 제품을 이용하는 것이 중요하다. 인간 광우병은 목숨을 잃을 수 있는 치명적인 병이어서 예방에 주력할 수밖에 없다.

7-3 식품과 기생충증

기생충은 주로 음식물과 함께 경구감염되어 소화기계나 그 밖의 내장 여러 기관에 기생한다. 경구감염경로는 동물성 식품을 통한 감염과 채소 등 일반 식품을 통한 감염으로 나눌 수 있다. 전자의 경우는 어육이나 수육을 회로 먹거나 날것에 가까운 상태로 먹기 때문이며, 후자의 경우는 충란이나 자충이 식품에 부착된 것을 섭취하여 감염되는 것이다.

지금은 많이 개선되었지만 우리나라의 기생충 감염률이 비교적 높은 이유도 회나 날것에 대한 선호 등에 기인한다고 볼 수 있으며, 한편으로는 전근대적인 생활환경과 불결한 개인위생과도 깊은 관련이 있을 것이다.

우리나라 식품위생법(제2조)에서는 '기생충감염병' (제6호)으로 되어 있으며 그 정의는 '기생충에 감염되어 발생하는 감염병 중 보건복지부령이 고시하는 감염병' 이라고 명시하고 있다. 보건복지부장관이 지정하는 감염병의 종류(위임행정규칙)에서는 회충증, 편충증, 요충증, 간흡충증, 폐흡충증, 장흡충증, 해외유입 기생충감염증 등으로 되어 있다.

기생충이 부착 · 기생하고 있는 동물을 숙주(host)라고 하며, 이를 다시 나누어 기생충의 성충이 지속적으로 기생하는 고유숙주(definitive host) 또는 종말숙주(final host)와 성숙되기 전의 발육단계에서 다른 생물에 일시적으로 기생하고 있는 중간숙주(intermediate host)로 구별한다. 경우에 따라 중간숙주도 최초의 중간숙주를 제1중간숙주라고 하며 나중의 것을 제2중간숙주라고 한다.

기생충에 의한 장해는 기생충의 종류에 따라 다르나 기계적 장해, 자극에 의한 만성염증 유발, 독소에 의한 병해, 영양물질의 유실, 발암 등이다.

여기서는 식품위생과 관련하여 가장 문제가 되는 기생충을 감염 원인이 되는 식품을 중심으로 구분하여 다루고자 한다(표 7-2 참조).

Guide

- **기계적 장해**
  구충에 의한 장점막의 손상, 회충에 의한 장폐쇄와 다른 장기 침입
- **만성 염증 유발**
  간흡충에 의한 담도 주위 조직의 이상증식
- **독소에 의한 병해**
  독소자극에 의한 빈혈 · 신경증상
- **발암**
  간흡충에 의한 담도암, 주혈흡충에 의한 방광암

표 7-2 주요 기생충감염의 원인식품

원인식품		관련기생충
어류	붕어 · 잉어 등 은어 연어 · 송어 오징어 · 대구 등 가물치 · 메기 등	간디스토마 요코가와흡충 광절열두조충 고래회충 유극악구충
갑각류	참게 · 가재	페디스토마
육류	돼지고기 쇠고기	유구조충, 선모충 무구조충
채소류	야채 · 과일	회충, 편충, 십이지장충, 동양모양선충

1. 어패류에서 감염되는 기생충

(1) 간디스토마(*Clonorchis sinensis*)

간흡충이라고도 하며 우리나라에서는 낙동강, 영산강, 섬진강 유역 주민의 감염률이 높다. 성충은 구두주걱 모양의 10~25 × 3~5mm의 크기이고 충란은 27~35 × 12~20μ의 난형이며 황갈색의 두꺼운 난각이 있다.

충란이 담즙을 따라 장관에 나오고 다시 대변과 같이 외계로 배출되면 제1중간숙주인 민물에 사는 쇠우렁이에게 먹힌다. 장관에서 부화하여 난각을 탈피한 유모유충(有毛幼蟲, miracidium)은 주위조직에 들어가 포자낭유충(胞子囊幼蟲, sporocyst) → 레디유충(redia) → 유미유충(有尾幼蟲, cercaria)까지 발육한다.

이 유미유충은 쇠우렁이의 고유막을 뚫고 수중으로 나오며 자유 유영하다가 제2중간숙주인 담수어(참붕어, 잉어 등)의 비늘 밑을 통해 어육 내에 들어가 피낭유충(被囊幼蟲, metacercaria)이 된다. 사람은 유충이 있는 어육을 생식하면 감염되고 인체의 십이지장에서 탈낭하여 유약디스토마가 되며 이것은 총수담관을 거쳐 담관에 기생한다(그림 7-1 참조).

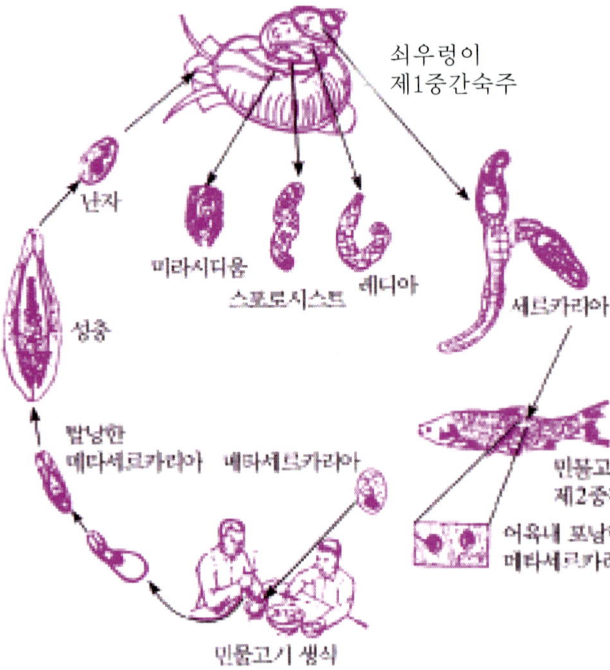

그림 7-1
간디스토마의 생활사

주로 간 내 담도중간부에 기생하며 약 1개월 후 성충이 되어 산란한다. 개나 고양이가 감염되기도 한다. 심한 경우에는 간비대, 복수, 황달, 야맹증, 혈변, 장출혈 등을 일으킨다. 예방법으로는 담수어의 생식 금지, 제1중간숙주인 쇠우렁이의 구제 등을 들 수 있다.

(2) 폐디스토마(*Paragonimus westermani*)

중동 및 동남아시아 지역에 많이 분포되어 있으며 한국에는 산간지방에 감염률이 높다. 일명 폐흡충이라고도 하며 성충의 크기는 7.5~12 × 4.6mm 정도이고 충란은 80~118 × 50~60μ의 난원형으로 난개가 있고 갈색이다.

객담이나 분변 중에 섞여서 외계로 나온 충란은 25~30℃의 물속에서 14~21일 내에 유모유충을 형성, 부화한 뒤 제1중간숙주인 다슬기 내에 들어가서 포자낭유충, 레디유충을 거쳐 유미유충으로 수중에 다시 나온다.

이것이 제2중간숙주인 갑각류, 즉 게나 가재 등의 아가미, 내장, 근육 등에 들어가 약 6주 후 피낭유충(metacercaria)이 된다. 종말숙주가 생식하면 십이지장에서 탈낭하여 복강 내로 들어왔다가 횡격막을 관통하여 폐에 들어가 작은 기관지 부근에서 성충이 된다. 이 기간은 약 60~90일이 소요된다. 또 유충이 이동하는 도중에 폐로 가지 않고 뇌, 복강, 장벽, 흉강, 음낭 등에 기생하는 수도 있다.

폐에 기생할 때의 증상은 기침, 객담, 객혈 등을 일으키고 흉통을 느낀다. 예방은 게나 가재의 생식을 금하고 게를 조리할 때 피낭유충에 오염된 조리기구에 의해서 감염되지 않도록 주의해야 한다.

(3) 요코가와흡충(*Metagonimus yokogawai*)

요코가와흡충(橫川吸蟲, 장흡충)은 일본을 비롯한 동양 각국에 분포되어 있으며 우리나라에서도 섬진강 유역을 중심으로 비교적 높은 감염률을 나타내는데, 성충은1.0~1.5 × 0.45 ~0.7mm 크기의 아주 작은 난원형의 흡충이고 충란은 담갈색으로 28~32 × 15~18μ의 크기를 가진다.

충란은 제1중간숙주인 다슬기에 섭취된 후 그 장관에서 부화하며 주위조직에 들어가서 sporocyst → redia → cercaria까지 발육하고 수중에 나와서 제2중간숙주인 담수어(잉어, 붕어) 체내에 침입하여 metacercaria가 된다.

사람이 담수어를 생식하면 감염되고 공장상부(空腸上部)에 기생하며, 보통은 무증상이지만, 심할 경우는 복통, 설사, 식욕이상, 두통, 신경증세, 만성장염 등을 일으킨다. 예방을 위해서는 담수어, 특히 은어의 생식을 금하는 것이 무엇보다 중요하다.

(4) 광절열두조충(*Diphyllobothrium latum*)

일명 긴촌충이라고도 하며, 유럽의 발틱해 연안, 시베리아, 북만주, 일본 등지에 많다. 우리나라에서도 보고되었으며, 성충은 길이가 8~12m이고 체절이 3,000~4,000개에 달하며, 각 체절은 길이 2~3mm에 폭 10~12mm로 폭이 넓기 때문에 광절(廣節)이라고 한다.

두부는 길이 2~3mm에 폭 1mm로서 곤봉 모양이며 2개의 흡구가 있어서 이것으로 장점막에 흡착 · 고정한다. 충란은 60~70 × 45μ 크기의 타원형이며 난개를 가진다.

분변으로부터 나온 충란은 15~25°C의 물속에서 발육하여 구구충(鉤球蟲, coracidium)이 되고, 제1중간숙주인 물벼룩에 섭취되어 2~3주 후에 전의미충(前擬尾蟲, procercoid)이 된다. 이것이 제2중간숙주인 연어나 송어 등에 먹히면 전의 미충은 근육을 뚫고 침입하여 의미충(擬尾蟲, plerocercoid)으로 성숙한다.

감염된 담수어를 잘 익히지 않고 먹었을 때 인체에 감염되어 소장상부에 기생한다. 어육 중의 유충은 저항력이 상당히 강하여 건조, 염장, 훈연, 냉동 등의 처리로는 죽지 않으나 열에는 약해서 50°C에서 몇 분이면 죽는다.

감염되면 복통이나 설사 등의 소화기장해에 이어, 빈혈이나 영양장해 등을 일으키지만 특별한 증상을 나타내지 않는 수도 있다. 그러나 배변할 때 충체의 일부가 항문에 늘어지는 것은 견딜 수 없는 불쾌감을 준다.

예방은 농어나 연어 등의 반담수어 또는 담수어의 생식을 피한다.

(5) 유극악구충(*Gnathostoma spinigerum*)

유극악구충(有棘顎口蟲)의 성충은 수컷 11~25 × 1mm에 암컷 25~55 × 2mm이며, 두부에 소침상(小針狀)가시가 있다. 종말숙주는 개나 고양이 등이며 사람에게 유충이 기생하더라도 종말숙주가 아니므로 성충이 되지 못한다.

제1중간숙주는 물벼룩이며, 제2중간숙주는 민물고기(가물치, 메기 등)이다. 사람이 제2중간숙주에 의해 감염되면 피하조직에 이동하여 피부종양을 일으킨다.

예방은 가물치나 메기 등의 담수어의 생식을 금하는 일이다.

(6) 고래회충(*Anisakis*)

고래회충은 해산포유류에 기생하는 회충의 일종인데 *Anisakis simplex*, *Anisakis physeteris* 등이 알려져 있으며 우리나라에서도 최근에 환자가 보고된 바 있다. 인체 내에서는 성충까지 발육하지 못하고 유충이 위장벽이나 장간막 등에 침입하여 육아종(肉芽腫)을 형성한다. 복통, 오심, 구토 등을 일으킨다.

아니사키스 성충은 암컷 12cm에 수컷 8cm 정도이고 유충은 20~25 × 0.3~0.6mm 정도이다.

제1중간숙주는 크릴새우 등 소갑각류이고 이를 제2중간숙주인 고등어, 조기, 청어, 갈치, 대구, 오징어 등이 잡아먹은 다음에 제2중간숙주를 사람이 다시 먹음으로써 감염된다.

감염되면 극심한 복통과 메스꺼움을 호소하는 증세 때문에 위궤양이나 그 밖에 장질환으로 오진하는 수도 있다. 인체 내로 들어가 장을 파고들어 복막염이나 패혈증 같은 치명적인 병을 일으키기도 한다. 일반적인 구충제로는 박멸할 수 없으며, 현재로서는 내시경과 핀셋을 이용하여 기생충을 직접 잡아내는 방법 이외에는 치료방법이 없다.

예방은 해산어류의 생식을 금하는 것이며, 유충은 저온에 대한 저항력이 약하므로 48시간 정도의 냉동처리도 효과적이다.

2. 육류에서 감염되는 기생충

(1) 무구조충(*Taenia saginata*)

무구조충은 일명 민촌충이라고 하며 낭충은 쇠고기를 통하여 인체에 감염되므로 쇠고기 촌충(beef tapeworm)이라고도 부른다. 세계적으로 널리 분포되며 우리나라에서도 흔히 볼 수 있는 조충으로서 길이가 3~8m에 체절 1,000개 이상이며, 두부에 4개의 흡반이 있고, 두정부(頭頂部)에는 갈고리가 없는 것이 특징이다.

충란이 충만되어 있는 편절이 분변과 함께 외부로 배출되어 충란이 묻은 목초를 중간숙주인 소가 먹으면 장 내에서 부화하여 육구유충(六鉤幼蟲)이 되고, 유충은 장벽을 뚫고 근육 안에 들어가 자리잡고 피낭하여 무구낭충(無鉤囊蟲)이 된다.

낭충은 크기가 7.5~10 × 4~6mm 정도이고 허리살, 콩팥, 혀, 심장 등 주로 근육에 기생하지만, 림프선이나 식도 등에서도 발견된다. 이 낭충이 감염된 쇠고기를 불완전하게 익혀 먹었을 때 사람에게 감염되고 유충이 소장상부로 나와 2~3개월 만에 성충이 된다. 매일 다수의 편절이 자동적으로 항문에서 배출되어 매우 불쾌감을 주며 감염 시 증상이 없는 것이 보통이지만, 복통, 소화불량, 오심, 구토 등이 일어나는 수도 있다.

예방은 쇠고기를 충분히 익혀서 먹고 쇠고기의 위생검사를 철저히 하도록 하며, 환자를 가급적 빨리 치료하여 감염원을 없애는 것이다.

(2) 유구조충(*Taenia solium*)

주로 돼지고기로부터 감염되므로 돼지고기 촌충(pork tapeworm)이라고도 하고, 두부에 갈고리가 있어 갈고리촌충이라도 부른다. 길이 2~3m에 폭 5~6mm 및 체절은 800~900개로 이루어져 있고 두부는 구형으로 22~32개의 갈고리가 있으며 이것을 4개의 흡반이 둘러싸고 있다.

충란은 무구조충과 같이 엷은 알껍질 속에 육구유충(六鉤幼蟲)이 들어 있는데 이 낭충을 중간숙주인 돼지가 섭취하면 근육 속에 침입하여 유구낭충(有鉤囊蟲)이 된다. 사람이 이 돼지고기를 섭취하면 감염되고 소장에서 8~10주 만에 성충이 된다.

때로는 충란을 사람이 먹었을 때는 장 내에서 돼지 등의 중간숙주에서와 같이 낭충이 신체 각 부위, 특히 혀, 가슴, 안구, 뇌, 심장, 피하조직, 근육 등에 기생하여 특유의 증상을 나타내는 수도 있으며, 이를 인체유구낭미충증(人體有鉤囊尾蟲症)이라고 한다.

성충감염에 의한 증상은 소화장애, 설사, 구토, 공복통, 체중감소 등이다. 예방은 돼지고기의 생식을 금하는 일이다.

(3) 선모충(*Trichinella spiralis*)

구미 각국, 특히 북미와 북구에 많으나 동양에는 적다. 숙주는 돼지, 쥐, 고양이, 야생 멧돼지, 사람 등 다숙주성 기생충이다. 크기는 수컷이 1.5mm에 암컷이 3~4mm 정도이며 성충에서 태생한 유충은 0.1mm 정도이다.

인체감염은 덜 익힌 돼지고기 등을 섭취함으로써 이루어진다. 소장에서 성충이 된 암컷은 점막층에 들어가서 6주 경과 후 1,500개 혹은 그 이상의 유충을 산출한다.

이 유충이 대변으로 나가는 일은 거의 없으며 림프선이나 혈관을 통하여 횡문근으로 가서 근간 결체조직에 기생한다. 거기서 포낭(cyst)을 형성하여 오랫동안 기생하는데 인체의 경우는 20~30년 동안 생존한다.

만일 감염된 돼지고기를 먹으면 바로 cyst에서 풀려나와 성숙하여 창자에서 성충이 된다. 약 10일 후면 암컷은 장점막을 뚫고 들어가기 시작하여 처음에는 약간의 설사를 한다. 사람에 기생된 충체는 죽고 cyst는 석회화된다. 따라서 인체의 기생 부위는 작은창자와 근육이다.

성충에 감염되면 충체의 자극에 의하여 장염을 일으키므로 설사 · 구토 · 오심이 생기고 유충이 근육에 이행되면 부종, 고열, 근육통, 호흡장애 등이 생기며 횡격막이나 심근을 침해할 때는 사망하는 수도 있다. 예방은 돼지고기의 생식을 금한다. 쥐는 병원체를 보유하므로 죽은 쥐의 처리를 잘해야 하며 돼지고기의 검사를 철저히 해야 한다.

3. 채소류에서 감염되는 기생충

(1) 회충(*Ascaris lumbricoides*)

전세계적으로 분포되어 있으나 한랭한 북극지방보다 따뜻하고 습한 지방과 환경위생시설이 미비한 지방에서 감염률이 높다. 한국에서 가장 많이 감염되는 인체기생충으로 일반적으로 성인보다 어린이의 감염률이 높다. 성충의 길이는 수컷이 15~25cm에 암컷 25~35cm이고 지름은 3~6mm 정도이다.

대변에서 나온 충란은 흙 속에서 2~5주 지난 후 자충을 가진 감염형이 된다. 이 충란은 매우 저항력이 강하기 때문에 온도변화에 큰 영향을 받지 않고 4~5년까지는 살아 있으며 5% formalin에서도 견딘다.

열에는 비교적 약하나 저온 · 건조에 대한 저항력도 상당히 강하다. 분변에서도 300일 가량 견딜 수 있다. 이것이 음식과 함께 인체에 들어오면 장에서 약 15시간 만에 난각을 탈피한 후 장간막을 뚫고 간을 통하여 폐로 간다. 거기서 기관지를 통하여 목구멍으로 나와 다시 소장에 기생하는데, 이 기간은 거의 1개월이 걸린다.

회충에 감염되면 증상을 나타내지 않는 일이 많으나 심한 때에는 복통, 권태, 피로감, 두통, 발열 등을 일으키고, 특히 어린이는 이식증(異食症)을 나타낸다. 또 식욕이 이상항진하였다가 이어서 감퇴되고 구토를 일으키며, 위의 불쾌감이나 복통, 현기증, 실신, 간질상 발작, 정신착란 등을 일으키는 수도 있다.

회충은 소장에 기생하고 있을 뿐만 아니라 다른 기관으로 이행하는 성질이 있어서 맹장이나 수담관 등에 침입하여 심한 증상을 일으키기도 하고 많은 충체가 밀집하여 장폐색증(腸閉塞症)을 일으키기도 한다. 또한 장에 구멍을 뚫어서 복막염을 일으키는 수도 있다.

채소에는 회충알이 많이 붙어 있을 것으로 전제하고 채소의 세정, 손의 청결, 집단구충 등을 철저하게 실천하는 것이 유일한 예방책이다.

(2) 십이지장충(*Ancylostoma duodenale*)

구충(hook worm)이라고도 하며 기생부위는 십이지장보다 조금 아래쪽인 공장(空腸)이다. 예리한 이빨로 장벽에 교착하고 이동성은 없다. 성충의 크기는 수컷이 8~10 × 0.4~0.5mm에 암컷이 10~13 × 0.6mm이고 충란은 0.03 × 0.06mm의 타원형이다. 분변과 함께 나온 충란은 습기가 있는 흙 속에서 며칠 지나는 동안에 부화하여 rhabditis 유충이 된다. 두 번 탈피한 후에 filaria 유충이 되고 이것이 약 1주 지나면 감염형인 피낭유충이 된다.

감염형의 피낭유충이 입으로 들어가거나 피부와 접촉하면 5분 이내에 혈관이나 림프관을 통하여 폐로 간다. 기낭(氣囊)에 들어간 후 기관지와 인두를 거쳐 다시 소화기관으로 들어가 작은 창자의 점막층에 부착 · 기생한다.

십이지장충의 기생에 의한 장해는 주로 심한 빈혈이다. 이에 수반해서 심계항진, 식욕부진, 전신권태, 현훈(眩暈), 이명(耳鳴), 미열 등을 볼 수 있다. 얼굴이나 사지의 부종, 피부의 건조, 손톱의 변화 등을 나타낸다. 어린이의 경우에는 신체와 지능의 발달이 느리고 또 회충의 경우처럼 이식증(異食症)을 일으키기도 한다.

구충란은 회충란에 비하여 저항력이 약하여 분변 중의 생존기간이 2개월 정도라고 한다. 또 열에 대해서는 70℃에서 1초 만에 죽고 직사광선에 쪼이면 짧은 시간 내에 죽는다.

예방대책은 회충에 준하며 그 밖에 경피감염에 유념하여 오염된 지구에서는 맨발로 논밭을 돌아다니지 않도록 한다.

(3) 편충(*Trichuris trichiura*)

전세계적으로 분포되어 있으나 열대와 아열대에 많다. 우리나라에서도 감염률이 상당히 높다. 수컷은 30~45mm에 암컷은 35~50mm이고, 말채(鞭) 모양으로 앞부분의 3/5은 가늘고 긴 식도로 되어 있고, 2/5는 육질로서 굵으며 그 내부에 생식기나 장관 등이 있다.

흙 속에서 충란은 수주에서 18개월까지 생존하면서 감염형으로 변한다. 음식과 함께 경구감염되면 소장상부에서 부화하여 대장, 특히 맹장부위에 정착한다.

일반적으로 무증상이나 빈혈, 신경증상, 맹장염 등을 일으킬 때가 있다. 예방은 회충과 같다.

(4) 요충(*Enterobius vermicularis*)

분포는 세계적이며 농촌보다 도시에 많고 우리나라의 감염률도 높은 편이다. 성충은 희고 가는 실 모양으로 수컷이 2~5 × 0.1~0.2mm에 암컷이 8~13 × 0.3~0.5mm 크기이다.

성충은 장에서 나와 항문 주위에 산란하는데 주로 밤에 나온다. 산란한 곳은 몹시 가려우며 긁으면 손가락에 묻은 충란이 다시 입으로 들어가서 자가감염을 일으킨다. 때로는 충란으로 오염된 음식물이나 식기 등을 통하여 경구감염되기도 한다.

충란이 소화관에 들어가면 두 번 탈피하면서 작은창자에서 큰창자로 서서히 이동한다. 주로 맹장부위에 기생하는데 성충이 되기까지는 약 2개월이 걸린다.

증상은 항문 주위의 가려움, 긁힘, 습진, 피부염, 불면증, 신경증 등이다. 예방은 가족 내 감염을 방지하기 위한 일제구충을 실시하고 손, 항문 근처, 속옷 등을 깨끗하게 유지하도록 한다.

(5) 동양모양선충(*Trichostrongylus orientalis*)

동양과 중남미에 주로 분포하며, 특히 우리나라와 일본에서의 발견율이 비교적 높은 것으로 보고되고 있다.

크기는 수컷이 3.8~4.8 × 0.07~0.08mm에 암컷이 4.9~6.7 × 0.075~0.087 mm 로 털 모양의 아주 가늘고 작은 선충이다.

생활사는 구충과 비슷하나 구충보다 피부감염력은 약하다. 충란은 배설된 후 3~4일이 지나면 자충이 생기고, 역시 구충처럼 rhabditis 유충과 filaria 유충시기를 거쳐 최종적으로 작은 창자에 두부를 파묻고 기생한다.

일시적으로 장점막 내에 침입하는 일은 있으나 체내 이행성은 없다. 이 기생충에 감염되어도 대부분은 자각하지 못하며 특별한 병변도 없다. 그러나 다수 감염된 때에는 장점막에 염증을 일으키고 장염 등의 소화기계 증상과 빈혈을 일으킨다. 예방은 십이지장충과 같다.

Chapter 8

환경오염과 식품위생

8-1 환경에서 유래되는 식품오염물질

고도산업사회의 원동력인 기술혁신은 우리에게 급속한 산업발전과 더불어 눈부신 경제성장을 가져왔지만, 한편으로는 환경오염이 급속히 진행되어 우리의 건강을 해치거나 일상생활을 저해하는 등 커다란 사회문제로까지 등장하고 있다.

우리가 매일 섭취하는 식품은 주변환경에서 유래되는 식품재료인 농 · 축 · 수산물에서 얻게 된다. 식품에는 생물에 필수적인 유기 · 무기성분이 들어 있어 영양소가 되기도 하지만, 이들 성분 외에도 인체에는 전혀 생소한 이물질(xenobiotics)도 다수 포함되어 있다.

이러한 이물질의 생성은 식품의 생산, 수확, 가공, 저장 등과 직접 관련되어 일어나며, 중금속, 방사능, polychlorinated biphenyl(PCB), 다이옥신, trihalomethane (THM), 곰팡이독 등과 같은 식품오염물과 농약, 사료첨가물, 식품첨가물 등과 같은 식품잔류물로 구분할 수 있다.

어떤 경우에는 식품오염물에 곰팡이, 세균, 기생충 등과 같은 생명체도 포함된다. 그러나 식품에 포함된 쇠붙이, 돌, 협잡물, 곤충, 쥐털, 쥐똥 등은 이물(異物)이지 오염물(汚染物)은 아니다.

식품잔류물은 식품생산자나 가공업자들이 의도적으로 사용하는 것으로 허용된 것을 규정에 맞게 사용해야 식품잔류량을 줄일 수 있으며, 식품의 위화목적으로 사용해서는 안 된다.

식품오염물질에는 광산폐수나 공장폐수 등의 오염물, 생활폐기물에서 유래되는 오염물질, 농약, 방사성 물질, 그 밖의 환경오염물질 등을 꼽을 수 있다. 그리고 이들은 직접 또는 식물연쇄를 따라서 점차 농축되다가 최종적으로는 인체에 고도로 축적되어 건강장해, 특히 만성중독을 일으킬 가능성이 크다.

8-2 생물농축과 먹이연쇄

생물은 생존에 필요한 물질을 주변환경에서 선택적으로 섭취 · 농축하여 이용하는 능력을 가지고 있다. 해조류는 해수 중의 요오드를 다량 흡수 · 저장하고, 무는 흙 속의 셀렌을 흡수한다. 보리새우는 비소를 선택적으로 흡수하는 성질이 있으며, 멍게와 해삼 등은 바나듐을 흡수 · 섭취한다. 이와 같이 생물에 의해 특정원소 또는 화합물이 선택적으로 흡수 · 섭취 · 저장되어 농축되는 현상을 **생물농축**(bioconcentration, bioaccumulation)이라고 한다.

생물농축의 정도는 **농축계수**(concentration factor)로 나타낼 수 있으며, 농축계수는 생물체내의 농도를 서식환경 중 농도로 나눈 수치로 표시된다. 이 값이 1 이상이면 농축이 이루어짐을 뜻하고 통상 지용성이 높은 물질일수록 큰 값을 나타낸다. 농축계수는 일반적으로 수생생물의 수계환경 중 물질의 축적성을 나타내는 데 사용된다.

환경오염물의 생물농축은 식품을 오염시키고 독성화하는 가장 큰 요인으로 작용한다. 살충제 DDT와 BHC나 유해화학물질 PCB 등 유기염소계 화합물은 수중에서는 미량이지만 어패류에 의해 흡수되고 고농도로 농축되어 지방층에 용해된다. 알킬수은과 중금속염은 어패류는 물론이고 플랑크톤의 단백질과 결합하여 해수 중의 농도보다 수만 배로 농축 · 저장된다.

더욱이 생물농축은 자연계에서의 물질흐름의 동적 평형상태인 먹이연쇄(food chain)를 통하여 더욱 증폭된다. 최초단계에서의 환경오염물질의 농도는 특별한 경우를 제외하고는 생체에 영향을 미치지 못할 정도의 극미량인 것이 보통이다. 그러나 식물연쇄에 의하여 몇 단계의 생물체를 거치는 동안 농축 · 축적된 것을 사람이 오랫동안 섭취하면 체내에 축적되어 중독량에 이르는 것이다.

예를 들면 수생생물의 경우, 식물성 플랑크톤(생산자) → 동물성 플랑크톤(1차 소비자) → 소형 어패류(2차 소비자) → 중 · 대형 어류(3차 소비자)라는 먹이연쇄를 거친다.

이러한 과정을 통하여 각 생물에 농축된 유독물질은 점차 고차 소비자로 이행되고 고차 소비자는 다량의 먹이를 섭취하므로 유독물질의 축적이 급격히 일어난다.

일본에서 일어난 미나마타병과 이타이이타이병이 오염물질의 생물농축에서 비롯된 대표적인 예라고 할 수 있다(표 8-1 참조).

표 8-1 생물에 의한 중금속 오염물의 농축

원소	해수 중의 함유량(ppm)	해조류 원소함유량(ppm)	해조류 농축계수	어류 원소함유량(ppm)	어류 농축계수
As	0.002	0.4~12	200~6,000	1.8	900
Cd	0.0001	0.02~0.06	200~600	0.75	7,500
Cr	0.00005	0.08~2.4	16,000~50,000	0.035~0.68	20~14,000
Cu	0.002	1.4~5.5	700~2,800	0.83~25	400~12,500
Fe	0.01	10~1,300	1,000~130,000	37~400	3,700~40,000
Hg	0.0003	0.003~0.01	10~30	0.025~360	100~200,000
Mn	0.002	3~52	1,500~26,000	0.2	100
Pb	0.00003	1.4~3.2	50,000~100,000	13	400,000
Sn	0.0008	3.4~10	4,000~12,000	—	—

환경오염물질이 식품을 통하여 인체에 오염되는 경로는 '오염원 → 음식물 → 인체' 와 같은 직접오염의 경우와 '오염물질 → 하천수 → 호수와 연안해수 중의 세균 · 플랑크톤 → 물고기 → 인체' 와 같이 먹이연쇄를 거쳐 오염되는 간접오염의 경우로 나눌 수 있다.

이와 같은 경로로 몸 안에 들어온 오염물질은 생체 내에서 효소작용에 의한 가수분해, 산화, 환원 등을 거쳐서 무독화되거나 수용성의 증대로 배설이 촉진되어 독성이 감소하기 때문에 유독물질 그 자체의 형태로 체내에 잔류하는 일은 없다.

그러나 반대로 대사과정에서 도리어 독성이 커지는 수도 있으며, 배설작용에 한계가 있어 오염물질의 특성과 안정성 및 그 양에 따라서는 체내에 축적되기도 한다.

8-3 오 · 폐수에 의한 식품오염

물은 인체에 반드시 필요한 물질이고 식품의 조리, 가공, 제조 등에서 필수적으로 사용되지만, 모든 환경오염물질의 집합장소이기도 해서 오염되기 쉬운 속성도 가지고 있다.

생활하수, 산업폐수, 광산폐수, 축산폐수 등의 오 · 폐수는 이미 오염물질이 물에 용해되었거나 현탁상태에 있는 물이다. 하천, 호수, 해역 등의 수역으로 유입되어 광범위한 수질오염을 일으킨다.

여기서는 물로 인한 오염 중 식품과 관련된 오염만을 다루고자 한다.

1. 수질오염의 발생원

(1) 생활하수

일반가정에서 배출하는 가정오수, 분뇨, 세탁폐수 등과 상업시설 및 공공기관에서 배출하는 폐수를 말한다. 생활하수는 세제류를 제외하면 대부분이 천연유기성 물질이다.

(2) 산업폐수

산업의 다양화와 대규모화로 인하여 중금속을 비롯한 PCB, 농약, 폐유 등 고농도의 난분해성 유기물질이 배출되는 것이 특징이다. 피혁폐수, 금속폐수, 섬유폐수, 펄프폐수, 채광 · 채석폐수 등이 주로 문제가 된다(표 8-2 참조).

표 8-2 산업폐수 중의 주요 유해물질

수질오염물질의 성상	폐수의 발생원
무기질의 부유물질이 많은 폐수	자갈 채취 · 세정, 도기공장, 채광 · 채석
유기질의 부유물질이 많은 폐수	펄프, 피혁, 제지, 식품가공
무기질의 가용성 물질이 많은 폐수	광산, 화학공장, 제련소
BOD가 높은 폐수	생활용수, 식품가공, 도살장, 제약, 펄프, 제지
무기질의 유독물질이 많은 폐수	도료, 안료, 금속가공
유기질의 유독물질이 많은 폐수	도료, 가스제조, tar공업
기름이 많은 폐수	차량 · 선박 세정, 세탁, 수산가공
색도가 높은 폐수	염색공장, 색소 제조공장
pH가 지나치게 높거나 낮은 폐수	펄프, 도금, 온천, 시멘트 공장
온도가 높은 폐수	화력 · 원자력 발전소, 제철소, 전기도금

(3) 축산폐수

축산폐수는 도시하수 중의 분뇨와 같이 유기물질 함량이 매우 높으므로 처리에 어려움이 있다. 우리나라의 경우 최근에 가축의 대규모 사육이 늘어나고 대부분의 축산시설물이 상수원 근처에 위치하여 문제가 되고 있다.

(4) 광산폐수

광산으로 인하여 발생하는 산성폐액이나 중금속 등은 하천 및 해수를 오염시키고 어패류와 농업에도 피해를 줄 뿐만 아니라 상수원을 오염시키기도 한다.

우리나라는 최근에 폐광이 급속도로 증가하고 있으므로, 폐광 후 적절한 사후조치로 주변환경의 오염을 막아야 한다. 우리나라 수질오염의 주요원인은 표 8-3과 같다.

표 8-3 우리나라 수질오염의 주요 원인

구분	오염원	발생량(천톤/일)	오염부하(BOD, 톤/일)
생활하수	인구 49,466천 명	16,833(75.9%)	3,826(50.7%)
산업폐수	배출원 48,266개소	5,229(23.6%)	3,379(44.8%)
축산폐수	소 3,350천 두	118(0.5%)	337(4.5%)
	돼지 9,880천 두		
계		22,180(100%)	7,542(100%)

환경부, 환경백서(2010, 2012)

2. 수질오염의 지표

수질오염은 수질의 물리적 · 화학적 · 생물학적 작용의 복합이므로, 오염 정도를 하나의 단일 항목으로 표현하기는 곤란하며 물리적 · 생물학적 · 화학적 요소들을 종합하여 판단한다.

물리적 지표로는 온도, 탁도, 색, 취기, pH 등이 쓰인다. 화학적 지표는 알칼리도, 산도, 용존산소(dissolved oxygen, DO), BOD(생화학적 산소요구량, biochemical oxygen demand), COD(화학적 산소요구량, chemical oxygen demand), 부유물질(suspended solid, SS), 질소화합물 등이 있다. 그리고 생물학적인 것으로는 박테리아, 대장균군의 수가 널리 쓰인다.

공장폐수의 오염판단기준으로서 미국에서는 어류를 대상으로 TLm(median tolerance limit)치를 채택하고 있다.

TLm은 독성물질에 대한 어류의 반수생존 한계농도로서 공시어 50%가 살아남을 수 있는 폐수 중의 독성물질의 농도를 24시간, 48시간, 96시간 단위로 측정하여 나타낸 값이다. 대개 48시간을 표준으로 한 값에 안전계수 0.1을 곱하여 표시한다.

Guide

수질오염의 지표

- **물리적 지표**
  온도, 탁도, 색, 취기, pH
- **화학적 지표**
  알칼리도, 산도, 용존산소, BOD, COD, 부유물질, 질소화합물
- **생물학적 지표**
  박테리아 수, 대장균군의 수

8-4 먹는 물의 수질기준과 안전성

1. 먹는 물의 수질기준

먹는 물이란 "먹는 데 일반적으로 사용하는 자연상태의 물, 자연상태의 물을 먹기에 적합하도록 처리한 수돗물, 먹는 샘물, 먹는 염지하수, 먹는 해양심층수 등"(먹는물관리법 제3조)을 말한다.

먹는 물의 안전성을 확보하기 위해서는 엄격한 수질기준을 정하여 관리할 필요가 있다. 우리나라는 환경부령으로 먹는 물의 수질기준을 정하여 시행하고 있다. 먹는 물(수돗물)의 수질기준을 살펴보면 표 8-4와 같다.

샘물이란 "암반대수층 안의 지하수 또는 용천수 등 수질의 안전성을 계속 유지할 수 있는 자연상태의 깨끗한 물을 먹는 용도로 사용할 원수"이고, 먹는 샘물이란 "샘물을 먹기에 적합하도록 물리적으로 처리하는 등의 방법으로 제조한 물"로 정의되며(먹는물관리법 제3조), 종래의 생수 또는 광천수의 별칭이다.

샘물과 먹는 샘물의 수질기준은 먹는 물의 수질기준을 따르되, 염소소독 등 화학적 처리가 허용되지 않는 특수성을 고려하여 미생물 등에 관한 항목을 보완 또는 강화하고 있다.

2. 먹는 물의 안전성

1) 트리할로메탄

최근 미량이지만 암이나 만성중독을 유발시키는 화학물질에 의한 상수원의 오염이 문제가 되고 있는 가운데, 우리나라에서도 먹는 물(수돗물)의 안전성을 확보하기 위한 방편으로 화학물질에 대한 기준이 크게 강화되고 있다.

표 8-4 먹는 물(수돗물)의 수질기준 (2014년 4월 기준)

구분	기준
1. 미생물에 관한 기준	① 일반세균 100CFU/mL 이하 ② 총대장균군 불검출/100mL ③ 대장균 · 분원성 대장균군 불검출/100mL ④ 분원성 연쇄상구균 : 녹농균살모넬라 및 쉬겔라 250mL ⑤ 이황산환원혐기성포자형성균 50mL 불검출 ⑥ 여시니아균 2L 불검출
2. 건강상 유해영향 무기물질에 관한 기준	① 납 0.01mg/L 이하 ② 불소 1.5mg/L 이하 ③ 비소 0.01mg/L 이하 ④ 셀레늄 0.01mg/L 이하 ⑤ 수은 0.001mg/L 이하 ⑥ 시안 0.01mg/L 이하 ⑦ 크롬 0.05mg/L 이하 ⑧ 암모니아성 질소 0.5mg/L 이하 ⑨ 질산성 질소 10mg/L 이하 ⑩ 카드뮴 0.005mg/L 이하 ⑪ 보론 1.0mg/L 이하 ⑫ 브롬산염 0.01mg/L 이하 ⑬ 스트론튬 4mg/L 이하
3. 건강상 유해영향 유기물질에 관한 기준	① 페놀 0.005mg/L 이하 ② 다이아지논 0.02mg/L 이하 ③ 파라티온 0.06mg/L 이하 ④ 페니트로티온 0.04mg/L 이하 ⑤ 카바릴 0.07mg/L 이하 ⑥ 1,1,1-트리클로로에탄 0.1mg/L 이하 ⑦ 테트라클로로에틸렌 0.01mg/L 이하 ⑧ 트리클로로에틸렌 0.03mg/L 이하 ⑨ 디클로로메탄 0.02mg/L 이하 ⑩ 벤젠 0.01mg/L 이하 ⑪ 톨루엔 0.7mg/L 이하 ⑫ 에틸벤젠 0.3mg/L 이하 ⑬ 크실렌 0.5mg/L 이하 ⑭ 1,1-디클로로에틸렌 0.03mg/L 이하 ⑮ 사염화탄소 0.002mg/L 이하 ⑯ 1, 2-디브로모-3-클로로프로판 0.003mg/L 이하 ⑰ 1, 4-다이옥산 0.05mg/L 이하
4. 소독제 및 소독 부산물질에 관한 기준	① 잔류염소 4.0mg/L 이하 ② 총 트리할로메탄 0.1mg/L 이하 ③ 클로로포름 0.08mg/L 이하 ④ 브로모디클로로메탄 0.03mg/L 이하 ⑤ 디브로모클로로메탄 0.1mg/L 이하 ⑥ 클로랄하이드레이트 0.03mg/L 이하 ⑦ 디브로모아세토니트릴 0.1mg/L 이하 ⑧ 디클로로아세토니트릴 0.09mg/L 이하 ⑨ 트리클로로아세토니트릴 0.004mg/L 이하 ⑩ 할로아세틱에시드 0.1mg/L 이하 ⑪ 포름알데히드 0.5mg/L 이하
5. 심미적 영향물질에 관한 기준	① 경도 300mg/L 이하 ② 과망간산칼륨소비량 10mg/L 이하 ③ 냄새와 맛 무미 ④ 동 1mg/L 이하 ⑤ 색도 5도 이하 ⑥ pH 5.8~8.5 ⑦ 세제(음이온계면활성제) 0.5mg/L 이하 ⑧ 아연 3mg/L 이하 ⑨ 염소이온 250mg/L 이하 ⑩ 증발잔류물 500mg/L 이하 ⑪ 철 0.3mg/L 이하 ⑫ 망간 0.05mg/L 이하 ⑬ 탁도 0.5NTU 이하 ⑭ 황산이온 200mg/L 이하 ⑮ 알루미늄 0.2mg/L 이하
6. 방사능에 관한 기준	① 세슘 4.0mBq/L 이하 ② 스트론튬 3.0mBq/L 이하 ③ 삼중수소 6.0mBq/L 이하

가장 큰 관심의 대상은 할로겐화탄화수소류인 트리할로메탄(trihalomethane, THM)인데, THM은 일반식 CHX_3(X는 할로겐원소)로 표시되며, 수돗물 생산과정에서 자연적으로 생성되므로 문제가 된다.

수중의 저농도 화학물질을 농축하는 방법으로 물을 활성탄에 통과시켜 물질을 흡착시킨 후 chloroform과 에탄올로 고농도까지 추출하는 소위 carbon chloroform extract(CCE)법 등이 알려져 있다.

수돗물과 원수를 CCE법으로 추출한 추출물이 마우스에 대하여 발암성을 나타냄에 따라 수돗물의 발암물질에 관한 연구가 본격적으로 진행되었다.

THM도 이러한 과정을 거쳐 몇 종이 확인되었다. 최초로 비교적 검출량이 많고 가장 독성이 강한 클로로포름(트리클로로메탄, $CHCl_3$)이 발견되었고, 이어 브롬화트리할로메탄류인 bromodichloromethane($CHBrCl_2$), chlorodibromomethane($CHBr_2Cl$), tribromomethane($CHBr_3$)가 확인되었다. 이들 4종은 가장 빈번히 발견되므로 총(total) THM이라고 한다.

THM은 humin질(humic substance)에서 유래하는 부식산(humic acid) 등의 유기물 또는 화학물질이 염소처리에 의해 생성된다.

humin질이란 식물유래 유기물이 지표에 퇴적한 유기고분자인데, 알칼리에 녹고 산에 의해 침전하는 것을 부식산으로, 알칼리에 녹지 않는 것을 humin으로 분류한다. 유기물질이 많을수록 THM 생성이 증대된다는 사실도 확인되었다.

THM의 독성은 최기형성, 약한 변이원성, 발암성, 강한 간독성 등인 것으로 알려져 있다. 특히 클로로포름은 강력한 간독성 및 신장독성 물질로 간과 신장에 종양을 만들어 비유전성 발암작용을 한다. 우리나라에서는 THM의 과다검출이 문제가 되어 1990년 1월부터 먹는물 수질기준에서 총 THM을 100 μg/L 이하로 규제하고 있고, 일본도 동일한 기준을 적용하고 있다.

WHO 지침에서는 클로로포름 농도를 30μg/L로 권장하고 있으며, 미국은 THM의 연평균 농도를 100μg/L 이하로 정하고 있다.

2) 트리클로로에틸렌, 테트라클로로에틸렌 및 1,1,1-트리클로로에탄

trichloroethylene, tetrachloroethylene 및 1,1,1-trichloroethane은 드라이클리닝이나 금속 · 기계제품의 세정제로 사용되는 유기화합물이다. 이들은 지하수를 오염시키고 일상식품 중에도 검출된다. 동물실험에서 약한 발암성이 보고되고 있다.

3) 암모니아성 질소와 질산성 질소

유기질소화합물의 분해과정은 단백질 → 아미노산 → 암모니아성 질소(NH_3–N) → 아질산성 질소(NO_2–N) → 질산성 질소(NO_3–N)의 단계를 거친다. NH_3–N의 검출은 유기물질에 오염이 된지 얼마되지 않은 것을 의미하며 또한 분변이나 하수 등의 혼입가능성이 있음을 뜻한다.

농경지에 뿌려진 요소비료와 질소비료 등도 질산이온과 아질산의 주요 출처가 된다. 질산이온은 미생물에 의해 체내에서 아질산으로 변환되고, 아질산은 위장에서 신속히 흡수된 후 헤모글로빈을 3가 철상태인 메트헤모글로빈으로 산화시켜 유아의 급성질환인 메트헤모글로빈혈증을 일으킨다.

이 질환은 혈중 산소운반장애로 얼굴과 피부가 파랗게 변하는 청색증을 특징으로 한다.

더욱이 음용수와 식품에 존재하는 질산이온과 아질산이온은 식품의 2급아민과 반응하여 발암성의 N–nitrosamine을 생성한다.

4) 유독물질

시안이온, 수은, 유기인계 농약, 벤젠, 톨루엔 등은 독성이 강한 물질이다. 시안이온은 cytochrome oxidase저해에 의한 호흡독, 수은은 생물농축과 독성이 문제이고, 유기인계 농약은 cholinesterase저해에 의한 부교감신경 자극작용을 가진다.

휘발성 물질인 벤젠과 톨루엔은 중추신경계에 독작용을 나타내고, 크실렌은 흡입폭로에 의한 눈 및 후두 자극이 보고되고 있다.

5) 특정 물질

동, 철, 망간, 아연, 알루미늄, 6가크롬, 카드뮴, 비소, 불소, 경도 등은 대부분 수계의 토양성분에 좌우되는 것들이지만 공장폐수의 혼입에 의해서도 높아진다.

알루미늄은 노인성 치매인 알츠하이머와의 관련성이 확인되어 1995년부터 기준이 정해졌다. 페놀은 공장폐수에 기인하며, 특히 염소처리 시 페놀이 공존하면 페놀혼합물의 염소화에 의한 클로로페놀류의 생성과 페놀류의 산화분해가 일어나게 된다. 클로로페놀류는 염소보다 냄새가 강하고 물에 악취를 생성한다. 따라서 페놀류는 0.005mg/L 이하로 엄격한 기준이 설정되었다.

1991년 3월과 4월에 대구를 중심으로 한 낙동강 수계에서 발생한 수돗물 페놀오염사건에서도 악취의 원인이 클로로페놀류로 밝혀진 바 있으며, 이 사건은 지금까지의 수돗물 오염사건 중 가장 대규모적인 것으로 기록되었다.

세제(음이온계면활성제)는 가정하수에 다량 함유되므로 수돗물에 0.5mg/L 이하로 정해져 있다. 경도는 Ca^{2+}와 Mg^{2+}의 총량을 $CaCO_3$의 mg/L로 환산한 값으로서 보일러 결석의 원인이 된다.

표 8-5 연도별, 월별 수인성 · 식품매개질환 환자 발생 현황(2008~2013년)

(1월~6월 까지, 단위 : 명)

구 분		1월	2월	3월	4월	5월	6월
2008	건 수	14	16	19	31	29	34
	환자수	163	610	390	976	639	1,398
2009	건 수	16	16	18	24	38	31
	환자수	182	310	630	1,240	1,448	1,295
2010	건 수	5	14	15	19	15	27
	환자수	58	429	364	901	229	1,850
2011	건 수	10	12	20	22	18	37
	환자수	132	346	686	760	999	473
2012	건 수	6	23	11	18	31	31
	환자수	270	416	322	474	812	607
2013	건 수	24	6	19	25	29	25
	환자수	298	61	411	879	440	695

표 8-5 연도별, 월별 수인성 · 식품매개질환 환자 발생 현황(2008~2013년)

(7월~12월까지, 단위 : 명)

구 분		7월	8월	9월	10월	11월	12월	계
2008	건 수	25	37	53	34	34	28	354
	환자수	255	531	1473	725	533	877	8,570
2009	건 수	22	19	18	8	5	12	227
	환자수	357	334	300	413	26	313	6,848
2010	건 수	37	37	34	18	13	22	256
	환자수	608	851	790	333	189	648	7,250
2011	건 수	24	31	26	10	15	11	236
	환자수	738	1,332	943	196	265	169	7,039
2012	건 수	23	31	41	25	20	28	288
	환자수	414	1,915	2,695	167	632	684	9,408
2013	건 수	24	19	16	19	21	34	261
	환자수	926	240	603	193	851	448	6,045

* 질병관리본부, 2013 질병관리백서

8-5 중금속에 의한 식품오염

중금속(heavy metal)은 화학적으로 비중 4.0 이상의 금속을 의미하지만 식품오염과 관련이 있는 금속에는 금속과 비금속의 중간성질을 나타내는 반금속 또는 준금속(metalloid)도 포함된다.

매연, 폐수, 하수, 고형폐기물 등에는 각종 중금속이 함유되어 있고, 이것이 대기오염, 수질오염, 토양오염은 물론 식품에도 오염되어 먹이연쇄를 통하여 농축되며 최종적으로 인체에 흡수 · 축적되어 만성중독을 일으킨다.

식품오염과 관련하여 관심의 대상이 되는 것은 인체에 비교적 독성이 강한 As, Cd, Hg, Pb 등이다. 이들은 생물 본래의 구성성분이 아니고 동식물의 생육과정이나 식품의 제조 · 가공 중에 외부로부터 오염되어 혼입되는 이른바 환경오염성 중금속이다.

우리나라 식품위생법에는 식품 중의 천연함유량을 제외하고 식품의 제조가공 중에 오염되어 들어가는 것을 규제하기 위해 식품별로 각종 중금속에 대한 규격을 정하고 있다(표 8-6 참조).

표 8-6 식품위생법상 주요 농산물별 중금속 규격 (식품 등의 기준 및 규격)

대상식품	납(mg/kg)	카드뮴(mg/kg)
곡류(현미 제외)	0.2 이하	0.1 이하(밀, 쌀은 0.2 이하)
서류	0.1 이하	0.1 이하
콩류	0.2 이하	0.1 이하 (대두는 0.2 이하)
과일류	0.1 이하 (사과, 귤, 장과류는 0.2 이하)	-
엽채류(결구 엽채류 포함)	0.3 이하	0.2 이하
엽경채류	0.1 이하	0.05 이하
근채류	0.1 이하(인삼, 산양삼, 도라지, 더덕 2.0 이하)	0.1 이하(양파 0.05 이하, 인삼, 산양삼, 도라지, 더덕 0.2 이하)
과채류	0.1 이하(고추, 호박은 0.2 이하)	0.05 이하(고추, 호박은 0.1 이하)
버섯류	0.3 이하(양송이버섯, 느타리버섯, 새송이버섯, 표고버섯, 송이버섯, 팽이버섯, 목이버섯에 한한다)	0.3 이하(양송이버섯, 느타리버섯, 새송이버섯, 표고버섯, 송이버섯, 팽이버섯, 목이버섯에 한한다)
참깨	0.3 이하	0.2 이하

1. 수 은

수은은 지각의 구성성분이고, 세계 연간생산 · 사용량은 1만톤 이상이며 주요한 용도는 가성소다공업, 전기제품, 도료, 약품, 농약제조 등이다.

수은은 무기수은과 유기수은으로 구분된다. 무기수은에는 수은증기(Hg^o)와 수은이온(Hg^+, Hg^{2+})이 있고, 유기수은에는 메틸수은(CH_3Hg^+)과 같은 alkyl 수은과 페닐수은($C_6H_5Hg^+$)과 같은 aryl수은이 있다.

환경 중으로 배출되는 수은은 무기수은인데 반해 어패류 등 동물성 식품 중에는 50~100%가 메틸수은이다. 그 이유는 무기수은이 자연계에서 메틸화되기 때문이다. 메틸수은은 토양, 하천, 해저에 존재하는 여러 종류의 세균이나 진균류에 의해서 무기수은이나 페닐수은에서 생성된다.

무기수은에서 메틸수은의 생성은 어류나 포유동물의 간에서도 일어나며, 특히 메틸수은의 함량이 높은 다랑어나 방어에서 그 활성이 높다.

무기수은의 메틸화 반응에는 cobalamine(비타민 B_{12})이 관여한다. 상세한 기작은 불명확하지만 methylcobalamine(CH_3-B_{12})의 메틸기가 전이되는 반응이다.

$$Hg^{2+} \xrightarrow{CH_3-B_{12}} CH_3Hg^{+} \text{ 또는 } (CH_3)_2Hg$$

식품에는 미량이나마 수은이 함유되어 있고 식품 중에는 어패류, 특히 다랑어류에 많다. 일반적으로 하천이나 연안의 물고기가 0.01~0.4ppm인 것에 비해 인위적 오염이 적은 원양의 육식성 다랑어 등은 0.3~2.0ppm의 수준을 함유하며, 또 일부 심해어는 0.3~0.8ppm의 수은을 함유하는 것으로 나타났다.

수은화합물의 독성은 메틸수은이 가장 강하고 디메틸수은은 메틸수은보다 휘발성이 커서 대기로의 방출이 용이하므로 생물농축이 덜 일어난다. aryl 수은의 독성은 무기수은에 비해 상대적으로 낮지만 체내효소에 의해 무기수은으로 바뀌면서 독성이 커진다.

1950년대에 들어와 일본에서 발생한 미나마타(水俣) 사건은 수은의 환경오염 가능성과 생태계에서의 형태적 전환을 인식하게 하는 계기가 되었다. 쿠마모토현(熊本縣) 미나마타만 연안주변 어업가족에게 원인을 알 수 없는 신경장애질환이 1953~1960년에 걸쳐서 발생하였다. 팔다리가 마비되고 보행장애, 언어장애, 시야협착, 난청 등의 증상(Hunter-Russel증후군)을 나타내다가 6개월 정도가 되면 대개 사망하는데, 살아남아도 후유증으로 완전회복은 곤란하였다.

이 병은 태아에게도 치명적인 영향을 끼쳐 선천적인 장애아가 태어나기도 하였다. 동일한 사건이 1964~1965년 니이가타현(新瀉縣) 아가노(阿賀野)강 유역의 주민에게서도 나타났다.

원인을 조사한 결과 미나마타만 상류의 신일본질소주식회사에서 플라스틱 제조 시 촉매로 쓰는 염화제2수은이 폐수 중으로 방출되어 흘러가 이토(泥土)의 혐기적 조건에서 메틸수은으로 전환되었고, 이것이 수중에서 먹이연쇄에 의해 바다연안 내의 어패류에 농축된 것을 식품으로 섭취한 것이 사람에게 이행, 농축된 때문이었다. 바다나 하천의 물고기는 27~102ppm(건물량 기준)의 수은을 함유하고 있었다.

1968년 9월 일본 정부는 미나마타 사건의 원인이 메틸수은이었음을 인정하였고, 미나마타병으로 명명하기에 이르렀다. 1995년 10월까지의 인정환자수는 2,950명이고, 인정신청 중인 사람은 13,190명에 이른다. 인정환자 중 사망자수는 555명으로 파악된다.

Guide

PTWI(잠정주간섭취한계량)
일생동안 먹더라도 유해한 작용을 일으키지 않는 체중 1kg당 주간 섭취한계량을 말하며, 국제식품규격위원회 산하 JECFA(FAO/WHO)합동 식품첨가물전문가위원회)에서 안전성 평가를 거쳐 설정함

Check Point

식품 중 수은 오염도

- 식품 섭취를 통한 수은섭취량은 4.3㎍/day으로 PTWI(잠정주간섭취한계량) 대비 13.6% 수준인 것으로 나타났다.
- 우리 국민의 식품을 통한 수은섭취량은 어류가 전체 수은섭취량의 63.9%를 차지하였고, 곡류도 16.7%에 달하는 것으로 조사되었다.
- 우리나라 국민의 1일 수은섭취량(4.3㎍/day)은 미국(2.6㎍/day)이나 영국(3.0㎍/day)보다는 높았지만, 일본(8.0㎍/day), 프랑스(8.5㎍/day), 독일(9.9㎍/day)보다는 낮은 수준인 것으로 나타났다.

2. 카드뮴

카드뮴은 비교적 최근인 1817년에 발견된 금속으로 아연과 공존한다. 공업적으로는 합금, 전기도금, 배터리, 용접, 도료 등에 널리 이용되고 있어서 환경이나 식량자원의 오염을 야기하고 있다. 용기 · 식기에 도금된 카드뮴 성분이 용출되어 식품을 통해 중독되는 경우도 있다.

우리나라에서 가장 우려되는 것은 매일 섭취하는 쌀의 함량으로 아직까지 큰 문제가 되지 않고 있으나 폐광의 증가로 오염 우려가 크므로 폐광 주변의 쌀은 주의를 요한다.

농경지(논, 밭, 과수원 등)의 카드뮴 함량이 4ppm 이상이면 농작물의 생육에 지장을 줄 우려가 있는 지역으로, 12ppm 이상이면 대책이 필요한 지역으로 간주된다. 수은의 경우도 이와 같다(토양환경보전법).

급성독성이 강한 금속이며 그 증상은 메스꺼움, 구토, 설사, 복통 등이고, 만성중독 시는 신장기능장해를 일으킨다. 당과 아미노산 및 저분자단백질의 소변을 통한 배설이 현저히 증가한다. 근위 세뇨관에 병변이 생겨서 그 기능이 장애를 받아 Ca과 P의 손실로 골연화증을 일으킨다.

일본에서는 1940년대를 전후하여 도야마현(富山縣) 진쓰가와(神通川) 유역에서 이타이이타이(itai itai)병이 발생하여 세계적인 관심을 끌었다.

이 병은 강 상류에 있던 미쓰이(三井) 금속광업제련소에서 배출된 카드뮴이 함유된 폐수를 벼 재배시에 관개용수로 사용하여 생산한 쌀이 카드뮴에 오염되어 이를 장기간 섭취하여 일어난 것으로, 이때의 쌀 중 카드뮴 농도는 0.35~3.35ppm이었다.

1961년부터 문제가 되어 20여 년에 걸쳐 258명이 중독되고 128명이 사망하였는데, 초기에는 어깨, 허리, 무릎 등에 신경통과 같은 통증이 생기고 이어 상완부(上腕部)나 대퇴부(大腿部) 등의 몸 전체에 통증이 퍼지는 증상이 나타나다가 마침내 보행이 어려워지고 약간의 충격에도 골절이 되며 아프다고 신음하면서 사망한다.

이것은 카드뮴에 의한 골연화증으로 중년부인, 특히 출산 횟수가 많은 사람에게서 발생빈도가 높았다. 1963년 경부터 원인규명에 착수한 일본정부는 1968년 5월에 카드뮴에 의한 공해병으로 공식 발표했다.

Check Point

식품 중 카드뮴 오염도

- 식품 섭취를 통한 카드뮴 섭취량은 10.4㎍/day으로 PTMI(잠정월간섭취한계량) 대비 22.7% 수준인 것으로 나타났다.
- 우리나라 국민의 식품을 통한 카드뮴 섭취량은 곡류가 전체 카드뮴 섭취량의 29.9%를 차지하였고, 패류와 연체류는 각각 12.4%와 6.3%인 것으로 조사되었다.
- 또한 우리나라 국민의 1일 카드뮴 섭취량(10.4㎍/day)은 일본(21.9㎍/day), 미국(11.6㎍/day)보다는 낮은 수준인 것으로 나타났다.
- 2010년에 JECFA에서는 카드뮴 관련 주간섭취한계량인 PTWI를 월간섭취한계량인 PTMI로 설정하였다.

3. 납

납이 많이 사용되는 작업은 도료, 납용융, 제련, 배터리 제조, 인쇄 등이고, 그 밖에 크레파스나 유약을 바른 도자기 등에서도 중독이 일어난다. 대기 중의 납은 녹킹방지용으로 가솔린에 첨가하는 테트라에틸납(tetraethyl lead)에서 유래한다. 테트라에틸납과 같은 유기납은 주로 중추신경계에 장해를 일으킨다.

반면에 무기납에 중독되면 조혈기, 중추신경계, 신장, 소화기에 장해를 일으킬 수 있다. 무기납중독에서는 hemoglobin 합성저해에 의한 빈혈을 비롯하여 혈청 및 요 중 δ-aminolevulinic acid(δ-ALA)의 증가나 소변 중 coproporphyrin의 증가가 확인된다.

더욱 진행되면 안면창백, 연연(鉛緣, 구강 치은부에 암청회색의 PbS가 침착하여 생긴 청회색선), 말초신경염, 신근(伸筋)마비, 급성 복부산통(疝痛) 등의 증상이 나타난다.

유기납 중 상온에서 액체상태인 테트라메틸납 $Pb(CH_3)_4$과 테트라에틸납 $Pb(C_2H_5)_4$은 휘발성이 높아 기도 또는 피부로부터 흡수되기 쉽고, 많은 장기, 특히 뇌에 축적하므로 중추신경계에 강한 독성을 나타낸다. 가벼운 경우는 두통, 수면장애, 다몽(多夢), 식욕부진이 발생하고, 심하면 흥분, 불안, 환각, 구토 등을 거쳐 정신착란, 고민, 혼수를 일으켜 며칠 사망한다.

가장 심각한 납중독은 어린이의 뇌질환이다. 중독자의 25% 정도는 사망하고 살아남더라도 심각한 후유증으로 고생한다. 사람에게서 혈중 납의 반감기는 약 1개월이지만 뼈에서는 약 20년으로 길어진다. 임신 중에는 태반을 통하여 납이 태아에게로 전이되기도 한다.

Check Point

식품 중 납 오염도

- 식품 섭취를 통한 납 섭취량은 19.2㎍/day으로 PTWI(잠정주간섭취한계량) 대비 9.8% 수준인 것으로 나타났다.

- 우리나라 국민의 식품을 통한 납 섭취량은 곡류나 채소류 등 농산물이 전체 납 섭취량의 46%를 차지하였고, 김치 및 절임류도 19.7%에 달하는 것으로 조사되었다.
- 또한 우리나라 국민의 1일 납 섭취량(19.2㎍/day)은 뉴질랜드(10.5㎍/day)보다는 높았지만 영국(27.0㎍/day) · 프랑스(57.0㎍/day) · 독일(47.0㎍/day)보다는 낮은 수준인 것으로 나타났다.

4. 비 소

비소는 자연계에서는 주로 As^{3+}, As^{5+}의 화합물로 존재한다. 오래전부터 의약품으로, 또 안료 · 방부제 · 살서제 · 농약으로 널리 사용되어 왔다. 3산화비소(아비산 As_2O_3), 5산화비소(As_2O_5) 및 그들의 염류에 의한 아급성 · 만성중독이 잘 알려져 있다. 자연계에서 비소는 토양세균에 의해 메틸화되어 메틸비산이나 디메틸비산 등으로 바뀐다.

대부분의 식품에는 비소가 함유되어 있으나 특히 해산물의 비소함량은 대단히 높다. 굴 3~10ppm, 새우 10~170ppm, 홍합 10~120ppm, 어류 2~50 ppm이다.

섭취된 무기비소는 대부분 흡수된다. 인체 내에서 무기비소의 반감기는 10시간이고 메틸화된 비소는 30시간이다. 흡수된 비소의 80%는 체내 축적되어 분포한다. 주요 장기는 간, 신장, 뼈, 피부이고 특히 손 · 발톱, 모발에 축적된다. 손톱에는 미스선(Mee's line, 손톱을 가로지르는 흰선)이 나타나므로 손톱의 성장과 그 선의 거리를 비교하여 폭로시간을 추정한다.

배설은 소변, 대변, 피부, 손 · 발톱, 모발을 통하여 이루어진다. 피부박리나 땀, 모유를 통하여 배설되기도 하지만 그 양은 적고 일단 체내에 저장된 뒤에 서서히 배설된다. 무기비소는 체내에서 메틸화된 후에 주로 소변으로 배설되며 이때 메틸코발아민이 주로 메틸기 공여체 역할을 한다.

무기비소화합물은 유기화합물보다 독성이 강하기 때문에 메틸화 과정은 해독기구 역할을 하는 셈이 된다.

비소화합물에 의한 급성중독에서는 발열, 식욕부진, 구토, 탈수증상 뒤에 복통, 체온저하, 혈압저하, 경련, 혼수상태가 되어 사망한다. 중독량은 As_2O_3로서 50mg 이상, 최소치사량은 70~180mg이다. 대기오염에 의한 중독은 흑피증(melanosis), 백반(白斑) 등의 피부증상, 비중격천공 등을 볼 수 있다.

만성중독의 경우에는 피부가 청색으로 변하고 손발이나 피부에 각화현상이 일어나며, 구토, 복통, 빈혈, 체중감소, 신열을 일으키는데 황달이 특징적이다. 만성중독은 0.2~0.4ppm 정도에서 일어난다.

식품 중의 비소에 의한 중독으로는 가장 유명한 1955년 일본 모리나카(森永) 조제분유사건이 있다. 비소로 오염된 분유(As_2O_3로서 25~28ppm)에 의하여 12,344명의 어린이 환자와 138명의 사망자가 발생했다.

그 밖에 1900년 영국에서 비소에 오염된 포도당을 사용한 맥주(As 15ppm)에 의하여 6,000명의 환자와 70명의 사망자가 발생하였고, 1888년 프랑스에서는 포도주 오염에 의해 환자 500명에 사망자 15명이 발생했으며, 1924년 미국에서는 사과주(cider) 오염에 의하여 환자 28명에 사망자 15명이 발생했다는 보고가 있다.

또한 대만과 아르헨티나에서는 비소함량이 높은 음용수(0.9~3.4ppm)로 인하여 비소중독사건이 일어났는데 흑족병(black foot ; 말초혈관장애로 괴저를 일으킴)이 특징이었다.

Check Point

식품 중 비소 오염도

- 식품 섭취를 통한 비소 섭취량은 168.3㎍/day으로 PTWI(잠정주간섭취한계량) 대비 6.1% 수준인 것으로 나타났다.
- 우리나라 국민의 식품을 통한 비소 섭취량은 어류와 해조류가 전체 비소 섭취량의 35.2%, 20.0%를 차지하였으나, 어류 등에 존재하는 비소는 대부분이 인체에 독성이 낮은 유기비소 형태이었다.
- 또한 우리나라 국민의 1일 비소 섭취량(168.3㎍/day)은 미국(95.5㎍/day) · 영국(64.0㎍/day) · 독일(37.0㎍/day)보다는 높았지만 일본(184.4㎍/day)보다는 낮은 수준인 것으로 나타났다.

8-6 농약에 의한 식품오염

인구증가에 따른 식량증산정책은 우리나라뿐만 아니라 전세계적으로 대단히 많은 양의 농약을 사용하게 했고, 그에 따른 독성이나 잔류성이 최근에 크게 부각되면서 직접 · 간접적으로 환경을 오염시켜 농약공해라는 말까지 나오고 있는 실정이다.

농약은 대상생물에 대해서는 유독하나 인축에 대해서는 무독한 것이 이상적이지만 거의 대부분이 유독하다. 농약의 독성구분은 우리나라의 현행 농약관리법 시행령에 따르면 다음과 같다(표 8-7).

우리나라는 2012년 말 현재 1,588여 개 품목의 농약을 고시하고 있으며, 독성별로는 I급(맹독성) 농약은 한 품목도 없고, II급(고독성)이 3품목, 대부분이 III급(보통독성)과 IV급(저독성) 농약에 속한다. 이러한 농약류도 부주의하게 다루거나 의식적으로 악용해서 급성 중독사고를 일으키는 예가 많은데, 사고종류는 자살이 대부분이다.

표 8-7 독성 및 잔류성 정도별 농약 등의 구분

구분	반수 치사량(mg/kg, 체중)			
	급성경구		급성경피	
	고체	액체	고체	액체
I급(맹독성)	5 미만	20 미만	10 미만	40 미만
II급(고독성)	5 이상 50 미만	20 이상 200 미만	10 이상 100 미만	40 이상 400 미만
III급(보통독성)	50 이상 500 미만	200 이상 2000 미만	100 이상 1000 미만	400 이상 4000 미만
IV급(저독성)	500 이상	2000 이상	1000 이상	4000 이상

* 가. 고체 및 액체의 분류는 농약품목의 물리적 상태에 의함.
나. 해당 농약등이 휘발성이 높거나 중요 장기에 위해성이 있는 등 사람에 특히 위해한 것으로 명백히 밝혀진 농약등은 위 표에 해당되는 등급보다 더 높은 등급으로 구분할 수 있다.
다. 급성독성시험의 수행이 곤란한 경우 등의 사유로 독성을 구분하기 어려운 경우에는 제형의 형태, 원제의 독성, 독성학적 영향 등을 종합적으로 평가하여 구분할 수 있다.

정상적인 사용법에 따라 사용하는 경우라도 상당 기간 농작물에 부착 혹은 침투하여 그대로 또는 그 대사산물이나 분해산물로서 미량이기는 하지만 잔류한다. 또한 살포된 농약이 물이나 토양을 오염시키고 어패류 등의 생물체 내에 농축 · 축적되며, 그림 8-1과 같이 먹이연쇄로 사람에게까지 전이되는데, 고등동물로 갈수록 축적농도가 높아진다.

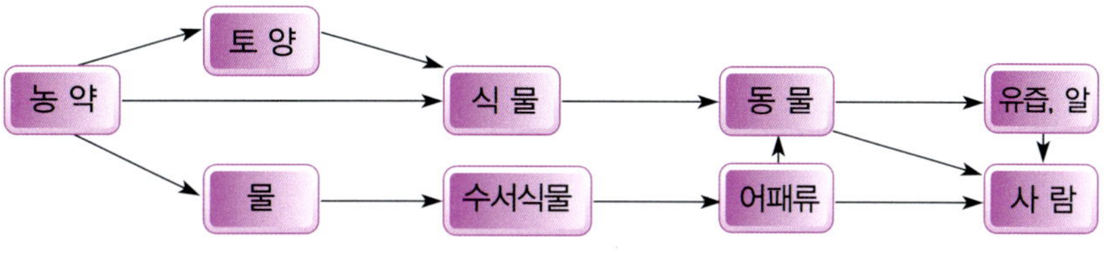

그림 8-1 먹이연쇄를 통하여 농약이 인체에 들어오는 경로

농약에 오염된 농작물이나 어패류 또는 이들을 섭취한 식용동물을 통하여 장기간에 걸쳐 인체에 흡수되면 만성중독을 일으킬 수 있기 때문에 식품위생상 그 잔류는 큰 문제가 되고 있다.

농약에 대한 병충해의 내성 증가로 매년 농약사용이 증가할 전망인데, 대개 농약이 식량증산에 공헌하는 비율은 20~30% 정도로서 농약을 사용하지 않았을 경우의 감수율이 우리나라의 경우 20%가 넘을 것으로 추정하고 있다.

농약이 인축에 미치는 영향을 고려하여 최근에는 무공해 농약, 즉 미생물 살충제(bioinsecticide)에 대한 연구가 활발히 이루어지고 있으며, 농약 등을 쓰지 않고 농작물을 재배하는 유기농법에 대한 관심도 크게 높아지고 있다.

1. 농약의 종류와 그 독성

농약을 화학적 성분에 따라 분류하면 유기인제, 유기염소제, carbamate제, 유기불소제, 금속함유 농약 등으로 구분된다. 이들 농약의 독성과 독작용을 알아보면 다음과 같다.

(1) 유기인제

유기인제는 정인산의 유도체인 인산에스테르류와 티오인산에스테르류를 말하며 주로 살충제로 널리 쓰인다.

다른 농약에 비하여 탁월한 살충효과를 가지고 있으나 그 반면에 독성이 강해 급성중독사고가 많이 일어난다. 중요한 유기인제는 그림 8-2와 같다.

유기인제 가운데 parathion, methyl parathion, phosdrin, schradan 등은 특히 독성이 커서 사용상 여러 규제를 받고 있다. 사용법이나 용량이 적합하지 않으면 농작물에 잔류하여 사고가 발생하는 일이 있으므로 주의하지 않으면 안된다.

최근에는 비교적 저독성 유기인제로서 malathion, DDVP, fenitrothion, baycid, dimethoate, diazinon, EPN 등이 개발되어 사용되고 있다.

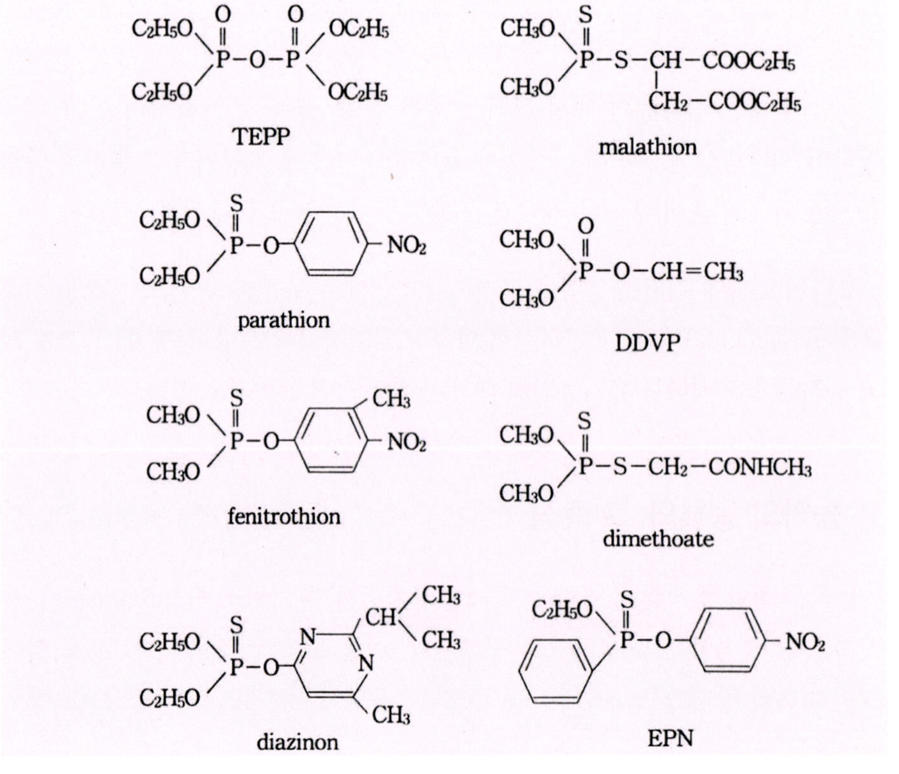

그림 8-2 중요한 유기인제

유기인제는 신경에 존재하는 cholinesterase(ChE)의 작용을 억제한다. ChE는 신경자극 전도에 의해서 유리된 acetylcholine을 초산과 choline으로 분해시키며, 이로써 신경전도가 순조롭게 이루어진다.

$$\underset{\text{acetylcholine}}{CH_3COOCH_2CH_2\overset{\oplus}{N}(CH_3)_3}+H_2O \overset{\text{ChE}}{\rightleftharpoons} \underset{\text{acetic acid}}{CH_3COOH}+\underset{\text{choline}}{HOCH_2CH_2\overset{\oplus}{N}(CH_3)_3}$$

그런데 ChE가 억제되면 신경에 acetylcholine이 축적되어 신경감수장치를 과도하게 자극하는 결과가 되므로 자율신경계와 횡문근 및 중추신경계 증상을 일으킨다. 이에 따라 심한 발한, 호흡곤란, 두통, 구토, 복통, 설사, 방뇨무력증, 경련, 시력장애, 혼수상태 등을 유발한다. 이와 같은 독작용의 강약은 ChE의 저해정도에 따라 달라진다.

유기인제는 에스테르이기 때문에 비교적 분해되기 쉬워서 잔류기간이 짧으므로 잔류독성은 크게 문제되지 않는 농약이라고 할 수 있다. 농작물 또는 토양에서 잔류기간은 몇 개월 정도로 알려지고 있다. 따라서 심각한 환경오염을 일으키지 않으며 먹이연쇄를 통한 인체이행도 거의 없다.

그러나 독성은 비교적 강한 편이고 독성발현이 매우 신속하다. 잔류독성을 방지하기 위해서는 수확 전 사용기간을 준수하고 식품이나 기구에 오염되지 않도록 해야 한다. 급성중독은 살포 시 자주 일어나므로 안전수칙을 철저히 지켜야 한다(표 8-8 참조).

표 8-8 유기인제의 독성

농약명	LD_{50} rat (mg/kg, 경구)	농약명	LD_{50} rat (mg/kg, 경구)
EPN	35~45	malathion	1,500
chlorfenvinfos	15	parathion	13
DDVP	56(♀)~80(♂)	TEPP	1.1
dimethoate	215	methyl parathion	14
diazinon	100~150	azinphos-methyl	13
fenitrothion	250	abate	8,000
phenthoate	114	disulfoton	6.8

(2) 유기염소제

유기염소제는 염화탄화수소류를 말하며 1939년 Müller가 최초로 DDT의 살충력을 발견한 이래 1940년대~1960년대에 걸쳐 다용도로 사용되었으며, 주로 살충제로 쓰이고 살균제나 제초제 등으로도 널리 이용되고 있다.

용도별로 구분하면 살충제로 DDT, BHC, drin제(aldrin, dieldrin, endrin), heptachlor, chlordane, toxaphene, methoxychlor 등이, 살균제로 procymidone, thalonil, fthalide 등이, 제초제로 PCP(살균제로도 사용), 2,4-D, 2,4,5-T 등이 쓰였거나 현재도 사용 중이다. 몇 가지 유기염소제를 그림 8-3에 나타내었다.

살충제 중에는 잔류성이 지나치게 크고 지용성이기 때문에 인체지방조직에 축적되는 것이 있어서 각국에서는 사용금지나 사용제한 등의 조치를 강구하고 식품 중의 잔류량도 규제하는 실정이다.

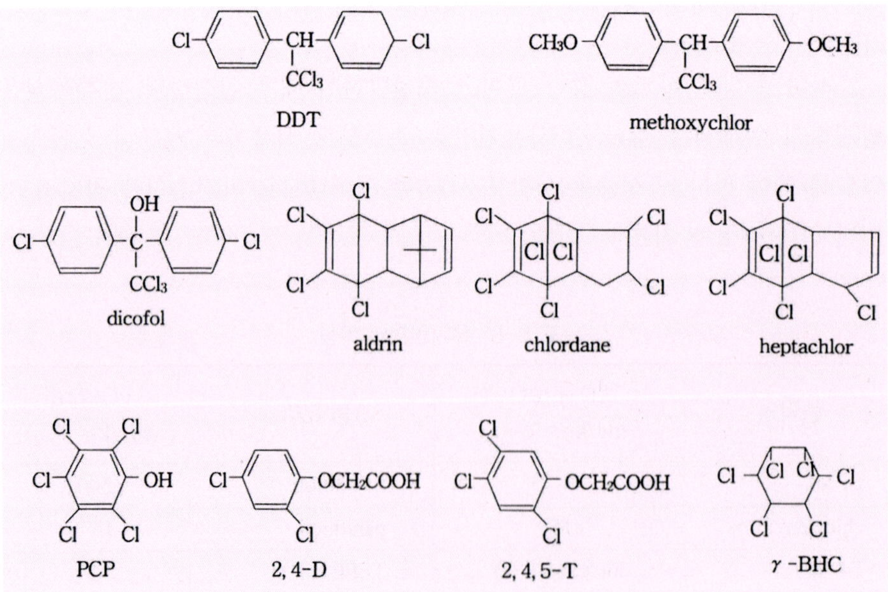

그림 8-3 중요한 유기염소제

유기염소제는 신경독성물질인데 중추신경계에 작용함으로써 독작용을 끼친다. DDT는 중추신경 흥분작용이 있어서 간질과 비슷한 신경중독을 일으켜 식욕부진, 구토, 복통, 현기증, 입술의 감각이상, 수족의 마비, 경련 등의 증상을 나타내고 심하면 혼수상태를 거쳐 사망한다.

BHC는 DDT보다 급성독성이 크지만 배설은 비교적 빠른 편이며, 역시 중추신경기능장애 등의 중독증상을 나타내고, 특히 호흡중추마비가 사망의 주원인이 된다.

만성중독에서는 신경과민, 체중감소, 정신쇠약, 메스꺼움, 협동운동실조 등의 증상을 나타낸다.

aldrin, dieldrin, endrin 등의 drin제는 DDT나 BHC에 비하여 효능이 크지만 독성도 커서 신경중추 등의 지방조직에 축적되기 쉽고, 간질상 발작을 나타낸다고 하며, 특히 어패류에 대해서는 맹독성을 나타낸다.

유기염소제는 일반적으로 유기인제에 비해 저독성이어서 급성 중독사고는 적은 편이다.

그러나 토양 중에서 안정하여 잔류성이 대단히 높고(표 8-9 참조), 지용성이어서 동물의 지방조직에 축적된다. 이런 이유로 먹이연쇄를 통한 생물농축현상이 일어나 인체에 만성중독을 일으킬 가능성이 크다.

표 8-9 토양 중 유기염소제의 잔류기간

농약명	잔류율(%)		95% 소실 소요년수
	1년 후	3년 후	
DDT	80	50	10
aldrin	26	5	3
dieldrin	75	40	8
γ-BHC	60	25	6.5
chlordane	55	15	4
heptachlor	45	10	3.5

(3) 카바메이트제

카바메이트(carbamate)제는 N-메틸(또는 N,N-디메틸) 카바메이트의 에스테르로서 살충제나 제초제 등으로 사용된다.

유기인제와 같이 cholinesterase의 저해제이지만 그 저해 정도가 유기인제보다는 가역적이다.

인축에 대한 독성이 낮고 화학적으로 안정하여 체내에서 빨리 대사되므로 축적되어 만성중독을 일으킬 염려가 없다. 특히 피부에 잘 흡수되지 않아 급성중독이 일어날 가능성은 적다.

많이 사용되는 카바메이트제 농약으로는 살충제로 carbaryl(sevin), NAC, BPMC, CPMC, fenobucarb, carbosulfan, isoprocarb, carbofuran, pirimicarb, methomyl, propoxur 등이, 제초제로 barban, chlorpropham, propham, benthiocarb 등이, 살균제로 benomyl, thiophanate-methyl 등이 있다(그림 8-4 참조).

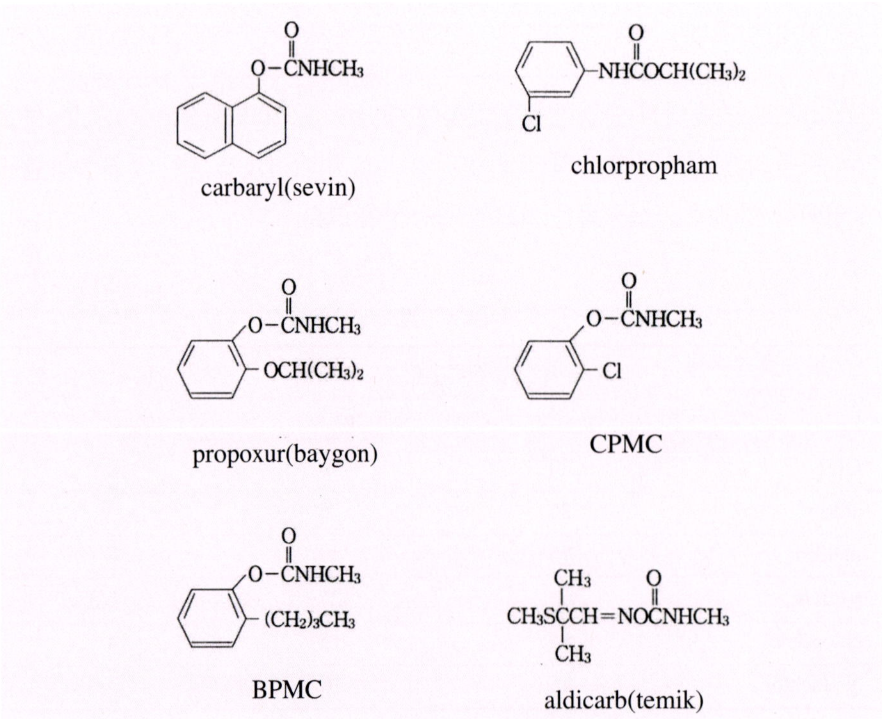

그림 8-4 중요한 카바메이트제

(4) 농약의 잔류성

농약은 잔류성에 따라 비잔류성(nonpersistent), 중간 잔류성(moderately persistent) 및 잔류성(persistent)으로 구분한다. 농약의 잔류기간은 살포장소에서 농약잔류물이 75~100% 소실되는 데에 걸리는 기간을 말한다. 잔류기간은 환경조건에 따라 달라지지만 대개 비잔류성 농약은 1~12주, 중간 것은 1~18개월, 잔류성은 2~5년이다.

잔류농약으로는 DDT, BHC, drin제 등의 살충제와 diquit, paraquit 등의 피리딘계 제초제가 대표적이다. 중간잔류성인 것은 simazine, atrazine 등의 트리아진계 제초제, linuron, karbutilate 등의 페닐우레아계 제초제, trifluralin, pendimethalin 등의 디니트로아닐린계 제초제 등이 있다. 비잔류성 농약은 2, 4-D, maneb, zineb, nabam, 합성 pyrethroid, 유기인계 및 카바메이트계 살충제 등이 알려져 있다(표 8-10 참조).

표 8-10 농약의 토양 중 잔류기간

농약명	잔류기간	농약명	잔류기간
chlordane	5년	aldrin	2년
DDT	4년	chlorpropham	8개월
BHC	3년	2,4-D	1개월
dieldrin	3년	diazinon	12주
heptachlor epoxide	3년	parathion	1주
heptachlor	2년	malathion	1주

* 토양 중에서 70~100% 소실되는 기간

잔류성 농약은 먹이연쇄를 통하여 농축되어 인체에 심각한 영향을 미친다. 어패류의 농축계수는 1,000~10,000에 이른다는 보고도 있다. WHO/FAO에서 정한 주요 농약의 1일섭취허용량을 보면 표 8-11과 같다.

표 8-11 WHO/FAO 설정 주요 농약의 1일 섭취허용량

농약명	ADI(μg/kg)	농약명	ADI(μg/kg)
fenitrothion	5	fenthion	0.5
captafol	100	thiram	5
chlorfenvinphos	2	edifenphos	3
chlorpyrifos	1	acephate	20
carbaryl	10	azinphos-methyl	2.5
diazinon	2	omethoate	0.5
diquat	8	2,4-D	300
dichlorvos(DDVP)	4	zineb	50
dimethoate	20	thiometon	3
dicofol	25	thiophanate-methyl	80
maneb	50	phosmet	20
malathion	20	pirimicarb	10
mancozeb	50	folpet	160
carbofuran	3	disulfoton	2
captan	100	cartap	100
parathion	5	phenthoate	1
paraquat	2	aldicarb	1

2. 농약의 오염방지

식품위생과 환경오염의 입장에서 독성이 강한 농약의 사용은 극히 위험한 일이다. 유기인제와 같이 대체로 독성이 강한 농약은 살포과정과 유통과정에서 급성중독을 일으킬 가능성이 크다. 유기인제의 해독제로는 pam 정제와 atropine 주사가 이용되고 있다.

농약의 취급과정에서 농약에 의한 중독 못지 않게 위험한 것이 농약의 식품오염인데, 이러한 오염을 사전에 예방하기 위하여 세계 각국에서는 식품 중의 농약잔류한도에 대한 규제를 실시하고 있다.

농산물의 오염방지법으로는 농산물에 잔류하는 농약의 양을 제한하는 잔류허용량(tolerance of residue)을 설정하는 방법과 농약의 최종사용일에서부터 수확까지의 사용제한기간(preharvest interval)을 설정하는 방법이 있다.

잔류허용량이란 농산물 중에 함유된 농약의 양이 평생 그 농산물을 섭취하여도 전혀 해가 없는 수준을 법으로 규제한 것을 일컫는다. 1일 섭취허용량(ADI), 국민평균체중, 해당 농약이 사용된 식품의 1일 섭취량(food factor)에 의해 산출된다. 잔류허용량 설정법은 각 나라마다 식생활 습관, 체중, 그 밖의 여건이 다르기 때문에 국가별로 실정에 맞게 설정해야 하며, 검체에 잔존하는 농약의 정량이 곤란한 경우가 많아서 문제이다.

수확 전 사용제한기간 설정법은 농약의 잔류가 사용횟수와 제제형태에 따라서도 다르게 나타나므로 농약별로 그 사용방법과 살포 횟수 및 수확 전 사용시기를 각 작물별로 정하여 고시하는 것으로 수확된 농산물 중 농약잔류량이 그 허용기준을 초과하지 않게 하기 위함이다.

우리나라는 정부에서 농약의 안전사용기준을 설정하여 고시하고 있으며, 아울러 농산물의 잔류허용기준을 마련하여 시행함으로써 두 가지 방법을 동시에 채택하고 있다.

농산물의 농약잔류허용기준은 1988년 9월에 설정하여 쌀 등 28종의 농산물을 대상으로 17종의 잔류농약에 대한 허용기준을 1990년 9월부터 시행한 바 있다.

그 후 확대설정되어 현재는 시판 중인 모든 농산물을 대상으로 대부분의 농약에 대하여 실시 중이다. 기준에 없는 경우에는 적 · 부 판정 잠정기준도 마련하고 있다.

만일 잔류허용량 이상의 잔류량이 검출, 적발되면 해당 농산물의 폐기는 물론이고, 법규에 의해 처벌을 받으므로 각별히 유념해야 한다. 농산물 이외에도 최근에는 인삼, 콩나물(숙주나물), 가공식품, 축산물 등에도 농약잔류허용기준을 설정하여 시행하고 있다.

표 8-12 WHO/FAO 설정 주요 농약의 1일 농약함유 유효성분 중 잔류허용기준 설정면제 성분(1)

번호	유효성분
1	1-메틸사이클로프로펜(1-Methylcyclopropene)
2	기계유(Machine oil)
3	데실알코올(Decylalcohol)
4	모나크로스포륨타우마슘케이비시3017(*Monacrosporium thaumasium* KBC3017)
5	바실루스서브틸리스디비비1501(*Bacillus suvtilis* DBB1501)
6	바실루스서브틸리스시제이-9(*Bacillus suvtilis* CJ-9)
7	바실루스서브틸리스엠 27(*Bacillus subtilis* M 27)
8	바실루스서브틸리스엠비아이600(*Bacillus subtilis* MBI600)
9	바실루스서브틸리스와이1336(*Bacillus subtilis* Y1336)
10	바실루스서브틸리스이더블유42-1(*Bacillus subtilis* EW42-1)
11	바실루스서브틸리스제이케이케이238(*Bacillus subtilis* JKK238)
12	바실루스서브틸리스지비365(*Bacillus subtilis* GB0365)
13	바실루스서브틸리스케이비401(*Bacillus subitilis* KB401)
14	바실루스서브틸리스테이비시1010(*Bacillus subtilis* KBC1010)
15	바실루스서브틸리스큐에스티713(*Bacillus subtilis* QST713)
16	바실루스아밀로리퀴파시엔스케이비시1121(*Bacillus amyloliquefaciens* KBC1121)
17	바실루스푸밀루스큐에스티2808(*Bacillus pumilus* QST2808)
18	보르도혼합액(Bordeaux mixture)
19	뷰베리아바시아나지에이치에이(*Beauveria bassiana* GHA)
20	뷰베리아바시아나티비아이-1(*Beauveria bassiana* TBI-1)
21	비티아이자와이(*Bacillus thuringiensis* subsp. aizawai)
22	비티아이자와이엔티423(*Bacillus thuringiensis* subsp. aizawai NT0423)
23	비티아이자와이지비413(*Bacillus thuringiensis* subsp. aizawai GB413)
24	비티쿠르스타키(*Bacillus thuringiensis* subsp. kurstaki)
25	비티쿠르스타키(*Bacillus thuringiensis* var. kurstaki)
26	석회황(Calcium polysulfide, lime sulfur)
27	스트렙토마이세스고시키엔시스더블유와이이324(*Streptomyces goshiliensis* WYE324)
28	스트렙토마이세스콜림비엔시스더블유와이이20(*Streptomyces colombiensis* WYE20)
29	스프레디스티커(Spreader sticker)
30	폴리에틸렌메틸실록세인(Polyethylene Methyl Siloxane)

(계속)

표 8-12 WHO/FAO 설정 주요 농약의 1일 농약함유 유효성분 중 잔류허용기준 설정면제 성분(2)

번호	유효성분
31	아이비에이(IBA, 4-indol-3-ylbuturic)
32	아이에이에이(IAA, Indol-3-ylacetic acid)
33	알킬설폰화알킬레이트의나트륨염(Sodium salt of alkylsulfonated alkylate)
34	알킬아릴폴리에톡시레이트(Alkyl aryl polyethoxylate)
35	암펠로마이세스퀴스콸리스에이큐94013(Ampilomyces quisqualis AQ94013)
36	옥시에틸렌메틸실록세인(Oxyethylene methyl siloxane)
37	지베렐린류(Gibberellin A3, Gibberellin A4+7)
38	칼슘카보네이트(Calcium carbonate)
39	코퍼설페이트베이식(Copper sulfate basic)
40	코퍼설페이트트리베이식(Copper sulfate tribasic)
41	코퍼옥시클로라이드(Copper oxychloride)
42	코퍼하이드록사이드(Copper hydroxide)
43	트리코델마하지아눔와이씨 459(Trichoderma harzianum YC 459)
44	패니바실루스폴리믹사에이시-1(Paenibacillus polymyxa AC-1)
45	패실로마이세스퓨모소로세우스디비비-2032(Paecilomyces fumosoroseus DBB-2032)
46	폴리나프틸메탄설폰산디알킬디메틸암모니움염[Polynaphthyl methane sulfonic acid dialkyl dimethyl ammonium(PMSAADA)]
47	폴리에테르폴리실록세인(Polyether modified polysiloxane)
48	폴리에틸렌메틸폴리실록세인(Polyoxyethylene methyl Polysiloxane)
49	폴리옥시에틸렌알킬아릴에테르(Polyoxyethylene alkylarylether)
50	폴리옥시에틸렌지방산에스테르[Polyoxyethylen fatty acid ester(PFAE)]
51	황(Sulfur)
52	니즈(polynaphtyl methane sulfonic + polyoxyethylene fatty acid ester)
53	소듐리그노설포네이트(Sodium ligno sulfonate)
54	심플리실리움라멜리콜라비씨피(Simplicillium lamellicola BCP)
55	트리코더마아트로비라이드에스케이티-1(Trichoderma atroviride SKT-1)
56	파라핀, 파라핀 오일(Paraffin, Paraffinic oil)
57	펠라르곤산(Pelargonic acid)

8-7 항생물질에 의한 식품오염

식생활의 서구화와 더불어 최근에는 육류 · 우유를 위시하여 수산물의 수요가 급증하고 있다. 가축의 사육이나 수산물의 양식과정에는 생산성을 향상시킬 목적으로 배합사료의 사용이 늘고 있다.

그러나 배합사료에는 질병치료나 발육촉진을 목적으로 항생물질과 합성항균제 및 합성호르몬제가 첨가되고 있어, 이들이 식육이나 우유 또는 수산물에 잔류하여 식품을 통해 인체에 이행될 가능성이 있다. 그 뿐만 아니라, 농작물 병해방제나 동물용 의약품으로 사용되는 항생물질의 잔류문제도 관심의 대상이 되고 있다.

1. 식품 중 항생물질의 잔류

원칙적으로 식품은 항생물질과 합성항균제 및 합성호르몬제를 함유해서는 안된다. 그러나 식육과 어류 및 갑각류에는 사료 등에 의한 이들 물질의 잔류가 불가피하므로 잔류허용기준을 정하여 규제하고 있다. 식품 중에 잔류하는 항생물질의 유입가능경로와 방지대책을 보면 다음과 같다.

(1) 동물(가축, 어류)의 사료 및 의약품

가축의 질병예방과 치료 및 성장촉진을 위해 동물사료에는 tetracycline류와 tylosin, virginiamycin, ampicillin, streptomycin, monencin, chloramphenicol 등의 항생물질이 첨가된다(표 8-13 참조).

표 8-13 식육 중 잔류허용기준이 정해진 항생물질

계열	항생물질명	계열	항생물질명
aminoglycoside계	streptomycin	macrolide계	oleandomycin
	hygromycin B		erythromycin
	neomycin		tylosin
	gentamycin		spiramycin
penicillin계	penicillin	polypeptide계	bacitracin
	ampicillin		virginiamycin
	amoxicillin	polyether계	monencin
tetracycline계	tetracycline		salinomycin
	chlorotetracycline	others	chloramphenicol
	oxytetracycline		novobiocin

※ 식품 중 동물용의약품의 잔류허용기준

① 겐타마이신(Gentamicin) : 항균제

- 잔류물의 정의 : Gentamicin C1a, C2, C2a 및 C1의 합을 gentamicin으로 함

식품명	mg/kg	식품명	mg/kg	식품명	mg/kg
소근육	0.1	돼지간	2.0	닭신장	0.1
소간	2.0	돼지지방	0.1	닭지방	0.1
소지방	0.1	돼지신장	5.0	유	0.2
소신장	5.0	닭근육	0.1	넙치	0.1
돼지근육	0.1	닭간	0.1	송어	0.1
잉어	0.1				

② 나이카바진(Naicarbazin) : 항원충제

– 잔류물의 정의 : Nicarbazin

식품명	mg/kg

③ 네오마이신(Neomycin) : 항균제

– 잔류물의 정의 : Neomycin

식품명	mg/kg	식품명	mg/kg	식품명	mg/kg
소근육	0.5	돼지근육	0.5	양근육	0.5
소간	0.5	돼지간	0.5	양간	0.5
소지방	0.5	돼지지방	0.5	양지방	0.5
소신장	10.0	돼지신장	10.0	양신장	10.0
염소근육	0.5	닭근육	0.5	칠면조근육	0.5
염소간	0.5	닭간	0.5	칠면조간	0.5
염소지방	0.5	닭지방	0.5	칠면조지방	0.5
염소신장	10.0	닭신장	10.0	칠면조신장	10.0
오리근육	0.5	유	0.5	벌꿀	0.1
오리간	0.5	알	0.5	어류	0.5
오리지방	0.5	갑각류	0.5		
오리신장	10.0				

④ 노보비오신(Novobiocin) : 항균제

– 잔류물의 정의 : Novobiocin

식품명	mg/kg	식품명	mg/kg	식품명	mg/kg
소고기	1.0	닭고기	1.0	칠면조고기	1.0
오리고기	1.0				

⑤ 다노플록사신(Danofloxacin) : 항균제

– 잔류물의 정의 : Danofloxacin

식품명	mg/kg	식품명	mg/kg	식품명	mg/kg
소근육	0.2	돼지근육	0.1	가금근육	0.2
소간	0.4	돼지간	0.05	가금간	0.4
소지방	0.1	돼지지방	0.1	가금지방	0.1
소신장	0.4	돼지신장	0.2	가금신장	0.4
유(乳)	0.03				

⑥ 데코퀴네이트(Decoquinate) : 항원충제

– 잔류물의 정의 : Decoquinate

식품명	mg/kg	식품명	mg/kg	식품명	mg/kg
가금근육	1.0	가금간	2.0	가금신장	2.0
가금지방	2.0				

⑦ 도라멕틴(Doramectin) : 구충제

– 잔류물의 정의 : Doramectin

식품명	mg/kg	식품명	mg/kg	식품명	mg/kg
소근육	0.01	돼지근육	0.005	유	0.015
소간	0.1	돼지간	0.1		
소지방	0.15	돼지지방	0.15		
소신장	0.03	돼지신장	0.03		

⑧ 디미나진(Diminazene) : 항원충제

– 잔류물의 정의 : Diminazine

식품명	mg/kg	식품명	mg/kg
소근육	0.5	유	0.15
소간	12.0		
소신장	6.0		

⑨ 디클라주릴(Diclazuril) : 항원충제

– 잔류물의 정의 : Diclazuril

식품명	mg/kg	식품명	mg/kg	식품명	mg/kg
양근육	0.5	토끼근육	0.5	닭근육	0.5
양간	3.0	토끼간	3.0	닭간	3.0
양지방	1.0	토끼지방	1.0	닭지방 /피부	1.0
양신장	2.0	토끼신장	2.0		
칠면조근육	0.5	오리근육	0.5	닭신장	2.0
칠면조간	3.0	오리간	3.0		
칠면조지방 /피부	1.0	오리지방 /피부	1.0		
칠면조신장	2.0	오리신장	2.0		

⑩ 디히드로스트렙토마이신/스트렙토마이신

(Dihydrostreptomycin/Streptomycin) : 항균제

– 잔류물의 정의 : Dihydrostreptomycin과 Streptomycin의 합

식품명	mg/kg	식품명	mg/kg	식품명	mg/kg
소근육	0.5	돼지근육	0.6	양근육	0.6
소간	0.6	돼지간	0.6	양간	0.6
소지방	0.6	돼지지방	0.6	양지방	0.6
소신장	1.0	돼지신장	1.0	양신장	1.0
닭근육	0.6	유	0.2	벌꿀	불검출
닭간	0.6				
닭지방	0.6				
닭신장	1.0				

또한 sulfadimethoxine 등의 합성항균제가 사용되고 diethylstilbestrol(DES) 등의 성장호르몬제가 불법으로 쓰이기도 한다. 치료용 동물의약품으로는 각종 항생제, corticosteroid, nitroxinil, bromophenophos 등이 자주 사용된다.

우리나라에서는 사료관리법에서 배합사료에 첨가되는 이들 물질의 사용량과 사용방법을 규제하고 있으며, 식품위생법에서 항생물질과 합성항균제 및 성장호르몬제의 잔류허용기준을 정하여 시행하고 있어 이들 물질의 과용 또는 남용을 제한하고 있다.

유 중의 항생물질은 대개 TTC(2,3,5-triphenyl-2,1,3,4-tetrazolium chloride) 환원시험법으로 검출하고 있으며, 1996년 식품위생법상 검출되지 않아야 할 항생물질이 높은 빈도로 양성반응을 나타내어 사회적인 관심을 끌었다.

이를 계기로 분석방법의 개선과 함께 항생물질인 penicillin G와 oxytetracycline나 합성항균제인 sulfadimethoxine 등에 대한 잔류기준이 설정되어 시행되고 있다.

어류 및 갑각류의 양식과정에 먹이로 사용되는 배합사료에도 항생물질이 첨가되어 문제가 제기됨에 따라 우리나라에서는 어류 및 바닷가재에 대하여 옥시테트라사이클린 잔류기준을 정하여 규제하고 있다. 또 양식어류의 질병치료에는 chloramphenicol 등의 항생제도 사용된다.

(2) 농용(農用) 항생물질

농약으로 사용되는 항생물질로 그 작용에 따라 항곰팡이성과 항세균성 및 항virus성의 3가지로 나눈다. 항생제는 수확 직전이나 수확 후의 생식용 채소살균에 사용하는 일은 금해야 한다.

(3) 식품제조

치즈제조용 유산균 스타터로 널리 이용되는 *Streptococcus lactis*에는 폴리펩티드계 항생물질인 nisin을 생산하는 변종이 있어서 치즈 중에 자연적으로 함유되는 수가 있으며, 그 밖에 항생물질을 생산하는 다양한 방선균이 식품과 사료 중에 자생하여 항생물질을 만든다. 또한 치즈숙성 중 팽창을 일으키는 낙산균의 생육을 억제하기 위하여 tylosin, chlorotetracycline, nystatin 등의 항생물질이 첨가된다.

2. 잔류의 문제점과 대책

잔류의 문제점으로는 급·만성 독성, 내성균의 출현, 균교대증(菌交代症), allergy의 발현 등이 지적되고 있다.

소비자들에게 폭로 가능성이 가장 높은 것은 동물사료 중 항생물질이고 그 다음이 동물의약품이라고 할 수 있다. 80% 이상의 동물이 항생물질 등이 첨가된 사료로 사육되고 있다. 그 사용량이 많을 뿐만 아니라 사용빈도도 높다.

어떤 경로로 식품에 유입되든, 동물성 식품에 잔류하는 정도의 낮은 수준일 경우에 급성독성은 별로 문제가 되지 않으나 만성독성에서는 건강에 심각한 위협이 될 수도 있다.

특히 동물약품 중에는 만성독성에서 가장 문제가 되는 발암성을 유발시키는 것들도 있다. 사료첨가용 성장호르몬인 디에틸스틸베스트롤은 사람에 대한 최기형성과 발암성이 증명되어 금지되었다.

현실적으로는 항생물질에 의한 내성균의 출현문제가 가장 중요한 과제이다. 치료목적이나 사료첨가용 항생물질의 대량생산은 항생제 저항성 세균균주의 자연계 분포를 높이는 결과를 가져오기 때문에 각종 질환의 치료나 예방과정에서 기존 항생제를 무력하게 만들 가능성이 있다.

항생제의 저항성 문제는 1965년 영국에서 항생제 저항성이 있는 *Salmonella typhimurium*에 의한 식중독 발생으로 인축이 큰 피해를 보면서 처음 제기되었다. 미국에서는 페니실린이나 테트라사이클린류에 저항성이 있는 살모넬라에 의한 미국인의 사망률을 연간 30명으로 추정하고 있다.

우리나라는 1980년에 축산식품 중 항생물질과 합성항균제가 잔류하여 안전성 문제가 제기됨에 따라 잔류허용기준을 설정하였다.

현재 여건에서는 항생물질의 사용은 피할 수 없는 일이어서 식품에서 불검출을 기대할 수는 없다. 다만, 잔류기준을 초과하지 않도록 안전사용기준인 휴약(休藥)기간을 지키도록 지도하고, 도축장, 식품처리장, 어시장 등을 중심으로 잔류를 감시할 수 있는 감시체계를 갖추어 나감과 동시에 정확한 잔류량 측정을 위한 검출 · 정량법을 확립하여 보급할 필요가 있다.

※ **동물용 의약품의 잔류허용기준** (식품 중 잔류동물용의약품 기준적용)

관련법령에서 안전성 및 유효성에 문제가 있는 것으로 확인되어 제조 또는 수입 품목허가를 하지 아니하는 동물용 의약품(대사물질 포함)은 검출되어서는 아니 된다. 이에 해당되는 주요 물질은 아래와 같으며, 아래에 명시하지 않은 물질에 대해서도 관련 법령에 근거하여 본 항을 적용할 수 있다.

표 8-14 동물용의약품의 잔류허용기준에서 유효성 문제가 제기된 성분

번호	유효성분
1	니트로푸란{푸라졸리돈(Furazolidone), 푸랄타돈(Furaltadone), 니트로푸라존(Nitrofurazone), 니트로푸란토인(Nitrofurantoine), 니트로빈(Nitrovin) 등} 제제 및 대사물질*2 – 잔류물의 정의 : 3-amino-2-oxazolidinone(AOZ), 3-amino-5- morpholinomethyl- 2-oxazolidinone(AMOZ), Semicarbazide(SEM), 1-aminohydantoin(AHD), Nitrovin
2	클로람페니콜(Chloramphenicol) – 잔류물의 정의 : Chloramphenicol
3	말라카이트 그린(Malachite green) 및 대사물질 – 잔류물의 정의 : Malachite green과 Leucomalachite green의 합을 malachite green으로 함
4	디에틸스틸베스트롤(Diethylstilbestrol, DES) – 잔류물의 정의 : Diethylstilbestrol
5	디메트리다졸(Dimetridazole) – 잔류물의 정의 : Dimetridazole
6	클렌부테롤(Clenbuterol) – 잔류물의 정의 : Clenbuterol
7	반코마이신(Vancomycin) – 잔류물의 정의 : Vancomycin
8	클로르프로마진(Chlorpromazine) – 잔류물의 정의 : Chlorpromazine
9	티오우라실(Thiouracil) – 잔류물의 정의 : 2-thiouracil, 6-methyl-2-thiouracil, 6-propyl- 2-thiouracil 및 6-phenyl- 2-thiouracil의 합을 thiouracil로함
10	콜치신(Colchicine) – 잔류물의 정의 : Colchicine
11	피리메타민(Pyrimethamine) – 잔류물의 정의 : Pyrimethamine
12	메드록시프로게스테론 아세테이트(Medroxyprogesterone acetate, MPA) – 잔류물의 정의 : Medroxyprogesterone acetate
13	카바독스(Carbadox) – 잔류물의 정의 : Quinoxaline–2– carboxylic acid (QCA)
14	답손(Dapsone) – 잔류물의 정의 : Dapsone, monoacetyl dapson의 합을 dapsone으로 함
15	올라퀸독스(Olaquindox) – 잔류물의 정의 : 3–methyl quinoxaline– 2–carboxylic acid (MQCA)
16	로니다졸(Ronidazole) – 잔류물의 정의 : Ronidazole
17	메트로니다졸(Metronidazole) – 잔류물의 정의 : Metronidazole

*주1. 축산물 및 동물성 수산물과 그 가공식품에 한한다.

*주2. 니트로푸라존의 대사물질인 세미카바자이드(Semicarbazide, SEM)는 비가열 축산물 및 동물성 수산물(단순절단 포함)의 가식부위에 한하여 적용한다.

8-8 방사능에 의한 식품오염

방사능이란 불안정한 원소의 원자핵이 방사선을 방출하여 스스로 붕괴되고 안정된 다른 원자핵으로 변환하는 현상을 말한다. 과거에는 핵폭발 실험에서 유래되는 방사능에 의한 환경오염이 문제였다. 하지만 최근에는 원자력발전소, 핵연료 재처리시설, 산업 · 의료시설 등에서 많은 방사성 물질이 방출되어 이들에 의한 식품오염이 심각한 문제로 등장했다.

주요 원자력발전소 사고로는 1979년 미국 펜실베니아주 Three Mile Island 원자로 사고, 1986년 우크라이나 Chernobyl 폭발사고, 2011년 지진에 의한 일본 후쿠시마(福島) 폭발사고 등을 꼽을 수 있다. 사고에 따른 다량의 방사능 유출로 말미암아 막대한 인명피해와 함께 심각한 주변 해양과 토양오염을 초래하였다.

원자력발전소 사고에서는 물리적 반감기가 긴 I-131, Cs-134, Cs-137, Sr-90 등을 함유한 대량의 방사성 물질이 대기 중에 방출 · 확산되어 편서풍을 타고 전 지구적인 환경오염을 일으킨다. 대기 중의 방사성 물질은 비에 의해 지표오염을 일으키고, 지표오염은 곧 인체와 음식물의 오염을 유발한다.

후쿠시마 원전사고 이후 일본산 수입수산물에서 Cs-134와 Cs-137이 검출되었고 오염지역의 농산물 수입을 중단하는 등 식품오염이 가시화되고 있다.

우리나라는 1978년 고리 1호기가 처음으로 정상 가동되었고, 그 뒤 계속 건설되어 현재는 총 발전량의 약 30%를 원자력에너지가 담당할 정도로 비중이 높아졌다.

추가건설이 계속되고 있고 가동 중인 발전소에서도 가끔 사고가 발생하고 있어서 환경방사능에 대한 깊은 우려와 함께 식품의 방사능오염에 대한 우려도 증대되고 있는 실정이다.

1. 방사성 물질에 의한 식품오염

(1) 방사성 강하물

방사성 물질에 의한 식품의 오염은 핵폭발에 의하여 대기 중에 방출되는, '죽음의 재' 라고 불리는 핵분열생성물(fission products)이 대류권이나 성층권으로 확산된 후 지구상의 각지로 운반되어 장기간에 걸쳐 방사성 강하물(fall-out)로서 지표 또는 수면에 떨어져 동식물을 직접 오염시키거나 토양이나 물을 거쳐 간접적으로 오염시킴으로써 이루어진다.

방사성 강하물은 70~90% 정도가 비에 섞여 지상에 내려온다고 알려져 있으므로 빗물을 음료수로 직접 마시는 것은 위생상 위험하며, 농작물에 오염된 방사성 강하물은 물이나 중성세제로 충분히 씻어서 먹도록 해야 한다.

방사성 강하물 중에서 식품의 오염과 관련하여 위생상 문제가 되는 핵종은 Sr-90, Cs-137 및 I-131이다. Sr-90과 Cs-137은 비교적 생성률이 크고 반감기가 길어서 성층권에서 끊임없이 강하하므로 장기간 문제가 되지만, I-131은 생성률이 큰데도 반감기가 아주 짧기 때문에 피폭 직후에만 문제가 된다.

(2) 온배수와 방사성 폐기물

원자력발전소는 복수기 냉각 때 대량의 바닷물을 사용하기 때문에 데워진 물인 온배수가 바다로 배출되어 열오염을 일으킬 가능성이 있다.

해수보다 7℃ 정도 높아져서 배수되기 때문에 이 온도차가 환경생태를 파괴한다. 물고기는 0.5℃의 온도차에도 민감하게 반응하므로 특히 어업이나 진주 양식 등에 영향이 큰 것으로 알려져 있다.

냉각수로 사용되는 해수는 원자로나 터빈 등 발전계통과는 분리된 배관을 따라 흐르기 때문에 온배수에는 방사성 물질이 포함될 가능성이 없어 수산생물의 방사능 오염은 문제되지 않는다.

원자력발전소에서 나오는 방사성 폐기물(radioactive waste)의 처리도 큰 문제가 되고 있다.

방사성 폐기물은 드럼통에 담겨서 특수한 시설 속에 저장되거나, 깊은 바닷속에 버려지거나 또는 남극이나 암염층에 매장된다. 현재 경주에 처리장을 건설 중이다.

그러나 폐기물 자체를 완전히 없앨 수는 없기 때문에 극도로 세심한 주의와 장기간(약 1,000년 이상)에 걸친 감시가 이루어지지 않으면 환경을 오염시키는 원인이 될 수 있다.

2. 방사성 물질의 식품오염경로

(1) 음료수

음료수에는 빗물 · 수돗물 · 우물물이 있는데 가장 문제가 되는 것은 빗물이다. 빗물은 방사성 강하물이 지표에 떨어질 때 가장 오염을 받기 쉬우므로 빗물을 음료수로 사용하는 것은 위험하다. 빗물도 저장해 두면 방사능이 점차적으로 감소한다.

수돗물은 하천이나 저수지에서 정수장을 경유한 것이므로 이 과정에서 반감기가 짧은 핵종은 대부분 흡수 · 제거되고 반감기가 긴 Sr-90 등의 농도도 크게 줄어든다.

우물물의 경우에는 토양에 오염된 방사성 강하물이 지하수와 함께 이동하는 속도가 상당히 느리기 때문에 그 과정에서 강한 여과작용에 의해 오염물질이 거의 제거된다. 그러나 방사성 물질이 빗물에 섞여 우물로 들어오므로 오염이 일어날 수 있다.

(2) 농산물

곡물, 과일, 채소와 같은 농산물 오염은 방사능 물질이 식물체 뿌리에 의한 토양에서의 흡수와 표면에의 부착 또는 직접 흡수에 의해 일어난다.

Sr-90은 토양 중에 낙하하면 뿌리로부터 흡수되는 경우가 많으며 식물체 표면에서의 흡수는 비교적 적다.

Cs-137은 식물체 표면흡수량이 Sr-90보다 많고 흡수된 것은 식물체 내에서 이동이 활발해서 열매에 농축되는 경향이 있다. 채소의 경우는 주로 강우에 의해 오염된다. 그러나 잘 세척하면 거의 제거되어 위해가 감소된다.

(3) 수산물

방사성 강하물이나 원전사고에서 유출되는 방사성 핵종은 수중에서 어패류나 해조류의 체표면에 직접 흡수되거나 아가미나 먹이를 통해 섭취된다. 이 경우 가장 문제가 되는 것은 생물농축으로서 생물이나 방사성 핵종에 따라 다르지만 농축계수가 몇 천~몇 만 배에 이르는 경우도 있다.

이러한 식물연쇄를 거쳐 오염된 수산물을 사람이 간접적으로 식용으로 이용한다. 대개 수산물은 식물체보다 오염도가 낮은 것으로 알려지고 있다.

(4) 축산물

축산물의 오염은 가축을 통한 2차적인 것으로 가축의 오염과 가장 밀접한 것은 사료와 음료수이다.

가장 문제가 되는 핵종은 I-131로서 이는 반감기가 짧으나 방사성 강하물에 직접 오염된 사료를 섭취할 경우에 쉽게 흡수되고 바로 우유 중에 검출되므로 우유를 그대로 마실 때는 문제가 된다. 그 밖에 식육이나 알 등도 문제가 되지만 크게 염려할 바는 아닌 것으로 알려져 있다.

체르노빌 사고 이후에 식품에서 발견된 가장 중요한 오염원은 I-131이었다. I-131은 반감기는 짧지만 사고 이후에 짧은 기간에는 상당한 양이 검출되었다. 그 예로 영국에서는 원유의 경우는 평소 50Bq/L수준에서 500Bq/L로까지 높아지는 경향을 보였으며, 북반구의 많은 지역에서는 우유 및 부산물에서 Cs-137도 검출된 바 있다.

3. 오염식품의 인체에 대한 작용

방사성 물질에 오염된 식품을 섭취하면 방사성 물질은 그 핵종 고유의 성질에 따라 흡수 · 침착 · 배설되는데 이 과정에서 방사선을 방출하여 여러 장해를 일으킨다.

방사선 동위원소는 에너지가 다른 α, β, γ선을 방출한다. 전리작용은 α선, β선, γ선의 순서로 크다고 알려져 있다. 신체에 대한 장해는 방사선이 DNA나 효소에 에너지가 흡수되어 전리가 일어나기 때문인데 장해의 정도는 이 전리작용에 비례한다. 또한 생체에 흡수되기 쉬운 것일수록, 생체기관의 감수성이 클수록, 반감기가 길수록, 혈액에서 특정조직으로 옮겨져서 침착되는 시간이 짧을수록 인체에 주는 영향이 크다.

방사선의 인체에 대한 장해는 오염된 식품의 경우에 만성적 장해가 대부분이다. 주요 장해로는 탈모, 눈의 자극, 궤양의 암변성, 세포분열 억제, 세포기능장해, 세포막투과성 변화, 생식불능, 백혈병, 염색체 파괴, 유전자 변화, 돌연변이 유발 등이다. 방사성 물질은 신체의 조직에 침착되는 성질이 있으므로 친화성과 침착부위에 따라 장해부위가 다르다.

식품과 관련된 핵종 중에서 Sr-90은 Ca과 마찬가지로 뼈조직에 침착하여 β선을 방출한다. 배설이 매우 완만하고 물리학적 반감기가 28년, 유효반감기가 18년으로서 매우 길기 때문에 문제가 있다. 백혈병, 조혈기능 장해, 골수암 등을 일으킨다. 동물실험에서는 유전적 영향이 큰 것으로 알려지고 있다.

Cs-137도 물리학적 반감기가 30년, 유효반감기가 70일이나 된다. β선을 방출하여 근육(특히 연조직)과 생식세포에 모이며 Sr-90과 같이 장기간 체류는 하지 않으나 생성률이 비교적 크고 잘 흡수되므로 문제가 된다.

I-131은 물리학적 반감기가 매우 짧아서 8.1일이고 유효반감기가 7.6일 정도이지만 생성률이 크기 때문에 문제가 된다. β, γ선을 방출하여 갑상선장해를 일으킨다. 주요 방사성 핵종과 그 표적조직을 표 8-15에 나타내었다.

표 8-15 주요 방사성 핵종과 그 표적 조직

핵종	방사선	유효반감기*(일)	표적조직
^{90}Sr	β	6,400	뼈
^{89}Sr	β	50.3	뼈
^{137}Cs	β	70	연골, 내장
^{14}C	β	12	지방, 전신
^{131}I	β, γ	7.6	갑상선
^{3}H	β	12	전신

*유효반감기 : 생체내에서의 방사성동위원소의 반감기를 말하며 다음 식으로 구한다.
생물학적 반감기 × 물리적 반감기/생물학적 반감기+물리적 반감기

4. 식품의 방사능오염에 관한 기준

FAO/WHO 합동위원회는 국제교역의 대상이 되는 식품의 방사능 핵종에 대한 기준을 표 8-16과 같이 제안하고 있다.

표 8-16 국제통상에 있어 식품 중 방사능 핵종 기준

종류	기준(Bq/kg)
악티나이드 계열	10
Sr-90, 우유 및 유아식품	100
Sr-90, 기타 식품	1,000
기타 모든 방사능 핵종	1,000

우리나라 식품위생법상 식품 중 방사능 허용기준은 표 8-17과 같다.

표 8-17 식품 중 방사능 허용기준

핵 종	대 상 식 품	기준(Bq/kg, L)
^{131}I	영아용 조제식, 성장기용 조제식, 영 · 유아용 곡류조제식, 기타 영 · 유아식, 영 · 유아용특수조제식품	100 이하
	유 및 유가공품	100 이하
	기타 식품*	300 이하
^{134}C+^{137}Cs	모든 식품	370 이하

* 기타식품은 영아용 조제식, 성장기용 조제식, 영 · 유아용 곡류조제식, 기타 영 · 유아식, 영 · 유아용특수조제식품, 유 및 유가공품을 제외한 모든 식품을 말한다.

8-9 내분비계 장애물질에 의한 식품오염

1990년대에 들어와서 인체의 정상적인 호르몬의 작용을 방해하거나 교란시키는 물질이 발견되어 관심을 모으고 있는데, 이를 내분비계 교란물질(endocrine disruptor)이라고 한다. 환경에 방출되어 호르몬처럼 작용하는 화학물질이란 의미에서 환경호르몬으로 지칭되기도 하지만, 우리나라 환경부의 정식 명칭은 내분비계 장애물질이다.

내분비계 장애물질의 위해성은 주로 면역계, 생식계, 신경계의 이상을 초래하며 때로는 발암의 위험성도 내포하고 있다. 특히 동물생태계에 나타난 현상으로 수컷의 정자수 감소나 암컷화 경향이 보고되는데, 이를 가리켜 에스트로겐성 효과(estrogenic effect)라고 하고 그 유발물질을 에스트로겐성 물질(estrogenic substance)로 부르고 있다.

내분비계 장애물질에는 환경오염물질인 PCB, 다이옥신, DDT, DDE, DDD, 프탈산 유도체, bisphenol A, styrene dimer, styrene trimer 등이, 합성에스트로겐성 물질인 diethylstilbestrol(DES)이나 estradiol 등이, 식물성 에스트로겐성 물질인 genistein, coumesterol이나 daidzein 등이 각각 알려져 있다.

1. 폴리염화비페닐(PCB)

PCB는 polychlorinated biphenyl의 약칭으로, 비페닐의 수소가 1~10개의 염소로 치환된 것으로서 지금까지 생산된 것은 주로 염소수 2~6개 정도의 것이었다.

화학적으로 안정하여 산이나 알칼리에 강하고 염소수가 적은 것을 제외하고 불연성이며 내열성이 있고 절연성이 좋은 것 등 우수한 전기적 특성이 있다. 금속에 대한 부식성이 낮으며, 물에 불용인 점 등 다양한 성질을 가지므로 다방면에 널리 이용된다.

용도는 트랜스나 콘덴서의 절연유, 열매체, 윤활유, 도료, 인쇄잉크, 합성접착제, no-carbon지, 복사지, 가소제 등이다. 상품명으로 fenclor, kanechlor, aroclor, phenoclor, clophene 등이 시판되고 있다.

PCB는 물에 녹지 않기 때문에 미생물에 의한 분해속도가 아주 늦고 물리 · 화학적으로 안정하기 때문에 환경오염물질로서 관심의 대상이 되고 있다.

PCB에 의한 환경오염은 그림 8-5와 같이 각종 공장으로부터 누출이나 유출 또는 투 · 폐기에 의하여 직접적인 수계오염으로 이루어진다. 그리고 공장배기나 소각으로 대기가 오염되어 강우에 의하여 수서생물이나 토양을 거쳐서 수계에 들어가는 경로가 있다.

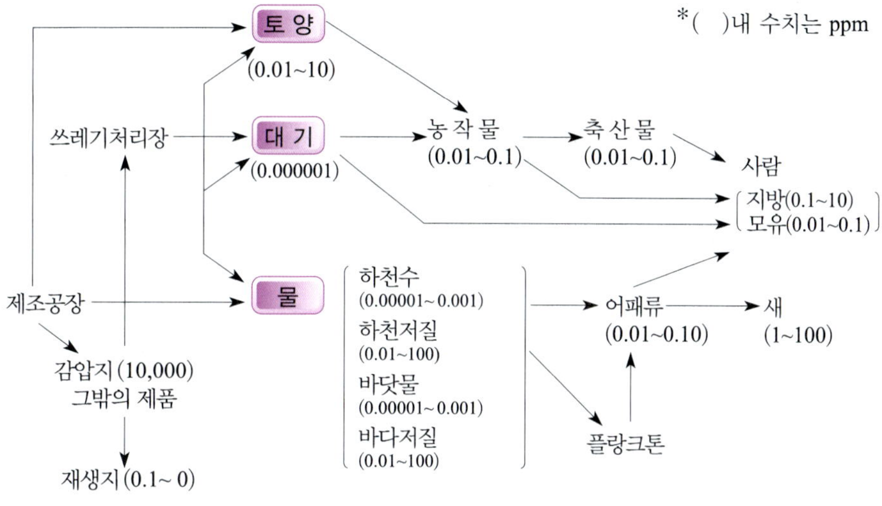

그림 8-5 PCB의 환경 내 동태

PCB는 DDT와 화학구조가 유사하기 때문에 PCB 공존 시 DDT의 독성이 증가하며, 식물연쇄에 의해 농축되는데 어류의 PCB 농축계수(어류 중 PCB 농도/수중 PCB 농도)는 10만 정도라고 한다. 일반적으로 육상식물의 잔류량은 낮으며 동물에서도 수서동물이나 조류가 잔류량이 높고 육상동물이나 가축은 낮다.

PCB에 의한 대표적인 식품오염사건은 1968년 일본에서 발생한 유증(미강유 중독)사건이며, 1979년 대만에서도 일본에서와 유사한 사건이 있었다.

유증사건을 계기로 PCB에 의한 환경오염 연구가 활발히 추진되었고, 사회적인 관심도 높아져서 1971년 로마 환경오염회의와 1975년 인간환경회의에서도 PCB를 의제로 삼았다.

PCB는 많은 나라에서 규제하고 있다. 미국 EPA(환경보호청)는 1979년부터 전면 혹은 부분 규제조치를 취하고 있는데, 한때 PCB가 들어간 트랜스의 설치 장소를 등록하도록 하였고, 1990년 이후 빌딩에 PCB 트랜스 설치를 금하고 있다. 일본의 경우는 1972년 생산중지조치를 취했고, 특정화학물질로 지정하여 트랜스와 같은 밀폐계에서의 사용만이 허용되고 있다.

이러한 규제에도 불구하고 특유의 안정성 때문에 환경시료와 인체 그리고 먹이연쇄 중에 PCB는 아직도 다량 잔류하고 있다. 선진국의 환경오염실태를 보면 물과 대기 및 토양뿐만 아니라 동식물성 식품 등에서도 높은 농도의 PCB 오염이 보고되었으며, 사람이나 모유에서도 검출되고 있다.

우리나라도 광범위하게 오염되어 있으리라 추정되며 경인지구의 모유에서도 검출된 바 있으나 현재로서는 어떤 생산품에 사용되고 그 양이 어느 정도인지에 관한 체계적인 조사가 이루어지지 않고 있다. 외국에서는 PCB 오염분포를 광범위하게 조사하여 사용을 억제하거나 금지하고 폐기물도 제조업자가 의무적으로 회수처리하도록 하고 있다.

PCB의 독성은 급성독성이 되면 초기에는 눈꺼풀과 다리가 붓고, 식욕부진이나 구토증세가 있다. 심해지면 피부의 색소가 검은색으로 변하고 전신에 여드름 같은 것이 생긴다. 임신 중에 여성의 체내에 들어가면 태반을 거쳐 태아의 피부를 검게 하고 때로는 사산을 유발하기도 한다. 아직 어느 정도의 농도가 인체에 영향을 주는지는 정확하게 알려지지 않고 있다.

우리나라에서는 환경보전법에서 공장폐수와 방류수에 대해서는 0.003ppm 이하, 사람의 건강보호를 위한 수질환경기준에서는 전 수역에서 검출되지 않아야 하는 것으로 규정하고 있다. 그러나 아직 식품에 대한 잔류기준은 마련되어 있지 않다.

PCB는 그 자체만이 문제가 되는 것이 아니라 PCB에서 불순물로 검출되는 polychlorodibenzofuran(PCDF), polychlorodibenzo-*p*-dioxin(PCDD), polychlorodiphenyloxide 등도 강한 독성을 나타낸다(그림 8-6 참조).

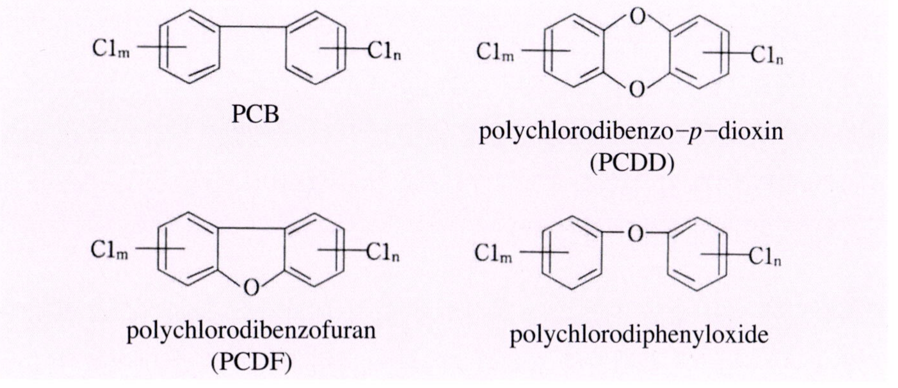

그림 8-6 PCB와 관련된 유독물질

2. 다이옥신

polychlorodibenzo-*p*-dioxin(PCDD)류 중에서 가장 맹독성이고 최기형성 물질로 알려진 것이 4염화다이옥신 2,3,7,8-tetrachlorodibenzo-*p*-dioxin(2,3,7,8-TCDD)으로 이것이 소위 다이옥신의 주성분이다.

염화다이옥신(PCDD)류는 2개의 벤젠고리가 2개의 산소원자에 결합되어 이루어진 3개의 고리구조이다. 염소원자 1~8개가 치환될 수 있어 75개의 이성체가 가능하다.

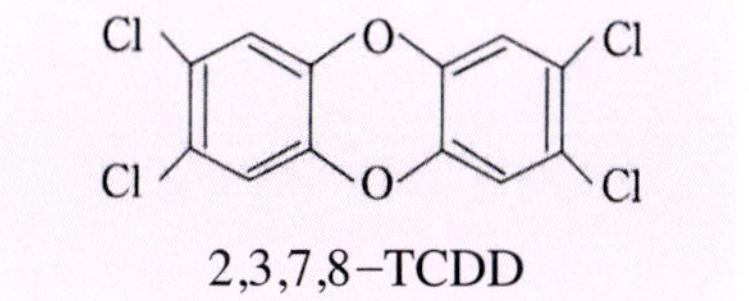

2,3,7,8-TCDD

또 염소 4개가 치환된 TCDD는 22개의 이성체가 가능하지만 그 중에서 가장 맹독성인 것이 2,3,7,8-TCDD이다. 그러나 생성과정에서는 2,3,7,8-TCDD 외에도 독성이 강한 다른 염화다이옥신류도 함께 생성된다. 다이옥신은 매우 안정하고 상온에서는 무색의 결정으로 물에는 녹지 않고 유기용매에 잘 녹는다. 생리적으로도 매우 안정하여 인체 내에서의 반감기가 약 7년으로 매우 서서히 대사된다.

다이옥신의 전구체로 가장 대표적인 것은 2,4,5-trichlorophenol(TCP)인데, TCP는 제초제 2,4,5-T와 소독제 헥사클로로펜 합성에 쓰이는 중간체이다. 이러한 이유로 다이옥신은 제초제와 소독살균제의 제조과정에서 부산물로 생성된다. 다이옥신은 연소에 의해서도 생성된다. 특히 목재방부제인 penta- chlorophenol(PCP)과 같은 염화페놀류, PCB와 같은 염화비페닐류 등을 연소할 때는 고농도의 다이옥신이 생성된다.

석탄이나 석유 등을 사용하는 발전소, 자동차 배기가스, 도시가스의 세정수, 각종 PVC 제품 등 쓰레기의 소각과정에서도 극히 미량이지만 다이옥신이 생성된다. 오늘날 가장 우려되는 환경으로의 유입경로는 일반폐기물과 특정폐기물의 소각을 비롯하여 폐기물의 무단투기이다.

다이옥신이 환경오염물로서 중요시되는 이유는 독성이 강력하고 만성적인 영향이 크며, 환경시료에서 미량의 다이옥신 분석이 어렵고, 잔류성이 크며, 독특한 화학적 성질 때문에 생물농축계수가 지나치게 큰 점 등을 꼽을 수 있다. 다이옥신의 독성을 다른 독성물질과 비교해 보면 인공합성품 중 가장 강력한 독성물질임을 알 수 있다(표 8-18 참조).

표 8-18 다이옥신과 다른 독성물질의 비교

물질	동물 (n mole/kg)	최소치사량	비고
botulinus 독소	생쥐	3.3×10^{-17}	
파상풍 독소	생쥐	1.0×10^{-15}	
디프테리아 독소	생쥐	4.2×10^{-12}	
2,3,7,8-TCDD	기니피그	3.1×10^{-9}	
bufotoxin	고양이	5.2×10^{-7}	열대 두꺼비독
curare	생쥐	7.2×10^{-7}	화살독
strychnine	생쥐	1.5×10^{-6}	마전자(馬錢子)의 alkaloid
muscarine	고양이	5.2×10^{-6}	
diisopropylfluorophosphate	생쥐	1.6×10^{-5}	독가스
sodium cyanide	생쥐	2.0×10^{-4}	

그러나 급성독성 시험결과는 민감한 기니피그와 둔감한 햄스터 사이에 5,000~10,000배의 차이가 난다(표 8-19 참조).

표 8-19 다이옥신의 동물에 대한 LD_{50} 비교

동물	LD_{50} (μg/kg)	동물	LD_{50} (μg/kg)
기니피그	1	마우스	114
숫쥐	22	개	> 300
암쥐	45	황소개구리	> 500
원숭이	< 70	햄스터	5,000
토끼	115		

사람에 대한 급성독성은 기니피그보다는 덜 민감하다는 것이 역학조사 결과 밝혀졌다. 급성중독 증상은 생물마다 다른데, 쥐는 간장장해로, 기니피그는 기아상태와 유사한 전신증상으로 죽으며, 그 밖의 다른 동물은 위의 2가지 증상이 다양하게 나타난다.

동물 대부분에 공통적인 것은 흉선 임파구의 감소현상이다. 미량의 다이옥신에 의해서도 생쥐는 기형을 나타내고 사산과 유산을 볼 수 있다.

다이옥신은 동물실험에서 최기형성과 더불어 대단히 강력한 발암성을 나타낸다. 쥐나 마우스에 저농도 투여하면 간에, 고농도 투여 시에는 간 · 구강 · 폐에 종양이 발생하며, 고농도 투여 시 발암률은 aflatoxin B_1의 3배 정도로 강력하다. 발암기작은 initiator의 역할보다는 promotor일 가능성이 더 많다고 알려져 있다.

사람에게 가장 대표적인 증상이 염소여드름인데, 단순폭로 후에는 몇 달 내에 그 증상이 없어진다. 그 밖에 피로와 쇠약, 말초신경계 이상, 간 손상이 몇 년간 지속된다.

Guide

이니시에이터
개시제 라디칼 또는 이온을 쉽게 만들어 연쇄 축합 반응을 시작하는데 필요한 물질

프로모터
촉진제 첨가로 성능 · 조작상의 향상을 초래하는 물질로, 여기서는 발암의 촉진 역을 맡은 물질

발생이상 또는 염색체 손상 등과 같은 만성중독증상이나 사망률 상승 등은 아직 확인되지 않았다. 미국 EPA(환경보호청)는 최근 다이옥신을 인체발암물질로 분류한 바 있으며, 우리나라의 내용(耐容) 1일 섭취허용량(TDI)은 4 pg TEQ/kg이하이고, 축산물에 대한 기준도 설정되어 있다.

선진국의 조사결과를 보면 다이옥신은 미량이지만 해역, 호수, 하천 등 주변환경에서 발견된다. 식품오염은 어류와 육류에서 주로 문제가 되는데, 오염방지를 위해 WHO에서는 1~4 pg TEQ/kg의 기준치를 마련하고 있고 미국이나 일본 등 선진국에서는 1~5 pg TEQ/kg의 1일 섭취허용량을 정하여 시행 중이다.

환경으로부터의 다이옥신 오염을 억제하기 위해서는 2,4,5-T의 농작물 사용금지, 시판비누와 탈취제 제조 시 hexachlorophene 사용금지, 다이옥신 폐기물의 폐기규정 제정 등의 조치가 필요하다.

식품오염과는 별개의 문제지만, 베트남전쟁 이후에 참전용사들에게 고엽제 후유증이 발생하여 미국을 비롯하여 우리나라에서도 문제가 되고 있다.

우리나라에서는 아직까지 다이옥신 오염사건은 발생하지 않았지만 일반 및 특정 폐기물의 소각과정에서 발생할 수 있어 주의가 요망된다. 또한 환경 중에도 미량이나마 다이옥신류가 없다고 단정할 수 없는 실정이므로 이로 인해 식품이 오염되고 최후에는 먹이연쇄를 통하여 사람이 피해를 입을 가능성도 충분히 있다.

3. 프탈산에스테르류

프탈산에스테르류(phthalate esters)는 플라스틱제품의 가소제를 위시하여 lacquer, 접착제, 인쇄잉크, 염료, 살충제 등의 제조에 널리 사용되고 있는데, 회수되지 않고 환경에 방출되어 그 처리는 자연정화 작용에 의존할 수밖에 없는 형편이므로 최근 새로운 환경오염물질로서 부각되고 있다.

최근의 조사에서는 토양 · 하수 · 해수의 오염은 물론이고 생선, 육류, 식용유지 등 지방이 풍부한 식품과 우유 · 과자에서도 검출되었다. 오염원으로는 환경오염과 비닐랩 등의 포장재료, 식품가공용 플라스틱 튜브 등이 확인되었다.

사용량이 많은데도 난분해성이어서 문제이다. EPA에서도 프탈산에스테르를 gradual adaptation(난분해성이지만 장기간의 훈련에 의해 분해 가능)으로 분류하고 있다. 프탈산에스테르류는 그 측쇄의 형과 길이에 따라 20여 종으로 나눌 수 있으며 주요한 것은 표 8-20과 같다.

표 8-20 중요한 프탈산에스테르

종 류	약 호
dioctyl phthalate(di-2-ethylhexyl phthalate)	DOP(DEHP)
dibutyl phthalate	DBP
diheptyl phthalate	DHP
diisodecyl phthalate	DIDP
butylbenzyl phthalate	BBP
butyl glycolybutyl phthalate	BGBP

가장 널리 사용되는 것은 di-2-ethylhexyl phthalate인데, 이 물질은 속칭 DOP로 일컬어지기도 하지만 화학명인 DEHP로도 불리어진다. 그 다음으로 DBP의 사용이 많아 두 종류가 전 사용량의 70% 이상을 차지한다.

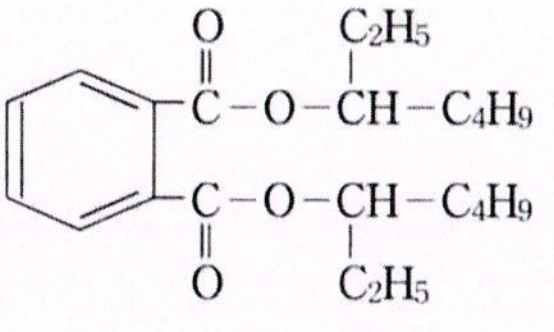

DOP(DEHP)

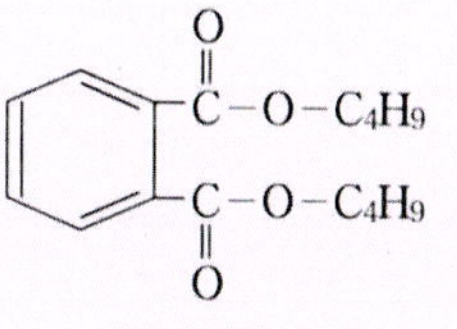

DBP

안전성에 있어서 간장 · 신장 장해 및 발암성 여부는 아직까지 논란이 많으나 생식력 장애 유발성은 장기 경구투여에 의해 증명되었다. 대사 level에서는 미토콘드리아와 리소좀계 효소활성의 억제, 지질대사의 변동 등이 보고되었다.

우리나라에서는 기구 및 용기 · 포장을 제조함에 있어 DOP의 사용을 금지하고 있다. 그러나 1996년 9월에 조제분유와 우유에서 DOP와 DBP가 검출되어 문제가 되기도 하였다.

WHO에서 정한 프탈산에스테르류의 1일 섭취허용량은 1~2mg/kg이다.

4. 비스페놀 A

bisphenol A는 음료수캔의 내부코팅제, 유아용 우유병, 급식용 식판 및 생수용기 등의 소재로 사용되며, 고압증기멸균기에서 polymer가 파괴되거나 불완전하게 중합되기 때문에 플라스틱으로부터 용출되기 쉽다.

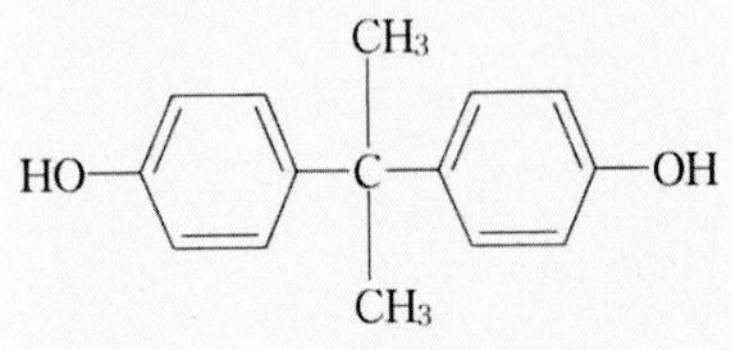

bisphenol A

중독증상으로는 노출에 의해 피부나 눈의 염증과 발열이 나타난다. 섭취 시 암을 유발하거나 태아 발육이상, 수정률 감소, 피부알레르기 유발 등이 보고되고 있다. 1일 섭취허용량은 미국 EPA가 0.05 ppm으로 정하고 있다.

우리나라와 일본에서는 용기로부터의 용출기준으로 2.5ppm 이하, 유럽에서는 3ppm 이하로 정하고 있다.

5. 디에틸스틸베스트롤(DES)

diethylstilbestrol(DES)은 강력한 합성 여성호르몬으로 여성호르몬인 estradiol과 유사한 작용을 나타낸다. DES는 1948~1972년경 유산이나 조산방지 목적으로 임산부에게 처방되었다.

그러나 임신기간 중에 DES에 노출되면, 자손들 중 딸의 경우에는 자궁경부에 구조적 결함이 발견되었고, 아들의 경우에는 고환 기형이나 생식력 저하 등이 관찰되었다. 이를 장기복용한 여성의 경우에는 유방암 유발 가능성이 커진다는 연구결과도 있다.

Chapter 9

식품과 위생환경

9-1 위생동물

1. 쥐(rodents)

(1) 쥐의 종류와 생태

쥐는 설치목(Rodentia) 쥣과(Muridae)에 속하는 포유동물로 종류가 약 2천 종이나 되지만 우리나라에서는 9개속 15종이 기록되어 있다.

위생학상 문제되는 쥐류는 11개 종으로서, 그중 가주성인 시궁쥐(*Rattus norvegicus*), 지붕쥐(곰쥐, *Rattus rattus*), 생쥐(*Mus musculus*) 3종이 인간과 밀접한 관계를 갖고 주택 내 또는 그 주변에서 서식하고 있다.

가주성 쥐 3종을 제외한 모든 쥐류를 들쥐(field rodents)라고 한다. 우리나라에서는 등줄쥐(*Apodemus agrarius coreae*) 1종이 전국에 걸쳐 절대적인 우점종으로 유행성 출혈열의 원인을 제공하기 때문에 관심의 대상이 된다.

시궁쥐는 집쥐류 중에서 가장 커서 성숙한 것은 몸무게가 400~500g이고 몸길이는 평균 200~270mm이며, 꼬리는 165~205mm로 몸길이보다 조금 짧거나 같은 것이 지붕쥐와 구별되는 특징이다.

마루 밑, 담장 밑, 시궁창의 측벽 등에 작은 구멍을 파고 살며, 높은 곳은 지붕쥐만큼 오르내리지 못한다. 지붕쥐는 시궁쥐보다 몸집이 작아서 성숙한 것은 몸무게가 300~400g이고 몸길이는 145~200mm이며 꼬리가 250mm로 몸길이보다 긴 것이 시궁쥐와 구별되는 가장 뚜렷한 특징이다. 귀는 시궁쥐보다 크며 털이 거의 없고 집 천장이나 다락 속에 보금자리를 만들어 주로 실내에서

활동하며, 동작이 빠르고 높은 곳을 잘 오르내리는 재주가 있다.

생쥐는 몸집이 아주 작아서 몸무게가 20g인데 몸길이가 80~100mm이고 꼬리도 몸길이와 비슷하다. 따라서 다른 쥐들이 통과할 수 없는 틈을 쉽게 출입할 수 있으므로 일반 가옥에는 물론 고층건물 상층에까지 분포되어 있다.

쥐는 생후 2주 후부터 죽을 때까지 단단한 물질을 갉는 습성이 있는데 이는 두 쌍의 문치(門齒)를 마멸시키기 위함이다. 일정장소에 천조각이나 솜 등을 모아 둥지를 만들고 청각, 취각, 촉각 등의 감각기관이 매우 발달되어 있으며 야간활동성과 잡식성 등을 가지고 있다.

암컷은 교미 후 22일 만에 출산을 한다. 시궁쥐는 1회에 평균 8~12마리, 지붕쥐는 6~8마리, 생쥐는 5~6마리의 새끼를 낳는다. 새끼는 약 2개월 정도가 지나면 어미가 되고 수명은 약 1년이다.

(2) 쥐에 의한 피해

쥐는 오래전부터 인공적 환경에 적응하여 사람과 함께 살면서 여러 면에서 피해를 주고 있다. 식품이나 식량 및 농작물을 먹어치우고 기물을 갉아서 망가뜨리는 등 경제적 손실 외에도 여러 질병을 전파시켜 많은 인명피해를 주고 있다.

쥐의 오줌에서 감염되는 렙토스피라증(leptospirosis), 쥐에게 물려서 감염되는 서교열(rat-bite fever), 쥐벼룩에 의해 매개되는 페스트, 발진열 등의 감염병과 *Salmonella* 식중독, 기생충인 선모충증은 쥐가 매개하는 것으로 유명하다.

최근에 문제가 되고 있는 유행성 출혈열은 들쥐의 일종인 등줄쥐에 기생하는 진드기가 매개하는 것으로 알려지고 있다.

(3) 쥐의 구제

쥐의 습성이나 생태를 잘 파악하여 그 둥지나 먹이를 제거하는 환경개선이 무엇보다도 중요하다.

가옥이나 부엌 등은 쥐의 침입을 막을 수 있는 구조로 하고, 모든 음식물은 쥐를 방지할 수 있는 용기에 넣어 보관해야 하며, 쓰레기 처리에도 유의하여야 한다.

살서법으로는 천적을 이용하거나 쥐틀이나 쥐덫 등을 사용하는 방법, 불임시켜 번식을 억제하기 위한 불임약제 사용법 등이 검토되고 있으나 주로 살서제가 이용된다. 실내에서는 coumarin계의 대표적인 만성 출혈독제, 즉 화학명이 3-(α-acetonyl benzyl)-4-hydroxycoumarin인 warfarin이 인축에 대한 안전성이 크고 살서율도 높아서 널리 쓰인다.

먹이미끼에 0.025% 섞어 4일 이상 계속 먹으면 약 1주일 후에 죽는데, 이는 혈액응고 저지작용에 의한 내출혈에 기인한다. 그러나 요즈음은 와르파린에 대한 쥐의 저항성이 문제가 되고 있다.

급성 살서제로는 황인제, 인화아연, 아비산 등이 오래전부터 사용되어 왔고 최근에는 fratol(sodium monofluoroacetate)이 많이 사용되지만, 이들은 모두 인축에 대하여 맹독성이므로 2차 중독 방지에 유의하여야 한다. 그 밖에 인축에 대해서는 비교적 안전하고 특히 시궁쥐에 유효한 ANTU(α-naphthylthiourea)를 1.5% 농도로 먹이미끼와 섞어서 사용하기도 한다.

2. 곤충류

(1) 파리(flies)

1) 파리의 종류와 생태

파리는 쌍시목에 속하는 곤충으로 그 종류가 몇천 종이나 되지만 식품위생상 문제가 되는 것은 집파리, 검정파리, 쉬파리 등이다. 집파리는 우리나라에서 가장 흔한 가주성 파리이며 도시보다 농촌에 많고 쓰레기, 퇴비, 축사 등에서 많이 발생한다.

쉬파리 중에서 대표적인 것은 똥파리인데, 변소에서 발생하는 구더기의 대부분은 이것의 유충이다. 이 밖에도 쓰레기, 돼지우리, 닭장 등에서 발생한다.

특히 이 파리는 난태성(이미 부화된 알을 낳는 것)이어서 어류 등에 구더기가 생기게 하여 불결감을 준다.

검정파리류는 청색을 띠는데 그중에서 큰 검정파리는 높은 발생률을 보인다. 봄과 가을에는 인가 주변에서 발견되고, 여름에는 산으로 이동하여 높은 곳에서 발견된다.

성충은 유충이 발육하기 좋은 곳에 산란하며, 한 번에 50~150개, 일생 동안 5~6회 산란한다. 산란 후 부화하여 성충이 되면 2번 탈피하고 성장이 끝난 유충은 먹이 중에서 기어나와 비교적 건조한 곳을 찾아가서 번데기가 되고, 5~10일 있으면 산란을 한다. 산란은 최초의 10일 이내에 완료한다.

2) 파리에 의한 피해

파리는 도처에 날아다니며 불결한 것과 자주 접촉하고 각종 음식물이나 식기류 등에 덤벼들므로 불쾌감이나 불결감을 준다. 그뿐만 아니라 파리는 병원균을 기계적으로 전파한다. 파리가 전파시키는 감염병은 장티푸스, 파라티푸스, 세균성 · 아메바성 이질, 결막염, 콜레라, 결핵, 뇌척수막염, 살모넬라성 위장염, 소아마비, 나병, 화농성 질환 등이며 회충, 십이지장충, 요충, 편충 등의 충란을 운반하기도 한다.

파리의 유충이 식품에 섞여서 소화관에 침입하면 승저증(蠅蛆症, 파리유충증, myiasis)을 일으켜 복통, 구토, 설사, 발열, 혈변 등의 증상을 나타내기도 한다.

3) 파리의 구제

가장 이상적인 방법은 파리의 발생원을 제거하는 것인데 환경위생 개선으로 목적을 달성할 수 있다. 파리의 발생원은 쓰레기, 변소, 퇴비, 축사 등이므로, 이들의 위생적 관리를 철저히 한다.

성충이 된 파리를 없애는 것은 어려운 일이며, 노력만 많이 들고 효과는 적다. 파리의 유충은 비교적 살충제에 대한 저항성이 강하며, 각종 장소에서 발생하여 살충제에 접촉할 기회가 적기 때문에 철저한 박멸을 위해서는 파리가 발생할 수 없는 환경을 만들어야 한다.

살충제를 이용한 구제에는 diazinon, malathion, nalad, dimethoate 등을 직접 분무하거나 DDVP를 연무 또는 훈증하는 방법이 있지만 사용상 제약이 따르고 효과도 일시적인 경우가 많다. 소극적인 방법이지만 파리병이나 파리채 등에 의해서 효과를 얻을 수도 있다. 약제를 이용하는 경우에는 식품 · 식기류 · 실내의 동물에 약해가 생기지 않도록 충분히 배려할 필요가 있다.

(2) 바퀴(cockroaches)

1) 종류

바퀴는 원시적 형태를 한 곤충으로 약 4억년 전에 지구상에 나타난 후 현재까지 큰 형태적인 변화없이 환경에 적응하면서 많은 종으로 분화되어 왔다. 바퀴는 바퀴목(Blattaria)에 속하는 곤충으로 약 4천종이 알려져 있으나, 1% 미만이 인간생활과 관계를 갖고 있어 위생상 문제가 되고 있다.

우리나라에는 9종이 분포되어 있고, 그 중에서 다음 4종이 가주성으로 알려져 있다(그림 9-1 참조).

① 독일바퀴(*Blattella germanica*) : 우리나라에서 가장 많이 발견되는 종이다. 몸길이가 1~1.5cm로 가주성 바퀴 중 가장 작으며 수컷은 밝은 황갈색이고 암컷은 약간 검다.

② 이질바퀴(*Periplaneta americana*) : 미국바퀴라고도 하며, 가주성 4종 중 가장 큰, 몸길이 3.5~ 4cm의 대형종이고 우리나라 남부지방에 국한되어 분포하며 색은 광택있는 적갈색이다.

③ 검정바퀴(*Periplaneta fuliginosa*) : 먹바퀴라고도 하며, 몸길이가 3~4cm이고 색깔은 흑갈색이며 몸과 날개에 모두 강한 광택이 있다.

④ 일본바퀴(*Periplaneta japonica*) : 집바퀴라고도 하며, 검정바퀴와 아주 비슷하나 몸집이 좀 작고 암컷의 날개가 짧아서 복부 중앙부까지밖에 닿지 않으므로 쉽게 식별할 수 있다. 수컷은 몸집이 가늘고 흉부배면이 약간 울퉁불퉁하므로 평활한 검정바퀴와 구별된다.

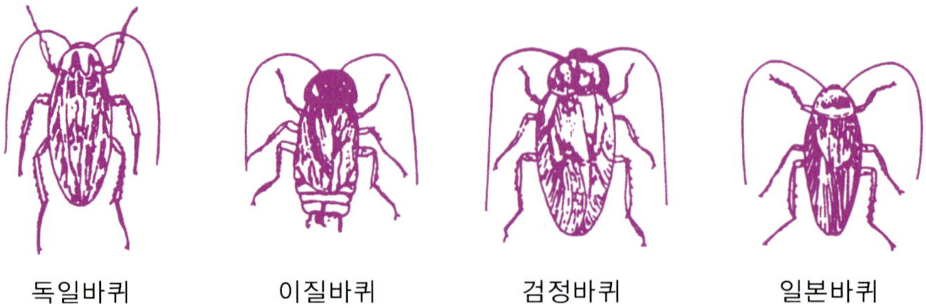

그림 9-1 우리나라의 가주성 바퀴의 종류

2) 생활사와 습성

바퀴는 알(egg) → 자충(nymph) → 성충(adult)으로 발육하는데, 알에서 부화된 자충은 종류에 따라 4~5회에서 7~8회의 탈피를 하면서 발육하며, 성충이 되면 교미활동을 하고 암컷은 죽을 때까지 산란을 계속한다. 성충의 수명은 3~4개월에서 1년 이상으로 종류에 따라 다르다(그림 9-2 참조).

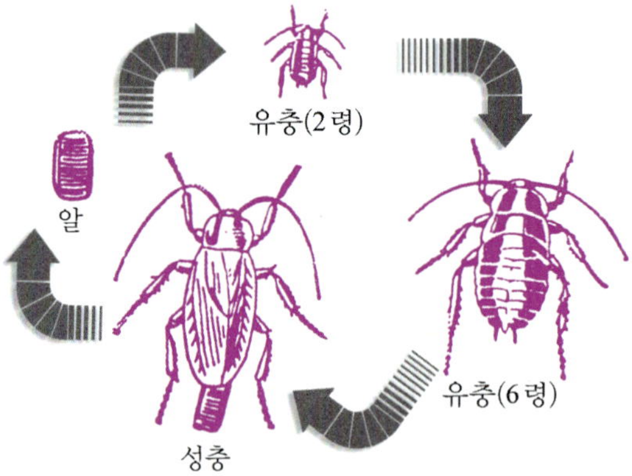

그림 9-2 바퀴의 생활사

바퀴는 산란하는 알 수가 비교적 적고 발육기간이 종류에 따라 1개월에서 1년 이상의 장기간을 요하므로 번식이 느린 곤충이다. 온도가 낮으면 발육기간은 더욱 길어져서 겨울철에는 발육 및 증식이 거의 중지된다.

바퀴의 번식은 높은 온도 유지와 충분한 먹이에 달려 있으므로 난방시설이 완비된 건물이 많은 도시, 그 중에서도 아파트에 집중되어 서식하고 있다.

식성은 잡식성이다. 가주성이므로 건물 내에 먹이를 구할 수 있고 온도나 습도가 적절한 으슥한 곳이면 어디에서나 서식할 수 있다. 대체로 부엌이나 주방의 벽 틈, 찬장 뒤나 서랍 밑면, 라디에이터 뒤, 싱크대 밑 또는 상자나 음식물을 쌓아 놓은 곳 등에서 발견될 뿐만 아니라 옥외의 쓰레기처리장이나 쓰레기통 및 하수구 등에서도 볼 수 있다.

광선을 싫어하므로 낮에는 은신처에 숨어 있다가 밤이 되면 민첩한 동작으로 활동하며 먹이를 섭취한 후에 다시 은신처로 돌아간다. 또한 바퀴는 집단생활을 한다는 것이 밝혀져 있다.

3) 바퀴에 의한 피해

바퀴는 보기에도 불쾌감과 공포감을 주며 이질바퀴와 같은 큰 종류는 잠자는 어린아이를 물어서 상처를 내기도 한다. 또한 바퀴의 분(feces)에 돌연변이성 물질과 발암성 물질이 미량 함유되어 있다는 사실이 밝혀졌다. 이들 물질은 모두 트립토판 유도체로서 xanthurenic acid, kynurenic acid, 8- hydroxyquinallic acid 등이다.

간접적인 피해로는 병원체의 기계적인 운반을 들 수 있다. 지금까지 페스트, 나병, 장티푸스, 이질, 콜레라, 폐렴, 디프테리아, 파상풍, 결핵 등의 세균, 폴리오, 간염 등의 바이러스, 민촌충, 회충 등의 기생충, 이질아메바, 트리코모나스 등의 원충, *Aspergillus fumigatus, Asp. niger* 등의 곰팡이를 바퀴가 운반한다는 것이 확인되었다.

4) 바퀴의 구제

바퀴가 발생하기 쉬운 곳이나 은신처를 제거하거나 깨끗이 하고 먹이가 되는 음식물 관리를 철저히 하여 주위를 청결하게 하는 것이 무엇보다도 중요하다.

살충제를 사용하는 방법에는 다음과 같은 것 들이 있다.

① **독이법**(bait poison) : 바퀴먹이에 0.1% keptone, 2% propoxur, 10~15% 붕산 등의 살충제를 각각 혼합하여 식독작용을 일으키게 하여 구제하는 방법으로 완전구제는 어렵다.

② **훈증법과 훈연법** : 속효성이며 휘발성 살충제를 50μ 이하의 미세입자로 충분량 연무하거나 가연물질과 함께 연소시켜서 바퀴가 숨어 있는 틈 속까지 살충제를 침투시키는 방법이다.

연무 시는 0.3% pyrethrin과 3% 증강제의 혼합제나 0.5% DDVP 등을 사용하고 훈연 시는 40% pyrethrin 혹은 DDVP 등을 쓴다. 처리 후에는 2~3시간 밀폐가 필요하다.

③ **잔류분무** : 잔효성 살충제인 1% diazinon, 3% chlordane, 1% propoxur, 0.5% dursban, 3% fenitrothion 등의 유제나 수화제를 분무하거나 분제를 살포한다.

95~96% 붕산분제를 살포해도 동일한 구제효과를 얻을 수 있다. 이 방법이 바퀴 구제에 가장 효과적이고 경제적인데 1회 사용으로 몇 개월 간 약효가 지속된다.

3. 진드기(ticks and mites)

진드기는 절족동물문(Arthropoda) 거미강(Arachnida) 진드기목(Acarina)에 속하는 동물로서 1만여 종 이상이 알려져 있고 식품에서 발견되는 종류만 해도 100종이 넘는다. 몸길이에 따라 통상 큰 진드기류(ticks)와 작은 진드기류(mites)로 구분되는데 3mm 이상의 것을 tick, 3mm 이하를 mite라고 한다.

진드기는 대개 타원형이며 편평하고 머리 · 가슴 · 배 등의 구분이 없으며 다리는 네 쌍(유충은 세 쌍)이고 몸체 한쪽 끝에는 머리같이 보이는 구기(口器)가 있다. 몸체, 다리, 촉지 등에는 잔털이 있으며 외피는 혁질이나 막질 혹은 각질로 이루어져 있다. 식품에서 발생하는 진드기는 대부분이 작은 진드기류(mites)이다.

(1) 진드기의 생태

진드기는 대개 자유생활을 하지만 몇 종은 동식물에 기생하기도 한다.

진드기의 발육은 알 → 유충 → 약충 → 성충의 단계를 거치는 것이 일반적이지만 약충기를 거치지 않는 것도 있다.

진드기는 변온동물로서 성장에 소요되는 일수는 환경조건에 따라 다르다. 진드기의 번식요인 중 가장 중요한 3요소는 영양 · 수분 · 온도이다. 온도는 20℃ 이상, 상대습도 75~85%, 먹이 중 수분 15~20% 등이다. 영양조건은 단백질과 탄수화물은 필수이며 지방이 있으면 더욱 좋다.

진드기가 발생하기 쉬운 식품은 적당한 온도 · 습도 · 영양소가 만족된 건조과일, 된장, 염장어패류, 건어물, 치즈 등이다. 밀봉하지 않고 오래 방치한 식품에 잘 침입한다.

(2) 식품에 발생하는 진드기류

1) 가루진드기류

대표적인 것으로는 그림 9-3과 같은 긴털가루진드기(*Tyrophagus putrescentiae*), 수중다리가루진드기(*Tyrophagus farinae*), 보리가루진드기(*Aleuroglyphus ovatus*), 설탕진드기(*Carpoglyphus lactis*) 등이 있다. 크기는 0.3~0.6mm이고 유백색이다.

① **긴털가루진드기** : 몸길이 0.3~0.5mm의 유백색~황백색의 진드기로 곡류, 곡분, 빵, 과자, 건조과일, 치즈, 건어, 초콜릿 등 각종 식품에서 발견된다. 가루진드기류 중에서 가장 흔하게 발견되므로 그 피해도 크다.

② **수중다리가루진드기** : 몸길이 0.4~0.6mm인 유백색의 진드기로 유럽에서는 가장 흔한 종류이다. 각종 저장식품, 종자, 치즈, 건조과일 등에 발생한다. 대량으로 발생하면 식품에 곰팡이냄새를 발생시켜 식품의 가치를 떨어뜨린다.

③ 보리가루진드기 : 몸길이 0.4~0.6mm의 타원형이고, 유백색의 진드기이며 곡류나 건어물에서 주로 많이 발견된다.

④ 설탕진드기 : 몸길이 약 0.4mm인 유백색의 달걀형 진드기로서 세계적으로 널리 분포한다. 조제 설탕이나 된장 등의 표면에 많이 번식하고 건조과일에서도 많이 발견된다.

⑤ 집고기진드기 : 타원형이며, 몸길이가 0.5~0.6mm로 체표면에 점이 있다. 설탕과 치즈 등에 발생하며, 미국 등지에 많이 분포되어 있다.

⑥ 작은가루진드기 : 몸길이가 0.3~0.5mm로 밀가루, 건조 달걀, 흑설탕 등에 발생한다.

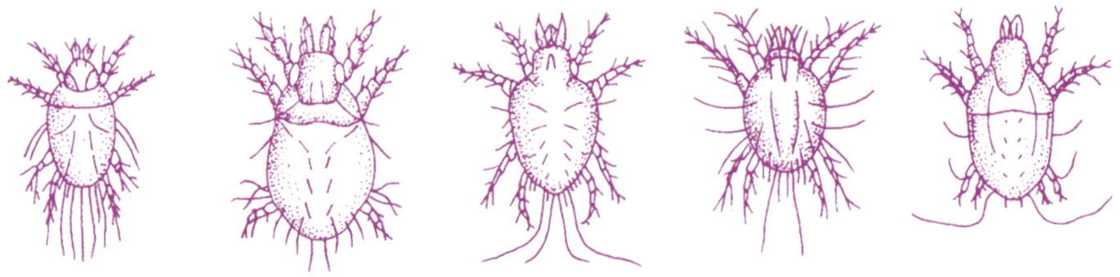

긴털가루진드기 보리가루진드기 설탕진드기 집고기진드기 작은가루진드기

그림 9-3 식품 중에 발생하는 가루진드기류

2) 먼지진드기류

몸길이가 0.1mm 정도인 아주 작은 진드기로 식품 중에는 보리먼지진드기(*Tarsonemus floricoris*)가 곡물, 곡분, 건물 등에서 발견된다. 사람의 분뇨에서도 발견되며, 인체 내 진드기증의 원인으로서 주목되는 식신혈충증(食腎血蟲症)도 먼지진드기인 *Nephrophagus sanginarius*가 일으킨다.

(3) 피해와 방지대책

진드기가 식품에 번식하면 불결감을 주고 식품을 망가뜨리거나 변질시켜 식품가치를 떨어뜨린다. 식품 중 진드기의 존재는 보관이나 취급의 불비함을 나타내고 식용으로도 부적당하다.

진드기는 건조한 상태에서는 증식할 수 없다. 온도 20℃ 이상, 습도 75% 이상, 식품 내 수분함량이 13% 이상일 때 잘 증식한다.

진드기의 발생을 방지하려면 평소에 환경을 깨끗이 하고 주방, 찬장, 식품 저장장소 등의 통풍을 잘하여 방습에 힘쓰고 식품의 보관에 신경써야 한다. 곡분이나 과자 등은 수분함량이 10% 이하가 되도록 충분히 건조시켜 방습용기에 보존하고 곡물 등은 방습용기 속의 습도를 60% 이하로 하여 보존한다.

식품에 따라서는 가열, 냉동, 저온보존, 포장 등의 방법을 이용한다. 진드기는 50~60℃에서 5~7분 간 가열하면 사멸되고 냉동하여도 대체로 죽지만 0℃ 정도의 저온보존은 증식을 억제할 뿐 완전히 사멸시킬 수는 없으므로 알루미늄 포일(Aluminium foil), 폴리에틸렌 등으로 구멍이나 틈이 없이 밀봉 포장하는 것도 방제의 한 방법이다.

약제에 의한 방제는 잔류 분무가 가장 효과적이다. 2% malathion, 0.5% diazinon, 1% naled, 0.5% lindane 등의 살충제가 유효하지만 식품에 직접 뿌려서는 안 되며 외부살포만이 가능하다. 진드기는 마루 밑, 벽 틈, 기구, 창틀, 벽의 밑부분 등으로 침입하기 쉽다. 이런 곳에 중점적으로 분무하는 것이 효과적이다.

9-2 식품제조시설의 위생과 관리

식품의 위생을 제대로 유지하면서 안전성을 확보하기 위한 조건은 ① 사용하는 원료가 위생적으로 안전할 것 ② 식품을 취급하는 사람이 위생관념을 갖고 있을 것 ③ 식품을 취급하는 시설이 위생적으로 관리가 되어 있을 것 등 세 가지로 볼 수 있다. 이 중 한 가지만 결여되어도 식품의 위생처리와 안전성은 보장되지 않는다.

아무리 건강한 식품취급자가 위생적인 원료를 사용하여 음식물을 위생적으로 다룬다고 할지라도 식품의 제조 · 가공시설이나 재료의 보존시설 등이 위생적이지 않으면 건전식품의 창출은 불가능할 것이다.

각 식품업소에서 갖추어야 할 위생적인 시설은 업종에 따라 다르므로 각종 업소에 있어서 공통적으로 요구되는 시설위생에 관한 문제를 살펴보기로 한다.

1. 건 물

(1) 건물의 입지조건

식품관계 영업시설의 건물입지는 다음과 같은 4대 조건을 갖추어야 한다.

1) 깨끗한 주위환경

환경오염으로 인한 식품오염이 증가하는 추세에서 식품을 제조 · 가공하는 공장 주변의 청결은 식품의 안전성 확보를 생각할 때 중요한 조건의 하나가 된다. 공해요인을 갖는 공장 밀집지대, 사람이 많은 주거지역, 비포장도로 인접지역 등은 유독가스, 악취, 먼지 및 부유세균 등이 많아서 적합하지 못하다.

2) 양질의 용수확보

입지선택이 잘못되어 수질불량과 용수부족으로 막대한 추가운영비와 생산능률의 저하를 면치 못하는 예도 흔히 볼 수 있다. 이와 같은 문제의 발생을 예방하기 위해서는 지형, 지질, 수질, 갈수기 등에 대한 정밀조사가 앞서야 한다.

3) 오수 · 폐기물 처리의 편리성

하천은 자정작용을 가지고 있기 때문에 오수를 희석, 확산, 폭기, 침전, 분해 등으로 어느 정도 자연 정화를 해준다. 고형폐기물은 물성이 안정하여 매몰 등에 의해서도 환경오염물질화가 될 수 있으므로 이들에 대한 처리에 편리하도록 사전 검토가 충분하여야 한다.

4) 운수 · 교통 및 전력 사정

이것도 역시 장기적인 안목으로 충분한 검토가 있어야 하며 이것이 잘못되면 역시 업체운영에 불필요한 경제적 부담이 가중되어 결과적으로 제품의 품질 또는 시설위생면에서 결함이 생긴다.

(2) 건물의 구조

건물 자체의 내구성 여부가 식품의 품질에 직접적으로 영향을 주는 것은 아니나 시설구조가 불침투성이어야 하는 원칙과 파손 등에서 오는 청결유지의 곤란성 등을 생각할 때 목조건물보다 내구성이 높은 콘크리트로 되어야 하는 것은 당연한 일이다.

1) 각실의 배치

구분과 배치에서 고려하여야 할 점은 ① 원료로부터 시작하는 제조공정은 반드시 일정 방향으로 진행될 것 ② 청결과 불결지역의 작업이 서로 교차되는 일이 없을 것 ③ 시설설계는 병원미생물의 오염을 전제로 하여 이에 대응하는 적절한 배려가 있을 것 등이다.

위생적인 면에서 제조공정의 작업동선을 고려할 때에는 그림 9-4와 같이 청결도의 관점에서 오염작업구역이나 비오염작업구역(준청결작업구역, 청결작업구역으로 구분)으로 구분하고 원재료 · 식품류 · 제조기기류의 상호 오염을 방지하기 위하여 각 작업구역을 구획하며 천정 · 바닥 · 벽을 색으로 구별하는 것이 필요하다.

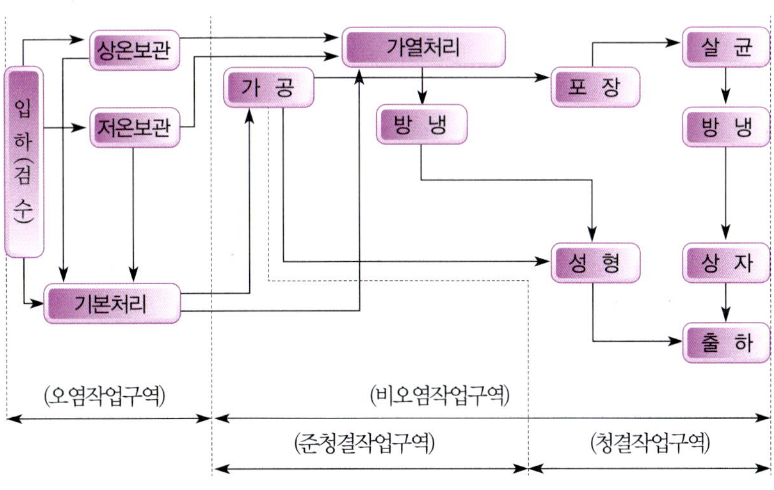

그림 9-4 제조공정의 작업구분

2) 작업장의 면적

면적에 대한 법적인 규제는 없지만, 적절한 면적의 확보는 작업의 능률과 종업원의 건강관리에 밀접한 관계가 있으므로 궁극적으로는 품질과 위생상의 여러 문제에도 영향이 있다.

3) 바닥

불침투성이고 표면이 평활하여 청소하기 쉽고 내구성이 높은 자재로 한다. 배수구는 측벽으로부터 15cm 띄어서 벽에 평행하게 설치하고 실외 배수구와 통하는 부분은 방서구조로 한다. 바닥의 경사는 1m에 1.5cm 높이(1.5/100 비율)가 적당하고 배수구의 경사는 3/100 이상으로 하여야 배수가 빠르다.

4) 벽

불침투성 재료로 처리하고 청소하기 쉽게 표면을 평활하게 한다. 색조는 밝은 색이 좋다. 바닥과의 접속부위 및 창의 접속부위는 굴곡 또는 경사를 둔다. 바닥과 벽의 모서리에 수도와 라디에이터 또는 배관이 되어 있으면 먼지와 쓰레기가 쌓여서 청소하기 어렵고 곤충의 서식처 또는 쥐의 통로가 된다.

이러한 배관은 벽, 지하, 천장 등에 매설해야 하며, 부득이한 경우는 바닥에서 약 30cm 높이에 부착시켜 철판을 씌워야 한다.

내측벽 하부는 부식되기 쉬우므로 바닥으로부터 적어도 1.5m 정도 높이까지는 타일이나 시멘트 등의 불침투성 재료를 입히거나 세균방지용 페인트로 칠하는 것이 좋다. 바닥과 벽의 접속부분이나 벽과 창살의 접속부분은 직각으로 모나지 않게 하고 둥글게 하거나 경사를 주어 청소에 편리하도록 한다(그림 9-5 참조).

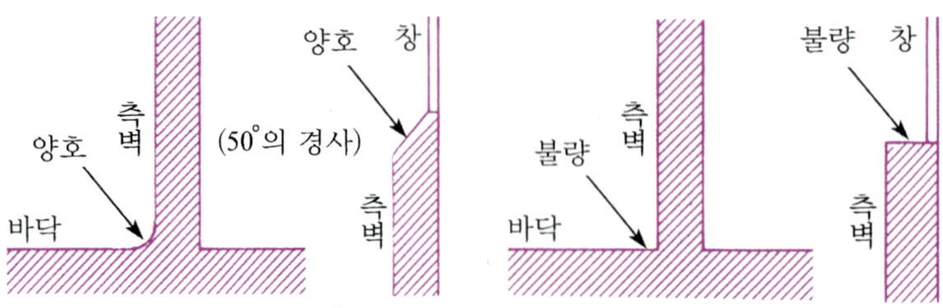

그림 9-5 바닥과 벽 및 창살과의 접속부

5) 천장

평활하고 밝은 색의 재료로 처리하고 가능하면 수세도 할 수 있으면 좋다. 통풍이 잘되고 수증기의 응축이 없으며 도장물이 탈락하지 않아야 한다. 수증기의 응축에 의한 물방울이 생겨 식품에 직접 떨어져서 식품을 오염시키는 것을 막기 위해서 천장은 벽을 향해서 완만하게 경사지도록 한다.

6) 채광 · 조명

햇빛을 충분히 이용하기 위해서 창의 면적은 벽 면적을 기준으로 할 때 70% 이상이며, 바닥 면적을 기준으로 할 때는 20~30%로 하는 것이 좋다. 창의 상단은 가능하면 천장위치까지 높이는 것이 좋다.

현행 우리나라의 규제는 작업장의 경우 75룩스 이상으로 되어 있으나, FDA 등에서의 전등배치는 그림자가 없도록 낮은 촉수를 여러 개로 적절히 배열한다.

식품공장에서의 조명도를 보면 혼합 · 가열 · 건조 공정의 경우는 100룩스, 포장 · 선별공정은 200룩스, 장식 및 검사공정은 500룩스가 적당하다. 조명방식은 검사공정 등은 국부조명으로 하고 그 외에는 전체조명으로 한다.

7) 환기 · 통풍

식품의 제조 · 가공 시설에는 효과적으로 환기 또는 배기를 할 수 있는 설비를 해야 하는데 창이나 천장은 수증기나 폐기(연기, 가스) 등이 빨리 배출돼야 한다. 매시간당 최소 공기순환횟수를 보면 주방 20회, 식품저장실 6회, 화장실 · 세척실 8회, 복도 · 그 밖에 4회가 표준이다.

이외에도 배기 팬(fan)이나 ventilator 등을 이용하여 인공적으로 환기를 한다. 불을 이용하거나 기름증기가 증발되는 곳에는 통풍장치를 하는 것은 물론이고 불을 이용하는 곳의 주위 2m 이상은 특히 방화구조로 한다.

8) 방충 · 방서

쥐와 곤충의 출입을 방지하기 위해서는 작업장 내외의 배수구와 출입구 또는 화장실과 출입구에는 방서설비를 하고 조리장과 화장실의 창구에는 방충 · 방서를 위한 금속망이나 그 밖에 적당한 설비를 해야 한다. 방충 · 방서용 금속망으로는 30mesh 정도가 적당하다.

방서설비는 다음과 같이 하는 것이 좋다. 건물기초는 지하 60cm 이상의 깊이로 하고 건물의 내부바닥은 콘크리트로 한다. 외벽은 지면에서 50cm 이상을 평활하게 한다. 출입문은 지면에서 0.5cm 이하의 간격으로 하고 하부의 외측에서 함석으로 30cm를 씌우고 그 하단은 접어서 안에서 부착시킨다.

지붕과 벽 사이의 통기용 공간은 막거나 철망을 설치한다. 외부의 물받이관과 배선에 유의해야 하고 초음파방서기를 가급적이면 출입구 부근에 설치하면 좋다. 창고 등에 고양이를 사육하는 것은 오히려 위생상 역효과를 초래한다.

9) 배수

하수도나 폐수 탱크 등은 당국이 인정하는 적당한 처리방법과 시설로 되어 있어야 하고, 폐수는 배수관을 통한 역류의 가능성이 있으면 안 된다. 배수관의 내경은 최소 4inch이고 용량이 많을 때는 6inch 이상이어야 한다.

상수도전의 끝은 높이가 물통보다 4cm 이상 떨어져야 하는데, 그 이유는 수면 이하에 입구가 잠겨 있으면 단수 시 감압으로 물통의 오수가 내부에 흡인되기 때문이다. 상수도관과 배수관은 서로 교차로 배관되어 있으면 안 되고, 건물 주위의 배수구는 언제나 청결하여야 하고 적당한 경사가 있어서 배수 및 빗물이 자연적으로 흘러 내려가야 한다.

건물 주변의 통로 및 공지는 물이 고이거나 분진이 일어나지 않게 콘크리트 등으로 처리하고 공지가 넓으면 잔디 또는 자갈로 하여 위생관리에 지장이 없도록 한다.

2. 설비와 기구

가장 중요한 것은 취급하는 물량에 충분한 수량의 기구와 용기를 비치하는 것이다. 그리고 그것을 위생적으로 잘 보존하는 습관이 필요하다.

(1) 기구 · 용기의 크기와 수량

적당한 크기의 기구와 용기를 충분히 갖추는 것은 작업을 정연하게 진행시키는 데 필요하다. 적당한 크기의 기구와 용기가 없어서 작업이 늦어지거나 재료 및 새로 만든 제품이 그대로 장시간 방치될 때가 있다.

그 동안에 세균이 부착하여 증식하고 부패를 촉진시켜 식중독의 원인이 될 때도 있다. 또 금이 간 플라스틱 용기는 그 틈 사이에 이물이 끼어 세균의 좋은 번식처가 된다. 이와 같은 파손 교체를 고려하여 25% 정도의 여분을 비치한다.

(2) 기구 · 용기의 재질과 구조

식품에 직접 접촉하는 기구 · 용기는 완전히 위생적이어야 하므로 세척, 소독, 살균 등에 충분히 견딜 수 있는 재질이어야 한다. 구입에 있어서도 세척하기 쉬운 구조의 제품을 선택해야 한다.

(3) 기구 · 용기의 보관

사용하지 않는 기구 · 용기는 충분히 세척 · 소독 · 살균한 다음 재오염이 없도록 위생적으로 보관하여야 한다. 그러기 위해서 선반, 찬장, 탁자 등은 물이 흡수되는 목제보다 금속제가 바람직하며, 쥐나 곤충 등의 침입을 막을 수 있는 설비가 되어 있어야 한다.

(4) 대형 기계 · 기구의 관리

이동하기 어려운 기계 · 기구는 50cm 이상의 간격을 두며, 고정은 콘크리트 바닥에서 15cm 정도 높이로서 청소하기 쉽게 배치하며 이들 기계류의 계기 등은 항시 점검을 하여 이상이 없음을 확인해 둔다.

식품공장의 자동화 · 기계화 및 대량생산화는 위생적이지 않고 오히려 조제식품의 세균오염을 증가시키는 일이 자주 있다. 따라서 이와 같은 대형기계 및 기구에 대해서는 엄중한 위생관리를 실시해야 한다.

사용 전 · 후에 반드시 세척 · 소독을 확실하게 실시해야 하며 비오염작업구역의 기계 및 기구는 절대로 오염작업구역에서 사용하면 안 된다.

3. 급수와 오수 · 오물처리

(1) 급수

식품취급시설에 있어서 급수설비의 위생적 조건은 그 기준이 된다. 음용에 적합한 물이 풍부하게 공급 · 확보되는 것이 제일이고 상수도에 의존한다면 우선은 안심할 수 있다. 상수도가 이용되지 않는 장소에서는 우물물, 샘물, 하천수 등이 사용되는데 어느 경우이건 연 1회 이상 검사기관의 수질검사를 받아 적부판정을 확인할 필요가 있다.

(2) 화장실

화장실은 조리장이나 우물에서 적어도 15m 이상 떨어져 있어야만 위생적인 조리가 가능하고 오물이 우물에 스며들지 않는다. 화장실은 재래식보다는 수세식이 좋으며 출입구나 창에는 방충 · 방서용 설비를 하여 해충, 쥐 등의 침입을 막아야 한다.

화장실에는 냉 · 온수로 손을 씻을 수 있는 시설을 갖추어야 하고, 비누나 역성비누 등의 세척 · 소독제를 항시 비치하여야 한다.

(3) 오수 · 오물처리

오수는 일반적으로 산업폐수 · 가정하수 · 빗물 및 지하수로 나눌 수 있으며 식품시설에서 배출되는 오수는 대부분이 산업폐수이다.

식품공장의 폐수는 유기물 함량이 높기 때문에 생물학적 산소요구량(BOD), 부유물질(SS) 등이 매우 높다. BOD는 특히 빵류 · 전분류 · 조미료 제조업과 도축업에서 평균 2,000ppm으로 높게 나타난다. SS의 경우는 도축업에서 1,300ppm, 빵류제조업에서 1,150ppm 정도로 높은 편이다.

식품공장폐수의 처리에 가장 적합한 방법은 생물학적 처리법인 활성오니법이다. 그 밖의 처리방법은 이 처리를 효과적으로 행하기 위한 전처리로 쓰일 때가 많다. 식품공장에서 배출되는 폐수는 수질환경보전법에 따라 배출허용기준을 정하여 규제하도록 되어 있다.

공장에 따라 배출되는 폐수의 성분도 다른데, 동물성 식품 제조공장의 폐수에는 함유되어 있는 유지가 자동산화되어 산패취를 내는 경우가 많아 악취의 원인이 되기는 한다.

오물에는 분뇨와 쓰레기 등이 있는데, 분뇨에는 병원균이나 기생충알 등이 들어 있으므로 분뇨를 위생적으로 처리하는 것은 국민보건상 매우 중요한 일이다. 이를 위해 수세식 화장실 시설을 갖추고 여기서 흘러나간 하수는 자치단체의 하수종말처리장에서 정화처리하는 것이 바람직하다.

쓰레기 처리시설은 제조장으로부터 3m 이상 떨어져 있고 항상 위생적인 상태로 유지 · 관리되어야 하며 음료수를 오염시키지 않도록 설계되어야 한다. 제조상 안에는 오물냄새가 나지 않아야 하고 곤충이 침입할 수 없도록 내수성 자재로 된 자동개폐식 쓰레기통을 적당한 장소에 비치한다.

쓰레기통은 주방쓰레기용, 가연성 쓰레기용, 불연성 쓰레기용으로 구분하여 설치하는 것이 편리하다. 특히 주방쓰레기는 수분이 많고 부패하기 쉬우며 위생해충이나 쥐의 발생원이 되므로 적당한 약제를 뿌리는 등 쓰레기통 관리에 유의하여야 한다.

4. 시설 및 기구의 위생적 관리

식품제조공장의 건물, 설비 등 모든 시설은 잘 보수되고 항상 위생적인 상태로 유지 · 관리되어야 한다.

① 작업장의 바닥, 내벽, 천정, 배수구, 조명장치, 환기장치, 기계 · 기구류 및 화장실은 1일 1회 이상 청소를 실시해야 한다.
② 제조기계 · 기구류는 항상 점검하여 고장이 있을 때는 신속히 보수하여 사용가능한 상태로 유지해야 한다.

③ 기구 및 도구는 오염작업구역과 청결작업구역 전용의 것으로 구분하여 사용해야 한다.

④ 작업장 안에는 식품제조에 관계되지 않은 불필요한 물건을 놓지 말아야 한다.

⑤ 온도계, 습도계, 압력계 등과 같은 계기류는 정기적으로 정확도를 점검하여 완벽한 것을 사용해야 한다.

⑥ 냉장고 · 냉장시설 · 창고는 1주 1회 이상 정기적인 청소를 하고 식품의 용출액으로 더러워진 경우에는 그때마다 청소해야 한다.

⑦ 저수 탱크는 청결 및 위생을 유지하도록 연 2회 이상 내부 청소를 하여 불순물을 제거해야 한다.

⑧ 쥐나 곤충 등의 발생원은 매립, 복토, 소각, 살충제 사용 등으로 제거하고, 6개월에 1회 이상 정기적인 소독을 실시해야 한다.

⑨ 청소용구류는 사용 후 즉시 세척 · 건조해서 전용보관함에 보관해야 한다.

⑩ 당일 발생한 폐기물은 당일에 제조장 외에 반출하여 처리해야 한다.

⑪ 수거식 변소인 경우 겨울철을 제외하고는 1주 1회 이상 곤충구제를 해야 한다.

⑫ 우물물 또는 자가수도를 사용하는 경우에는 연 1회 이상 공공검사기관의 수질검사를 받고 성적서는 1년 간 보관해야 한다.

⑬ 수질검사 결과 음용 부적합으로 판명이 난 경우에는 적절한 조치를 강구하고 부적음료를 식품제조에 사용하지 말아야 한다.

⑭ 지하수(간이상수도 포함) 급수전의 유리 잔류염소는 0.2ppm으로 유지하고 1주 1회 이상 잔류염소 측정을 하여 기록서를 1년 간 보관한다.

⑮ 세척과 소독에 사용되는 세제와 소독제는 허가된 것을 용도에 적합하게 사용해야 하며, 식품제조 기계 · 기구에 남아서 식품을 오염시키지 않도록 물로 깨끗이 세척해야 한다.

⑯ 제조작업이 끝난 후에는 제조장, 건물, 기계 · 기구류, 바닥, 벽 등을 깨끗이 세척해야 한다.

⑰ 건강에 해를 끼칠 수 있는 살충제 등과 같은 물질은 독성과 사용법에 대한 경고문을 적절히 표기하여 잠금 장치가 된 캐비닛이나 전용함에 보관한다.

5. 식품취급자의 위생

식품공장의 위생관리는 식품재료나 시설 및 기구 외에도 식품종사자가 식품시설이나 기구 등을 얼마나 위생적으로 취급하느냐에 달려 있다.

① 식품제조업 종사자는 고용 전 보건소나 병 · 의원의 건강진단을 받은 후에 이상이 발견되지 않을 경우에만 제조작업에 종사하도록 해야 한다. 또한 식품제조가공업 종사자는 위생분야 종사자 등의 건강진단규칙이 정하는 바에 따라 건강진단을 받아야 한다.

② 종업원이 식품에 옮길 수 있는 감염병에 이환되었거나 질병 보유자인 경우 또는 상처 · 피부감염 · 염증 · 화농성 질환 및 설사를 할 때에는 완치될 때까지 식품을 오염시킬 가능성이 있는 식품제조작업에 종사하게 해서는 아니된다.

③ 식품제조업에 종사하는 모든 사람은 개인적인 위생상태가 좋아야 하고 손톱을 짧게 깎고 위생복과 위생모를 착용해야 하며 시계 · 팔찌 · 반지를 끼거나 매니큐어를 바른 채 작업해서는 아니된다.

④ 작업 중에는 적절한 보호복을 입고 작업전용 신발을 신어야 하며 신발을 신은 채로 화장실 출입을 하지 말아야 한다.

⑤ 종업원은 다음과 같은 경우에는 반드시 손을 씻고 소독을 한 후 제조작업을 해야 한다.

- 작업 전과 용변 후
- 유해물질 또는 병원성 미생물에 오염된 기구 등과 접촉한 경우
- 오염작업구역에서 비오염작업구역으로 이동하는 경우

⑥ 작업 중 음식을 먹는다거나 담배를 피우고 껌을 씹는다거나 침을 뱉는 등의 식품을 오염시킬 수 있는 비위생적인 행동을 해서는 아니된다.

⑦ 작업장에서 사용되는 장갑은 깨끗하고 위생적인 것이어야 하며 장갑을 착용하더라도 손은 항상 깨끗이 씻어야 한다.

⑧ 식품오염을 사전에 방지하기 위하여 제조장 내에 출입하는 방문객은 보호복을 착용하도록 하고 이 기준을 준수하도록 필요한 조치를 취해야 한다.

9-3 식품안전관리인증(HACCP)

1. HACCP 제도의 개념

HACCP이란 위해요소 중점관리기준(hazard analysis critical control point)의 약칭으로, 식품의 안전성을 확보하기 위하여 위해요소를 중점관리하는 제도이다. HACCP은 위해요소분석(HA)과 중요관리점(CCP)의 두 가지 부분으로 구성되며, HA는 위해가능성이 있는 요소를 찾아 분석 · 평가하는 것이고, CCP는 그 위해성을 제거하고 안전성을 확보하기 위하여 중점적으로 다루어야 할 관리점을 설정하여 사전에 예방하는 수단과 절차를 의미한다.

식품의약품안전처에서는 이를 "식품의 원료관리 및 제조 · 가공 · 조리 · 유통의 모든 과정에서 위해한 물질이 식품에 섞이거나 식품이 오염되는 것을 방지하기 위하여 각 과정의 위해요소를 확인 · 평가하여 중점적으로 관리하는 제도"라 정의하고 있다.

HACCP에 의한 관리방식은 최종제품만을 체크하는 종전의 방법과는 달리 각 공정마다 발생할 수 있는 물리 · 화학 · 생물학적 위해요소를 분석해 위험방지에 필요한 관리항목을 선정해서 체크하는 방법이다. 이는 국제적으로도 이론이 정립된 방법이며, 항상 손쉽게 표준화를 시행할 수 있는 과학적 관리방법으로 평가되고 있다.

식품의 안전성을 확보하기 위한 기존의 방식은 식품위생 관련규정에 의한 방식, 식품위생검사, 제조 및 실험실 검사 등이 있다. 그리고 최근에 도입된 적정제조기준(good manufacturing practice; GMP)이 있다.

그러나 시대적 상황변화에 따라 시설중심의 전통적 감시방법인 GMP 방식으로는 범세계적으로 대형화되고 있는 식중독 사고방지와 식품의 안전성 및 건전성 확보가 곤란하다는 것이 국제적으로 인식되고 있다.

HACCP 방식은 생산자로부터 최종소비자까지 모든 식품공급단계에 적용할 수 있으며, 검사보다는 사전 예측 및 예방에 중점을 두어 식품의 미생물학적 · 화학적 · 물리적 위험을 제어하는 보다 효과적인 제도라 할 수 있다(표 9-1 참조).

표 9-1 HACCP 방식과 기존의 위생관리방식의 비교

항목	기존의 관리방식	HACCP 방식
조치단계	문제발생 후의 반작용적 관리	문제발생 전 선조치
숙련 요구성	시험결과의 해석에 숙련 요구	이화학적 항목에 의한 관리로 전문적 숙련 불필요
신속성	시험분석에 장시간 소요	필요 시 즉각적 조치 가능
소요비용	제품분석에 많은 비용 소요	저렴
공정관리	현장 및 실험실 관리	현장관리
평가범위	제한된 시료만 평가	각 batch별 많은 측정 가능
위해요소 관리범위	제한된 위해요소만 관리	많은 위해요소 관리
제품 안전성 관리자	숙련공만 가능	비숙련공도 관리 가능

2. HACCP 제도의 도입과정

HACCP 제도는 영국의 화학공업분야에서 처음 유래되었으며, 1950년대부터 미국 원자력발전소 건설에 HACCP 원리가 광범위하게 적용되었다.

HACCP의 원리가 식품에 응용되기 시작한 것은 1960년대 초 NASA(미국 항공우주국)가 미생물학적으로 100% 안전한 우주식량을 제조하기 위하여 Pillsbury사, 미 육군 Natick 연구소와 공동으로 HACCP을 실시한 것이 최초이며, 그 내용이 1971년 미국식품보호위원회에서 처음으로 공표되었다.

이 방식은 1973년 미국 FDA에 의해 저산성 통조림 식품의 GMP에 도입되었으며, 그 이후 전 미국의 식품업계에서 신중하게 그 도입이 논의되기 시작하였다. 1987년에는 NAS(미국 과학아카데미)의 식품보호위원회로부터 HACCP의 채택을 권고받아 NACMCF(식품미생물기준 전국자문위원회)가 구성되었으며 이 위원회의 검토를 거친 결과 1989년에 HACCP 지침이 설정되어 HACCP의 7원칙을 제시하였다.

최근 세계 각국은 식품의 안전성 확보를 위해 HACCP을 이미 도입하였거나 도입을 서두르고 있다. 더욱이 1993년 7월 CODEX(국제식품규격위원회) 제20차 총회에서 'HACCP 시스템 적용지침' 을 채택하여 HACCP 적용을 위한 가이드라인을 제시하였고 각국에 HACCP 도입을 권고함에 따라 HACCP은 전 세계에 빠른 속도로 확산되고 있다.

국제규격단체인 ISO(국제표준화기구)에서도 식품에 있어서 ISO 규격기준으로 HACCP 제도를 도입하고 있다. 이에 따라 식품의 ISO 9000계열 인증은 HACCP을 기본요소로 삼고 있다.

우리나라에서도 식품의 안전성 확보와 식품의 국제기준 · 규격과의 조화를 위하여 1995년 12월에 식품위생법 제32조의2(위해요소 중점관리기준)의 규정을 신설하여 HACCP 도입을 위한 법적 근거를 마련하였으며, 1996년 12월에는 식품위해요소 중점관리기준을 확정 고시하고 현재 식품의약품안전처(일부는 농림축산식품부)에서 어육가공품(어묵류) 등 7개 식품을 임무적용대상으로 지정하여 시행하고 있다. 희망할 경우는 모든 식품에 적용 가능하다.

그러나 식품위생법(부칙법률제12719호 2014. 5. 28)에 의거 ① 종전의 규정에 따른 위해요소중점관리기준은 식품관리법 제48조의 개정 규정에 따른 '식품안전관리인증기준' 으로 본다. ② 또한, 이법 시행 당시 종전의 규정에 따른 위해요소중점관리기준적용업소를 법 제48조의 개정규정에 따른 식품안전관리인증적용업소로 본다.

※ 식품안전관리인증기준 (식품위생법 제48조)

① 식품의약품안전처장은 식품의 원료관리 및 제조 · 가공 · 조리 · 소분 · 유통의 모든 과정에서 위해한 물질이 식품에 섞이거나 식품이 오염되는 것을 방지하기 위하여 각 과정의 위해요소를 확인 · 평가하여 중점적으로 관리하는 기준(이하 "식품안전관리인증기준"이라 한다)을 식품별로 정하여 고시할 수 있다.

② 총리령으로 정하는 식품을 제조 · 가공 · 조리 · 소분 · 유통하는 영업자는 제1항에 따라 식품의약품안전처장이 식품별로 고시한 식품안전관리인증기준을 지켜야 한다.

③ 식품의약품안전처장은 제2항에 따라 식품안전관리인증기준을 지켜야 하는 영업자와 그 밖에 식품안전관리인증기준을 지키기 원하는 영업자의 업소를 식품별 식품안전관리인증기준 적용업소(이하 "식품안전관리인증기준적용업소"라 한다)로 인증할 수 있다. 이 경우 식품안전관리인증기준적용업소로 인증을 받은 영업자가 그 인증을 받은 사항 중 총리령으로 정하는 사항을 변경하려는 경우에는 식품의약품안전처장의 변경 인증을 받아야 한다. 〈개정 2016. 2. 3〉

④ 식품의약품안전처장은 식품안전관리인증기준적용업소로 인증받은 영업자에게 총리령으로 정하는 바에 따라 그 인증 사실을 증명하는 서류를 발급하여야 한다. 제3항 후단에 따라 변경 인증을 받은 경우에도 또한 같다. 〈개정 2016. 2. 3〉

⑤ 식품안전관리인증기준적용업소의 영업자와 종업원은 총리령으로 정하는 교육훈련을 받아야 한다.

⑥ 식품의약품안전처장은 제3항에 따라 식품안전관리인증기준적용업소의 인증을 받거나 받으려는 영업자에게 위해요소중점관리에 필요한 기술적 · 경제적 지원을 할 수 있다.

⑦ 식품안전관리인증기준적용업소의 인증요건 · 인증절차, 제5항에 따른 영업자 및 종업원에 대한 교육실시 기관, 교육훈련 방법 · 절차, 교육훈련비 및 제6항에 따른 기술적 · 경제적 지원에 필요한 사항은 총리령으로 정한다.

⑧ 식품의약품안전처장은 식품안전관리인증기준적용업소의 효율적 운영을 위하여 총리령으로 정하는 식품안전관리인증기준의 준수 여부 등에 관한 조사 · 평가를 할 수 있으며, 그 결과 식품안전관리인증기준적용업소가 다음 각 호의 어느 하나에 해당하면 그 인증을 취소하거나 시정을 명할 수 있다. 다만, 식품안전관리인증기준적용업소가 제1호의2 및 제2호에 해당할 경우 인증을 취소하여야 한다. 〈개정 2018. 3. 13〉

1. 식품안전관리인증기준을 지키지 아니한 경우

1의2. 거짓이나 그 밖의 부정한 방법으로 인증을 받은 경우

2. 제75조 또는 「식품 등에 표시 광고에 관한 법률」 제16조 제1항제3항에 따라 영업정지 2개월 이상의 행정처분을 받은 경우

3. 영업자와 그 종업원이 제5항에 따른 교육훈련을 받지 아니한 경우

4. 그 밖에 제1호부터 제3호까지에 준하는 사항으로서 총리령으로 정하는 사항을 지키지 아니한 경우

⑨ 식품안전관리인증기준적용업소가 아닌 업소의 영업자는 식품안전관리인증기준적용업소라는 명칭을 사용하지 못한다.

⑩ 식품안전관리인증기준적용업소의 영업자는 인증받은 식품을 다른 업소에 위탁하여 제조 · 가공하여서는 아니 된다. 다만, 위탁하려는 식품과 동일한 식품에 대하여 식품안전관리인증기준적용업소로 인증된 업소에 위탁하여 제조 · 가공하려는 경우 등 대통령령으로 정하는 경우에는 그러하지 아니하다.

⑪ 식품의약품안전처장(대통령령으로 정하는 그 소속 기관의 장을 포함한다), 시 · 도자사 또는 시장 · 군수 · 구청장은 식품안전관리인증기준적용업소에 대하여 관계 공무원으로 하여금 총리령으로 정하는 일정 기간 동안 제22조에 따른 출입 · 검사 · 수거 등을 하지 아니하게 할 수 있으며, 시 · 도지사 또는 시장 · 군수 · 구청장은 제89조제3항제1호에 따른 영업자의 위생관리시설 및 위생설비시설 개선을 위한 융자 사업에 대하여 우선 지원 등을 할 수 있다.

⑫ 식품의약품안전처장은 식품안전관리인증기준적용업소의 공정별 · 품목별 위해요소의 분석, 기술지원 및 인증 등의 업무를 「한국식품안전관리인증원의 설립 및 운영에 관한 법률」에 따른 한국식품안전관리인증원 등 대통령령으로 정하는 기관에 위탁할 수 있다. 〈개정 2016. 2. 3〉

⑬ 식품의약품안전처장은 제12항에 따른 위탁기관에 대하여 예산의 범위에서 사용경비의 전부 또는 일부를 보조할 수 있다.

⑭ 제12항에 따른 위탁기관의 업무 등에 필요한 사항은 대통령령으로 정한다.

3. HACCP의 적용방법

HACCP 제도의 현장 적용에는 기본 7원칙이 있으며 이를 적용하기 위하여 다음 12단계의 순서에 따라 시행한다.

(1) HACCP팀 구성

제품에 관한 전문적 지식이나 기술을 가지고 있는 다양한 분야의 전문가가 참여하는 팀을 구성한다.

(2) 제품설명서 작성

HACCP 적용 대상제품에 대하여 종류, 특성, 성분, 제조 및 유통방법을 구체적으로 기술하는 단계이다.

(3) 제품용도의 확인

제품을 어디에서, 누가, 어떠한 용도로 사용하는가에 근거하여 확인하여야 한다. 특히, 대상 소비자가 위해물질에 민감한 집단인지를 파악하여야 한다.

(4) 공정흐름도 작성

원재료의 입고에서 최종제품의 출하까지 모든 공정단계를 확인하여 공정흐름도(flow diagram)를 작성하는 단계이다. 또한 이들 공정에 소요되는 작업장 평면도 작성도 요구된다.

(5) 공정흐름도 현장 확인

작성된 공정흐름도와 작업장평면도가 실제 현장에서의 작업과 일치하는지를 확인하는 단계이다. 필요한 경우 수정해야 한다.

(6) 위해요소 분석[원칙 1]

HACCP 팀은 원료 · 가공 · 제조 및 유통에서 최종 소비에 이르는 모든 단계에서 일어날 수 있는 생물학적 · 화학적 · 물리적 위해분석을 실시해야 한다. 위해분석은 각 단계별로 확인된 위해목록 작성, 위해분석 실시, 위해를 방지할 수 있는 예방수단 검토 등도 포함한다.

(7) 중요관리점(CCP)의 결정[원칙 2]

위해요소를 관리하기 위하여 CCP를 결정하는 것으로, CCP는 위해요소를 허용할 수 있는 기준까지 예방, 제거 또는 감소시킬 수 있는 공정을 말한다. 위해가 확인된 공정마다 CCP를 결정하기 위해서는 CCP 결정도(decision tree)를 적용한다(그림 9-6). 결정도는 특정한 위해를 관리하기 위하여 어떤 CCP가 필요한가를 객관적으로 평가하기 위해 설계된 4가지 연속질문이다.

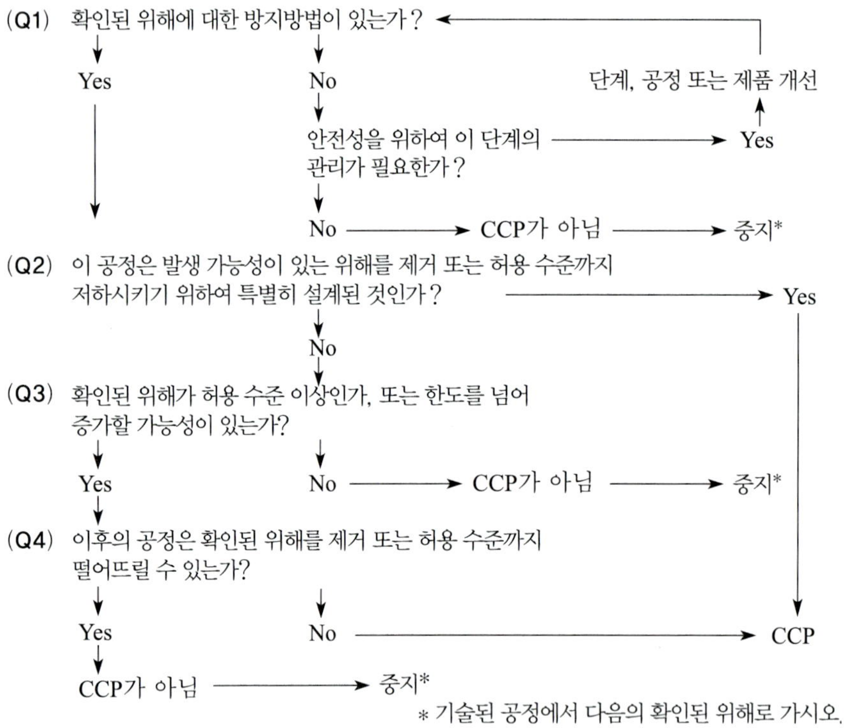

그림 9-6 CCP 결정도

(8) 중요관리점(CCP)별 한계기준 설정[원칙 3]

CCP의 위험을 안전수준까지 감소시키기 위해 취해야 할 예방조치에 대한 한계기준(critical limit)을 설정하는 것이다.

기준으로는 온도, 시간, 수분함량, pH, 수분활성 및 유효염소량 또는 외관이나 조직감 등의 관능적 지표가 사용된다.

(9) 중요관리점(CCP)에 대한 모니터링 체계 확립[원칙 4]

모니터링은 CCP가 관리상태에 있는지를 평가하기 위해 정기적으로 관찰 또는 측정하는 수단으로서 CCP가 한계기준을 벗어났는지의 여부를 확인할 수 있어야 한다.

모니터링은 CCP에 의한 관리가 적절히 시행되고 있는지를 파악할 수 있는 방법으로 이루어져야 하며, 신속성을 고려하여 장기간이 소요되는 미생물학적 검사보다는 물리적 · 화학적 측정이 바람직하다. 모니터링은 관리상황을 적절히 평가할 수 있고, 필요한 경우 개선조치를 취할 수 있는 임명된 책임자에 의해 수행되어야 한다.

(10) 개선조치 방법 수립[원칙 5]

모니터링 결과 CCP에 대한 관리기준에서 벗어날 경우에 대비하여 일정한 개선방법을 강구해 두어야 한다. 안전성에 대한 위해가 발생되기 이전에 공정관리를 정상적 상태로 되돌릴 수 있도록 해야 한다. 또한 개선조치는 문서화되어야 하고 이탈 시 취해진 조치는 기록으로 보관되어야 한다.

(11) 검증절차 및 방법 수립[원칙 6]

HACCP 시스템이 정상적으로 운영되고 있음을 검증하기 위한 절차를 설정하기 위하여 모니터링 및 그 방법과 임의 시료채취(random sampling) 및 시료분석 등의 순서와 그 시험법을 정하여야 한다. 검증의 빈도는 HACCP 시스템의 유효성을 충분히 확인할 수 있는 정도여야 한다.

(12) 문서화 및 기록유지 방법 설정[원칙 7]

효과적이며 정확한 기록을 유지 · 보존하는 것은 HACCP 제도 적용에 있어 필수사항이다. 모든 단계에서의 절차에 관한 문서를 정리하여 이를 매뉴얼로 규정하여 보관하고 관리기준 이탈 및 제조 조건의 변화에 따른 개선 조치 등에 관한 기록을 유지하여야 한다.

Chapter 10

식품첨가물

10-1 식품첨가물 총론

1. 식품첨가물의 정의

식품첨가물(food additives)은 식품의 조리 · 가공 또는 제조과정에서 식품의 상품적 · 영양적 · 위생적 가치를 향상시킬 목적, 즉 식욕증진, 영양강화, 품질개량, 보존성 제고 등의 목적으로 첨가되는 물질로서 오늘날 식품공업의 발달과 더불어 첨가물 이용은 점차 증가하고 있다.

식품첨가물은 나라마다 규정이 다르다. 우리나라 식품위생법(제2조)에서는 "식품을 제조 · 가공 또는 보존하는 과정에서 식품에 넣거나 섞는 물질 또는 식품을 적시는 등에 사용되는 물질"(이 경우 기구 · 용기 · 포장을 살균 · 소독하는 데에 사용되어 간접적으로 식품으로 옮아 갈 수 있는 물질 포함)로 규정하고 있으며, FAO/WHO의 합동식품첨가물 전문가위원회(JECFA, joint FAO and WHO expert committee on food additives)에서는 "식품의 외관 · 향미 · 조직 또는 저장성을 향상시키기 위한 목적으로 식품에 의도적으로 보통 미량으로 첨가되는 비영양물질"로 정의하고 있다.

미국 국립과학학술원 및 국립과학협의회 산하의 식품보호위원회(food protection committee of the national academy of science-national research council)에서는 "식품첨가물이란 생산 · 가공 · 저장 또는 포장의 어느 국면에서 식품 중에 첨가되는 기본적인 식량 이외의 물질 또는 이들의 혼합물로서 우발적인 오염물은 이에 포함되지 않는다."라고 규정하고 있다.

이들을 종합하면 식품첨가물이란 식품의 구성성분 이외의 성분으로서 식품에 첨가되는, 사용목적이 명확한, 식품과 공존함으로써 가치성 있는, 단독으로는 인간의 섭식과 관계없는 물질로 정의할 수 있다.

2. 식품첨가물의 종류와 분류

식품첨가물은 천연물과 화학적 합성품의 크게 2종류로 나눌 수 있다. 화학적 합성품이란 “화학적 수단으로 원소 또는 화합물에 분해반응 외의 화학반응을 일으켜서 얻은 물질”(식품위생법 제2조)로서 여기에는 천연물과 동일한 화학구조를 갖는 것이지만 화학적으로 합성되는 것과 단순한 조염(造鹽)반응에 의하여 얻는 물질도 포함된다.

다만, 분해반응에 의해서 얻는 물질은 그 성상 등이 이미 알려져 있는 것이 많고, 비교적 위험한 것이 적기 때문에 화학적 합성품으로는 취급되지 않는다. 분해반응 이외의 화학반응이란 합성반응을 가리키는 것으로서 여기에는 산화, 환원, 축합, 중합, 조염 등의 반응이 포함된다.

식품첨가물은 일반적으로 용도와 기능에 따라서 다양하게 분류될 수 있다.

CODEX 식품규격위원회에서는 다음과 같이 23종으로 분류하고 있다.

① 산(acid)
② 산도조절제(acidity regulator)
③ 고결방지제(anticaking agent)
④ 소포제(antifoaming agent)
⑤ 산화방지제(antioxidant)
⑥ 증량제(bulking agent)
⑦ 착색제(color)
⑧ 발색제(color retention agent)
⑨ 유화제(emulsifier)
⑩ 유화제 염류(emulsifying salt)
⑪ 응고제(firming agent)
⑫ 향미증진제(flavor enhancer)
⑬ 밀가루개량제(flour treatment agent)
⑭ 기포제(foaming agent)
⑮ 겔화제(gelling agent)
⑯ 광택제(glazing agent)

⑰ 습윤제(humectant)
⑱ 보존료(preservative)
⑲ 추진제(propellant)
⑳ 팽창제(raising agent)
㉑ 안정제(stabilizer)
㉒ 감미료(sweetener)
㉓ 증점제(thickener)

우리나라에서는 식품첨가물을 기능에 따라 23개의 그룹으로 분류하고 있는데, 이를 사용목적에 따라 크게 6개의 그룹으로 나눈다. 기능별로 정확히 구분하기는 어려우나, 허용된 화학적 합성품을 분류해 보면 표 10-1과 같다.

2013년 12월 현재 식품첨가물 허용품목수를 보면 화학적 합성품 404종, 천연첨가물 203종, 합계 607종이며, 혼합제제 7종도 따로 지정되어 있다.

3. 식품첨가물의 안전성

식품첨가물은 인체에 피해가 없어야 하며, 사용목적에 대한 효과가 커야 하고 가격이 저렴해야 하겠지만, 가장 중요한 것은 첨가물의 안전성이다. 식품첨가물전문가위원회(JECFA)에서는 만성독성시험을 거쳐 1일 섭취허용량(ADI)을 설정하게 되고, 식품첨가물의 사용기준은 ADI보다 훨씬 적은 안전한 양으로 설정된다. 그러나 허용기준치 내의 안전한 첨가물이라고 하더라도 2종 이상을 함께 섭취하였을 때 인체에 어떤 영향을 미치는지에 대해서는 명확히 밝혀져 있지 않다.

우리나라에서 식품첨가물로서의 신규 지정은 지정의 필요성이 인정될 때 안전성 검토(급성, 아만성, 만성, 최기형성 등), 사용효과, 외국의 사용예 등 관련 자료를 종합 검토 · 분석하고 그 결과를 전문가들로 구성된 식품위생심의위원회의 자문을 구하여 지정 · 고시하며, 첨가물의 품질보장 및 안전성 확보를 위하여 사용기준을 포함한 기준과 규격을 동시에 고시한다.

미국 FDA는 오랫동안 사용되어 온 첨가물은 외견상 안전하다는 판단하에 식품첨가물 개정법(1958)에서 이른바 GRAS 목록제도를 도입하였다.

표 10-1 식품첨가물(화학적 합성품)의 사용목적별 분류

사용목적	명칭	허용품목수
① 관능을 만족시키는 첨가물	조미료	18
	감미료	14
	산미료	15
	착색료	26
	착향료	73
	발색제	5
	표백제	7
② 식품의 변질 · 변패를 방지하는 첨가물	보존료	13
	살균료	5
	산화방지제	12
③ 식품의 품질개량 · 유지에 사용되는 첨가물	품질개량제	11
	밀가루개량제	7
	호료	13
	유화제	10
	이형제	1(천연물)
	피막제	2
	추출제	2
	용제	2
④ 식품제조에 필요한 첨가물	식품제조용 첨가제	48
	소포제	1
⑤ 식품의 영양강화에 사용되는 첨가물	강화제	104
⑥ 기타	팽창제	12
	검기초제	4
계		404

(2013년 12월 기준)

GRAS란 'generally recognized as safe'를 지칭하는데, GRAS 물질이 되기 위한 기준은 1958년 이전에 건강상의 위해나 유해성 없이 상용되어 온 것이나 적절한 과학시험에 의하여 안전성이 확립된 것의 2가지로 요약할 수 있다. GRAS 물질의 인정은 출판된 자료에 근거하여 미국 국립과학기술원(NAS)이 추천한 전문가들의 판단에 따르도록 되어 있다.

오늘날 미국에서는 안전성 검토가 완료된 GRAS 물질인 경우 안전한 첨가물로 간주되고 있으며 첨가물 분류에서 GRAS 목록으로 기재된다.

식품첨가물의 안전성 문제에서 미국의 Delaney조항도 중요한 관심의 대상이 된다. 식품 · 의약품 및 화장품법(FDC Act)의 식품첨가물 개정법(1958)에 명기된 Delaney 조항은 "사람이나 동물에서 암을 일으키는 첨가물은 안전하다고 생각되어서는 안 된다."라는 내용으로, 바꾸어 말하면 발암성을 가진 물질을 식품첨가물로 사용해서는 안 된다는 원칙으로서 국제적으로 통용되고 있다.

그러나 실제로 발암연구가 진전됨에 따라 동물에 암을 발생시키는 물질이라도 2차 발암물질(예를 들어, 방광결석을 만들어 그것이 원인이 되어 방광암이 되는 경우)로 확인되면 식품첨가물로 사용할 수 있어야 한다는 견해가 나오는 등 논란이 일고 있다.

그뿐만 아니라 신제품인 경우에 발암성이 없다는 증거를 확보하는 데 상당한 경제적인 부담이 뒤따르는 등 문제점이 부각되고 있다. 따라서 최근에는 Delaney 조항의 수정 요구가 더욱 커지고 있다.

식품첨가물의 안전성은 자체의 독성뿐만 아니라 그것이 불순물을 함유하고 있으면 인체에 악영향을 끼치는 수도 있으므로 순도에 대해서도 세심한 주의가 필요하다.

식품첨가물의 안전성 확보에 있어서 이러한 질적인 문제 이외에 양적인 문제도 있으므로 사용량을 초과하지 않도록 주의해야 중독을 방지할 수 있다. 특히 식품첨가물은 만성중독이 크게 문제가 되기 때문에 만성중독에 대한 철저한 연구가 필요하다.

4. 식품첨가물의 적정사용법

식품첨가물은 식품을 제조 · 가공 또는 보존할 때 이용하는 것이지만, 사용목적이나 방법이 잘못되면 인체의 건강을 해침으로써 식품위생상 중대한 결과를 초래할 수 있다. 이러한 점에서 식품첨가물은 올바르게 사용해야 한다.

[식품첨가물의 올바른 사용방법]

① 식품첨가물은 그것을 식품에 사용함으로써 달성될 수 있는 물리적 · 영양학적 또는 기타 기술적 효과를 충분히 고려하여 선택하여야 한다.

② 첨가물은 기준과 규격에 맞는 것을 사용해야 하며, 특히 화학적 합성품은 지정 · 고시된 것만 사용 가능하다.

③ 첨가물의 사용량은 목적달성에 필요한 최소량이어야 한다.

④ 첨가물은 결함있는 원료나 비위생적인 제조방법을 은폐하기 위하여 사용되어서는 아니된다.

⑤ 사용기준이 있는 경우 사용기준에 맞게 사용해야 한다.

⑥ 정확한 양을 취하여, 식품에 균일하게 혼합되도록 사용해야 한다.

⑦ 식품에 사용한 첨가물 전부를 포장지에 표시기준에 따라 표기해야 한다.

⑧ 필요성이 인정될 경우, 첨가물의 성분규격 적정여부에 대한 자가시험을 실시한다.

⑨ 첨가물은 별도의 보관함에 정돈 · 보관해야 하며, 보존기준이 있는 경우는 그 기준에 따라 보관한다.

10-2 식품첨가물 각론

1. 보존료(chemical preservatives)

식품의 보존 중에 일어나는 부패나 변질 중에서, 특히 미생물의 증식에 의해 일어나는 식품의 변질을 방지하여 보존성을 향상시킬 목적으로 사용하는 물질을 보존료라고 한다. 보존료의 작용은 살균작용(bacteriocidal action)이 아닌 정균작용(bacteriostatic action)이기 때문에 보존기간을 연장시킬 뿐이다.

「식품의 기준 및 규격」(식품의약품안전처고시 제2015-34호 2015. 6. 11)에 의하면, '보존료'란 '데히드로 초산 및 그 염류, 소르브산 및 그 염류, 안식향산 및 그 염류'를 말한다.

현재 사용이 허용된 보존료와 그 사용기준은 표 10-2와 같다.

표 10-2 허용보존료 및 그 사용기준

보존료명	사용기준
데히드로초산나트륨 (sodium dehydroacetate)	데히드로초산으로서 • 치즈, 버터, 마가린 0.5g/kg 이하
소르브산(sorbic acid) 소르브산칼륨 (potassium sorbate) 소르브산칼슘 (calcium sorbate)	소르브산으로서 • 치즈 3g/kg 이하(프로피온산염과 병용 시는 사용량의 합계가 3g/kg 이하) • 식육가공품(포장육, 양념육, 분쇄가공품, 갈비가공품 제외), 경육제품, 어육연제품, 성게젓, 땅콩버터, 모조치즈, 저지방 마가린 2g/kg 이하 • 농축과즙, 잼류, 마가린류, 드레싱, 망고처트니, 당류가공품, 염분함량 8% 이하의 젓갈류, 된장, 고추장, 춘장, 어패건제품, 팥 등 앙금류, 절임류(식초절임 제외), 알로에겔, 플라워페이스트 1g/kg 이하 • 건조과실류, 토마토케첩, 식초절임, 당절임(건조당절임 제외) 0.5g/kg 이하 • 발효음료류(살균한 것은 제외) 0.05g/kg 이하 • 과실주 0.2g/kg
안식향산(benzoic acid) 안식향산나트륨 (sodium benzoate) 안식향산칼륨 (potassium benzoate) 안식향산칼슘(calcium benzoate)	안식향산으로서 • 과실 · 채소류 음료(비가열품 제외), 탄산음료, 기타 음료, 인삼 · 홍삼음료, 간장 0.6g/kg 이하 • 알로에 전잎 0.5g/kg 이하 • 망고처트니 0.25g/kg 이하 • 마가린, 잼류, 식초절임, 마요네즈 1g/ kg 이하 • 저지방 마가린 2g/kg 이하
프로피온산(propionic acid) 프로피온산나트륨 (sodium propionate) 프로피온산칼슘 (calcium propionate)	피로피온산으로서 • 빵, 케이크류 2.5g/kg 이하 • 치즈 3.0g/kg 이하(소르브산 및 소르브산염과 병용 시는 사용량의 합계가 3.0g/kg 이하) • 잼류 1.0g/kg 이하(병용 시는 합계가 1.0g/kg 이하)
파라옥시안식향산에틸 (ethyl *p*−hydroxybenzoate) 파라옥시안식향산메틸 (methyl *p*−hydroxybenzoate)	파라옥시안식향산으로서 • 캡슐류 1.0g/kg 이하 • 간장 0.25g/kg 이하 • 식초 0.1g/L 이하 • 기타음료(분말제품 제외), 인삼 · 홍삼음료 0.1g/kg 이하 • 소스류 0.2g/kg 이하 • 과실 · 채소류(표피부분에 한함) 0.012g/kg 이하 • 잼류 1.0g/kg이하 • 망고처트니 0.25g/kg 이하

보존료의 효과는 pH에 의해 크게 변하는 것이 많고, pH가 낮을수록 효과는 커진다. 산형보존료는 용액 중에서 일정한 비율로 해리되어 비해리분자와 해리분자가 되어 존재하는데, 용액의 수소이온농도가 증가하면 비해리분자가 증가하여 효과가 증대된다.

이는 비해리분자의 경우, 해리분자에 비해 미생물의 세포막이나 원형질을 쉽게 투과할 수 있기 때문인 것으로 생각된다.

보존료 사용에 있어서 그 작용에 효과적인 pH로 조정하고 가열살균, 건조, 냉장 또는 냉동을 동시에 실시하는 것이 바람직하다. 지정된 보존료 중에는 대부분 사용기준이 정해져 있기 때문에 그 기준에 맞게 사용하여야 한다.

(1) 데히드로초산나트륨

데히드로초산나트륨(sodium dehydroacetate: DHA−S)은 백색의 결정성 분말로서 냄새가 없거나 조금 냄새가 있다. 물에 녹고(33g/100mL), 알코올에 약간 녹고 에테르에는 녹지 않는다. 수용액은 중성~미알칼리성이며 햇빛이나 열에 비교적 안정하다. LD_{50} = 0.57g/kg(쥐)로 비교적 독성이 강한 것으로 인정되며 만성중독에 대한 보고도 있다.

산성~중성에서 효과를 나타낸다. 음식물에 잘 나타나는 효모, 세균, 곰팡이 등 각종 미생물의 발육을 저지한다.

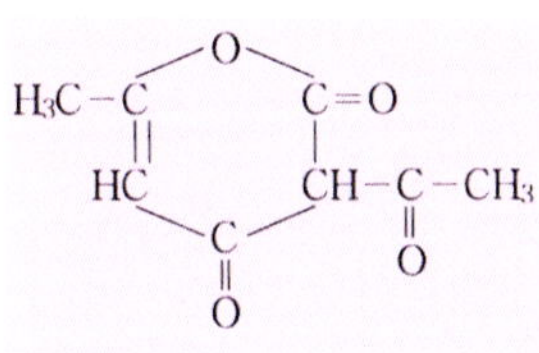

sodium dehydroacetate

(2) 소르브산 및 그 염류

소르브산(sorbic acid)은 무색의 침상결정 또는 백색의 결정성 분말로서 냄새가 없거나 또는 조금 자극적인 냄새가 있다. 물에 녹기 어렵고 열탕에 30% 정도 용해된다. 알코올, 프로필렌글리콜, 빙초산 등에 녹는다. 열이나 빛에는 안정하나 가열하면 승화하고 수증기 증류로 제거된다.

항균력은 그렇게 강하지 않지만 곰팡이 · 효모 · 호기성 균 · 부패균에 대하여 1,000~2,000배로서 발육을 저지할 수 있다.

살균작용은 없고 발육저지작용이 있으며 pH가 낮을수록 비해리분자가 많아져서 효력이 증대된다. 식염과의 상승작용도 있다. 소량 사용하면 미생물의 효소에 의해 분해되어 미생물 증식이 억제되지 않으나 다량 사용하면 중간대사물이 다량으로 축적되기 때문에 효소계가 저해된다.

세계적으로 안전한 보존료로서 사용되며 우리나라에서도 사용범위가 가장 넓은 보존료이나 아질산 존재하에서 가열하면 발암유사물질을 생성한다는 보고도 있다.

소르브산칼륨(potassium sorbate)은 백색~엷은 황갈색의 인편상 결정 또는 결정성 분말로서 냄새가 없거나 또는 조금 냄새가 있다. 소르브산보다 물에 녹기 쉬우며 Na염보다 안정하다. 공기 중에 장기간 방치하면 습기를 흡수하며 산화 · 분해하여 착색한다. 물에 녹기 쉬워서 소르브산보다 사용하기 용이하다.

급성독성은 소르브산이 LD_{50} = 10.5g/kg(쥐)이고, 소르브산칼륨은 LD_{50} = 5.86g/kg(생쥐, 경구)이다. 독성이 낮아서 보존료 중에서 가장 안정성이 높은 것으로 알려져 있는데, 고등동물의 체내에서 지방산과 같은 작용을 하기 때문이라고 추측하기 때문이다. 소르브산칼슘(calcium sorbate)은 물에 약간 녹는 미세한 백색의 결정성 분말이다.

> **Guide**
> **LD_{50}(반수치사량)**
> 피실험동물에 실험대상물질을 투여할 때 피실험동물의 절반이 죽게되는 양. 독성물질의 경우, 해당약물의 LD_{50}을 나타낼 때는 체중 kg당 mg으로 나타낸다.

$CH_3-CH=CH-CH=CH-COOH$	sorbic acid
$CH_3-CH=CH-CH=CH-COOK$	potassium sorbate
$(CH_3-CH=CH-CH=CH-COO)_2Ca$	calcium sorbate

(3) 안식향산 및 그 염류

안식향산(benzoic acid)은 1875년 Salkowski에 의해 방부작용이 있다는 것이 밝혀졌다. 무수프탈산 또는 프탈산을 촉매(산화아연 등)의 존재하에서 탈탄산하여 만든다. 백색의 작은 잎 모양 또는 비늘 모양의 결정으로서 냄새가 없거나 또는 벤즈알데히드 같은 냄새가 조금 있다.

물에는 녹기 어렵지만 가온하면 녹는다. 메탄올, 에탄올, 에테르, 프로필렌 글리콜, 아세톤, 젖산, 초산에는 잘 녹는다.

koji 곰팡이에 대한 최소발육 저지농도는 pH 3.0에서는 8,000배, pH 4.5에서는 2,000배, pH 6.0에서는 500배 이하가 된다. pH 7.0에서는 거의 저지되지 않아 효과가 없다. 안식향산은 glycine과 결합하여 마뇨산이 되어 대부분 소변을 통해 배설되기 때문에 체내에는 축적되지 않는다.

안식향산나트륨(sodium benzoate)은 백색의 알갱이 또는 결정성 분말로서 냄새가 없다. 물과 온수에는 용해되기 쉬우나 에탄올 또는 에테르 등에는 녹기 어렵다. 안식향산과 같은 효과를 내려면 안식향산의 약 1.2배를 사용해야 하며 산성이 강한 식품일수록 유효하다.

안식향산은 독성이 비교적 낮으며, 인체 내에 섭취되어도 축적되지 않고 배설된다. 급성독성은 LD_{50} = 2.7g/kg(쥐, 경구)이며, 안식향산나트륨은 안식향산에 비하여 독성이 낮고, LD_{50} = 2g/kg(개), LD_{50} = 4.1g/kg(쥐)이다.

안식향산칼륨(potassium benzoate)과 안식향산칼슘(calcium benzoate)은 안식향산나트륨과 유사한 성질을 가진다.

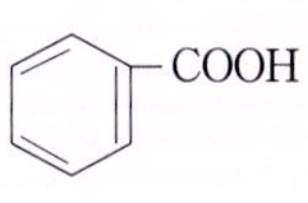
benzoic acid

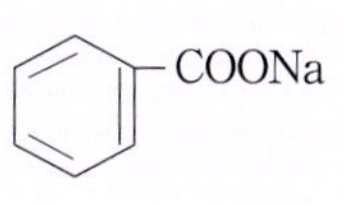
sodium benzoate

$C_7H_5KO_2 \cdot 3H_2O$
potassium benzoate

$C_{14}H_{10}CaO_4 \cdot 3H_2O$
calcium benzoate

(4) 프로피온산 및 그 염류

프로피온산(propionic acid)은 유상의 액체로 물과 잘 혼합된다. 프로피온산칼슘(calcium propionate)은 백색의 결정 · 과립 또는 분말로서 냄새가 없거나 약간 특이한 냄새가 난다. 물에 녹기 쉽고(3.6g/100mL), 열 또는 햇빛에 안정하나 흡습성이 있으므로 밀폐용기에 보관한다.

프로피온산칼슘의 급성독성은 LD_{50} = 3.34g/kg(생쥐, 경구)이다. 산성에서 프로피온산을 유리하는데, 항균력은 프로피온산에 기인한다. 프로피온산은 지방산이므로 항균작용은 미생물의 탈수소효소계의 작용을 저해하여 미생물의 발육을 저지하는 것으로 소르브산보다 약하다.

특히 곰팡이와 빵에 rope를 생성하는 호기성 포자형성균의 증식을 저지한다. 그러나 빵효모에는 거의 영향을 주지 않는다. 그 작용은 pH가 낮을수록 크다.

프로피온산나트륨(sodium propionate)은 백색의 결정 · 과립 또는 분말로서 냄새가 없고 물에 잘 녹으며(10.8g/100mL) 아세톤에 잘 녹지 않는다. 프로피온산나트륨의 급성독성은 LD_{50} = 5.1g/kg(생쥐, 경구)이며, 흰쥐에게 프로피온산나트륨을 1~3% 첨가한 사료를 1개월, 3.75% 첨가한 사료를 1년 동안 투여한 결과, 성장과 사망률 및 주요 장기에 이상이 인정되지 않았다고 한다.

이것은 체내에 흡수되면 다른 지방산과 마찬가지로 대사에 이용되므로 독성은 거의 문제가 되지 않는다.

프로피온산과 그 염류는 빵과 생과자에 대하여 프로피온산으로서, 제품 1kg당 2.5g까지 첨가할 수 있다. 칼슘염은 3.14g이고, 나트륨염은 3.24g이다.

프로피온산나트륨은 그 염기성 때문에 빵효모의 활성을 저하시키므로 빵에는 프로피온산칼슘을 사용하며, 사용량은 밀가루의 0.15~0.2%이다. 사용방법은 원료를 반죽할 때 물에 녹여서 첨가한다. 그러나 효모와 함께 물에 녹이면 효모의 작용을 약화시키므로 따로 하는 편이 좋다. 동시에 방부효과를 증대시키기 위하여 pH 조정제인 제일인산칼슘을 밀가루에 대하여 0.1 % 첨가하여 준다.

생과자에는 프로피온산나트륨을 사용하는 것이 좋다. 프로피온산칼슘을 사용하면 팽창제로 사용하는 중탄산나트륨(중조)와 반응하여 불용성인 탄산칼슘이 생겨서 탄산가스의 발생이 잘 안되기 때문인데, 만약 프로피온산칼슘을 사용하는 경우에는 중탄산나트륨의 양을 늘려줄 필요가 있다. 중탄산나트륨 대신에 베이킹파우더를 이용하는 경우에도 마찬가지이다.

프로피온산나트륨의 첨가량은 생과자의 종류에 따라서 다르나, 보존기간을 1~3일 연장하는 데 필요한 첨가량은 다음과 같다.

① 데블스 푸드 케이크 : 0.44%(반죽당)
② 초콜릿 케이크 : 0.33~0.44%
③ 옐로 레이어 케이크 : 0.12~0.19%
④ 과일 케이크 : 0.09~0.33%

⑤ 치즈 케이크 : 0.12~0.19%

⑥ 엔젤푸드 케이크 : 0.09~0.19%

CH_3CH_2COOH	$(CH_3CH_2COO)_2Ca \cdot 0 \sim 1\ H_2O$	CH_3CH_2COONa
propionic acid	calcium propionate	sodium propionate

(5) 파라옥시안식향산 에스테르류

파라옥시안식향산 에스테르류(*p*-oxybenzoic acid esters)는 식품첨가물로 메틸 · 에틸 · 프로필 · 이소프로필 · 이소부틸 · 부틸의 6종이 허용되기도 했으나 현재 에틸 · 메틸의 2종이 허용되고 있다. 파라옥시안식향산을 황산촉매하에서 각종 알코올로 ester화하여 만든다.

무색의 결정 또는 백색의 결정성 분말로서, 냄새가 없다. 물에는 잘 녹지 않으나, 알코올, 아세톤, 에테르, 프로필렌 글리콜에는 잘 녹는다. 독성은 에스테르를 구성하고 있는 알코올의 탄소수가 적을수록 강해지는 경향을 나타낸다. 그러나 안식향산에 비하면 훨씬 독성이 적으며 신장에서 배출되는데 자극성은 거의 없다.

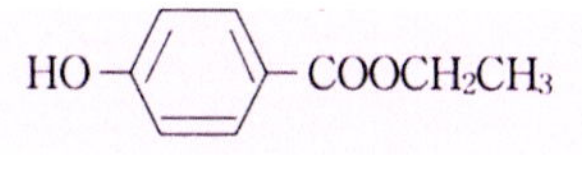

ethyl *p*-hydroxybenzoate

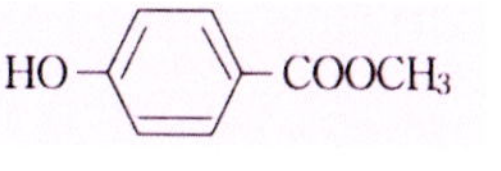

methyl *p*-hydroxybenzoate

급성독성으로 LD_{50}은 메틸 3.0g/kg(개, 경구), 에틸 2.5g/kg(생쥐, 경구), 프로필 3.7g/kg(생쥐, 경구), 이소프로필 및 이소부틸 10.0g/kg(쥐, 경구), 부틸 16.0g/kg(쥐, 경구)이다. 항균작용은 에스테르를 구성하고 있는 알코올의 탄소수가 많을수록 커지는 경향이 있으며 파라옥시안식향산부틸이 가장 강하다.

항균작용의 기작은 균체에 대한 파라옥시안식향산기의 이행량에 의하여 결정되고, 그 이행량은 에스테르의 탄소수에 좌우되는데, 에스테르의 탄소수가 늘면 농도가 낮아도 균의 사멸에 필요한 이행량에 도달한다.

그람음성 간균 및 젖산균에 대한 효과는 약하지만 곰팡이와 효모의 발육 저지에 이용되는데, 이 작용은 pH의 영향을 별로 받지 않는다.

2. 살균료(bacteriocides)

살균료는 미생물을 단시간 내에 사멸시키기 위한 목적으로 사용하는 첨가물로서 현재 허용된 것은 표 10-3과 같다. 살균료로서의 식품첨가물은 독성이 적고 식품에 악영향을 주지 않으면서도 살균력이 강한 것이 바람직하다.

표 10-3 허용 살균료와 그 사용기준

살균료명	사용기준
차아염소산나트륨 (sodium hypochlorite)	참깨에는 사용할 수 없다. 과실 · 채소류의 살균목적으로 사용하며, 최종식품 완성 전에 제거해야 한다.
고도표백분 (calcium hypochlorite) 차아염소산수 (hypochlorous acid water) 오존수(ozone water) 이산화염소수 (chlorine dioxide water)	과실 · 채소류의 살균목적으로 사용하며, 최종식품 완성 전에 제거해야 한다.

차아염소산나트륨(NaClO)은 무색~엷은 녹황색의 액체로서 염소냄새가 나며 유효염소 4% 이상을 함유하도록 규정되어 있고 시판품은 이보다 함량이 높다. 열이나 광선에 의해 분해되어 살균력의 주체인 유효염소가 감소되므로 냉암소에 보관하여야 한다. 유효염소라 함은 차아염소산나트륨에 산을 가할 때 발생하는 염소를 말한다. 물에 희석하면 다음과 같이 반응한다.

$$NaClO + H_2O \longrightarrow HClO + NaOH$$

$$HClO \rightleftharpoons H^+ + ClO^-$$

살균작용은 해리형인 ClO^-보다는 비해리형인 HClO의 농도에 좌우되는데 pH가 낮을수록 비해리형의 비율이 증가하므로 살균력은 증대된다(표 10-4 참조).

고도표백분($CaCl_2O_2$)은 백색이나 유백색의 과립 또는 분말로서 염소의 냄새를 가지며 유효염소함량이 60% 이상을 함유하도록 규정되어 있다. 유기물과 접촉하면 산화분해되어 산소를 발생하고 발열이 동반되므로 화재의 위험성이 있다.

표 10-4 비해리형 차아염소산과 pH

pH	비해리형 차아염소산(HClO) (%)
4.0	100.0
5.0	99.6
6.0	95.8
7.0	69.7
8.0	18.7
9.0	2.2
10.0	0.2

차아염소산수는 차아염소산을 주성분으로 하는 수용액으로, 유효염소 10~60mg/L을 함유한다. 오존수는 오존(O_3) 1mg/L 이상을 함유하며, 불안정한 무색의 액체로 특유의 냄새가 있다. 이산화염소수는 이산화염소의 수용액이다. 그 밖에 과산화수소가 살균목적으로 이용되지만 표백작용도 있으므로 표백제 항에서 취급하기로 한다.

3. 산화방지제(antioxidants)

항산화제라고도 하며 식품보존상 공기 중의 산소에 의해 일어나는 변질, 특히 유지 또는 유지함유식품의 산패에 의한 이미, 이취, 변색, 퇴색, 변향, 영양가 감소 등을 방지하기 위한 목적으로 사용되는 첨가물이 산화방지제이다.

산패란, 유지를 오래 저장해 두면 공기 중의 산소, 습기, 열, 일광, 효소, 세균, 금속 등의 작용으로 산미와 불쾌한 냄새가 나면서 맛이 나빠지는 현상을 말한다.

식품 중의 유지는 공기 중에서 산패 또는 유소(油燒) 등을 일으킨다. 그 이유는 유지 중에 함유된 불포화지방산의 2중 결합부위에 산소분자가 결합하여 peroxide를 거쳐 aldehyde 등으로 변화되기 때문이다.

우리나라 「식품의 기준 및 규격」(식품의약품안전처고시 제2015-34호 2015. 6. 11)에 의하면, '산화방지제' 란 '디부틸히드록시톨루엔, 부틸히드록시아니졸, 터셔리부틸히드로퀴논, 몰식자산프로필, 이 · 디 · 티 · 에이이나트륨, 이 · 디 · 티 · 에이칼슘' 이 '나트륨을 말한다.

산화방지제는 에리소르브산과 같은 수용성인 것과 몰식자산프로필, BHA, BHT와 같은 phenol성 화합물로 대표되는 지용성인 것이 있다. 전자는 주로 색소의 산화방지에, 후자는 유지의 산화방지에 이용된다.

그 밖에 자신은 산화방지작용이 없으나 산화방지제의 작용을 증강시키는 구연산이나 말레인산 등의 유기산류와 폴리인산염이나 메타인삼염 등의 축합인산염 등이 있는데 이를 효력증강제 또는 상승제(synergist)라고 한다.

지용성 산화방지제는 단독사용보다 그 효력이 증강되기 때문에 병용사용이 많다. 유지는 효소, 물, 금속염, 열, 빛 등의 존재하에서 산화되기 쉬운데, 항산화제는 초기에 천천히 진행되는 유도기간을 연장시켜 산화를 막을 수 있다.

상승제의 산화방지 효과는 산화과정에서 촉매의 역할을 하는 금속이온을 불활성화시켜 산화방지제를 안정시키기 때문인 것으로 알려져 있다. 현재 허용된 산화방지제와 그 사용기준은 표 10-5와 같다.

(1) 디부틸히드록시 톨루엔(dibutyl hydroxy toluene: BHT)

무색의 결정 또는 백색의 결정성 분말이나 덩어리로서 냄새와 맛이 없다. 물, 글리세린, propylene glycol에 녹지 않고 에탄올(25~26%), 대두유(40~45 %), 광물유(30%), 메탄올(25%), 벤젠(40%), 아세톤(40%)에 녹는다. 빛 · 열에 안정하고 금속이온(Fe)과 반응하여 착색되지 않는다.

다른 산화방지제에 비하여 안정성이 커서 가열가공해도 효력이 저하되지 않으므로 효력이행성(效力移行性; carry through effect)이 높다. 이러한 효력이행성은 유지에 대한 용해도가 크기 때문이라고 한다.

구연산이나 아스코르브산(Ascorbic acid) 등의 유기산이나 다른 산화방지제와는 협력상승을 하여 산화방지력이 상승적으로 커지므로 이들과 혼합 사용하는 일이 많다. 흔히 BHA와 병용한다. 급성독성으로는 LD_{50} = 1.7~2.0g/kg(쥐, 경구), 1.39g/kg(생쥐, 경구)이고 BHA보다 장기독성이 크다.

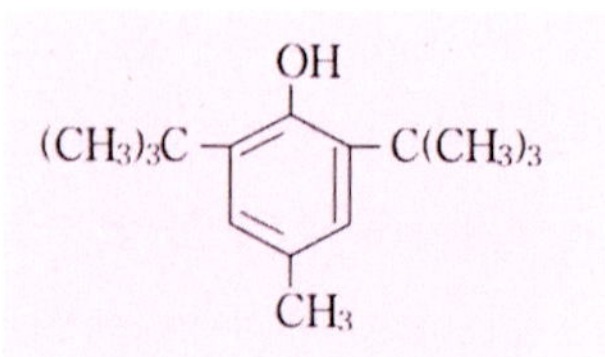

dibutyl hydroxy toluene

표 10-5 허용 산화방지제 및 그 사용기준

산화방지제명	사용기준
디부틸히드록시 톨루엔 (dibutyl hydroxy toluene; BHT) 부틸히드록시 아니솔 (butylated hydroxy anisole; BHA) 터셔리부틸 히드로퀴논 (tert-butylhydroquinone; TBHQ)	• 유지, 버터, 어패건제품, 어패염장품, 우지, 돈지 0.2 g/kg 이하 • 어패냉동품 (생식용 냉동선어패류 및 생식 용 굴은 제외), 고래냉동품 (생식용은 제외)의 침지액 1 g/kg 이하 • 추잉껌 0.75 g/kg 이하 • 체중조절용 조제식품 및 시리얼류 0.05 g/kg 이하(TBHQ 제외) • 마요네즈 0.06g/kg 이하(TBHQ 제외) • 식육(가금류) 0.1 g/kg(TBHQ 제외)
몰식자산 프로필 (propyl gallate)	• 유지, 우지, 돈지, 버터 0. 1 g/kg 이하
에리쏘르빈산 (erythorbic acid) 에리쏘르빈산 나트륨 (sodium erythorbate)	
아스코르빌 팔미테이트 (ascorbyl palmitate)	• 유지, 우지, 돈지, 마요네즈 0.5g/kg 이하 • 조제유류, 영아용·성장기용조제식 0.05g/kg이하 • 영유아용 곡류조제식 0.2g/kg 이하 • 그 밖의 식품 1.0g/kg 이하
아스코르빌 스테아레이트 (ascorbyl stearate)	• 유지, 우지, 돈지 0.5g/kg 이하 • 영양소보충용 건강기능식품
D-α-토코페롤 (비타민 E) (D-α-tocopherol) D-토코페롤 (혼합형) (D-tocopherol con. mixed)	
이디티에이 2 나트륨 (disodium EDTA) 이디티에이 칼슘 2 나트륨 (calcium disodium EDTA)	무수 EDTA Na_2 로서 • 드레싱(마요네즈 포함), 소스류 0.075g/kg 이하 • 통 · 병조림 0. 25 g/kg 이하 • 캔 · 병포장 음료류 0. 035 g/kg 이하 • 마가린류, 땅콩버터 0.1g/kg 이하 • 오이 · 양배추초절임 0. 22 g/kg 이하 • 건조과실류(바나나) 0.265g/kg 이하 • 서류가공품(냉동감자) 0.365g/kg 이하

(2) 부틸히드록시 아니솔(butylated hydroxy anisole : BHA)

무색~엷은 황갈색의 결정이나 덩어리 또는 백색의 결정성분말로서 조금 특이한 냄새와 자극성의 맛을 가지고 있다. 물에는 녹지 않으나, 에탄올(70%), propylene glycol(50%), 식용유(30~40%) 등에 잘 녹는다. 열에는 안정하나 빛에는 불안정하다.

시판품에는 2-tert · butyl-4-hydroxy anisole(2-BHA)과 3-tert · butyl-4-hydroxy anisole(3-BHA)의 2가지 이성체의 혼합물로서 3-BHA가 2-BHA에 비하여 1.5~2배의 효력이 있으며 대개 90% 이상의 3-BHA를 함유한다. 효력이행성이 BHT 보다 우수하다. BHT, 유기산, 몰식자산프로필 등과 병용하는 수가 많다.

급성독성으로는 LD_{50} = 2.0g/kg(쥐, 경구), 1.1g/kg(생쥐, 경구)이며 1982년에 흰쥐에 약한 발암성을 나타낸다는 것이 확인되어 현재 BHA의 위험성과 유용성의 밸런스가 고려되고 있다.

BHA의 대체첨가물로서는 BHT 및 tocopherol이 있으나 규제가 될 경우에 확실한 BHA의 대체품이 없어서 문제점으로 대두되고 있다.

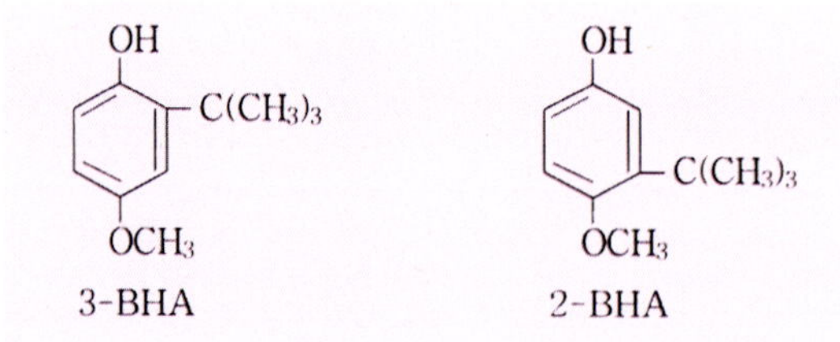

(3) 터셔리부틸 히드로퀴논(tert-butyl hydroquinone : TBHQ)

백색의 결정성 고체로서 특이한 냄새가 있으며 알코올과 에테르에는 녹으나 물에는 녹지 않는다. 급성독성으로는 LD_{50} = 0.89~0.95g/kg(쥐, 경구)이고 사람에 대한 1일 섭취허용량은 0~0.2mg/kg으로 설정되어 있다. 페놀성 항산화제로서 불포화도가 큰 식용유지에 대해서는 TBHQ가 BHA나 BHT보다 더 효과적인 것으로 알려져 있다.

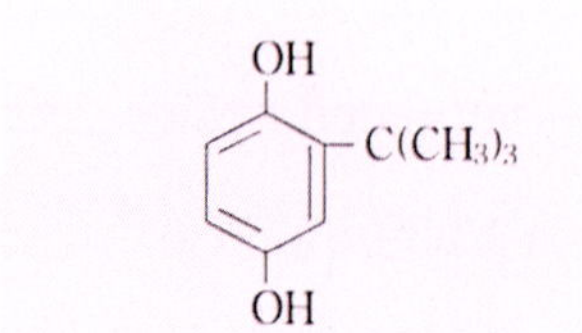

TBHQ

(4) 몰식자산 프로필(propyl gallate)

백색~엷은 황갈색의 결정성 분말로서 냄새가 없으며 조금 쓴맛을 나타낸다. 물에 약간 녹고(0.35%), 알코올(103%), 에테르(83%), propylene glycol(67%), 아세톤(121%)에 잘 녹으며 chloroform, 벤젠, 낙화생유에 약간 녹는다.

열에 비교적 안정하나 제2철이온과 반응하여 자색을 나타낸다. 항산화력이 강하나 유지에 대한 용해도가 낮다. 가열식품에의 효력이행성은 기대할 수 없다. 유기산이나 BHA와 병용하면 효력이 증강된다.

급성독성으로는 LD_{50} = 3.8g/kg(쥐, 경구)이며 몰식자산에스테르 중에서 유일한 허용품이다.

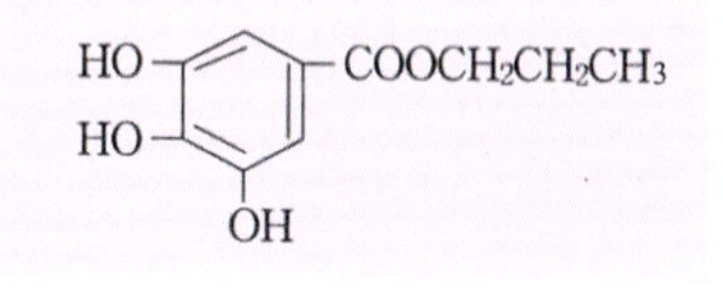

propyl gallate

(5) D-α-토코페롤 및 D-토코페롤(혼합형)
(D-α-tocopherol, D-tocopherol concentrate, mixed)

D-α-토코페롤은 식용 식물성 기름에서 얻는 비타민 E의 한 형태로서 적색이며, 거의 냄새가 없는 투명한 점조성 기름이다. 공기와 햇볕에 노출되면 산화되어 서서히 어두운 색으로 변한다. 물에 불용이며 알코올에 녹아 아세톤 · 클로로포름 · 에테르 및 식물성 기름에는 혼합된다.

D-토코페롤(혼합형)은 식용 식물성 기름에서 얻어진 D-α-토코페롤의 농축물이다. D-α-토코페롤의 양에 따라 고 α-형과 저 α-형으로 구분되며 고 α-형은 D-α-토코페롤의 비율이 상대적으로 높으며 비타민 E와 동시에 항산화제로 이용된다.

저 α-형은 D-β-, D-γ-, D-δ-토코페롤의 비율이 상대적으로 높아 항산화제로만 이용된다. 함량조절을 위해 식용식물유가 첨가될 수 있다. 이들은 천연첨가물에 포함된다.

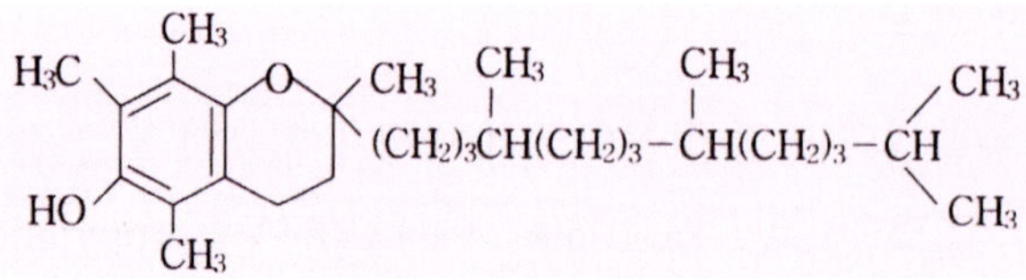

D-α-tocopherol

(6) 에리소르브산 및 에리소르브산 나트륨 (erythorbic acid, sodium erythorbate)

에리소르브산은 백색~황색을 띤 백색의 결정 또는 결정성 분말로서 냄새가 없고 신맛이 있다. 물이나 에탄올에 용해하기 쉬우나 에테르 · 벤젠에는 거의 안 녹는다. 환원성이 강하고 열 · 빛에 약하며 중금속이온에 의해 산화가 촉진된다. 수용액은 공기 중에서 신속히 분해된다.

화학적으로는 L-아스코르브산의 입체이성체이며 비타민 C의 효과는 1/20이다. 갈변방지, 풍미유지, 아질산염류에 의한 육류의 발색, 색소 고정에 사용된다.

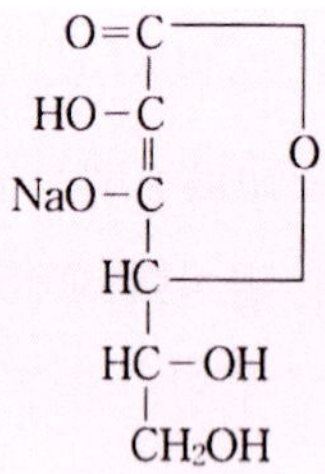

sodium erythorbate

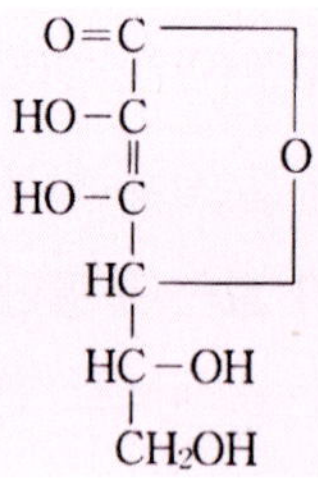

erythorbic acid

에리소르브산 나트륨은 백색~황색을 띤 백색의 알맹이 또는 결정성 분말로서 냄새가 없고 약간의 짠맛이 있다. 알코올에 녹지 않으나 물(15%)에 녹는다. 건조상태에서는 공기 중에서 안정하나 수용액은 금속, 열, 빛에 의해 분해된다. 에리소르브산과 같은 용도로 쓰인다.

급성독성으로는 에리소르브산이 LD_{50} = 5g이상/kg(생쥐, 경구)이고, 에리소르브산나트륨은 LD_{50} = 15.34g/kg(생쥐, 경구) 또는 9.4g/kg(쥐, 경구)이다.

(7) 아스코르빌 팔미테이트 및 아스코르빌 스테아레이트 (ascorbyl palmitate, ascorbyl stearate)

아스코르빌 팔미테이트는 백색~엷은 황색의 분말로서 과실과 같은 향기가 있다. 알코올과 에테르에는 잘 녹으나 물이나 식물유에는 녹지 않는다. 급성독성으로는 LD_{50} = 25g/kg(생쥐, 경구)이며 주로 유지나 유지식품에 널리 쓰이는데 산화방지제 효과 외에 강화제인 비타민 C의 효력도 가진다.

L-아스코르브산과 마찬가지로 구연산 등의 유기산을 synergist로서 사용하면 산화방지효과가 더욱 향상된다. 차광한 밀봉용기에 넣어 찬곳에 보존하여야 한다.

아스코르빌 스테아레이트는 백~황색을 띤 백색의 분말로 아스코르빌 팔미테이트와 유사한 성질을 나타낸다.

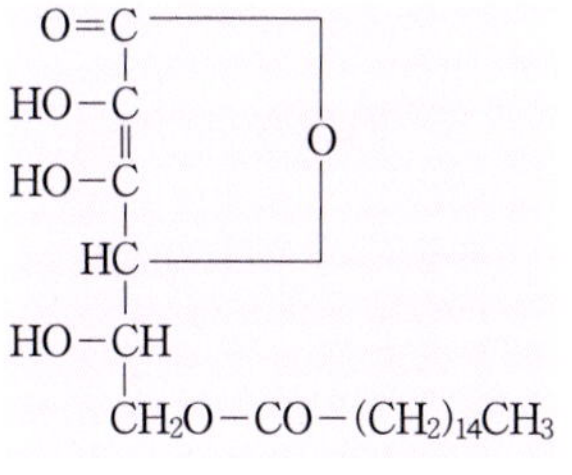

ascorbyl palmitate

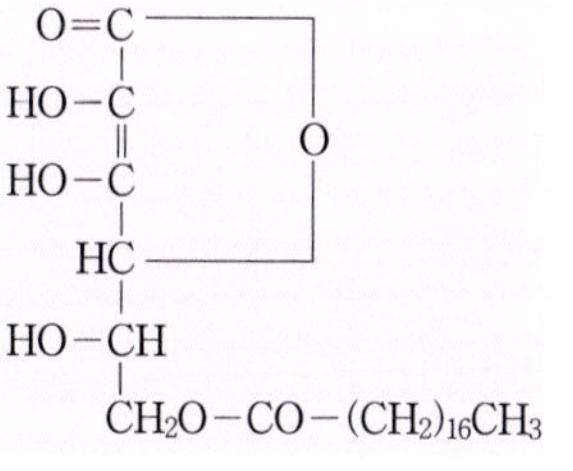

ascorbyl stearate

(8) E.D.T.A.칼슘 2나트륨 및 E.D.T.A. 2나트륨 (EDTA $CaNa_2$, EDTA Na_2)

EDTA $CaNa_2$는 백색, 무취의 결정성 과립 또는 백색~회백색의 분말로서 약간의 흡습성과 약간의 짠맛이 있으며, 공기 중에서 안정하고 물에 잘 녹는다. EDTA(ethylenediamine tetraacetic acid)의 산화방지작용은 금속이온과 강력한 chelate 결합을 형성하여 이온 반응을 어렵게 하는 성질이 있다.

생체에서는 중금속 중독을 치유하는 효과가 있고, 식품 · 음료수 · 토양 중의 금속원소를 정량할 때 직접 이용되거나 물의 정제 등에도 많이 사용된다. 독성이 매우 낮아서 LD_{50} = 10 ± 0.74 g/kg(rat, 경구)이다.

EDTA Na_2은 백색의 결정성 분말이며 물에 잘 녹는다. 화학적 성질은 EDTA $CaNa_2$과 같으며, 각종 금속과 반응하여 chelate 화합물을 형성한다. 식품의 산화방지작용을 이용하여 유지식품의 보존료나 식품의 변향 · 변색방지제로 사용된다.

급성독성은 LD_{50} = 2~2.2g/kg(rat, 경구)으로 EDTA칼슘 2나트륨보다 독성이 약 5배 정도 강하지만 일반적으로 독성이 낮은 물질에 속한다.

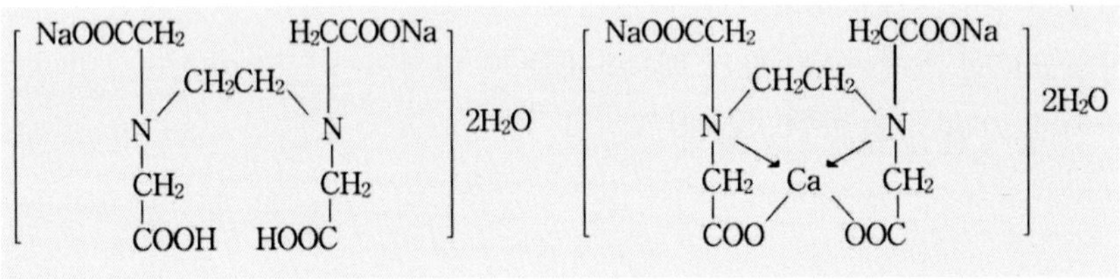

EDTA Na_2 EDTA Ca Na_2

4. 표백제(bleaching agents)

표백제는 식품가공이나 제조에 있어서 일반 색소 및 발색성 물질을 탈색시켜 무색의 화합물로 변화시키고 식품의 보존 중에 일어나는 갈변이나 착색 등의 변화를 억제하기 위하여 사용되는 첨가물이다.

허용된 표백제와 그 사용기준은 표 10-6과 같다. 식품의 표백에는 표백제의 산화작용이나 환원작용이 관여한다.

산화작용에 의해 색소를 분해하는 것으로 과산화수소가 대표적인데 이와 같은 표백제를 산화형 표백제라고 하며, 환원작용에 의한 색소파괴작용이 있는 아황산염류 같은 것은 환원형 표백제에 해당한다.

표 10-6 허용 표백제 및 그 사용기준

표백제명	사용기준
메타중아황산나트륨 (sodium metabisulfite) 메타중아황산칼륨 (potassium metabisulfite) 무수아황산 (sulfur dioxide) 아황산나트륨 (sodium sulfite) 산성아황산나트륨 (sodium bisulfite) 차아황산나트륨 (sodium hyposulfite)	이산화황으로서 잔존량 • 박고지 5.0 g/kg 이하 • 당밀, 0.3 g/kg 이하 • 물엿, 기타엿 0.2 g/kg 이하 • 과실주 0.35 g/kg 이하 • 천연농축과즙(5 배 희석하여 사용하는 것) 0.15 g/kg 이하 • 건조과실류 1.0 g/kg 이하 • 건조채소류 0.03 g/kg 이하 • 곤약분 0.9 g/kg 이하 • 새우살, 냉동생게살 0.1 g/kg 이하 • 설탕 0.02 g/kg 이하 • 발효식초 0.1 g/kg 이하 • 건조감자 0.5 g/kg 이하 • 기타 식품 [참깨, 콩류, 서류, 과실류, 채소류 및 그 단순가공품 (탈피, 절단 등), 건강기능식품 제외] 0.03 g/kg 이하
과산화수소 (hydrogen peroxide)	최종 식품의 완성 전에 분해 또는 제거할 것

산화형 표백제는 발생기 산소에 의해 표백이 되며, 한 번 사용하여 표백이 되면 색이 다시 복원되는 일이 없으나 지나치면 변색되어 색이 더 짙어지는 경우도 있으므로 유의해야 한다. 식품의 조직이 부분적으로 파괴되거나 손상될 뿐만 아니라 비타민 등의 영양성분의 손실을 가져올 우려가 있다.

이러한 작용을 가지는 식품첨가물로는 과산화수소, 과산화벤조일, 과황산암모늄, 차아염소산나트륨 등이 있는데, 차아염소산나트륨은 주로 살균제로 이용되고, 과산화벤조일, 과황산암모늄은 밀가루개량제로만 사용되며, 과산화수소는 살균료 · 표백제로 모두 사용된다.

특히 살균제이면서 표백제로 허용된 과산화수소는 실험결과 발암성이 인정되었기 때문에 최종식품 완성 전에 분해 또는 제거하도록 사용기준이 정해져 있다. 현재의 제조과정에 있어서 과산화수소가 잔존하지 않도록 하기는 불가능하기 때문에 사실상 금지된 것과 다름없다.

환원형 표백제는 산화형 표백제와는 달리 표백제가 존재하고 있는 동안에만 효과가 있고 표백제가 없어지면 공기 중의 산소에 의해 다시 복색되는 경우가 많은 것이 결점이다.

환원표백제로서 식품에 사용할 수 있는 허용품은 메타중아황산나트륨, 아황산나트륨, 산성아황산나트륨, 차아황산나트륨, 무수아황산 등이다. 어느 것이나 아황산에 의한 표백작용이다. 따라서 사용기준도 식품 중에 잔존하는 이산화황(아황산가스)의 양으로 규정하고 있다.

근년에 아황산염이 천식환자에 민감한 반응을 나타낸다는 등의 독성이 문제가 되어 우리나라에서는 건강기능식품, 참깨, 콩류, 서류, 과실류, 채소류 및 그 단순가공품(탈피, 절단 등)에는 사용을 금지하고 있다.

5. 밀가루 개량제(maturing agents, dough conditioners)

밀가루는 제분 후 6개월~1년 방치하면 밀가루나 공기 중에 함유된 산소에 의해 자연 표백되거나 숙성되어 제빵저해물질이 파괴되므로 밀가루의 품질을 개량할 수 있으나 장기간 저장하는 것은 품질, 경제상 곤란하기 때문에 그와 같은 작용을 화학적으로 단기간에 행할 목적으로 첨가하는 식품첨가물을 밀가루 개량제라고 한다.

현재 허용된 밀가루 개량제와 그 사용기준은 표 10-7과 같다. 밀가루 개량제의 효과는 그 산화작용에 근거한 표백작용과 숙성작용에 의한 것이지만, 개량제에 따라서는 표백작용은 거의 없고, 숙성작용만 가지는 것도 있다.

과산화벤조일은 산화작용에 의한 표백작용을 주로 하는 것이고, 과황산암모늄은 표백작용은 약하지만, 글루텐의 성질을 좋게 하여 제빵 효과를 높이는 것이다.

그러나 이들을 지나치게 사용하면 밀가루 중의 비타민류를 파괴하고, 숙성을 지나치게 빨리 진행시켜 오히려 글루텐의 질적인 저하에 따른 노화현상을 일으키며, 점착력과 색깔이 약해지고 품질이 나빠지므로 적절한 사용량을 지켜야 한다.

표 10-7 허용 밀가루개량제 및 그 사용기준

밀가루 개량제명	사용기준
과산화벤조일 (희석) (diluted benzoyl peroxide)	밀가루 0.3 g/kg 이하
과황산암모늄 (ammonium persulfate)	밀가루 0.3 g/kg 이하
아조디카르본아미드 (azodicarbonamide)	밀가루 45 mg/kg 이하
염소 (chlorine)	밀가루 2.5 g/kg 이하
이산화염소 (chlorine dioxide)	빵류 제조용 밀가루 30 mg/kg 이하
스테아릴 젖산칼슘 (calcium stearoyl lactylate)	빵류, 식물성 크림, 난백, 과자 이외는 사용금지
스테아릴 젖산나트륨 (sodium stearoyl lactylate)	빵류, 면류, 식물성 크림, 치즈, 소스류, 과자 이외는 사용금지

과산화벤조일(희석)은 명반, 인산의 칼슘염류, 황산칼슘, 탄산칼슘, 탄산마그네슘 및 전분 중의 1종 또는 2종 이상을 배합하여 희석한 것으로, 과산화벤조일을 19~22%를 함유한다. 백색의 분말이며 밀가루에 첨가된 과산화벤조일은 그 산화력에 의해 밀가루 중의 carotenoid계 색소를 산화표백하고, 효소나 미생물을 죽이며, 글루텐의 질을 좋게 하여 제빵효과를 증대시킨다.

과량 사용하면 표백 효과는 좋아지지만 비타민 B_1의 손실이 크고, 글루텐의 질을 변화시켜서 밀가루의 품질을 저하시키는 등 오히려 역효과를 가져오기 쉽다. 최근에 독성이 강하다는 이유로 사용여부에 대한 논란이 심하다. 급성독성은 LD_{50} = 3.95g/kg(생쥐, 경구)이며, 제분공정 중에 균일하게 첨가하여 사용한다.

과황산암모늄은 무색의 결정 또는 백색의 결정성 분말이고, 물에 잘 녹으며, 수용액에서 분해되어 산성황산암모늄과 과산화수소를 생성하며, 가열하면 황산수소암모늄과 산소로 분해된다. 밀가루의 색소를 산화 · 탈색하고, 제빵효과를 좋게 하는 작용이 있어서 밀가루 개량제로 사용되며 그 작용은 약하다.

급성독성은 LD_{50} = 0.82g/kg(쥐, 경구)이고, 밀가루에 분말 또는 용액으로 첨가하는데 yeast food에 배합해서 사용하는 경우가 많다. 현재는 그다지 사용되지 않는다.

아조디카르본아미드는 황색~등적색의 결정성 분말로서 냄새가 없다. 다른 밀가루 품질개량제와 마찬가지로 표백작용이 있으므로 표백제로도 이용된다.

제면 · 제빵용 밀가루의 품질개량제와 숙성제로 사용되며, 제분하는 과정에 첨가하거나 1차 반죽할 때 첨가하기도 한다.

염소는 엷은 황녹색의 매우 자극적인 기체이나 일정한 압력하에서는 액화된 상태로 bombe에 보존한다. 반응성이 매우 큰 원소이고 독성은 이 반응성에 기인한다. 염소는 살균소독제로 음료수의 소독에 이용될 뿐만 아니라 케이크 제조용의 박력분의 표백 숙성에 널리 이용되고 있다.

제분공정 중 혼합장치에 의해서 첨가되며 설탕함량이 높은 고배율 케이크 제조용 박력분의 표백숙성제로서 중요하다. 첨가량은 300~1,500ppm이며 염소처리한 밀가루로 만든 고배율 케이크는 과산화벤조일로 처리한 밀가루로 만든 것보다 구운 후 오븐에서 꺼냈을 때 바로 찌그러지지 않고 체적도 크며 속결도 좋다.

이산화염소는 열에 불안정하여 분해하면 염소와 산소를 생성한다. 그 작용은 염소와 같아서 밀가루 중에 함유되어 있는 카로틴 등의 색소를 산화시킬 뿐만 아니라, 무발효 케이크류의 물리적 성질을 개량하여 제품의 결, 부피, 식감 등을 향상시키는 작용을 지니고 있다.

스테아릴젖산칼슘은 백색~황색을 띤 분말로서 특이한 냄새를 가지고 있다. 밀가루 글루텐의 안정성과 탄력을 증가시키며, 전분의 호화 · 팽윤을 저해하여 결이 잘면서도 잘 부푼 빵을 얻을 수 있고, 노화방지에 효과가 있다.

스테아릴젖산나트륨은 백색~황색을 띤 분말 또는 덩어리로서 특이한 냄새를 가지고 있다. 스테아릴젖산칼슘에 비해 수용성이 있는 것이 다르며, 제빵효과가 약간 좋다는 의견도 있다.

6. 호료(thickners, gelling agents)

식품에 작용하여 점착성을 증가시키고, 유화안정성을 높이며, 식품가공에서 가열이나 보존 중에 선도를 유지하고, 형체를 보존하는 데 도움을 준다. 미각적인 면에서도 점활성을 주어 촉감을 좋게 하기 위하여 식품에 첨가되는 첨가물을 호료(糊料)라고 하며 증점제(增粘劑), 농화제, 겔화제라고도 한다.

이와 같은 성질을 가진 것은 천연물에도 많이 있다. 밀가루의 gluten, 찹쌀의 amylopectin, 과일잼의 pectin, 해조류의 alginic acid, 한천 등의 식물성인 것과 우유의 casein, 어류단백인 gelatin 등의 동물성인 것 등이 그 예이다. 전분, 아라비아검, 트리가칸트검 등도 호료로 사용할 수 있다.

호료는 식품에 사용하면 증점제뿐만 아니라, 유산균음료, 아이스크림, 마요네즈에서는 분산안정제로, 햄 · 소시지에는 결착보수제로, 김에는 피복제 등으로 널리 사용된다.

식품첨가물로 지정된 것 중 화학적 합성품은 표 10-8과 같다.

표 10-8 허용 호료 및 그 사용기준

호료명	사용대상	사용량
폴리아크릴산나트륨(sodium polyacrylate)	일반식품	0.2 % 이하
알긴산 프로필렌글리콜(propylene glycol alginate)	일반식품	1 % 이하
카르복시 메틸셀룰로오스칼슘 (calcium carboxymethyl cellulose)	일반식품	2 % 이하
카르복시 메틸스타치나트륨 (sodium carboxymethyl starch)	일반식품	2 % 이하(병용 시는 합계량이 2 % 이하)
메틸셀룰로오스 (methyl cellulose) 카르복시 메틸셀룰로오스나트륨 (sodium carboxymethyl cellulose) 알긴산나트륨 (sodium alginate) 알긴산암모늄(ammonium alginate) 알긴산칼륨(potassium alginate) 알긴산칼슘(calcium alginate) 카세인나트륨(sodium caseinate) 폴리덱스트로스(polydextrose) 변성전분(food starch modified)		

폴리아크릴산나트륨은 백색의 분말로서 냄새와 맛이 없다. 아크릴산나트륨의 중합체로 흡습성이 크고 물에는 서서히 녹아서 점조성이 큰 투명액이 된다. 점성은 CMC나 알긴산나트륨과 같은 흡수팽윤에 의한 것이 아니고 분자 내의 다수의 음이온기에 의한 이온 현상에 의하여 분자가 늘기 때문에 겉보기의 점도가 커져서 고점성 용액이 되는 것이다.

점도가 매우 커서 카르복시 메틸스타치나트륨이나 알긴산나트륨의 10~20배 정도이고 가열이나 보존 중에 점도변화가 없다. 천연호료와 같이 부패되거나 변질될 염려가 없어서 저장성이 좋은 것도 하나의 장점이다. 국수류 등의 밀가루 반죽의 물리적 성질을 개량하는 효과가 있다.

알긴산프로필렌글리콜은 백색~황색을 띤 백색의 약간 굵은 또는 미세한 분말로서 냄새도 없으며 맛도 거의 없다. 알긴산의 카르복시기에 프로필렌글리콜을 도입하여 에스테르화한 것이기 때문에 알긴산나트륨 수용액의 결점을 없애고, 안정도가 큰 고분자 콜로이드 용액이 되며, 강력한 유화성을 갖추고 있는 등 독특하고 우수한 성질을 지니고 있다.

산성에서 안정하나 가열에 의해 점도가 떨어지는 것이 결점이고 반드시 물에 녹여서 사용해야 한다. 주로 산성식품의 안정제 · 증점제로 사용된다.

메틸셀룰로오스는 백색~백색에 가까운 색의 분말 또는 섬유상의 물질로서 냄새가 없다. 목재 펄프나 초산셀룰로오스를 원료로 하여 얻는 셀룰로오스의 메틸에테르로서 유화제 · 안정제 · 보수제로 널리 사용되며 비교적 독성은 적은 편이다. 산이나 알칼리에 안정하고 금속이온이나 산성에서도 침전이 되지 않으며 수용액을 가열하면 gel화하고 냉각하면 콜로이드로 변하는 가역적 성질이 있다.

카르복시메틸셀룰로오스나트륨(sodium carboxy methyl cellulose)은 백색~엷은 황색의 분말 또는 알맹이 혹은 섬유모양의 물질로서 냄새가 없다. 펄프에서 얻은 카르복시메틸셀룰로오스의 나트륨염으로 일명 CMC라고도 하는데 물에 잘 녹고 금속이온에 의해 응고한다.

다른 안정제에 비해 값이 싸고, 용해성이 좋으며, 보수성이 크고, 조직을 좋게 한다. 증점제(잼, 케첩, 라면), 수분증발방지와 노화방지제(빵, 카스텔라), 안정제(아이스크림, 맥주), 고형제(유지) 등으로 널리 쓰인다.

카르복시메틸셀룰로오스칼슘은 백색~엷은 황색의 분말 또는 섬유모양의 물질로서 냄새가 없다. 붕괴 · 분산 · 용해 촉진작용이 있어서 초콜릿이나 비스킷에 첨가하면 입에서 빨리 붕괴하여 치아에 달라붙지 않고 혀에 대한 촉감도 좋아진다. 고형 수프를 성형할 때 첨가하면 녹을 때 물에 의해서 팽윤하여 붕괴 · 분산을 촉진시킨다. 섭취하여도 소화 · 흡수되지 않고 포만감을 주므로 체중조절식으로도 이용된다.

카르복시 메틸스타치나트륨은 백색의 분말로서 냄새가 없다. 전분을 구성하는 포도당의 OH기에 카르복시메틸기가 에테르 결합한 것으로 아이스크림의 유화안정제나 빵의 노화방지제로 쓰인다. 그러나 CMC와는 달리, 세균이 생산하는 α-아밀라아제에 의하여 액화되기 쉽고, 점도가 떨어지므로 케첩이나 잼 등에는 별로 사용되지 않는다.

알긴산나트륨은 백색~황색을 띤 백색의 분말로서 거의 냄새도 맛도 없다. 갈조류에서 얻는 알긴산의 나트륨이다. 물에 녹으면 점조한 액이 되며 안정제 · 증점제로서 뛰어난 성질을 가진다. 산성에서 침전되고 8% 이상의 식염 존재하에서는 응고에 의해 점성을 잃는 성질이 있다. 따라서 산성식품에서는 사용을 피하는 것이 좋다.

특징으로는 우유성분 중에 있는 칼슘과 반응하여 알긴산칼슘의 균일한 젤리를 생성함으로써 제품의 형태유지성을 대단히 좋게 한다. 장기보존에 따른 용적의 수축과 조직의 조상화 등을 방지한다.

천연물인 카제인은 백색~엷은 황백색의 분말이나 알맹이 또는 조각으로서 냄새와 맛이 없거나 또는 약간의 특이한 향기와 맛이 있다. 인단백질로 우유 중에 약 3% 함유하며 우유단백질의 80%를 차지한다. 다른 증점제보다 뛰어난 단백질원으로서의 영양가가 높고 흡수가 좋은 특징이 있으며, 통상의 안정제 · 유화제로 사용된다.

카제인나트륨은 백색~엷은 황백색의 분말이나 알맹이 또는 조각으로서 냄새와 맛이 없거나 또는 약간의 특이한 향기와 맛이 있다. 카제인에 수산화나트륨을 가해 분무 건조한 것으로 수용성이므로 용도가 많으며 유화작용이 강하므로 육류 연제품에 많이 사용되며, 소시지에 첨가하면 고기의 결착성이 보강된다.

폴리덱스트로스는 약간의 결합소르비톨과 구연산 또는 인산을 가지는 D-glucose의 무작위추출물이다. 미색~엷은 갈색의 고체로 물에 잘 녹고, 난소화성 다당류이며, 저에너지성이다. 증량제, 성형제, 수분보습제, 조직감 조정제 등으로 이용된다.

변성전분은 여러 가지 곡물이나 근경에서 유래한 전분을 소량의 화학물질로 처리하여 전분의 OH기와 반응물질 사이의 반응에 의해 화학적으로 변형시킨 것 또는 이를 호화한 것으로 전분 본래의 물리적 특성을 변형시킨 것이다.

이 품목에는 다음과 같은 것들이 있다.

① 산화전분(oxidized starch)
② 아세틸아디핀산2전분(acetylated distarch adipate)
③ 아세틸인산2전분(acetylated distarch phosphate)
④ 옥테닐호박산나트륨전분(starch sodium octenyl succinate)
⑤ 인산2전분(distarch phosphate)
⑥ 인산1전분(monostarch phosphate)
⑦ 인산화인산2전분(phosphated distarch phosphate)
⑧ 초산전분(starch acetated)
⑨ 히드록시프로필인산2전분(hydroxypropyl distarch phosphate)
⑩ 히드록시프로필전분(hydroxypropyl starch)

이 품목은 백색 또는 거의 백색의 분말 · 입자로서 냄새와 맛이 없으며 호화시킨 것은 조각, 무정형의 분말 또는 거친 입자로서 냄새와 맛이 없다. 변성전분의 용도는 증점제, 안정제, 농화제, 결착제 등으로 식품제조에 널리 쓰인다.

7. 착향료(flavoring agents)

상온에서 휘발성이 있고 식품에 향을 부여하기 위하여 첨가하는 화합물로서 냄새를 없애거나 강화하거나 또는 변화시키기 위해 사용되는 첨가물이 착향료이다.

향료는 천연향료와 합성향료로 구분되는데, 천연향료에는 아민계나 지방산 등의 동물성인 것과 레몬유, 에스테르류, 알코올류 등의 식물성인 것이 있다.

합성향료는 인공향료라고도 하며 천연물 중의 유효성분과 같은 화합물을 합성한 것과 천연에 존재하지 않으나 향기가 유사한 것을 합성한 순수합성향료가 있다.

착향료를 형태에 따라 분류하면 다음과 같다.

① **분말향료**: 분말에 향료를 혼합하여 분말로 한 것(powder)
② **유화향료**: 유화제로서 향료를 유액으로 한 것(emulsion)
③ **수용성 향료**: 알코올을 사용하여 향료를 수용성으로 한 것(essence)
④ **유성 향료**: 천연의 정유(精油)에 향료를 혼합한 것(oil)

분말향료는 향료를 수용성 부형제의 용액과 유화액으로 분무 건조한 것으로, 산화에 안정하고 취급이 편리하다. 유화향료는 유화제를 사용하여 향료를 물속에 분산 유화시킨 것이며, 사용목적에 따라 음료에 유화와 혼탁을 주는 크라우디 훌레바와 향료를 유화하기 위하여 유액으로 한 것으로 나눈다.

휘발성이 낮고 가격이 싸서 사용범위가 넓다. 수용성 향료는 essence라고도 불리며 물에 녹지 않는 유상(油狀)의 방향성분을 알코올, 글리세린, 물 등의 혼합 용액에 녹여서 물에 잘 녹게 만든 것이다. 청량음료나 빙과에 사용되나 휘발성이 강하기 때문에 가열 처리하는 식품에는 적당하지 않다.

유성 향료는 oil이라고 불리며 천연의 정유(精油) 또는 합성향료를 조합한 것으로 지용성인 향료이다. 내열성이 좋아서 캐러멜, 드롭스, 비스킷 등 가열처리 식품에 사용하면 좋다.

식품첨가물로 사용이 허가된 착향료에는 개별지정품과 포괄적 의미의 합성 착향료가 있다. 이들 첨가물은 공통적으로 착향 목적 이외에 사용해서는 안 된다. 그러나 초산에틸만은 예외로서 초산비닐수지의 용제로 사용하는 경우도 있다.

(1) 개별지정품

개미산, 개미산게라닐, 개미산시트로네릴, 개미산이소아밀, 게라니올, 계피산, 계피산메틸, 계피산에틸, 계피알데히드, 계피알코올, 낙산, 낙산부틸, 낙산에틸, 낙산이소아밀, γ-노나락톤, 데카날, 데카논산에틸, 데카놀, 리나롤, 말톨, 메틸

β-나프틸케톤, N-메틸안트라닐산메틸, DL-멘톨, L-멘톨, 바닐린, 벤즈알데히드, 벤질알코올, 변성 호프추출물, 살리실산메틸, 시클로헥산프로피온산알릴, 시트랄, 시트로넬랄, 시트로넬롤, 아니스알데히드, α-아밀신나믹알데히드, 아세토초산에틸, 아세토페논, 안트라닐산메칠, 에틸바닐린, 옥타논산에칠, 옥틸알데히드, γ-운데카락톤, 유게놀, 유칼리프톨, 이소길초산에틸, 이소길초산이소아밀, 이소유게놀, 이소티오시안산알릴, α-이오논, β-이오논, 초산게라닐, 초산리나릴, 초산벤질, 초산부틸, 초산시트로넬릴, 초산신나밀, 초산이소아밀, 초산에틸, 초산페닐에틸, 카프론산알릴, 파라메틸아세토페논, 페닐초산에틸, 페닐초산이소부틸, 프로피온산벤질, 프로피온산에틸, 프로피온산이소아밀, 피페로날, 헥사논산에틸, 헵타논산에틸, 히드록시시트로넬랄, 히드록시시트로넬랄디메틸아세탈.

(2) 합성착향료

아세탈 등 2,490종의 물질이 지정되어 있다.

8. 발색제(color fixatives, color developers)

육류 등의 myoglobin이나 hemoglobin 등의 색소단백질은 방치하거나 가열조리하는 과정에서 산화되어 색이 변하는데, 이와 같은 변색을 방지할 목적으로 첨가되는 것이 발색제이다.

발색제는 자체의 색에 의해 착색되는 착색료와는 달리 자체는 색이 없으며 단지 식품 중의 색소단백질과 반응하여 안정한 화합물을 형성함으로써 식품의 색을 안정화하고 선명하게 하거나 발색시키는 역할을 한다. 현재 사용이 허가된 발색제는 표 10-9와 같다.

발색제에는 아질산염, 질산염으로 대표되는 육류발색제 외에도 채소, 과일, 콩류 등의 anthocyanin 색소류와 결합하여 선명한 색을 나타내게 하는 황산제일철이나 황산알루미늄칼륨 등의 금속화합물이 이용된다.

육류발색의 기작은 질산염이나 아질산염이 동일한데 질산염은 육류 중의 질산환원균에 의해 아질산염으로 환원된 다음에 발색제로서 작용한다.

표 10-9 허용 발색제 및 그 사용기준

발색제명	사용기준
아질산나트륨(sodium nitrite)	아질산기로서의 잔존량 • 식육가공품(포장육, 식육추출 가공품, 식용우지, 식용돈지 제외) 및 경육제품 0.07 g/kg 이하 • 어육 소시지 0.05 g/kg 이하 • 명란젓, 연어알젓 0.005 g/kg 이하
질산나트륨(sodium nitrate) 질산칼륨(potassium nitrate)	아질산기로서의 잔존량 • 식육가공품(포장육, 식육추출 가공품, 식용우지, 식용돈지 제외) 및 경육제품 0.07 g/kg 이하 • 어육소시지 및 치즈 0.05 g/kg 이하 • 대구알 염장품 0.2 g/kg 이하(질산나트륨 제외)
황산제 1 철(ferrous sulfate) 황산알루미늄칼륨(aluminium potassium sulfate)	된장류에는 사용금지

아질산나트륨의 발색기작은 인산이나 가공 중에 생긴 젖산 등의 작용으로 유리의 아질산이 되고, 이것은 분해되어 산화질소(NO)가 생겨서 고기 중에 함유되어 있는 색소단백질인 myoglobin이나 hemoglobin과 결합하여 공기, 열, 세균 등에 비교적 안정한 nitrosomyoglobin이나 nitrosohemoglobin을 생성하여 선홍색을 유지시키기 때문이다.

$$NaNO_2 + RCOOH \rightleftarrows HNO_2 + RCOONa$$
$$2HNO_2 \rightleftarrows H_2O + NO_2 + NO$$
$$\text{myoglobin(Mb)} + NO \longrightarrow \text{Mb-NO(nitrosomyoglobin)}$$
$$\text{hemoglobin(Hb)} + NO \longrightarrow \text{Hb-NO(nitrosohemoglobin)}$$

아질산나트륨은 백색~엷은 황색의 결정성 분말이나 알맹이 또는 막대기 모양의 덩어리이다. 급성독성은 LD_{50} = 85mg/kg(쥐, 경구) 또는 220mg/kg(생쥐, 경구)이며, 혈압의 강하, 갑상선기능 장해, 혈관확장, methemoglobin 혈증 등이 있고, 아급성 독성으로 운동성 저하, 심전도 이상, hematocrit값의 상승, 심장이나 비장의 무게 증가 등이 보고되어 있다.

만성독성으로는 식품 중의 2급 아민과 반응하여 발암물질인 N-nitrosamine을 생성하기도 한다. 또한 소금이나 설탕 등과 혼합하여 염지제(鹽漬劑)로 사용되는데, 아질산나트륨 단독으로 사용되는 일은 적으며, 보통 아스코르브산나트륨이나 에리소르브산나트륨 등의 발색조제(發色助劑)나 니코틴산아미드와 병용한다.

발색의 유효량이 100ppm이므로 보통 0.01~0.02% 정도를 첨가한다. 그러나 식육제품에 첨가함으로써 *Clostridium botulinum*의 생육을 억제하여 식중독 예방에 도움을 주기도 한다(Perigo effect).

질산칼륨은 무색의 기둥 모양 결정 또는 백색의 분말로서 냄새가 없고 짠맛과 청량미가 있다. 급성독성은 LD_{50} = 3.24g/kg(쥐, 경구)이며, 위액에 의하여 아질산염으로 환원된다.

발색유효량이 3,000ppm(0.3%) 정도이며, 주로 소시지나 햄 등 식육제품에는 아질산나트륨과 병용하는 경우가 많다. 이외에 청주나 치즈의 발효조성제로도 이용된다.

질산나트륨은 무색의 결정 또는 백색의 결정성 분말로서 냄새가 없으며 조금 염미를 가지고 있다. 물에 잘 녹고 흡습성이 있으므로 보존에 주의해야 한다. 나머지는 질산칼륨과 비슷하다.

황산제1철은 건조 황산제1철($FeSO_4 \cdot 1\sim1.5H_2O$)과 결정 황산제1철($FeSO_4 \cdot 7H_2O$)의 2종이 있는데, 과일, 채소, 다시마, 콩 등의 발색제로서 특히 가지를 소금 절임할 때의 변색방지에 이용된다. 과채 중의 천연색소인 안토시아닌류와 철이온이 결합하여 안정한 착염을 형성함으로써 선명한 청록색을 유지시킨다.

또한 이들은 철의 영양강화제로서 젖산철과 같이 사용된다. 결정 황산제1철은 흰색을 띤 연록색의 결정 또는 결정성 분말이고 건조 황산제1철은 회백색의 분말이다.

황산알루미늄칼륨은 보통 명반이라고 한다. 가벼운 돌과 같은 덩어리 또는 백색의 분말로서 냄새가 없고 맛은 약간 달며 수렴성이다. 명반을 약 200℃로 가열하여 그 결정수를 제거하여 얻을 수 있는 것으로, 탈수작용을 이용하여 첨가물제제의 안정제로 사용되는 것 외에 합성팽창제의 산성 성분으로 많이 사용된다.

황산제1철과 마찬가지로 과채 중의 안토시아닌 색소류와 결합하여 청색 또는 자색을 나타내는 성질이 있어서 발색제로 이용된다.

9. 착색료(colouring matters)

천연식품이 가진 자연의 색조가 조리가공 중에 변색, 퇴색하는 수가 많으므로 가공식품에 인공적으로 착색시켜 기호면에서 식욕을 촉진시키고 품질면에서 그 가치를 높이기 위하여 첨가되는 물질이 착색료이다.

천연색소에는 식물성 색소인 클로로필, 카로테노이드, 안토시아닌, 플라보노이드, 캐러멜, 터메릭 올레오레진, 파프리카 올레오레진, 카카오색소, 치자색소, 홍국색소 등이 있고, 동물성 색소인 헤모글로빈, 미오글로빈, 오징어 먹물색소 등이 있으며, 인공색소에는 타르색소와 비 타르계 색소가 있다.

천연색소는 인공색소에 비해 견뢰성이 떨어지고 불투명하며 값이 비싸므로 잘 쓰이지 않았지만, 안전성이 인정되기 때문에 최근 타르색소의 독성에 대한 소비자들의 인식이 높아지면서 그 사용이 점차 증가하고 있다. 인공색소의 경우는 색깔이 다양하고 선명하기 때문에 많이 사용되는데, 인체에 유해한 것이 많다.

합성착색료는 타르색소, 타르색소의 알루미늄레이크, 비 타르계 착색료 등으로 구분된다. 사용기준은 표 10-10과 같다.

표 10-10 허용 합성 착색료 및 그 사용기준

착색료명	사용기준
식용색소 녹색 제 3 호(fast green FCF) 식용색소 녹색 제 3 호 알루미늄레이크 식용색소 적색 제 2 호(amaranth) 식용색소 적색 제 2 호 알루미늄레이크 식용색소 적색 제 3 호(erythrosine) 식용색소 청색 제 1 호(brilliant blue FCF) 식용색소 청색 제 1 호 알루미늄레이크 식용색소 청색 제 2 호(indigo carmine) 식용색소 청색 제 2 호 알루미늄레이크 식용색소 황색 제 4 호(tartrazine) 식용색소 황색 제 4 호 알루미늄레이크 식용색소 황색 제 5 호(sunset yellow FCF) 식용색소 황색 제 5 호 알루미늄레이크 식용색소 적색 제 40 호(allura red) 식용색소 적색 제 40 호 알루미늄레이크 식용색소 적색 제 102호(new coccine)	품목에 따라 다소 차이는 있으나 아래의 식품에 사용해서는 아니된다. 면류, 단무지, 특수용도식품(정제의 제피 또는 캡슐 제외), 건강기능식품(정제의 제피 또는 캡슐 제외), 유가공품(아이스크림류 등 제외), 두유류, 발효음료류, 과일 · 채소류 음료(과채음료 제외), 인삼 · 홍삼음료, 두부류 또는 묵류, 젓갈류(명란젓 제외), 김치류, 절임식품(밀봉 또는 가열살균제품 제외), 조림식품, 천연식품(식육류, 어패류, 채소류, 과실류, 해조류, 두류 등 및 그 단순가공품), 벌꿀, 장류, 식초, 소스류, 토마토케첩, 잼류, 고춧가루 또는 실고추, 향신료가공품(고추냉이 및 겨자제품류 제외), 카레, 식육가공품(소시지류 제외), 어육가공품(어육 소시지류 제외), 식용유지류, 다류, 식빵, 마요네즈, 카스텔라, 레토르트식품, 즉석조리식품, 복합조리식품, 코코아버터, 땅콩 및 견과류 가공품, 코코아분말, 조미김, 과채가공품류, 추출가공식품, 알가공품, 커피
삼이산화철(iron sesquioxide)	바나나(꼭지의 절단면), 곤약 이외의 식품에는 사용 못함
수용성 안나토(annatto, water soluble) β-카로틴(β-carotene) β-아포-8′-카로티날(β-apo-8′-carotenal) 카르민(carmine) 철 클로로필린나트륨 (sodium iron chlorophyllin)	천연식품[식육류, 어패류(경육 포함), 과실류, 채소류, 해조류, 두류 등 및 그 단순가공품(탈피, 절단 등)], 다류 및 커피, 고춧가루 또는 실고추, 김치류, 고추장, 식초에 사용 못함
동 클로로필(copper chlorothyll) 동 클로로필린나트륨 (sodium copper chlorophyllin) 동 클로로필린칼륨 (potassium copper chlorophyllin)	동으로서 • 채소류 또는 과일류의 저장품 0.1 g/kg 이하 • 다시마(무수물) 0.15 g/kg 이하 • 추잉검, 인삼검 및 캔디류 0.05 g/kg 이하 • 완두콩 통조림 중의 한천 0.0004 g/kg 이하
이산화티타늄 (titanium dioxide)	tar 색소와 유사함

(1) 식용 타르색소

타르(tar)색소란 명칭은 석탄의 coal tar에서 만들어지는 벤젠, 크실렌, 톨루엔, 나프탈렌 등을 원료로 하기 때문인데, 허가되어 있는 타르색소는 모두 수용성의 산성 색소이다. 식용 타르색소를 화학구조별로 분류하면 azo계 색소(적색 2호 · 적색 40호 · 황색 4호 · 황색 5호 · 적색 102호), triphenylmethane계 색소(청색1호 · 녹색3호), xanthene 색소(적색 3호), indigoid계 색소(청색2호)로 나눌 수 있다.

타르색소는 일반적으로 급성독성뿐만 아니라 만성독성이 문제가 되는 것이 많으므로, 안정성이 확인된 것만이 사용 허가되고 있는데, 지용성 색소는 모두 독성 때문에 사용 금지되었다.

식용 타르색소는 화학구조상의 차이로 인하여 내열성, 내광성, 내산성, 내알칼리성, 내환원성, 염착력 등이 모두 다르기 때문에, 색소 고유의 성질을 잘 파악한 다음 사용할 필요가 있다(표 10-11 참조). 또한 식용 타르색소를 사용할 때 2종류 이상의 색소를 배합한 제제(製劑)색소를 사용하면 편리하다(표 10-12 참조).

표 10-11 식용 타르색소의 성질

색소명	원래의 색조	0.1 % 용액의 색조	내열성	내광성	내산성	내알칼리성	내환원성	염착력
녹색 제3호	녹색	청록색	3	2	2	4	—	—
적색 제2호	자적색	대자적색	2	2	2	2	4	4
적색 제3호	적색	앵두색	1	4	4	2	1	1
청색 제1호	청색	청색	1	1	1	2	1	4
청색 제2호	청색	남색	2	3	3	4	4	2
황색 제4호	황금색	황금색	1	1	1	1	3	4
황색 제5호	등색	등황색	1	1	1	2	4	3
적색 제40호	자적색	적색	1	1	1	—	4	—
적색 제102호	적색	적색	4	3	3	4	—	—

1: 매우 강함, 2: 강함 3: 약함 4: 매우 약함

표 10-12 제제색소의 혼합비율 예

(단위: %)

식용색소 \ 색조	초콜릿색(A)	초콜릿색(B)	커피색(A)	커피색(B)	포도주색(A)	포도주색(B)	달걀색	녹색	토마토색	자색	딸기색	흑색	등색	멜론색
적색 제2호	36	46	31		75	39				51	73		14	
황색 제4호	48	48	64	64	20	24	90	72					29	86
황색 제5호									7		27	43	57	
청색 제1호		6	5	4	5	8		28						14
청색 제2호	16									49		57		
적색 제40호				32		29	10		93					

① 식용녹색 3호

식용녹색 3호는 금속광택을 가진 암녹색의 알갱이 또는 분말로서 냄새가 없다. 물에 녹으면 청록색을 나타내며, 내광성 · 내열성이 강하고, 구연산 · 주석산에는 안정하지만 알칼리에는 변색되어 청자색이 된다. 흡습성이 있으므로 방습하여 보존한다. 급성독성은 LD_{50} = 2g 이상/kg(쥐, 경구)이다. 캔디나 그 밖의 식품의 착색에 100g당 1mg을 사용한다. 구운 과자, 음료 등에는 적합하지 않다.

② 식용적색 2호

적갈색의 알갱이 또는 분말로서 냄새가 없다. 수용액은 산에 의하여 등적색의 침전이 생긴다. 내광성 · 내열성은 비교적 강하나 산화 · 환원에는 약하기 때문에 통조림제품이나 비타민 C를 함유하는 음료 등 환원작용을 나타내는 음식물의 착색에는 부적당하다.

급성독성은 LD_{50} = 10g 이상/kg(생쥐, 경구) 또는 1g 이상/kg(쥐, 복강, 정맥)이다. 과자, 청량음료, 냉과 등 여러 식품에 단용하거나 다른 식용색소와 혼용한다. 사용량은 100g당 냉과 3mg, 음료 2~5mg, 시럽 5~10mg, 젤리 5mg 등이다. 흡습성이 크므로 밀폐용기에 보존한다.

③ 식용적색 3호

적색~갈색의 알맹이 또는 분말로서 냄새가 없다. 물에 녹으면 청색을 띤 적색을 나타내며, 수용액은 산에 의하여 등적색의 침전인 색소산이 생긴다. 내광성은 약하다. 급성독성은 LD_{50} = 1.9g 이상/kg(쥐, 경구)이다. 과자, 농수산가공품(앵두, 어묵 등), 젤리, 껌, 통조림 등 각종 식품에 사용된다.

음료나 드롭스에는 산성 때문에 불용성 침전이 석출하므로 사용할 수 없다. 사용량은 100g당 젤리 25~50mg, 어묵 5mg, 과자 2mg, 토마토케첩 5mg이다.

④ 식용청색 1호

금속광택을 가진 적색을 띤 자색의 알갱이 또는 분말로서 냄새가 없다. 물에 녹으면 청색을 나타내며 수용액은 금속염에 의하여 서서히 침전이 생긴다. 또 환원제에 대해서는 azo 색소보다 강하다. 흡습성이 크므로 밀폐용기에 넣어 방습 · 보존한다.

급성독성은 LD_{50} = 2g 이상/kg(쥐, 경구)이며, 과자나 음료 등 여러 가지 식품에 사용된다. 캔디, 어묵이나 고추냉이분 등에 100g당 0.7~1mg, 그 밖에는 다른 식용색소와 배합하여 사용한다. 초콜릿색, 녹색, 커피색 등의 혼합색 배합원료로 이용된다.

⑤ 식용청색 2호

암자청~암자갈색의 알갱이 또는 분말로서 냄새가 없다. 물에 녹으면 자청색을 띠며, 내광성 · 내열성이 약하고 구연산, 주석산, 알칼리에도 불안정하다. 흡습성이 크므로 밀폐용기에 보존한다. 급성독성은 LD_{50} = 2.5g 이상/kg(생쥐, 경구)이며, 과자, 냉과, 음료 등에 다른 식용색소와 배합하여 사용한다. 사용량은 100g당 1~10mg 정도이다.

⑥ 식용황색 4호

등황~등색의 알갱이 또는 분말로서 냄새가 없다. 물에 녹으면 황색을 나타낸다. 급성독성은 LD_{50} = 12.75g/kg(생쥐, 경구)이며, 이 색소는 타르색소 중에서 가장 안정성이 큰 것의 하나로 인정되고 있다. 젤리, 캔디, 빵, 크림, 주스, 분말음료, 단무지 등의 식품 착색에 단독 또는 다른 식용색소와 배합하여 사용되며, 혼합색의 배합원료로도 사용된다. 사용량은 100g당 0.5~10mg 정도이다.

⑦ 식용황색 5호

등적색의 알갱이 또는 분말로서 냄새가 없다. 물에 녹이면 등색을 나타낸다. 내광성, 내열성이 크고, 알칼리에 의해서는 갈적색으로 변한다. 급성독성은 LD_{50} = 2g 이상/kg(쥐, 경구)이며, 과자, 음료, 농수산가공품 등 여러 식품에 사용한다. 사용량은 100g당 0.5~10mg 정도로 젤리나 캔디에는 1mg, 냉과에는 2mg을 사용한다. 또 다른 색소와 배합하여 사용하기도 한다. 흡습성이 크므로 방습에 유의하여야 한다.

⑧ 식용적색 40호

미국의 Allied 화학회사에서 개발된 azo색소로, 1970년 FDA에서 승인된 것이며, 우리나라에서는 1973년에 식품첨가물로 지정되었다. 적색의 분말 또는 알갱이로서 냄새가 없다. 물에 녹이면 적색을 나타낸다. 산이나 알칼리에는 불안정하여, 암적색으로 변한다.

급성독성은 LD_{50} = 10.0g 이상/kg(쥐, 경구)이며, 각종 식품의 착색에 식용적색 2호 대신에 사용할 수 있는데, 음료, 젤라틴 디저트, 하드캔디 같은 투명제품을 암적 또는 적자색조로 착색하는 데는 식용적색 40호가 황색기미를 띠는 관계로, 색을 칙칙하게 하거나 갈색 기미를 띠게 하는 난점이 있다. 사용량은 100g당 탄산음료에는 4~6mg, 아이스크림이나 셔벗에는 1~20mg, 과자류에는 1~40mg 정도 사용된다.

⑨ 식용적색 102호

적색~암적색의 알맹이 또는 분말로서 냄새가 없다. azo 색소로서 물 · 프로필렌글리콜 · 글리세린에 녹는다. 농수산가공품, 축산가공품, 과자, 음료 등에 단색 또는 배합색으로 사용한다.

(2) 식용 타르색소 알루미늄레이크

식용 타르색소는 Na염으로 되어 있어서 물에 잘 용해된다. 이 수용액에 염기성 알루미늄염을 다량 가하면 색소와 알루미늄이 결합하여 물에 불용인 복잡한 유색

화합물이 되는데 이를 알루미늄레이크라고 한다. 식용 tar색소의 종류에 따라 여러 종류의 레이크색소를 얻게 된다. 현재 식용으로 허가되어 있는 것은 식용적색 2호 · 40호, 식용황색 4호 · 5호, 식용녹색 3호, 식용청색 1호 · 2호의 알루미늄레이크이다.

레이크색소의 특성은 색소함량이 식용 타르색소의 10~40% 정도이고, 불용성이거나 산 · 알칼리를 함유한 물에 서서히 용해하는 난용성이라는 점, 분산성, 견뢰성, 은폐성, 내광성, 내열성 등이 우수하다는 점 등을 들 수 있다.

레이크색소의 착색은 미세한 색소입자를 분산시켜 착색하며 레이크분말의 색조가 그대로 식품의 색이 된다. 이러한 레이크색소의 성질을 이용하여 착색시간이 오래 걸리고 균일하게 착색되기 어려운 분말식품, 유지식품, 당의과자, 껌, 알사탕, 도축잉크, 용기 · 포장의 착색 등에 사용하면 착색효과가 우수하다. 알루미늄 레이크를 단독으로 사용하기도 하지만 배합색소로 이용되는 수도 있다(표 10-13 참조).

표 10-13 배합색소의 예 (단위 : %)

색소	식용색소 적색 제2호 알루미늄레이크	식용색소 황색 제4호 알루미늄레이크	식용색소 청색 제1호 알루미늄레이크
초콜릿색	45	47	8
멜론색	—	75	25

(3) 비 타르계 식용색소

비 tar계 식용색소로서, 지정되어 있는 것에는 원래 천연물이지만, 수용성이나 안정성을 높이기 위하여 간단한 화학처리를 한 것과 처음부터 합성한 것의 두 종류로 구분할 수 있다. 수용성 안나토, 철클로로필린나트륨, 동클로로필린나트륨 등은 전자에 속하고, β-카로틴, β-아포-8′-카로티날, 이산화티타늄, 삼이산화철 등은 후자에 속한다.

① β-카로틴(β-carotene)

천연에 널리 분포되어 있는 carotenoid 색소로서 현재는 합성에 의해 만들어진다. 비타민 A의 효과가 있으며 독성은 없다. 적자~암적색의 결정 또는 결정성분말로서 약간 특이한 냄새와 맛이 있다.

물에 불용이고 유지에 녹아서 황색을 나타내며 수용성으로 한 것도 있어서 수성(水性)식품의 착색강화에 사용하면 좋다. 차광한 밀봉용기에 넣고 공기를 질소가스로 바꾸어 보존해야 한다.

② 수용성 안나토(annatto, water soluble)

Bixa orellana L.(Bixaceae)의 종자의 적색피복물로부터 가수분해에 의하여 만들어지며 색소성분은 norbixin의 칼륨 또는 나트륨염이다. 일종의 카로티노이드 색소로서 수용액은 산에 의하여 적갈 또는 황갈색의 침전이 생긴다. 산화 · 환원에는 강하나 일광에는 약하며 염착성이 강하다.

급성독성은 LD_{50} = 35mL 이상/kg(쥐, 경구, 1% 수용액) 또는 0.7g 이상/kg(생쥐, 복강)이다. 수용성 안나토는 황색이 강하기 때문에 단독으로 상용하지 않고 단백질에 염착성이 강한 적색 3호와 병용하는 수가 많다. 예로부터 서양에서는 치즈 컬러로서 치즈, 버터, 아이스크림 등 각종 식품의 착색에 사용되어 왔으며, 특히 소시지의 착색에 많이 사용한다.

③ 삼이산화철(iron sesquioxide, Fe_2O_3)

일명 '벤가라' 라고 부르며 적색~황갈색의 분말로서 열 · 공기 · 수분 · 광선에 대하여 안정하며 착색력이 크고 전색성도 좋은 안정한 안료이다. 독성도 거의 없다.

④ 동 클로로필(copper chlorophyll)

흑청~흑녹색의 분말, 조각, 덩어리 또는 점조한 물질로서 특이한 냄새가 있다. 엽록소(chlorophyll) 분자 내의 마그네슘(Mg)을 동(Cu)으로 치환하여 안정화한 것으로 어두운 녹색을 띤다. 물에는 녹지 않으나 유기용매에는 녹는다. 탈취작용이 있어 식품 이외에도 치약이나 구취(口臭)제거제 역할도 한다.

⑤ 철 클로로필린나트륨(sodium iron chlorophyllin)

어두운 녹색의 분말로서 냄새가 없거나 또는 약간 특이한 냄새가 있다. 클로로필의 마그네슘을 철로 치환하여 안정화한 철 클로로필을 수산화나트륨으로 가수분해하여 수용성을 갖게 한 것이다. 어두운 녹색의 분말로서 냄새가 없거나 약간의 특이한 냄새가 있다. 사용기준은 없어 식품 전반에 사용할 수 있으나 보통은 캐러멜, 양갱, 드롭스, 아이스크림 등에 사용된다.

⑥ 동 클로로필린나트륨 및 동 클로로필린칼륨 (sodium copper chlorophyllin, potassium copper chlorophyllin)

동 클로로필린나트륨 및 동 클로로필린칼륨은 chlorophyll의 Mg을 Cu로 치환하여 안정화한 동 클로로필을 가수분해한 수용성 녹색색소이다. 흑청~흑녹색의 분말로 냄새가 없거나 약간 특이한 냄새가 있다. 수용액은 녹색이다.

독성의 일부는 분자 중의 이온화 가능한 구리에서 유래되는 것으로 생각된다. 산성식품이나 칼슘을 함유하는 식품에 사용하면 침전이 생기고, 센물(경수)에 의하여 불용성 염이 석출된다. 착색제 외에도 탈취작용이 있으므로 의약품이나 화장품 등에도 사용되고 있다.

⑦ 이산화티타늄 (titanium dioxide, TiO_2)

백색 분말로서 냄새와 맛이 없다. 산에 강하고 열이나 일광에도 안정하며 자외선을 차단하는 성질이 있어 식품의 용기나 포장을 제조할 때 첨가하기도 한다. 독성은 대단히 낮으며 LD_{50} = 12g/kg(쥐, 경구)이다. 치즈나 초콜릿 등의 착색료로 쓰이며, 분말 청량음료에는 다른 tar색소와 혼합하면 부드러운 자연색을 나타낸다. 그 밖에 의약품이나 화장품에도 첨가 · 사용된다.

⑧ β-아포-8′-카로티날(β-apo-8′-carotenal)

금속성 광택을 갖고 있는 짙은 자색의 결정 또는 결정성 분말로서 β-카로틴의 산화생성물로 자연계에 널리 분포하고 있으며 공업적으로 합성한다. 치즈나 케이크 믹스 등에 β-카로틴과 병용한다.

⑨ 카르민(carmine)

선인장 *Nopalea coccinellifera* 등에 기생하는 연지벌레 암컷 *Dactylopius coccus* Costa(*Coccus cacti* L.)의 건조 충체를 물추출에 의해 얻은 색소인 카르민산(carminic acid, $C_{22}H_{20}O_{13}$)에 수산화알루미늄을 처리한 알루미늄 또는 칼슘-알루미늄레이크이다. 적색~암적색의 조각, 분말 또는 페이스트상 물질로서 약간의 특이한 냄새를 가지고 있다.

물에 녹지 않고 특이한 냄새가 있다. 이것은 수용성 천연색소인 코치닐 색소를 lake화함으로써 물에 불용성인 것으로 만들어 안정성을 높이고 색깔도 더 선명하게 한 것이다. 육가공품, 잼, 과일 젤리, 젤라틴 디저트의 제조에 이용된다.

10. 조미료(seasonings)

조미료는 식품 본래의 맛을 더욱 강화하거나 각 개인의 기호에 맞게 조절하기 위하여 첨가하는 물질이다. 넓은 의미의 조미료는 감미료, 산미료, 염미료, 신미료, 지미료 등으로 구분할 수 있으나 식품첨가물 분류에 있어서의 조미료는 좁은 의미로 사용되어 감미료와 산미료를 제외한, 식품에 감칠맛을 부여하기 위하여 사용되는 정미료를 뜻한다. 따라서 조미료에는 지미료, 염미료, 신미료 등이 포함된다.

조미료는 화학적인 성질에 따라 핵산계 · 아미노산계 · 유기산계로 구분되며 사용기준은 마련되어 있지 않다. 그러나 현재 L-글루탐산 나트륨의 과다사용으로 인한 유해론이 대두되어 크게 논란이 되고 있으므로 필요최소량을 사용하는 것이 바람직하다.

(1) 핵산계 조미료

① 5′-이노신산 이나트륨(disodium 5′-inosinate)

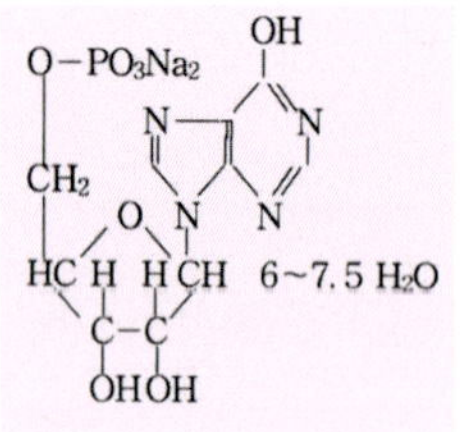

동물성 식품의 정미성분의 하나로, 천연에 존재하는 이노신산의 나트륨염이다. 이노신산은 어육이나 수육 등에 비교적 많이 함유되어 있다(0.1~0.7%).

katzuobushi(가다랑어)의 정미성분인 이노신산은 어육 또는 수육에서 추출하거나, 발효법으로 얻는 이노신을 인산화하거나 또는 효모의 리보핵산을 효소 분해하여 얻는다. 지금은 직접발효법으로 생산한다.

식품에 함유되어 있는 phosphatase에 의해 분해되어 정미가 소실되기 쉬우며 L-글루탐산 나트륨과 병용하면 상승적으로 효과가 증대되어 강력하고 풍부한 맛을 준다. 수용액의 역치는 0.025% 정도이며 흡습성이 있고 5′-구아닐산 이나트륨보다 정미력이 약하여 1/3 정도이다.

물에 잘 녹으며 가열에서도 비교적 안정하다. 무색~백색의 결정 또는 백색의 결정성 분말로서 특이한 맛을 가지고 있다.

② 5′-구아닐산 이나트륨(disodium 5′-guanylate)

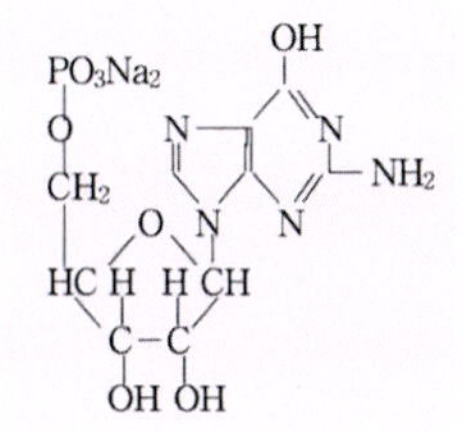

표고버섯에 많이 함유되어 있어서 표고버섯의 정미성분이라고 불린다. 특이한 감칠맛이 있으며 L- 글루탐산 나트륨과 병용하면 강한 상승효과를 나타낸다.

역치는 0.0125% 정도로 맛이 예민하고 정미력도 5′-이노신산 이나트륨의 3배 이상이며, nucleotide 중에서 가장 강하다. 직접 발효법으로 생산하며 그 밖의 성질은 5′-이노신산 이나트륨과 거의 같다.

③ 5′-리보뉴클레오티드 이나트륨
(disodium 5′-ribonucleotide)

효모의 핵산을 효소분해하여 얻거나 직접 발효법으로 생산하는데 5′-이노신산 이나트륨, 5′-구아닐산 이나트륨, 5′-시티딜산 이나트륨 및 5′-우리딜산 이나트륨의 혼합물 또는 5′-이노신산 이나트륨과 5′-구아닐산 이나트륨의 혼합물이다.

정미력은 5′-이노신산 이나트륨의 2배 이상인데 수용성이 강하고 흡습성이 있으며 phosphatase에 의해 분해되기 쉽다. 보통의 가공 · 조리 조건에서는 열에 안정하다. 백~유백색의 결정 또는 분말로서 냄새가 없고 특이한 맛을 가지고 있다.

④ 5′-리보뉴클레오티드 칼슘(calcium 5′-ribonucleotide)

5′-이노신산칼슘, 5′-구아닐산칼슘, 5′-시티딜산칼슘 및 5′-우리딜산칼슘의 혼합물로서 역시 5′-이노신산칼슘과 5′-구아닐산칼슘이 주성분이다.

핵산의 나트륨조미료와는 달리 칼슘조미료는 포스파타아제에 의해 분해되기 어렵기 때문에 맛의 손실을 막을 수 있어서 포스파타아제를 함유하는 어육연제품의 조미료로 적합하다. 물에 난용이지만 가열하면 녹으므로 문제가 되지 않는다. L-글루탐산 나트륨과 병용하면 효과가 증대된다. 백색~유백색의 결정 또는 분말로서 냄새가 없고 약간 특이한 맛을 가지고 있다.

우리나라의 경우, 핵산계의 나트륨염 조미료는 1978년부터 발효생산이 되고 있으나 칼슘염 조미료는 1987년에 개발 · 생산이 이루어졌다.

(2) 아미노산계 조미료

① L-글루탐산 나트륨(monosodium L-glutamate, MSG)

다시마의 정미성분으로서 지미료의 대표적인 물질로 우리나라에서는 1962년경부터 생산 · 시판된 대표적인 화학조미료이다. 밀가루 단백질인 글루텐이나 탈지대두 등의 분해 또는 당질의 발효 등에 의하여 얻거나, 화학적 방법으로 합성하여 얻는다.

$$\begin{array}{l} HOOC-\underset{\displaystyle NH_2}{\underset{|}{CH}}-CH_2-CH_2-COONa \cdot H_2O \end{array}$$

D-형은 맛이 없고 L-형만이 맛이 강하여 조미료로 쓰인다. 무색~백색의 주상결정 또는 백색의 결정성 분말로서 특이한 맛을 가지고 있다. 흡습성이 있으며 최저정미농도(역치)는 0.03%로 5′-이노신산이나트륨과 비슷하나(0.025%), 소금의 0.2%나 설탕의 0.5%에 비하면 상당히 낮다.

핵산계 조미료와 병용하는 것이 보통이다. pH가 낮은 산성식품(간장, 소스, 식초 등)에 사용할 때는 보통량의 약 20%를 더 사용해야 하는데, 그 이유는 라세미화와 피로리돈화가 일어나기 때문이다.

라세미화(racemization)는 L-형 글루탐산 나트륨이 DL-형으로 바뀌어 맛이 떨어지는 현상으로 지나친 가열(190~200°C)이나 알칼리성에서도 일어날 수 있다. 피로리돈화(pyrrolidonization)는 L-글루탐산이 1분자의 물을 잃고 분자내 lactam화로, 피로글루탐산으로 변하는 것인데 역시 맛이 떨어진다.

② DL-알라닌(DL-alanine)

$$CH_3-\underset{\displaystyle NH_2}{\underset{|}{CH}}-COOH$$

DL-알라닌은 생체 내에서 생성할 수 있는 비필수아미노산인 L-알라닌을 합성에 의하여 얻는다. 무색~백색의 결정성 분말로서 특유의 감미를 가지며 감미도는 글리신보다 강하다. 물에 잘 녹는 결정성 분말로 합성청주에 첨가하면 맛을 돋우고 부드럽게 한다.

핵산계 조미료에 첨가하면 조미효과가 증가하며, 인공감미료에 첨가하면 단맛을 부드럽게 하며, 뒷맛을 좋게 한다. 유기산에 첨가하면 신맛을 부드럽게 하여 천연미에 가깝게 한다.

③ 글리신(glycine, NH_2CH_2COOH)

아미노산 중 가장 간단한 구조식을 가지는 것이며, 근육운동에 관여하는 크레아틴산(phosphocreatine)의 구성성분의 하나가 되는 중요한 아미노산이기도 하다. 백색의 결정 또는 결정성 분말로서 단맛을 가지고 있다. 지미료로서 정미작용 외에도 제균작용, 킬레이트(chelate)작용, 완충작용, 당과의 반응에 산화방지작용이 있다. 아미노산의 강화를 겸한 지미료로서 양조제품 · 과자류에 사용된다. 합성청주, 절임식품, 버터, 치즈 등에 사용한다.

④ L-글루탐산(L-glutamic acid)

백색의 결정성 분말로서 냄새가 없다. 특이한 맛과 약간의 신맛이 있다. 물에 약간 녹으며, 천연단백질 중에 널리 존재한다. 밀단백질인 gluten에 약 45%, casein에 약 23% 함유되어 있다. 다시마 진액 총 아미노산의 50~60%는 글루탐산이고 나머지는 아스파르트산이 20~40% 함유되어 있어 국물의 감칠맛 성분이 된다. 조미료로 사용되는 일은 드물고 식품의 신선도 유지제나 스트라바이트 방지제 또는 영양강화제로 사용한다.

⑤ L-글루탐산 칼륨 및 L-글루탐산 암모늄
(monopotassium L-glutamate, monoammonium L-glutamate)

이들은 백색의 결정성 분말로서 냄새가 없으며 물에 잘 녹는다. 식육류의 조미료 · 소금대용품으로 사용된다.

⑥ L-테아닌(L-theanine)

녹차의 정미성분으로 아미노산의 일종이다. 글루탐산의 에틸아미드로서 약간의 감미와 지미가 느껴진다. 풍미증강의 목적으로 차, 음료, 껌, 초콜릿의 조미료로 쓰이며, 착향료로도 이용한다.

(3) 유기산계 조미료

① L-주석산나트륨 및 DL-주석산나트륨(sodium L-or DL-tartarate)

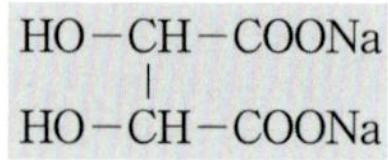

주석산에는 D-형, L-형, DL-형 및 meso형의 4개 이성체가 있다. 천연의 것은 D-형이고 합성에 의한 것이 DL-형이다. L-주석산나트륨은 무색의 결정 또는 백색의 결정성 분말이다.

분자 내에 결정수(2개)가 있어서 공기 중에 방치하면 흡습성이 약간 있으며 DL-형은 결정수가 없다. 약간의 염미(식염의 1/10~1/20)가 있는 조미료로서 청량음료나 합성청주에 사용하며 산미완충제로 주석산의 맛을 부드럽게 하고, 깊고 성숙한 맛을 내게 한다.

② 구연산삼나트륨(trisodium citrate)

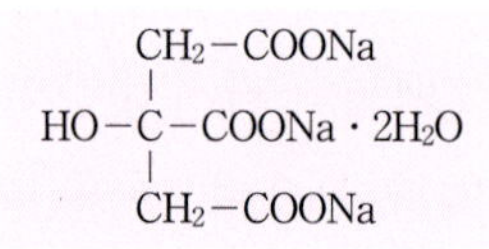

무색의 결정 또는 백색의 결정성 분말로서 냄새가 없고 청량한 짠맛을 가지나 다소 쓴맛이 있다. 청량음료수 등에 구연산의 신맛을 완화하기 위하여 사용하고 잼, 젤리, 캔디 등의 pH 조정제, 유제품의 산패방지제, 프로세스 치즈나 어육연제품 등의 증점제, 셔벗, 아이스크림 등의 유화제 · 안정제로도 쓴다.

③ DL-사과산나트륨(sodium DL-malate)

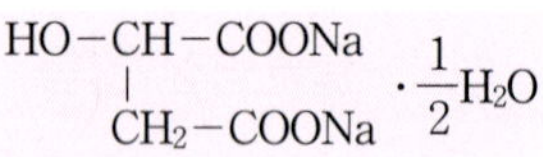

백색의 결정성 분말 또는 덩어리로서 냄새가 없으며 염미를 가지고 있다. 유기산의 염류 중에서 가장 짠맛이 강하고 식염의 1/3 정도의 염미가 있으며 조해성이 있어서 물에 잘 녹는다. 주로 소금섭취가 금지된 심장병이나 당뇨병 환자에게 소금 대신으로 사용하거나 청량음료나 그 밖의 산미식품에 신맛을 완화하는 데 이용한다.

④ 호박산2나트륨(disodium succinate)

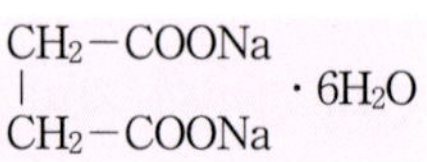

무색~백색의 결정 또는 백색의 결정성 분말로서 냄새가 없고 특이한 맛이 있다. 신맛이 전혀 없고 특유한 조

개국물 맛을 나타내는데 정미력은 호박산의 약 1/8 정도이다. 주로 조개류 가공품이나 양조식품에 사용한다. 글루탐산 나트륨이나 핵산계 조미료와 병용하는 것이 더욱 좋다.

⑤ 호박산(succinic acid)

$$\begin{array}{l} CH_2-COOH \\ | \\ CH_2-COOH \end{array}$$

무색~백색의 결정 또는 백색의 결정성 분말로서 냄새가 없고 특이한 맛이 있다. 조개류의 정미성분으로서 조개국물맛을 가지는 것이 특징이며 합성하여 만든다. 주로 청주, 된장, 간장 등의 조미료로 사용한다. 호박산의 첨가량이 많으면 맛의 조화를 파괴하는 경향이 있으므로 사용량을 제한하도록 한다.

⑥ 젖산나트륨(sodium lactate)

$$\begin{array}{l} CH_3-CH-COONa \\ \quad\;\;\, | \\ \quad\;\; OH \end{array}$$

무색투명의 시럽상 액체로서 냄새가 없거나 약간의 특이한 냄새를 가지고 있으며 물과 알코올에 자유로이 혼합된다. 이유식 및 조제유류에는 사용할 수 없는데, pH 조정제 및 점조제로 사용한다. 젖산과 함께 사용하면 산미를 강하게 하지 않고 pH 조절이 가능하다.

11. 산미료(acidulants)

산미료는 식품에 신맛을 부여하기 위하여 사용되는 첨가물로서 짜릿하고 상쾌한 자극을 주어 소화액의 분비를 촉진하고 식욕을 돋우는 역할을 한다. 산미료로 허용된 것은 무기산인 인산, 이산화탄소와 구연산, 주석산, 사과산, 푸말산, 젖산, 초산, 아스코르브산, 아디핀산, 이타콘산, 글루콘산, 글루코노델타락톤 등이 모두 유기산이다. 산미료의 맛이나 산미도 등은 종류에 따라 차이가 있으며, 주석산이나 구연산 등과 그 염은 완충작용이 있다.

산미료는 거의 흡습성이 있어서 유기산이 첨가된 분말주스 같은 데서 문제가 되는데 흡습성은 일반적으로 용해도에 비례하는 것으로 알려져 있다. 대개 사과산, 구연산, 주석산, 푸말산 등의 순으로 흡습성이 강하다.

산미료는 전화력(轉化力)을 가지는데 설탕을 감미료로 사용한 청량음료와 과자류 등에서는 유기산에 의해 전화가 촉진되어 풍미에 영향을 주거나 식용색소의 퇴색을 가져오는 등 문제가 된다.

한편, 유기산류는 부패세균이나 병원균의 증식을 억제하는 작용이 있어서 청량음료 등에서는 산미료 외에 보존료로서의 역할도 한다. 산미료는 사용기준이 없다.

① 초산 및 빙초산[(glacial) acetic acid, CH_3COOH]

식초는 초산이 주성분으로서 원액(초산은 29~31%, 빙초산은 99% 이상)을 물로 희석하여 초산 4~7%를 함유하도록 한 것이다. 무색투명한 액체로서 특이한 자극적인 냄새와 신맛이 있다. 합성식초, 콘시럽, 애플시럽, 피클, 케첩, 마요네즈, 치즈, 과자류 등에 대하여 적당히 희석해 사용한다.

② 구연산(citric acid)

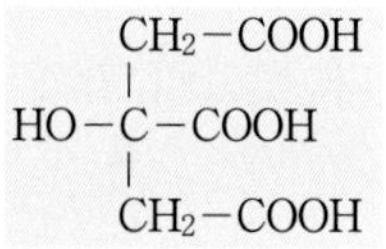

무색 투명한 결정 · 입상 · 덩어리 또는 결정성 분말 · 분말로서 냄새가 없으며 강한 신맛을 가진다. 무수 구연산(citric acid, anhydrous)은 결정수가 없으며 신맛은 결정 구연산의 1.1배 정도이고 흡습성이 적다. 분말주스나 분말젤리 등의 분말음료 제조에 많이 쓰인다.

결정 구연산(citric acid)은 1개의 결정수를 가져 흡습성이 있으며 부드럽고 상쾌한 신맛을 낸다. 감귤류 신미의 주성분이며 발효법에 의해 생산된다. 용도는 청량음료, 주스, 젤리, 잼, 드롭스 등 각종 식품에 널리 쓰인다.

산화방지나 안정제로 L-아스코르브산과 함께 냉동 과일과 과일 가공품에 첨가하고, 치즈나 아이스크림의 유화제나 안정제로도 첨가하며 식용유지의 산패 방지에 이용한다. 채소통조림의 pH 조정제로 소량을 첨가하면 가공시간 단축과 품질 유지에 효과가 있다.

③ L-주석산 및 DL-주석산(L-tartaric acid, DL-artaric acid)

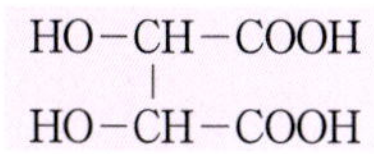

L-주석산은 포도 등 식물계에 널리 분포되며 DL-주석산은 합성품이다. 주석산의 신맛은 다소 떫은 맛이 있으나 상쾌하다. 무색투명한 결정 또는 백색의 미세한 결정성 분말로 냄새가 없고 신맛이 있다. 흡습성이 구연산보다 적으며 신맛의 강도는 구연산의 1.2~1.3 정도로 강하다.

물에 대한 용해도는 DL-형이 D-형보다 낮다. 포도의 신맛과 같아서 청량음료수, 과즙, 캔디, 젤리, 잼, 소스, 냉과, 과일주, 아이스크림 등에 사용한다. 특히 포도주스의 산미료로서 적당하다.

④ 푸말산(fumaric acid)

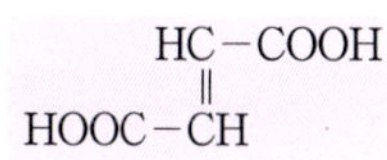

말레인산의 이성체이고, 식물, 곰팡이류, 지의류 등에 함유되어 있다. 백색의 결정성 분말로서 냄새가 없으며 특이한 신맛을 가진다. 구연산보다 1.8배 강한 신맛이 있고 흡습성이 거의 없으며 중탄산나트륨과의 중화당량이 적은 장점이 있으므로 분말발포음료나 팽창제 등에 산성물질로 사용한다. 물에 녹기 어려운 성질로 다른 유기산과 병용한다.

⑤ 푸말산1나트륨(monosodium fumarate)

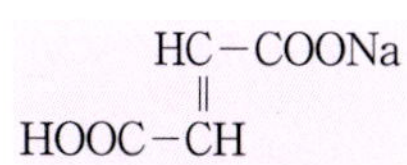

백색의 결정성 분말로서 냄새가 없고 특이한 청량감을 주는 신맛이 있으며 신맛의 강도는 푸말산보다 약하다. 용해성이 푸말산의 10배 정도여서 사용하기 편리하며 조해성이 없어 안정하다. 산미료로서 다른 유기산과 병용한다.

⑥ 젖 산(lactic acid)

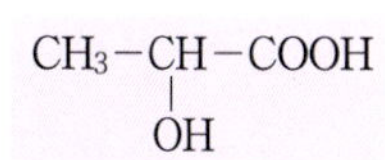

백색~엷은 황색의 고체 또는 무색~엷은 황색의 투명한 시럽상의 액체로서 냄새가 없거나 약간 불쾌하지 않은 냄새가 있으며 신맛이 있다. 젖산과 무수젖산의 혼합물로서 순도는 젖산으로서 85~92% 함유한다.

구연산의 1.1~1.2배 정도의 떫은맛을 수반하는 신맛이 있다. 방부작용이 있는 산미료로서 청주양조용으로 많이 사용하며, 이 경우 잡균오염방지와 풍미증강에, 청량음료의 산미료를 겸한 혼탁방지제 등에 널리 쓰인다.

⑦ DL-사과산(DL-malic acid)

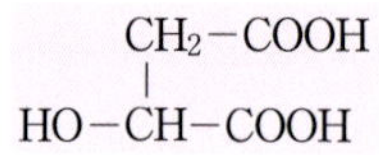

백색의 결정 또는 결정성 분말로서 냄새가 없으며 특이한 신맛을 가지고 있다. 사과나 천연과일 중에 존재하는 L-사과산의 이성체이며 합성에 의해 얻게 된다. 물에 잘 녹고 흡습성이 있다. 산미료로서 청량음료, 젤리, 젖산균 음료 등에 다른 유기산과 병용한다.

계면활성제와 병용하여 마요네즈나 마가린 등에 W/O형의 유화안정제를 겸한 산미료로 이용되며 천연과즙의 갈변방지에 synergist로도 사용한다.

⑧ 글루코노델타락톤(glucono-δ-lactone)

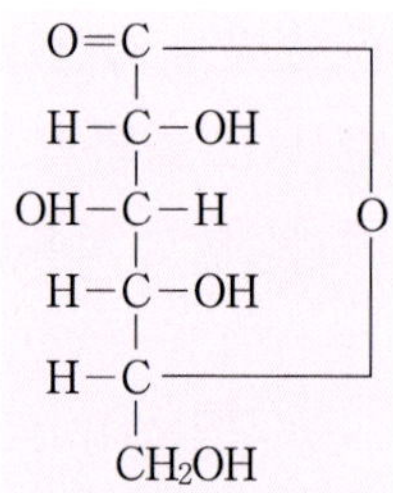

백색의 결정 또는 결정성 분말로서 냄새가 없거나 약간 냄새가 있으며 맛은 처음에 달고 이어 약간 신맛이 난다.

D-글루콘산의 분자 내 탈수물이다. 팽창제의 원료로 다른 산성분에 비하여 저온에서 반응하는 일이 적고 균일하게 발포하므로 비스킷, 도넛, 빵 등의 팽창제에 산성분으로 쓰인다. 두부응고제로서 두유에 첨가하는데, 황산칼슘에 비하여 수용성이므로 두유에 균일하게 혼합되며, 굳고 결이 고운 두부를 만들 수 있다. pH 강하제로서 식육 · 어육연제품에 사용되는데, pH를 내림으로써 보존료나 발색제의 효과를 증강시킬 목적으로 첨가한다.

Guide

시너지스트
단독으로는 효과가 없거나 미약하지만 다른 물질과 함께 사용할 때 그 효과를 현저하게 강화시키는 물질

⑨ 아디프산(adipic acid)

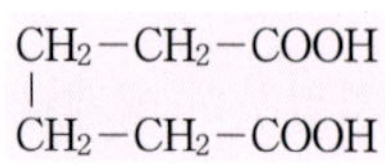

백색의 결정 또는 결정성 분말로서 아세톤이나 알코올에는 잘 녹고 물에는 잘 녹지 않는다. 맛은 시지만 부드럽다. 수용액의 산도는 다른 산보다 약하다. 팽창제용 산제, 분말청량음료나 청량음료의 산미료, 젤리의 gel화제, 캔디나 향료추출물의 산미료로 사용된다.

⑩ 이산화탄소(carbon dioxide, CO_2)

무색 · 무미 · 무취의 가스이다. 공기 중에 0.027~0.036% 함유되어 있고, 탄수화물의 발효 등에 의하여 대량으로 얻을 수 있다. 봄베에 넣은 액화탄산이나 드라이아이스의 형태로 시판되고 있다. 청량음료의 청량료로 사용되는데 물에 녹아 탄산이 되므로 상쾌한 산미를 나타낸다.

미생물의 증식억제 효과도 인정된다. 청량음료에 산미료로 사용된다.

⑪ 인 산(phosphoric acid, H_3PO_4)

무색투명한 시럽상의 액체로서 냄새가 없다. 청량음료, 특히 콜라의 산미료로서 0.02~0.06% 첨가 · 사용된다. 그 밖에 양조용 pH 조정제로도 쓰인다.

⑫ 글루콘산(gluconic acid, 글루콘산액)

무색~엷은 황색의 징명한 시럽상 액체로서 냄새가 없거나 약간 냄새가 있고 산미가 있다. 글루콘산 및 글루코노-δ-락톤의 수용액으로 투명한 시럽상 액체이다. 주류, 식초, 청량음료 등에 첨가한다.

⑬ 이타콘산(itaconic acid)

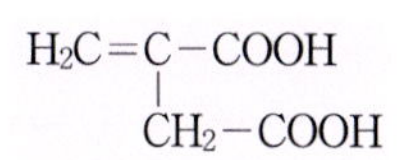

무색투명한 결정, 입자, 혹은 덩어리 또는 백색의 결정성 분말 혹은 분말이다. 냄새가 없고 산미가 있다. 메틸렌호박산이라고도 하고, 산미료와 pH 조정제로 사용되며, 특이한 신맛이 있기 때문에 커피 · 과즙 · 발효유 등의 음료나 간장 · 소스 등의 조미에 이용한다.

12. 인공감미료(non-nutritive sweetners)

천연감미료의 대종을 이루는 설탕의 과잉섭취는 당뇨병, 심장장해, 비만, 충치 등을 유발하고, 식품에서는 발효, 갈변현상 등을 일으켜 품질을 떨어뜨리는 등 문제가 많으므로 인공감미료의 사용이 차츰 증가 추세에 있다.

설탕을 1로 했을 때 감미도는 토마틴(thaumatin) 2000, 수크랄로오스 600, 사카린나트륨 400, 아세설팜칼륨 200, D-소르비톨 0.7, 아스파탐 180~200, 스테비올 배당체 200 정도이다. 용해성은 아스파탐을 제외하고 모두 물에 잘 녹는다.

(1) 사카린나트륨(sodium saccharin)

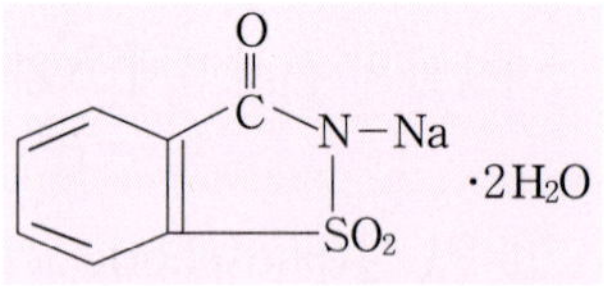

사카린나트륨은 화학적으로 2분자의 결정수를 함유하는 *o*-sulfobenzimide의 Na염으로 1879년 독일에서 우연히 발견되어 현재 인공감미료로서 가장 널리 이용되고 있다.

무색~백색의 결정 또는 백색의 결정성 분말로서 맛은 매우 달아 10,000배의 수용액에서도 단맛이 있다. 물에 대단히 잘 녹는다. 공기 중에서 서서히 풍화하여 결정수를 잃는다. 열 · 산 · 알칼리에 의해서는 분해되어 쓴맛을 나타낸다. 감미도는 설탕의 400배 정도이다. 농도에 따라 감미의 강도가 달라서 0.05% 이상에서는 고미(苦味)를 수반하므로 대개 0.01~0.05%의 농도로 사용한다.

급성독성은 LD_{50} = 17.5g/kg(생쥐, 경구)이다. 체내에서 위산에 의해 사카린이 되어 쉽게 흡수되며 흡수된 것은 거의 분해되지 않고 오줌으로 배설된다.

사용대상 식품과 그 사용량은 아래와 같다.

① 젓갈류, 절임식품, 조림식품: 1.0g/kg 이하(단, 팥 등 앙금류 0.2g/kg 이하)
② 김치류, 특수의료용도 등 식품, 샘류, 조제커피: 0.2g/kg 이하
③ 음료류(발효음료류 및 인삼 · 홍삼음료 제외): 0.2g/kg 이하
(다만, 5배 이상 희석하여 사용하는 것은 1.0g/kg 이하)
④ 어육가공품, 시리얼류: 0.1g/kg 이하
⑤ 건강기능식품 영양소제품, 추잉껌: 1.2g/kg 이하
⑥ 뻥튀기: 0.5g/kg 이하
⑦ 체중조절용 조제식품: 0.3g/kg 이하
⑧ 양조간장, 소스류, 토마토케첩: 0.16g/kg 이하
⑨ 탁주, 소주: 0.08g/kg 이하

(2) 글리시리진산 2나트륨(disodium glycyrrhizinate)

글리시리진산 2나트륨은 감초(*Glycyrrhiza glabra* var. *glandalifera*)의 근경에서 추출한 감미성분인 글리시리진산(6~14% 함유)을 Na염으로 한 것이다. 백~엷은 황색의 분말로서 맛이 매우 달다. 물이나 글리세린에 녹고, 알코올, 에테르, 유지 등에는 녹지 않는다. 감미도는 설탕의 200배 정도이고 된장과 간장에만 사용이 허가되어 있으며 대개 0.008~0.01% 정도가 첨가된다.

입에 넣고 조금 있어야 감미가 느껴지는 것이 특징이다.

급성독성은 LD_{50} = 50g 이상/kg(생쥐, 경구)이다.

된장의 경우에는 제품 1kg당 0.03~0.07g, 간장에서는 1L당 0.015g 정도 사용한다.

(3) 아스파탐(aspartame)

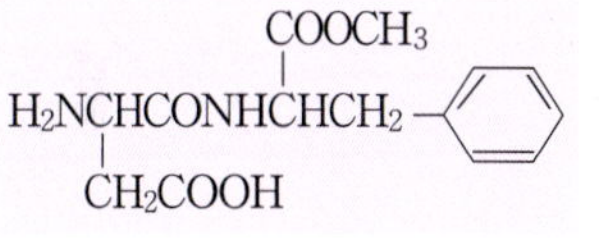

아스파탐은 1964년 미국에서 우연히 합성되었다. 아스파탐은 L-aspartic acid와 L-phenylalanine으로부터 디펩티드로 만들어진 감미료로서 화학적으로는 L-aspartyl-L-phenylalanine-methyl ester이다.

백색의 결정성 분말로서 냄새가 없고 강한 감미가 있으며 상온에서 물에 1% 정도 녹고, 알코올에는 녹기 어렵다. 아스파탐의 감미는 최고에 이를 때까지의 시간이 설탕보다 더 걸리고 설탕과 맛의 차이를 구별하기가 매우 어렵다. 염미나 떫은맛을 수반하지 않는 감미를 나타내며 감미도는 설탕의 180~200배이다.

가열에 불안정하므로 굽거나 삶는 식품에는 적합하지 않지만, 설탕, 포도당, 과당, D-xylose, D-sobitol, 사카린 등과 병용하면 상승효과를 나타낸다. 저칼로리의 자양성 감미제로 설탕의 섭취를 제한해야 하는 경우에 사용한다.

빵류, 과자 및 이의 제조용 믹스 등에서 사용량이 규제된다. 다만, 그 밖의 식품의 경우에는 제한받지 아니한다.

(4) 아세설팜칼륨(acesulfame potassium)

비발효성 당으로 설탕의 200배 감미를 가지는 저열량 감미료이다. 백색의 결정성 분말로 물과 알코올에 용해된다. 충치를 유발하지 않고 혈당치가 올라가지 않는 등의 특징을 가진다.

사용대상 식품별 사용량은 아래와 같다.

① 과자, 팥 등 앙금류: 2.5g/kg 이하
② 추잉껌: 5.0g/kg 이하
③ 잼류, 절임식품, 빙과류, 아이스크림류, 소스류, 캔디류: 1.0g/kg 이하
④ 음료류, 가공유류, 발효유류, 조제커피: 0.5g/kg 이하
⑤ 설탕대체식품: 15g/kg 이하
⑥ 영양소보충용 건강기능식품: 2.0g/kg 이하
⑦ 특수의료용도 등 식품: 0.5g/kg 이하
⑧ 체중조절용 조제식품: 0.45g/kg 이하
⑨ 시리얼류: 1.2g/kg 이하
⑩ 그 밖의 식품: 0.35g/kg 이하

(5) 수크랄로오스(sucralose)

설탕의 600배 감미를 가지는 초저열량 감미료이다. 백색 또는 엷은 회백색의 결정성 분말로 물과 알코올류에 잘 녹는다. 설탕의 염소유도체이다. 충치를 유발하지 않으며 고온과 산성에서도 높은 안정성을 보인다.

사용기준은 아래와 같다.

① 과자: 1.8g/kg 이하
② 추잉껌: 2.6g/kg 이하
③ 잼류: 0.4g/kg 이하
④ 음료류, 가공유류, 발효유류, 조제커피: 0.4g/kg 이하
⑤ 설탕 대체식품: 12g/kg 이하
⑥ 영양소보충용 건강기능식품: 1.25g/kg 이하
⑦ 특수의료용도 등 식품: 0.4g/kg 이하
⑧ 체중조절용 조제식품: 0.32g/kg 이하

⑨ 시리얼류: 1.0g/kg 이하

⑩ 그 밖의 식품: 0.5g/kg 이하

(6) 스테비올 배당체(steviol glycoside)

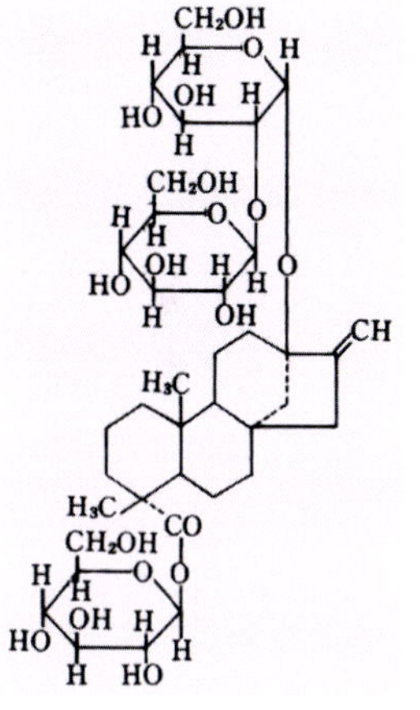

스테비올 배당체는 국화과 다년생 목초인 스테비아(*Stevia rebaudiana* Bertoni)잎에서 얻게 되는 천연감미료이다.

백색 또는 회백색의 분말 또는 결정성 분말로서 설탕의 약 200배의 단맛을 갖는다. 감미역치는 약 0.002%이고 감미질은 설탕과 비슷하며 청량감을 가지며 pH의 변화와 열에 안정하여 산성 또는 알칼리성에서 장시간 가열하여도 침전하거나 감미의 변화가 없다.

물에 녹기 쉽고 특히 온수에 잘 녹으며 에탄올이나 프로필렌글리콜에도 잘 녹는다. 급성독성은 LD_{50} = 8.2g/kg(생쥐, 경구)이다. 스테비올 배당체는 비발효성, 저칼로리, 비착색성 등의 특성이 있어서 다이어트식품, 충치 등의 우려가 있는 식품, 채소절임(갈변, 발효), 전병류, 튀김(누래짐), 음료(청량감 없음), 빙과(물리성이 나빠짐) 등에 사용하면 효과적이다.

현재 소주의 감미료로 널리 쓰이고 있으나, 그 유해성에 대한 논란도 일고 있다. 스테비올 배당체는 백설탕, 갈색설탕, 포도당, 물엿, 벌꿀에 사용하지 못한다.

(7) 당알코올류(sugar alcohols)

당알코올은 당의 알데히드기를 알코올기로 환원시켜 만드는 다가알코올의 총칭으로 당의 유도체이다. 단당류와 이당류 당알코올이 있다. 사용제한은 없다.

① D-소르비톨(D-sorbitol)

D-소르비톨은 포도당의 환원에 의해 만들어지는 6가의 알코올이며 해조류에 많이 함유되어 있다. 백색의 알맹이나 분말 또는 결정성 분말로서 냄새가 없으며 물에 잘 녹고 부드럽고 청량한 단맛을 가진다.

감미도는 설탕의 0.7배 정도이다. 흡습성이 강하고 보수성 · 보향성이 우수하다. 급성독성은 LD_{50} = 23.2g/kg(생쥐, 경구)이며 당뇨병 환자에게 널리 이용된다.

보습효과가 좋아서 식품의 건조, 중량감소, 당의 결정석출 방지, 소금의 결정방지, 전분의 노화방지 등에 사용된다. 갈변을 일으키지 않는 특성으로 제과류에 널리 이용되며, 단백질 변성방지 작용이 있어서 어묵의 원료인 냉동 고기풀의 품질개량에 많이 사용된다.

② 만니톨(D-mannitol)

일명 mannit라고도 하며 백색의 결정성 분말로 냄새가 없으며 단맛을 가지고 있다. 만노오스의 수소첨가로 얻는 당알코올이고 소르비톨의 이성체이기도 하다. 감미도는 설탕을 1로 할 경우에 약 0.4~0.5를 나타낸다. 상쾌하고 부드러워서 흠잡을 데 없는 단맛을 가지며 흡습성이 없다. 급성독성은 LD_{50} = 22g/kg(생쥐, 경구)이다.

③ 자일리톨(xylitol)

일명 키실리톨이라고 하며 5탄당(xylose)을 환원하여 얻는 당알코올이다. 백색의 결정 또는 결정성 분말로 흡습성이 있고 물에 잘 녹는다. 청량감은 용해할 때 흡열하기 때문이다. 비등점(216℃) 부근에서 캐러멜화가 된다. 구강미생물에 의하여 발효되지 않기 때문에 충치를 일으키는 일은 없다. 급성독성은 LD_{50} = 14.1~25.7g/kg(생쥐, 경구)이다. 여러 가지 식품에 설탕 대신에 감미료로 사용된다.

④ D-말티톨(D-maltitol)

맥아당을 환원시켜 제조된 이당류 당알코올이며, 감미도는 설탕의 0.7~0.9 정도이다. D-말티톨은 내열성, 내산성, 내알칼리성 등이 우수하고, 가열에 의한 갈변반응은 없다. 미생물에 의해 대사되기 어렵기 때문에 식품보존성이 향상될 수 있다. 감미료 이외에 보습성 · 노화방지 효과 · 점조성이 우수하여 식품 전반에 널리 쓰인다.

⑤ 락티톨(lactitol)

치즈 whey에서 분리한 젖당을 환원시켜 제조한 것으로 감미도는 설탕의 0.8 정도이다. 난발효성, 비우식성, 혈당치 유지 등의 우수한 특성 때문에 대체감미료로 쓰인다.

⑥ 이소말트(isomalt)

이소말트(isomalt, isomaltitol)는 일명 팔라티니트(palatinit)라고도 하며 포도당과 과당의 α-1,6-결합체인 팔라티노오스(palatinose)를 환원하여 얻은 당알코올로서 약간의 흡습성이 있는 백색의 결정이며 냄새가 없고 단맛이 있다.

감미도는 설탕의 0.45배이며 혈당치와 인슐린을 상승시키지 않으며 체내에서 열량 이용은 설탕의 약 1/2 정도이다. 갈변반응도 일으키지 않는다. 과자류를 비롯한 식품이나 음료에 설탕을 대신하거나 보충하여 사용할 수 있다. 특히 건강식품 분야에서는 충치예방이나 저열량성 식품소재로서 유효하다.

⑦ D-소르비톨액(D-sorbitol solution)

D-소르비톨 67~73%를 함유하는 무색투명한 시럽상의 액체이다. 냄새가 없으며 단맛을 가진다. 용도는 D-소르비톨과 유사하다.

(8) 말티톨 시럽(maltitol syrup)

소르비톨, 수소화올리고당류, 다당류를 가진 말티톨 혼합물이다. 말티톨시럽은 맥아당이 함유된 고포도당 시럽의 촉매적 수소화에 의해 제조된다. 무색무취의 투명한 점조성 액체이거나 백색의 결정성 덩어리이며, 물에 잘 녹고 단맛을 가진다. 감미료, 보습제, 안정제 등으로 쓰이며, 사용기준은 없다.

(9) 폴리글리시톨 시럽(polyglycitol syrup)

소르비톨, 말티톨, 말토트리티톨 및 수소화다당류를 함유하는 혼합물이다. 무색무취의 투명한 점조성 액체 또는 백색의 결정성 덩어리로 감미료, 보습제, 호료 등으로 쓰인다. 주로 캔디, 잼, 초콜릿, 추잉껌, 케이크, 젤리 등에 저감미료로 사용되며, 사용기준은 없다.

13. 팽창제(leavening agents, baking powders)

팽창제는 빵이나 과자 등을 제조할 때 제품을 부풀게 하여 연하고 맛이 좋으며 소화가 잘 되도록 하기 위해 첨가되는 물질을 말하는데 가열가공 때 사용하면 열에 의해 분해되며, 탄산가스나 암모니아가스가 발생해 밀가루 반죽이 팽창한다.

팽창제에는 효모(yeast)와 같은 천연물과 탄산염이나 암모늄염 등과 같은 합성팽창제가 있다. 효모에 비하여 합성팽창제는 팽창력이 약하지만 발효시간이 단축되기 때문에 널리 쓰인다.

(1) 합성팽창제의 종류

합성팽창제는 탄산암모늄이나 탄산수소나트륨 등과 같이 단독으로 사용하는 수도 있지만 그렇게 할 경우, 팽창작용과 더불어 알칼리성 물질이 잔류하여 빵을 누렇게 하거나 맛을 나쁘게 하기 때문에 좋지 않고 오늘날은 팽창작용을 가진 물질에 산성물질을 첨가하여 그 결점을 개선하고 효과를 좋게 한 합성팽창제가 널리 사용된다.

합성팽창제는 그 원료성분이나 형태에 따라 암모니아계 합성팽창제, 일제식 합성팽창제, 이제식 합성팽창제의 3종류로 분류된다.

① 암모니아계(ammonia system) 합성팽창제

탄산암모늄, 탄산수소암모늄, 제2인산암모늄, 염화암모늄, 암모늄명반, 소암모늄명반 등의 암모늄염류를 주성분으로 한다. 여기에 탄산수소나트륨, 탄산마그네슘과 산성물질인 D 또는 DL-주석산, D 또는 DL-주석산수소칼륨, 소명반과 희석제인 전분 등을 적당히 혼합한 것으로 열분해할 때에는 암모니아가스가 발생하여 팽창작용을 나타내지만, 암모니아 냄새가 잔류하여 불쾌감을 주므로 가스를 뽑아내야 한다.

식품의 pH를 높여서 비타민류의 파괴를 촉진하는 등의 결점이 있다. 습기를 흡수하면 분해하므로 밀폐된 병이나 캔에 보존하여야 한다. 주로 중급 이하의 빵이나 과자류에 사용한다.

② 일제식(simple) 합성팽창제

암모늄염을 제외한 알칼리성인 탄산염류나 탄산수소염류에 산성물질을 혼합한 것에 분산제로 전분 등을 섞어 일제로 한 것이다. 물에 녹으면 탄산가스를 활발하게 발생시킨다. 산성물질로는 D 또는 DL-주석산수소칼륨, 제1인산칼슘, 산성피로인산나트륨, 명반, 소명반, 글루코노델타락톤 등이 사용되는데, 산성물질의 종류에 따라서 가스발생 상황이 달라진다.

유기산의 경우에는 물을 가해서 밀가루를 반죽하는 동안에 가스가 발생하여 가열 전에 팽창하기 시작하며 속효성이다. 산성인산염인 경우에는 가스의 발생이 지속적이어서 밀가루를 반죽하는 동안에 시작되고, 가열 중에도 팽창이 계속된다. 명반류를 사용하는 경우에는 반응이 느려서 가열하여야 비로소 가스가 발생하기 시작하며 지효성이다.

최근 일제식 팽창제에는 상당히 안정하게 보존할 수 있는 제제가 개발되어 이제식보다도 많이 사용하고 있다.

③ 이제식(duplex) 합성팽창제

역시 탄산염류나 탄산수소염류를 함유한 팽창제이지만 이제식으로 한 것이 특징이다. 1제는 탄산염류와 탄산수소염류에 분산제인 전분 등을 혼합한 것이고, 다른 1제는 산성 물질로서 양쪽을 원료인 밀가루에 혼합하는 것으로 일제식 합성팽창제보다 오래 보존할 수 있는 것이 특징이다.

보존 중에 반응을 일으키지 않아 효력의 저하를 막을 수는 있으나, 사용이 불편하다. 이제식 팽창제의 배합 예는 표 10-14와 같다.

표 10-14 이제식 팽창제의 배합 예(%)

A 제	탄산수소나트륨	60
	전분	40
B 제	제 1 인산칼슘	50
	명반	20
	전분	30

(2) 합성팽창제의 원료

합성팽창제의 원료나 단용품으로 이용되는 것으로서 알칼리제로는 탄산암모늄, 탄산수소암모늄, 탄산수소나트륨, 탄산마그네슘, 탄산칼슘이 있다.

산성제로는 명반, 소명반, 암모늄명반, 소암모늄명반, 염화암모늄, 주석산, 글루코노델타락톤, D 및 DL-주석산수소칼륨, 산성 피로인산나트륨, 제1인산칼륨 등이 있다.

① 황산알루미늄칼륨(aluminium potassium sulfate)

결정물(12수화물)이 명반, 건조물이 소명반이다. 가벼운 돌과 같은 덩어리 또는 백색의 분말로서 냄새가 없고 맛은 약간 달며 수렴성이다. 칼륨명반이라고도 하고 가열하면 용해도가 급격하게 상승하는 성질이 있고 공기 중에서 서서히 풍화하여 불투명해진다.

명반의 수용액은 산성을 나타내므로 일제식 · 이제식의 팽창제에 산제로 배합된다.

② 황산알루미늄암모늄(aluminium ammonium sulfate)

결정물이 암모늄명반, 건조물이 소암모늄명반이다. 가벼운 돌과 같은 덩어리 또는 백색의 분말로서 냄새가 없고 약간 단맛이 있으며 수렴성이다. 가열하면 암모니아를 발생한다. 암모니아계 팽창제 및 산제로 사용된다.

③ 염화임모늄(ammonium chloride)

백색의 결정성 분말 또는 결정성 덩어리로서 염미 및 청량미를 가지고 있다. 약간의 흡습성이 있고, 가열하면 승화하며 일부는 분해된다. 탄산수소나트륨에 이것을 25% 배합한 것을 이스파다(이스트 파우더의 약칭)라고 하여 전병이나 비스킷 등에 사용한다. 암모니아가 잔류하여도 무방한 식품에 한정되어 사용한다.

④ L-, DL-주석산수소칼륨(potassium L-bitartrate, potassium DL-bitartrate)

무색의 결정 또는 백색의 결정성 분말로서 청량한 신맛이 있고 수용액은 산성이며 탄산수소나트륨과 반응하여 탄산가스를 발생시킨다. 그 작용은 속효성이며 맛도 좋고, 기포도 고르며, 불룩하고 부드러워서 합성팽창제의 산제로 산성인산염, 명반류와 함께 사용된다. 팽창제에 10~50% 정도 배합한다.

⑤ 탄산수소나트륨(sodium bicarbonate)

일명 중탄산소다라고 하며 중조라고도 한다. 백색의 결정덩어리 또는 결정성 분말이고 물에 잘 녹으며 가열이나 산에 의하여 탄산가스가 발생하므로 팽창제로 쓰인다. 급성독성은 LD_{50} = 4.3g/kg이다.

팽창제로 단독 또는 배합하여 사용한다. 단독 또는 암모니아계 합성 팽창제에 배합하여 사용하면, 탄산나트륨이 잔류되어 제품이 황색화하고 쓴맛이 나며 팽창효과가 떨어지는 단점이 있다.

가스의 발생속도 조정과 제품의 풍미유지를 위해 산제를 배합하여 사용하는 편이 좋다. 염화암모늄에 중조 25%를 혼합한 것을 이스파다라고 하며, 구운 과자의 원료로 사용된다.

⑥ 탄산수소암모늄(ammonium bicarbonate)

백색 또는 반투명의 덩어리 및 결정 또는 백색의 결정성 분말로서 강한 암모니아 냄새와 흡습성이 다소 있다. 공기 중에 방치하면 서서히, 60°C로 가열하면 분해하여 암모니아와 탄산가스 및 물이 생긴다.

⑦ 탄산암모늄(ammonium carbonate)

백색 또는 반투명의 덩어리 및 결정 또는 결정성 분말로서 강한 암모니아 냄새가 있고, 다소 흡습성이 있어 흡습하면 탄산가스와 암모니아를 동시에 발생한다. 불안정하고 60°C로 가열하면 완전히 분해하여 암모니아가스와 탄산가스가 발생하므로 팽창제의 원료로 사용된다.

⑧ 탄산마그네슘(magnesium carbonate)

백색의 부서지기 쉬운 덩어리 또는 부피가 큰 분말이며 물이나 알코올에 녹지 않는 성질이 있다. 함량은 산화마그네슘으로서 40~44%를 함유한다. 합성팽창제에 배합하여 빵이나 과자 등의 제조에 사용하며 첨가목적은 합성팽창제의 성분이 보존 중에 서로 반응하지 않게 보호하는 데 있다. 특히 이스파다에 배합한다. 밀가루 개량제인 과산화벤조일의 희석제로도 사용한다.

⑨ 산성피로인산나트륨(disodium dihydrogen pyrophosphate)

백색의 결정성 분말이고 산제로 사용되는데, 탄산가스의 발생이 지속성이므로 비스킷이나 전병 같은 과자 제조에 이용된다. 중조와 작용하여 제2인산나트륨 또는 피로인산나트륨 또는 양자의 혼합물이 생긴다.

⑩ 제1인산칼슘(calcium phosphate, monobasic)

산성인산칼슘이라고도 하며, 무색~백색의 결정이나 분말 또는 백색의 결정성분말이다. 물에 녹으면 가수분해하여 인산이 생기고 산성을 나타내며 합성팽창제의 산제로 이용되며 물에 불용성이므로 지효성(遲效性) 팽창제용으로 적합하다.

⑪ 글루코노델타락톤(glucono-δ-lactone)

백색의 결정 또는 결정성 분말로서 냄새가 없거나 약간 냄새가 있으며 맛은 처음엔 달고 이어 약간 신맛을 나타내며 알칼리와의 공존으로 글루콘산(gluconic acid)이 되는 성질을 이용하여 팽창제의 산제로 이용된다. 15°C 전후의 저온에서도 분해하여서 산이 되기 위한 분해시간이 필요하므로 팽창제의 원료로서는 이상적인 산제이다. 그러나 값이 비싼 것이 결점이다.

(3) 효모(yeast)

*Saccharomyces*속에 속하는 식용효모를 배양하여 분리세척한 액상효모, 이것을 탈수하여 성형한 생효모와 수분을 제거한 건조효모(활성) 및 살균처리한 건조효모(비활성)를 말한다.

빵의 팽창제로서 가장 큰 용도를 가지며, 그 외에 핫케이크, 쿠키, 도넛 등에도 사용한다. 설탕을 분해하여 탄산가스를 발생하므로 팽창작용을 나타낸다. 또한 에틸알코올, 유기산, 에스테르 등을 생성하여 향미를 부여한다.

단백질을 55~65% 함유하고 있어서 필수 아미노산 등 각종 아미노산이 함유되어 있고 비타민 B군과 무기물을 함유하고 있어 영양가를 더해 주는 면도 있다.

① 활성 건조효모

배양효모를 분리하여 저온에서 건조시킨 것으로, 수분함량 4~7%로 낮아서 보존성이 우수하다. 효모량의 10배되는 온수에 10~15분간 수화하여 사용하며, 차광한 밀봉용기에 넣어 보관해야 한다.

② 비활성 건조효모

효모의 효소계가 불활성화되도록 고온에서 건조시킨 것으로 빵이나 과자의 영양강화제로 쓰인다.

③ 생효모

배양효모를 분리하여 그대로 또는 전분을 섞어서 압착 성형한 것이다. 수분함량 65~70%로, 보존성이 낮고 자기소화를 일으키기 쉽다. 냉장상태로 14일 정도 보존 가능하지만 가능한 한 신선할 때 사용해야 한다.

④ 액상효모

배양효모를 원심분리하여 세척한 액체상태의 효모이다. 보존기간이 짧다는 단점이 있지만 별도의 활성화 과정이 필요없다는 장점이 있다.

14. 강화제(enriched agents, nutrients)

식품의 영양강화를 목적으로 첨가하는 물질로서 비타민, 아미노산, 무기염(칼슘, 철) 등이 미량으로 사용된다.

강화제를 식품에 사용할 때에는 그것이 물에 녹기 쉬운지 아닌지를 염두에 두고, 주스 같은 액체식품의 강화에는 수용성인 것을 사용하거나 유화제로 미리 유화시킨 것을 첨가하도록 하며, 국수나 쌀같이 물에 넣거나 씻는 것에 대해서는 물에 녹기 어려운 것을 선택하여 사용함으로써 손실을 방지해야 한다.

특히 비타민 B_1과 B_2는 물에 녹는 형과 안 녹는 형이 있으므로 선택에 주의할 필요가 있다. 사용량에 있어서도 1일 소요량을 고려하여 적당량을 첨가하는 것이 좋다. 식품용으로 지정된 강화제는 다음과 같다.

(1) 비타민류

니코틴산, 니코틴산 아미드, 비오틴, 비타민 K_1을 제외하고는 사용기준이 없다.

니코틴산[식육 및 선어패류(경육을 포함한 신선한 어패류)에는 사용 못함], 니코틴산 아미드[식육 및 선어패류(경육을 포함한 어패류)에는 사용 못함], 디벤조일티아민, 디벤조일티아민 염산염, 분말 비타민 A, 유성 비타민 A 지방산에스테르, 비타민 B_1 나프탈린-1,5-디설폰산염, 비타민 B_1 라우릴황산염, 비타민 B_1로단산염, 비타민 B_1 염산염, 비타민 B_1 질산염, 비타민 B_2, 비타민 B_2 인산에스테르 나트륨, 비타민 B_6 염산염, 엽산, 이노시톨, 비타민 B_{12}, 판토텐산나트륨, 비타민 C, L-아스코르브산나트륨, 비타민 D_2, 비타민 D_3, 용성 비타민 P, 비오틴(영양의 목적 이외에는 사용금지), 비타민 K_1(특수의료용도 및 영양보충용식품에만 사용가능), D-α-토코페롤, D-α-토코페릴아세테이트, DL-α-토코페릴아세테이트, D-α-토코페릴호박산, 헤스페리딘.

(2) 아미노산류

사용기준이 마련되어 있지 않다.

L-라이신염산염, L-바린, DL-메티오닌, L-메티오닌, DL-트레오닌, L-트레오닌, L-이소로이신, DL-트립토판, L-트립토판, L-페닐알라닌, L-히스티딘염산염, L-시스테인염산염(빵과 천연과즙에만 사용할 것), L-시스틴, L-아르기닌, L-아스파라긴, L-아스파르트산, L-티로신, DL-페닐알라닌, L-세린, L-로이신, L-알라닌, L-프롤린, L-히스티딘, L-타우린, L-글루타민, L-라이신.

(3) 철제

글루콘산철 외에는 사용기준이 없다.

구연산철, 구연산철암모늄, 인산철, 전해철, 젖산철, 환원철, 황산 제1철, 푸마르산제1철, 피로인산제2철, 피로인산철나트륨, 글루콘산철(올리브, 영양보충용 식품 이외에 사용해서는 아니 된다).

(4) 칼슘제

식품의 제조 또는 가공상 필요불가결한 경우 및 영양 목적으로 사용하는 경우 이외에 사용해서는 안 된다. 사용량은 칼슘으로서 식품의 1% 이하이다. 다만, 특수영양식품과 건강보조식품에는 제한이 없다.

구연산칼슘, 글루콘산칼슘(빵류에는 1.75% 이하, 그 밖의 식품 1% 이하, 다만, 특수영양식품과 건강보조식품에는 제한이 없음), 수산화칼슘, 염화칼슘, 젖산칼슘, 제1인산칼슘(사용량은 칼슘으로서 식품의 1% 이하이다. 다만, 특수영양식품과 건강보조식품에는 제한이 없음), 제2인산칼슘(사용량은 칼슘으로서 식품의 1% 이하이다. 다만, 특수영양식품과 건강보조식품에는 제한이 없음), 제3인산칼슘(사용량은 칼슘으로서 식품의 1% 이하이다. 다만, 특수영양식품과 건강보조식품에는 제한이 없음), 탄산칼슘, 판토텐산칼슘(비타민이기도 함), 황산칼슘, 글리세로인산칼슘(식품에 1% 이하로 사용. 다만, 특수영양식품과 건강보조식품에는 제한이 없음).

(5) 기타

그 밖에 황산아연, 황산동, 글루콘산동 등 몇 개 품목은 사용기준이 있다.

산화아연, 황산아연, 황산동, 요오드칼륨, 글리세로인산칼륨, 황산망간, 염화망간, 구연산망간, 글루콘산동, 글루콘산망간, 글루콘산나트륨, 글루콘산아연, 글루콘산칼륨, 글루콘산마그네슘, L-카르니틴, 염화콜린, 주석산수소콜린, 5′-우리딜산이나트륨, 5′-시티딜산이나트륨, 몰리브덴산 암모늄, 아셀렌산나트륨, 염화크롬, D-a-토코페릴아세테이트.

이들 강화제 중에는 다른 용도로 사용되는 것도 있다.

① 산화방지제: 비타민 C, 비타민 E, L-아스코르브산나트륨
② 발색제: 니코틴아미드, 비타민 C, L-아스코르브산나트륨, 황산 제일철

③ 두부응고제: 황산칼슘, 염화칼슘
④ 합성팽창제 원료: 제일인산칼슘

15. 유화제(emulsifiers)

물과 기름처럼 서로 혼합이 잘되지 않는 두 종류의 액체를 혼합 · 분산시켜 분리되지 않도록 해주는 것이 유화제 또는 계면활성제이다. 유화제는 분산된 액체가 재응집하지 않도록 안정화하는 역할을 한다.

유화제의 선택에는 유화하려는 용액의 배합성분 중 친수성 물질과 친유성 물질의 비에 따라 HLB가 알맞는 유화제를 사용하여야 제대로 유화효과를 얻을 수 있다. 친유성과 친수성의 균형을 숫자로 표시한 것이 HLB (hydrophile-lipophile balance)이며, HLB 값이 클수록 친수성이 증대한다.

가장 좋은 유화 상태를 얻으려면 HLB가 적합한 것을 사용할 필요가 있다. 유화제는 일반적으로 단독으로 사용하는 것보다 HLB가 다른 2종 이상의 유화제를 병용하는 것이 효과적이다.

식품은 그 제조 가공상 물과 기름을 유화시킬 필요가 있는 경우가 많다. 유화제는 아이스크림 · 마요네즈의 유화나 빵 · 카스텔라의 유연성 지속 및 노화방지 등 식품가공에 널리 쓰인다. 유화제는 사용기준이 없으므로 사용대상 식품이나 사용량에는 제한이 없으나 대개 0.1~0.5% 이하를 첨가한다. 식품에 사용할 수 있는 것은 다음과 같다.

(1) 글리세린 지방산 에스테르

글리세린 지방산 에스테르(glycerin esters of fatty acids)는 지방산과 글리세린 또는 폴리글리세린의 에스테르 및 유도체이다. mono-, di-, triglyceride의 3종이 있으나 보통 유화제로 사용되는 것은 모노글리세리드(monoglyceride)이다.

뜨거운 물에 넣고 세게 흔들어 섞으면 유화되고, 계면활성작용이 대단히 좋은 비이온성 계면활성제로 식품을 유화 · 분산시키며 유화식품을 안정화하며, 액상 식품을 농화하거나 전분을 사용한 과자나 빵의 경화속도를 늦추는 데 사용된다.

사용방법은 열처리 전에 온탕에 분산시키거나 다지거나 전분과 혼합하여 다져 넣는다.

유지를 첨가할 때에는 유지에 녹여 혼합한다. 비스킷, 캐러멜, 추잉껌, 초콜릿, 마가린, 아이스크림 등의 유화목적에 사용되며 빵이나 케이크의 노화방지에 효과가 있고, 간장과 유산균음료의 소포제로도 사용된다.

(2) 소르비탄 지방산 에스테르

소르비탄 지방산 에스테르(sorbitan esters of fatty acids)는 결합하는 지방산의 종류 및 수에 따라서 여러 종류가 있다(표 10-15 참조).

표 10-15 주요한 소르비탄 지방산 에스테르

종류	HLB	외관	용해성 및 용도
sorbitan monolaurate	8.6	담갈색, 유상	물에 불용, 유화제
sorbitan monopalmitate	6.7	담황갈색, 왁스상	식물유에 가용, 화장품 · 살충제용 유화제
sorbitan monostearate	4.7	담황색, 왁스상	식물유에 가용, 식품 · 화장품용 유화제
sorbitan tristearate	2.1	담황색, 왁스상	알코올에 불용, 화장품용 유화제
sorbitan monooleate	4.3	황갈색, 유상	식물유 · 알코올에 가용, 유화제
sorbitan trioleate	1.8	황갈색, 유상	벤젠 · 식물유에 가용, 유화제

일반적으로 유상액체, 왁스상의 고체, 동식물유지에 녹기 쉽고, O/W형이나 W/O형의 어느 쪽의 에멀전에도 적합하다. sorbitan monooleate는 친수성이지만 쓴맛이 있어서 식품에는 사용하기 곤란하다.

유화작용과 분산작용이 우수하여 유화분산제로 사용된다. 버터크림이나 빵크림에 사용하면 유화분산을 좋게 하여 크리밍성을 향상시키고 알맞는 유동성을 갖게 한다. 같은 목적으로 쇼트닝이나 마요네즈에 사용되기도 한다.

추잉껌에 5~10%, 버터크림이나 빵크림에 0.4~0.6%, 비스킷 · 쿠키 · 크래커에 4~7% 정도 사용하고, 0.01~0.1% 농도에서 소포제로도 사용된다.

(3) 자당 지방산 에스테르

자당 지방산 에스테르(sucrose esters of fatty acids)는 지방산과 자당의 에스테르 및 자당초산 이소낙산 에스테르가 있다. 약간의 감미가 있으며 물에 녹기 어려우나 온수에 잘 녹는다.

이것은 자당이 가지는 8개의 OH기에 지방산이 에스테르 결합한 것인데, 고급지방산인 것은 monoester와 diester 및 triester의 혼합물이다. 모노에스테르는 물에 잘 녹으나, 디에스테르와 트리에스테르는 잘 녹지 않는다.

저급지방산인 것에는 자당의 OH기 중 2개가 초산기이고, 6개가 이소낙산기로 에스테르화된 것이 있어서 이것을 SAIB(sucrose acetate isobutylate)라고도 약칭하는데, 8개의 OH기가 모두 지방산으로 에스테르화되어 있으므로 전자와는 성질이 달라서 청량음료 등에 사용되는 정유류에 잘 녹는다.

자당 지방산 에스테르 중에서 고급지방산으로 치환된 것은 HLB가 허용된 식품유화제 중에서 가장 높다. HLB는 모노에스테르의 함량이 클수록 높아서 물에 녹기 쉽고, 디에스테르의 함량이 클수록 낮아서 물에 녹기 어렵다.

식품용 유화제로서 가장 친수성이 크므로 O/W형 유화제로 다른 유화제와 병용되는 일이 많다. 빵이나 케이크 등의 노화방지와 기포촉진, 마가린, 쇼트닝, 아이스크림 등의 유화안정과 크리밍 향상을 목적으로 사용된다. 초콜릿에서는 결정억제와 점도저하에 사용된다. 초콜릿에 0.1%, 양갱에 0.1~0.15%, 카스텔라에 0.1% 정도 첨가한다.

(4) 프로필렌글리콜 지방산 에스테르

프로필렌글리콜 지방산 에스테르(propylene glycol esters of fatty acids)는 냄새가 없거나 또는 특이한 냄새를 가지고 있으며 맛은 없다.

온수에 용해되고 기름과 알코올에 녹는다. 시판품은 스테아르산이나 팔미트산을 구성성분으로 하는 제품이 많으며 백색의 고체이다.

순수한 프로필렌글리콜지방산에스테르의 HLB는 3.4 정도이며, 가장 친유성이 큰 유화제이다.

유화제로서의 활성이 별로 크지 않기에 다른 유화제와 배합하여 첨가한다. 케이크, 마가린, 아이스크림, 쇼트닝 등에 사용된다.

(5) 레시틴

레시틴(lecithin)은 유량종자 또는 동물원료에서 얻은 것으로 주성분은 인지질이 62~68%이고 그 밖에 유지(약 30%), 유리지방산, 탄수화물 등도 존재한다. 천연물인 대두로부터 얻는 대표적인 유화제이며 대두인지질(soybean phospholipid)이라고도 부른다.

에테르 · 벤젠 · 클로로포름에 잘 녹고 알코올에는 약간 녹으며 아세톤에는 잘 녹지 않는다. 물에는 녹지 않으나 팽윤하여 콜로이드 용액이 된다. 천연 유화제로 사용되며 초콜릿이나 캐러멜에 첨가하면 제품에 광택을 주고, 감촉을 좋게 한다. 기름이 표면에 석출하는 blooming 현상도 방지한다. 마가린에 첨가하면 보존 중에 결정이 생성되는 것을 방지하며, 빵 · 비스킷 · 케이크에 첨가하면 노화를 방지하고 산화방지 작용을 나타낸다.

(6) 효소분해 레시틴

효소분해 레시틴은 레시틴을 효소로 분해하여 얻게 된 것으로 주성분은 리조레시틴(lysolecithin)이나 포스파티딘산(phosphatidic acid) 등이다.

물에는 분산되고 유지나 지방산에는 녹는다. 내열성 · 내산성 · 내염성이 크고 뛰어난 유화안정성을 나타낸다. 유화제로서 마가린, 쇼트닝, 초콜릿, 수산염제품, 면류, 드레싱, 마요네즈 등에 사용한다. 리조레시틴은 가열하면 쉽게 분해되고 공기에 의해서도 쉽게 산화되므로 사용할 때 100°C 이상으로 오랜 시간 가열하지 않도록 한다.

그 밖의 천연유화제로는 유카추출물이나 퀼라야추출물 등이 있다.

(7) 폴리소르베이트류

폴리소르베이트류(polysorbates)는 HLB가 10 이상인 수중유형(水中油型)의 비이온성 계면활성제로 폴리옥시에틸렌의 유도체이다. 소르비탄 지방산 에스테르에 에틸렌옥사이드를 축합시켜 친수성을 높인 것이 폴리소르베이트류이다.

공업적으로는 Tween으로 잘 알려져 있다.

폴리소르베이트 20[polyoxyethylene(20) sorbitan monolaurate]은 소르비톨 또는 소르비톨의 1 또는 2 무수물 각 1몰에 대해 에틸렌옥시드 약 20몰과 축합한 소르비톨과 소르비톨무수물의 라우린산과의 부분에스테르 혼합물이다. 물에는 매우 잘 녹고 냄새가 없고 무색인 용액이다.

폴리소르베이트 60[polyoxyethylene(20) sorbitan monostearate]은 소르비톨이나 소르비톨의 1 또는 2 무수물 각 1몰에 대해 에틸렌옥시드 약 20몰과 축합한 소르비톨과 소르비톨 무수물의 스테아르산과 팔미트산의 부분에스테르 혼합물이다.

폴리소르베이트 65[polyoxyethylene(20) sorbitan tristearate]는 60과 조성이 아주 비슷하며 폴리소르베이트 60을 무수 건조물로 환산한 것의 옥시에틸렌 함량이 65~69.5%인데 비하여 65는 함량이 46~50%인 것이 다르다.

폴리소르베이트 80[polyoxyethylene(20) sorbitan monooleate]은 소르비톨 또는 소르비톨의 1 또는 2 무수물 각 1몰에 대해 에틸렌옥시드 약 20몰과 축합한 소르비톨과 소르비톨무수물의 올레인산과의 부분에스테르 혼합물이다. 분자 내 지방산 종류에 따라 물성이 다르다.

폴리소르베이트계 유화제는 단독 또는 병용으로 아이스크림, 아이스밀크, 과일 셔벗 등의 유화에 사용되고, 지용성 비타민의 용해 분산제로도 사용된다. 젤라틴 디저트나 gelatine dessert mix의 분산제로서 0.082% 이하를 사용한다.

(8) 염기성 알루미늄 인산나트륨

염기성 알루미늄 인산나트륨(sodium aluminium phosphate, basic)은 Kasal 이라고도 하며, 백색의 분말로서 냄새가 없다. 프로세스 치즈의 유화제로 사용한다.

(9) 라우릴 황산나트륨

라우릴 황산나트륨(sodium lauryl sulfate, basic)은 백색~엷은 황색의 결정으로서 약간의 특이한 냄새가 난다. 유화제로 쓰이며 건강기능식품 이외에 사용해서는 아니 된다.

16. 품질개량제(texturizers)

식육이나 어육을 원료로 연제품을 제조할 때 결착성을 높여서 씹을 때의 식감을 향상시키고, 식품의 탄력성 · 보수성 · 팽창성을 증대시켜서 조직을 개량하여 맛의 조화와 풍미의 향상을 가져오며 변질 · 변색을 방지할 목적으로 사용되는 첨가물이 품질개량제이며 일명 결착제(結着劑)라고도 한다.

인산염이 많이 사용되는데, 다음과 같은 것이 있다.

(1) 인산염

제1인산나트륨에는 결정물(2수염)과 무수물의 두 가지가 있다. 결정물은 무색~백색의 결정 또는 결정성 덩어리이며 무수물은 백색의 분말 또는 입상이다. 발효공업, 식품가공, 유제품가공 등에서 pH를 조절하는 데 사용되고, 합성팽창제로 사용되며, 중합인산염과 병용하여 식육 또는 어육제품의 안정제 · 결착제로 사용된다.

치즈의 pH를 조정하는 데 첨가하며 단백질, 지방, 수분 등의 분산을 좋게 하여 치즈의 풍미, 조직, 체질, 색깔 등이 향상된다. 효모 제조에 인산원으로서 첨가된다.

제2인산나트륨에도 결정물(2~12수염) 및 무수물이 있으며 결정물은 무색~백색의 결정 또는 결정성 덩어리이며 무수물은 백색의 분말 또는 입상이다. 유제품, 어육제품, 수육제품의 가공에서 pH 조정제나 결착제 등으로 사용된다. 발효공업에서는 발효조성제로 사용되며 액체 면류첨가알칼리제의 원료로도 사용된다. 분유에 첨가하면 가열할 때 응고를 방지하여 용해도를 크게 한다.

제3인산나트륨과 제3인산칼륨은 무~백색의 결정 · 덩어리 또는 백색의 분말이다. 흡습성이 있고, 공기 중의 탄산가스를 흡수하는 성질이 있다. 양조용, 식품제조용, 조미료, 강화제로 사용되는 외에, 다른 인산염과 병용하여 결착제로 이용하고 있다.

인산염이 고기의 보수성을 높이고 결착성을 좋게 하는 기구는 아직 충분히 해명되어 있지 않으나, 결착성은 미오신, 액틴, 액토미오신 및 ATP가 각각 관여하고 있다고 한다. 인산염은 이러한 고기의 단백질 수화성을 증진시키는 효과가 강하므로 식육제품의 끈기를 강하게 하는 작용을 나타낸다. 이들에 대해서는 사용기준이 없다.

(2) 축합(또는 중합) 인산염

축합인산염이 식품 가공에 이용되는 것은 다음과 같은 작용이 있기 때문이다.

① 금속 이온의 봉쇄작용이 있다.
② 식품의 변색방지작용이 있다.
③ 식품 조직의 결착성과 퍼짐성을 증대시킨다.
④ 산화방지제의 synergist로서 효과가 있다.
⑤ 보수성과 흡수촉진작용이 있다.
⑥ 분산성, 유화성과 해교성이 있다.
⑦ 식품의 산패 · 변패를 방지하고 그 품질을 유지시킨다.

피로인산나트륨에는 결정 피로인산나트륨(10수염)과 무수 피로인산나트륨이 있으며 결정물은 무색~백색의 결정 · 백색의 결정 또는 백색의 결정성분말이고 무수물은 백색의 분말 입상 또는 덩어리이다.

간장과 된장에 첨가하면 변색방지 효과는 물론, 색깔이나 광택을 선명하게 하고 점조성을 증가시켜 짠맛을 줄이는 효과가 있다.

아이스크림이나 청량음료에 첨가하면 산화를 방지하고, 아이스크림의 over run을 증가시키며 지방을 유화 · 분산시키는 데 효과가 있다. 주스류에서 색소의 변색을 방지하며 콜로이드질의 분산작용을 꾀할 목적으로 사용된다. 유제품에는 치즈의 용해제로 이런 제품은 연하고 전성(展性)이 크다.

피로인산칼륨은 무색~백색의 결정이나 덩어리 또는 백색의 결정성 분말 또는 분말이다. 식품에 사용하여 결착력을 높이고, 변색 · 변질을 방지한다. 보통 다른 축합인산염과 병용한다. 식육 연제품 결착제의 일부로 사용할 때에는 나트륨염보다 기름의 유화작용이 크므로 칼륨염을 사용하는 것이 좋다.

폴리인산나트륨은 무색~백색의 유리 모양 덩어리 및 조각 또는 백색의 분말이다. 물에 녹으며 수용액은 알칼리성이다. 이것에는 트리폴리, 테트라폴리, 펜타폴리, 헥사폴리 등의 염이 있으나, 시판품에는 트리폴리와 테트라폴리염이 많다. 식육 제품에 대하여 지방의 유화력이 강하며 특히 완충작용이 강한 것이 특징이다.

폴리인산칼륨은 무색~백색의 유리 모양 덩어리 및 조각 또는 백색의 섬유 모양의 결정 또는 분말이다. 흡습성이 크며 물에 녹아 알칼리성을 나타낸다. 단일 화합물이 아니고 여러 가지 축합인산염의 혼합물이며, 대표적인 것은 트리폴리인산칼륨이다.

메타인산나트륨은 무색~백색의 유리 모양 덩어리, 조각 또는 백색의 섬유상의 결정 또는 분말이다. 흡습성이 극히 커서 공기 중의 수분을 흡수하여 시럽상이 되어 용해도를 측정할 수 없다. 금속이온의 봉쇄성이 극히 크며, 특히 칼슘과의 착염형성능이 인산염 중에서 가장 크다. 난단백 등의 단백질과 결합하여 응결 · 응고하는 작용은 특징을 이루는 장점이다.

다른 결착제와 마찬가지로 금속 이온 봉쇄작용, 분산작용, 선정작용, 완충작용 등 뛰어난 성질이 있어서 축합인산염 중에서 가장 용도가 많다. 대개 피로인산염이나 폴리인산염과 병용한다.

햄이나 소시지 등의 제조에 필수 첨가물이며, 육류의 결착력·보수력을 향상시킨다. 토마토주스에 첨가하면 점도를 향상시키고 색소의 퇴색을 방지하며 비타민 C의 안정화를 꾀할 수 있다. 유제품의 경우에는 유질의 변화를 방지하고, 국수류에 사용하면 탄력을 향상되고 씹는 맛이 좋아진다.

메타인산칼륨은 무~백색의 유리모양 덩어리 및 조각 또는 백색의 섬유상 결정 또는 분말이다. 물에는 극히 불용성이며 금속이온 봉쇄작용이 축합인산염 중에서 가장 크고, 찰 때 점성이 큰 것이 특징이다.

식품의 결착제·보수분산제로 각종 식육가공에 사용되는 일이 많고, 물에 잘 녹지 않으므로 메타인산나트륨과 함께 사용한다.

폴리인산나트륨과 폴리인산칼륨의 경우는 트리폴리, 테트라폴리, 펜타폴리, 헥사폴리 등의 염이 있어서 단일화합물이 아니고, 여러 가지 폴리인산염의 혼합물이다. 이들 인산염은 대개 혼합하여 사용되므로 여러 가지 배합의 제제가 시판되고 있다.

17. 피막제(coating agents)

피막제는 과실이나 채소 등의 저장 중에 외관을 좋게 하고 신선도를 유지시킬 목적으로 사용된다. 피막제는 표면에 피막을 형성시킴으로써 호흡작용을 억제하여 수분 증발을 막는 역할을 하거나 단순히 외관을 좋게 하는 데 사용된다. 전자의 경우는 현재 2종이 허용되어 있고(표 10-16 참조), 후자의 경우는 천연물인 쉘락이 이용된다.

표 10-16 허용 피막제와 그 사용기준

피막제명	사용기준
몰포린 지방산염 (morpholine fatty acid salt)	과실 또는 과채류 표피의 피막제 이외의 용도에 사용해서는 아니된다.
초산비닐수지 (polyvinyl acetate)	추잉껌 기초제 및 과실 또는 과채표피의 피막제 이외의 용도에 사용해서는 아니된다.

몰포린지방산염은 엷은 황색~황갈색의 기름모양 또는 밀랍모양의 물질이며, 암모니아 같은 냄새가 조금 있다. 이것은 몰포린과 고급지방산과의 염이며, 단독으로 사용되지 않고 함수상태의 조제품에 왁스를 가한 것이 제품화되고 있다.

초산비닐수지는 초산비닐의 중합물로서 무색~엷은 황색의 알맹이 또는 유리모양의 덩어리이다.

개각충(介殼蟲) *Laccifer lacca* Kerr(Coccidae)의 수지성 분비물인 락(lac)을 탄산나트륨용액에 녹이고 차아염소산나트륨으로 표백한 후 묽은 황산으로 침전시켜 건조한 것을 백셀락(white shellac)이라고 칭하며, 이것을 여과하여 왁스를 제거한 것을 정제 백셀락(refined bleached shellac)이라고 칭한다.

백셀락은 회백~황백색, 정제셀락은 엷은 황색의 무정형 또는 입자상 수지이다. 완만하지만 알코올에 자유로이 녹으며 물에는 녹지 않고 아세톤이나 에테르에는 약간 녹는다. 초콜릿 · 캔디제품 · 카카오제품 등의 피막제, 배소커피, 추잉껌 등에도 사용된다.

18. 추잉껌 기초제(chewing gum bases)

이전에는 천연수지인 치클 등을 이용하였으나 현재는 초산비닐수지 등의 합성 고분자화합물이 사용된다. 추잉껌 기초제는 추잉껌에 적당한 점성과 탄력성을 가지게 하여 풍미를 유지하는 데 중요한 구실을 하는 것으로 지정된 것은 표 10-17과 같다. 초산비닐수지는 피막제로도 쓰인다.

표 10-17 허용 껌 기초제 및 그 사용기준

추잉껌기초제	사용기준
초산비닐수지(polyvinyl acetate) 폴리부텐(polybutene) 폴리이소부틸렌(polyisobutylene)	추잉껌 기초제 이외의 용도에 사용해서는 아니된다.
에스테르껌(ester gum)	추잉껌 기초제 이외의 용도에 사용해서는 아니된다. 다만 탄산음료류 및 기타음료에 0.1 g/kg 이하로 사용가능하다.

그 밖의 천연껌 기초제로는 천연껌(sorva, sorvinba, juletung, chicle, natural rubber), 로진(rosin), 담마껌(dammar gum), 카나우바 왁스(carnauba wax), 밀랍(bees wax) 등이 있다.

19. 소포제(defoaming agents)

식품제조공정에 있어서 거품이 발생하여 품질이나 작업면에 큰 지장을 받는 경우가 많은데, 이러한 거품을 없애기 위해 소포제가 쓰인다. 발효 · 양조 공업이나 유제품, 잼, 주스, 엿 등의 제조공정에 널리 쓰인다. 현재 규소수지가 허용되어 있다(표 10-18 참조).

표 10-18 허용 소포제 및 그 사용기준

소포제명	사용대상	사용량	사용제한
규소수지 (silicone resin)	일반식품	0.05g/kg 이하	거품을 없애는 목적 이외에 사용해서는 아니된다.

규소수지는 무색~엷은 회색의 투명 또는 반투명의 점조한 액체 또는 풀모양의 물질로서, 거의 냄새가 없다. 유성 또는 수성의 거품에 대하여 강력한 소포작용이 있다. 소포작용은 온도, pH, 염류 등의 농도 등에는 그다지 영향을 받지 않으므로 양조공정이나 과즙, 잼, 엿 등의 농축공정 또는 증류공정에 사용되며, 작업의 능률화 · 제품의 균일화 등에 대단히 유효하다.

20. 용제(solvents)

천연물의 유효성분이나 식품첨가물 등을 식품에 균일하게 혼합되도록 하기 위해서는 적당한 용매에 용해시켜 첨가하는 것이 효과적인데, 이러한 목적으로 사용되는 것이 용제이다.

용제는 독성이 낮고, 각종 첨가물을 잘 용해하며, 풍미에 영향을 주지 않는 것으로서 물과 잘 혼합되거나 유지에 잘 녹는 성질을 가진 물질이 좋다. 현재 허용되고 있는 것은 글리세린과 프로필렌 글리콜이다.

glycerine propylene glycol

글리세린은 무색의 액체로서 냄새가 없고 단맛이 있다. 착향료 · 착색료의 용제로 사용되며, 풍미에 별로 영향을 주지 않는다. 점성이 크므로 제품의 점조성을 향상시키기 위하여 청주 등에 첨가한다. 과자류에 사용하면 설탕의 결정이 석출되는 것을 억제한다. 사용기준이 없다.

프로필렌글리콜은 무색 투명한 시럽상의 액체로서 냄새가 없거나 약간 냄새가 있으며 약간 쓴맛 및 단맛이 있다. 용제로서 보존료 · 착색료 · 착향료 · 산화방지제를 녹이는 데 사용하고 습윤제 또는 신전제로서 생면이나 만두피 등을 제조할 때 첨가하기도 한다.

각종의 향료를 잘 녹이므로 향료를 추출 · 희석하거나 그 내열성을 이용하여 제제원료로서 배합향료에 사용되며 유화안정제로 유화향료에도 사용한다.

또 빵류의 가공에 사용하는 쇼트닝의 신전제로도 사용한다.

프로필렌글리콜의 사용기준은 아래와 같다.

① 견과류 가공품: 5% 이하
② 아이스크림류: 2.5% 이하
③ 만두 및 만두피: 1.2% 이하
④ 기타 식품: 2% 이하

21. 추출제(extracting agents)

식용유지를 제조할 때 유지추출을 용이하게 하기 위하여 추출제가 사용된다. 일종의 용제로 볼 수 있으며 헥산(hexane, $CH_3CH_2CH_2CH_2CH_2CH_3$)만이 허용되어 있다.

이것은 식용유지 및 건강보조식품을 제조할 때 유지를 추출하는 목적 이외에 사용해서는 아니되며, 잔존량은 0.005 g/kg 이하 사용가능하다. 헥산은 수증기 증류에 의해 제거가 가능하며, 천연물로 분류된다.

헥산은 석유를 분류하여 얻는 무색 투명한 휘발성 액체로 특이한 냄새가 나며 물에는 녹지 않고 유기용매에는 녹는다. 식물유의 추출제로서 뛰어난 성질을 가지고 있어서 식용유지를 제조할 때 유지의 추출에 사용된다.

화학적 합성품으로는 건강기능식품 제조 시 기능성 원료의 추출 또는 분리 등의 목적으로 사용되는 아세톤과 메틸알코올이 최근 허용되었다.

22. 이형제(release agents)

빵 제조과정에서 반죽이 분할기로부터 잘 분리되도록 하고 구울 때 빵틀로부터 빵의 형태를 유지하면서 쉽게 분리되도록 하기 위해 사용하는 것이 이형제이다. 유동파라핀이 허용되어 있으며 분류상으로는 천연물이다.

유동파라핀은 석유에서 얻은 탄화수소류의 혼합물로서 탄소수가 15~35개 정도이고 고도로 정제된 제품이므로 산화되기 쉽다. 따라서 산화방지제로서 DL-α-토코페롤을 첨가하는 것을 인정하고 있다.

사용기준은 아래와 같다.

① 빵: 0.15% 이하(이형제로서)

② 캡슐류: 0.6% 이하(이형제로서)

③ 건조과실류 및 건조채소류: 0.02% 이하(이형제로서)

④ 과실류 및 채소류의 표피의 피막제로서

23. 식품제조용제 및 기타

이들 중에서 청주 · 과일주 등의 양조 과정에서 발효 조성을 목적으로 사용되는 양조용 첨가물, 식품 제조과정에서 탈색 · 탈취 등의 목적으로 사용되는 흡착제나 여과조제, 면류에 끈기와 쫄깃쫄깃한 맛을 주기 위하여 사용하는 면류첨가 알칼리제의 원료가 되는 첨가물, 산제, 알칼리제 등 식품공업에 널리 사용되는 것을 식품제조용제로 일괄하여 나타내었다. 그리고 사용목적이 애매한 것은 기타로 분류하여 정리하였다.

(1) 양조용 첨가제

양조공업에서 발효조성의 목적으로 첨가되며 사용제한은 없다.

① **염화마그네슘**: 경도 조절, 발효조성제로서 주류 제조에 이용하며, 두부응고제로도 사용한다.

② **제1인산암모늄 및 제2인산암모늄**: 청주의 술밑 제조용 물에 첨가하며, 질소원으로서 효모의 증식이나 발효를 촉진하는 효과가 있다.

③ **제1인산칼륨**: 칼륨과 인의 급원으로 청주를 양조할 때 사용한다.

④ **제2인산칼륨**: 발효력을 강화, 풍미를 향상시킬 목적으로 사용한다.

⑤ **제3인산나트륨**: 면류첨가 알칼리제의 제조원료로 사용하고, 그 알칼리성을 이용하여 청관제의 원료나 세정제 등으로 사용하며, 설탕 제조에도 사용한다.

⑥ **황산마그네슘**: 양조용수에 마그네슘을 보급하기 위한 강화제로 사용하며, 발효력이 강화되고, 청주의 맛을 향상시키는 효과가 있다.

⑦ **황산암모늄**: 술밑의 질소원으로 첨가한다. yeast food의 한 성분으로 제2인산암모늄과 병용한다.

⑧ **인산**: 양조할 때 술밑의 영양분이 되어 발효력을 강화하며, 그 산성에 의하여 잡균의 오염을 방지하는 효과가 있어 0.035% 이하를 pH 조정제로 청주에 사용한다. 콜라의 산미료로 0.02~0.06% 첨가한다.

(2) 산제

염산은 전분을 가수분해하여 물엿이나 포도당을 제조하거나 단백질을 가수분해하여 아미노산 간장을 만드는 데 사용한다. 황산은 주로 전분을 가수분해하여 엿이나 포도당을 만들 때 사용되고, 통조림용 귤의 내과피의 박피제로서 사용하며, 식용유의 정제 과정에서 기름 중의 유기물을 탈수 · 탄화시킨 다음에 물로 씻어낸다.

수산은 주로 전분을 가수분해하여 엿이나 포도당을 만들 때 사용한다. 이들은 최종식품 완성 전에 제거되어야 한다. 피트산(phytic acid)은 금속이온의 chelate 작용이 있어서 각종 식품의 변색, 퇴색, 산화방지, 비타민 C의 안정화, 식품의 안정제 등으로 유효하며, 수산물 통조림의 struvite(유리같은 결정) 방지제로도 이용한다. 그러나 피트산은 건강기능식품이나 특수용도식품에 사용하지 못하도록 규제되고 있다.

(3) 알칼리제

수산화나트륨은 식품제조과정 중의 산을 중화하거나 나트륨염을 만드는 데 사용한다. 귤통조림이나 복숭아통조림 등을 제조할 때 껍질 제거에도 사용한다. 수산화칼륨은 수산화나트륨 같이 pH 조정이나 산의 중화 등에 사용된다.

이들은 최종제품 완성 전에 중화하거나 제거하도록 사용기준이 규정되어 있다. 구연산칼륨은 pH 조정제 · 금속봉쇄제 · 완충제로 사용된다. 유아용 조제분유에 첨가하면 soft curd가 형성되어 소화 · 흡수가 좋아진다.

(4) 면류첨가 알칼리제

중국면 · 만두 · 라면 등을 제조할 때 밀가루의 글루텐에 특이하게 작용하여 변성을 일으켜서 점성과 신축성을 증가시키고 상품에 독특한 담황색 색조와 광택 및 풍미를 주기 위해 사용되는 것이 면류첨가 알칼리제이다. 고형 · 액상 · 희석분말의 3종류가 있다.

밀가루의 단백질에 작용하여 연하고 탄력 있는 상태로 변화시키고 일부는 분해하여 풍미를 부여한다. 고유의 색깔을 나타나게 할 뿐만 아니라 전분입자를 녹기 쉽게 하고, α화 전분의 노화도 방지하므로 중국 국수(우동, 자장면 등)나 만두를 만들 때 첨가한다. 탄산나트륨, 탄산칼륨(무수), 세스퀴탄산나트륨을 이용하는 네 사용제한은 없다.

(5) 여과제, 흡착제 및 제거제

물, 식품 및 첨가물 등의 불순물을 제거하거나 정제하는 데 사용하는 물질을 말한다.

1) 규조토(diatomaceous earth)

단세포 조류인 규조에서 유래하는 규조토를 분쇄하여 만든다. 건조품은

400~800°C로 소성한 것이다. 소성품은 800~1,200°C에서 소성한 것이고, 융제소성품은 소량의 탄산알칼리염을 첨가하여 800~1,200°C에서 소성한 것이다. 불용성 광물질로 흡착제 및 여과보조제로 사용된다. 식품용으로 맥주, 청주, 포도주, 위스키 등의 알코올음료, 간장, 식초, 청량음료 등의 여과에 사용된다. 또 제당공업에서 원당용액의 여과에 다른 여과제와 함께 사용한다.

식품의 제조 또는 가공상 필요불가결한 경우 외에 사용해서는 안 된다. 식품 중의 잔존량은 0.5% 이하여야 한다. 다른 불용성 광물질과 병용할 경우에는 그 잔존량의 합계가 식품의 0.5% 이하이어야 한다.

2) 백도토(kaolin)

광물의 일종으로 함수 알루미늄규산염이며, 식품을 제조 또는 가공할 때 여과조제 또는 침강조제로 사용한다. 고형분에 대하여 0.1~1%의 비율로 첨가한다. 사용기준은 규조토와 같다.

3) 벤토나이트(bentonite)

천연에서 산출되는 콜로이드성 함수 규산알루미늄이다. 점토의 일종으로 여과조제로서 식용유지 등의 정제에 사용되며, 이 경우 유지 등에 현탁시킨 다음에 여과한다. 사용기준은 규조토와 같다.

4) 산성백토(acid clay)

몬모릴로나이트계 점토광물을 정제하여 얻게 되는 것으로서 이산화규소, 산화알루미늄, 산화철, 산화칼슘, 산화마그네슘, 산화칼륨 및 산화나트륨 등을 함유한다. 주성분은 이산화규소와 산화알루미늄이다. 물에 현탁시키면 산성을 나타내며 유지의 탈색이나 정제에 사용된다. 각종 액상물질의 불순물을 제거하는 데도 사용된다. 사용기준은 규조토와 같다.

5) 탤크(talc)

천연의 함수 규산마그네슘을 정선한 것이며 때로는 소량의 규산알루미늄을 함유한다. 골석(활석)이라고도 하며 성분이 산성 메타규산마그네슘인 천연물이다.

사용기준은 규조토와 같으나 추잉껌에 사용할 때는 잔존량이 5% 이하여야 한다. 탤크는 추잉껌의 씹는 맛을 좋게 하기 위하여 사용하기도 하고 간장 등의 앙금제거제로도 쓰인다.

6) 퍼라이트(perlite)

광물성 이산화규소를 800~1,200°C로 소성시킨 것이다.

여과보조제이며 사용기준은 규조토와 같다.

7) 활성탄(active carbon)

탈취와 탈색 및 흡착제로 사용되며 사용기준은 없다.

8) 이온교환수지(ion exchange resin)

경수의 연화 또는 식품공업용수의 처리 등 식품공업 전반에 널리 사용된다. 최종식품 완성 전에 제거해야 한다.

9) 폴리비닐폴리피로리돈(polyvinyl polypyrrolidone)

맥주를 장기보존할 때 불용성 침전물이 생성되는 원인은 원료인 호프와 맥아에서 유래된 폴리페놀 화합물과 단백질이 산화 · 공유결합하기 때문인데 이것은 폴리페놀 화합물만을 선택적으로 흡착하여 침전물의 생성을 방지한다.

여과보조제 용도로만 사용해야 하며, 최종식품 완성 전에 제거하여야 한다.

10) 폴리비닐피로리돈(polyvinyl pyrrolidone)

폴리비닐폴리피로리돈과 동일한 용도로 쓰인다. 사용기준은 아래와 같다.

① 맥주: 0.01 g/kg 이하

② 식초: 0.04 g/kg 이하

③ 과실주, 리큐르: 0.06 g/kg 이하

④ 특수용도식품, 건강보조식품 : 정제 또는 제피, 캡슐 제조 시 피막제 이외의 목적으로 사용해서는 아니된다.

11) 이산화규소(silicon dioxide)

청주, 맥주, 간장 등의 발효액체식품의 저장단계 등에서 발생하는 혼탁을 방지하기 위해서 혼탁의 원인이 되는 고분자단백을 분해 · 제거하는 여과보조제로 사용한다. 또한 식품의 구성성분이 서로 흡착되려는 성질을 감소시키는 고결방지제로도 쓰인다.

여과보조제로 사용하는 경우는 최종식품 완성 전에 제거해야 한다. 고결방지제의 경우는 식품에 따라 사용기준이 다르다.

(6) 기타

1) 실리코알루민산나트륨

Na_2O: Al_2O_3: SiO_2를 각각 1: 1: 13.2몰 비율로 함유한 산화실리코알루민산나트륨의 일종으로 인스턴트커피 제조과정에서 덩어리가 생기는 것을 방지하는 항케이크제로 사용한다. 식품에 2% 이상 사용해서는 안 된다.

2) 황산나트륨

식용색소나 과산화벤조일의 희석제로 사용하며, 초산나트륨은 완충제로서 초산과 병용하여 초산의 신맛을 부드럽고 원만하게 하는 데 사용하기도 하고 외국산 쌀의 탈취제나 어육연제품의 곰팡이 방지제 등에 사용한다. 빙초산의 등량과 잘 혼합하여서 분말식초의 원료로도 이용한다.

3) 염화칼륨

요양(療養)식의 소금 대용으로 사용하고 완충액이나 yeast food로도 쓴다.

4) 스테아르산마그네슘

스테아르산 및 팔미트산의 마그네슘염의 혼합물로 고결방지제, 결착제, 안정제 등으로 사용하는데, 주로 캔디, 껌, 정제(錠劑)제조에 첨가하여 사용한다. 특히 정제제조에 0.36~6.2 mg/정을 사용한다.

사용기준은 식품의 1% 이하이어야 한다.

5) 메톡사이드나트륨

지방의 에스테르 교환반응에 촉매로 이용한다. 마가린, 쇼트닝, 버터, 라드 등에 미세한 고체입자를 생성시켜 마가린 등의 외관, 보형성, 전연성의 향상, 하드버터의 성능향상, 원료유지의 성능향상, 리놀레산 등의 필수지방산이 풍부한 마가린의 제조 등의 효과를 나타낸다.

사용기준은 정제가공유지에만 사용하되, 최종제품 완성 전에 분해해야 하며, 분해물로 생성된 메탄올도 제거해야 한다.

6) 산화마그네슘

식품제조공정에서의 흡착제, 각종 식품의 고결방지제, 점착방지제, pH 조정제 등으로 사용된다. 설탕을 정제할 때 탈색공정에서 색소흡착제로서 사용하며 이것에 의하여 탈색효율이 향상된다.

7) 기타

화학적 합성품으로 수산화암모늄, 수산화마그네슘, 트리아세틴, 초산칼슘, 옥시스테아린 등이 허용되고, 천연첨가물로 탄닌산, 석유왁스, 천연카페인, 시클로덱스트린, 지베렐린산 등이 허용된다.

Chapter 11

식품위생행정

11-1 식품위생 행정기구

1. 식품위생행정의 목적과 시책

식품위생행정은 환경위생행정의 한 부분으로서 식품위생법에 근거를 두고 불량 · 불결한 식품을 구축하고 안전한 식품을 생산하여 질병이나 건강장해를 방지하는 것을 목적으로 하고 있다.

식품위생행정기구

① 중앙기구

- 보건복지부 : 식품위생에 관한 업무 총괄, 기획, 조사 등을 주관. 지방행정기구 지회, 감독
- 식품의약품안전처(KFDA) : 식품위생행정에 관한 모든 업무 담당

② 지방기구

- 구 · 군 보건소 : 건강진단과 위생강습, 식중독의 역학조사
- 구청 위생과 : 식품위생 감시원을 배치하고 말단의 식품위생행정업무 담당
- 지방의약품안전청 : 지방 위생업무 총괄

식품의약품안전처의 2020년 주요 업무계획

① 소비자가 더 건강해 지는 먹거리 안전

② 환자가 안심할 수 있는 약 및 의료기기

③ 공감과 혁신을 더한 식의약 안전

2. 식품위생 행정기구

식품위생 행정기구의 조직과 기능을 보면, 지역적으로 중앙기구와 지방기구로 나누어져 있고, 분야별로 지도감시 업무와 시험검사 업무로 구분된다.

(1) 중앙기구

1) 보건복지부

그림 11-1 보건복지부 직제
(2020년 8월 기준)

식품위생행정의 정점(頂點)에는 보건복지부가 있으며, 그 직제를 그림 11-1에 나타냈다.

보건복지부는 국민의 삶의 질 향상을 위해 사회복지 · 건강보험 · 국민연금 · 가정복지에 관한 업무를 담당하고 국가의 보건 · 식품안전 · 의약 · 약학관련 정책을 수립하고 추진한다.

2) 식품의약품안전처

보건복지부 내의 독립된 청으로서 1998년 2월에 발족한 식품의약품안전청이 2013년 3월부터 국무총리 직속기관인 식품의약품안전처로 승격되었다. 식품, 의약품, 의료기기 등에 대한 시험, 검정 및 평가, 독성연구 및 안전관리에 관한 사무를 관장한다(그림 11-2).

식품위생 관련 업무는 식품안전정책국, 수입식품안전정책국, 식품소비안전국 등에서 담당하고 있다. 식품의약품안전처의 분야별 업무 내용은 다음과 같다.

① **식품행정** : 허가관리, 식중독관리, 부정불량식품관리, GMO식품 등 관리, 식품안전관리
② **의약품행정** : 의약품 등의 제조 · 수입 · 품목 허가, 약사감시, 의약품 동등성 확보대책, 의약품 사후관리, 마약류 관리
③ **의료기기행정** : 허가관리, 의료기기 감시, 의료기기 사후관리

식품의약품안전처의 소속기관으로, 식품 및 의약품 등의 독성에 관한 연구 · 평가 업무를 분장하기 위해 식품의약품안전평가원이 설치 · 운영되고 있다.

또 다른 성격의 중앙기구로서 식품 · 의약품 등의 안전관리업무에 관하여 식품의약품안전처의 소관업무를 분장하여 수행하는 6개 지방청이 있다. 지방식품의약품안전청의 명칭, 위치 및 관할지역은 표 11-1과 같다.

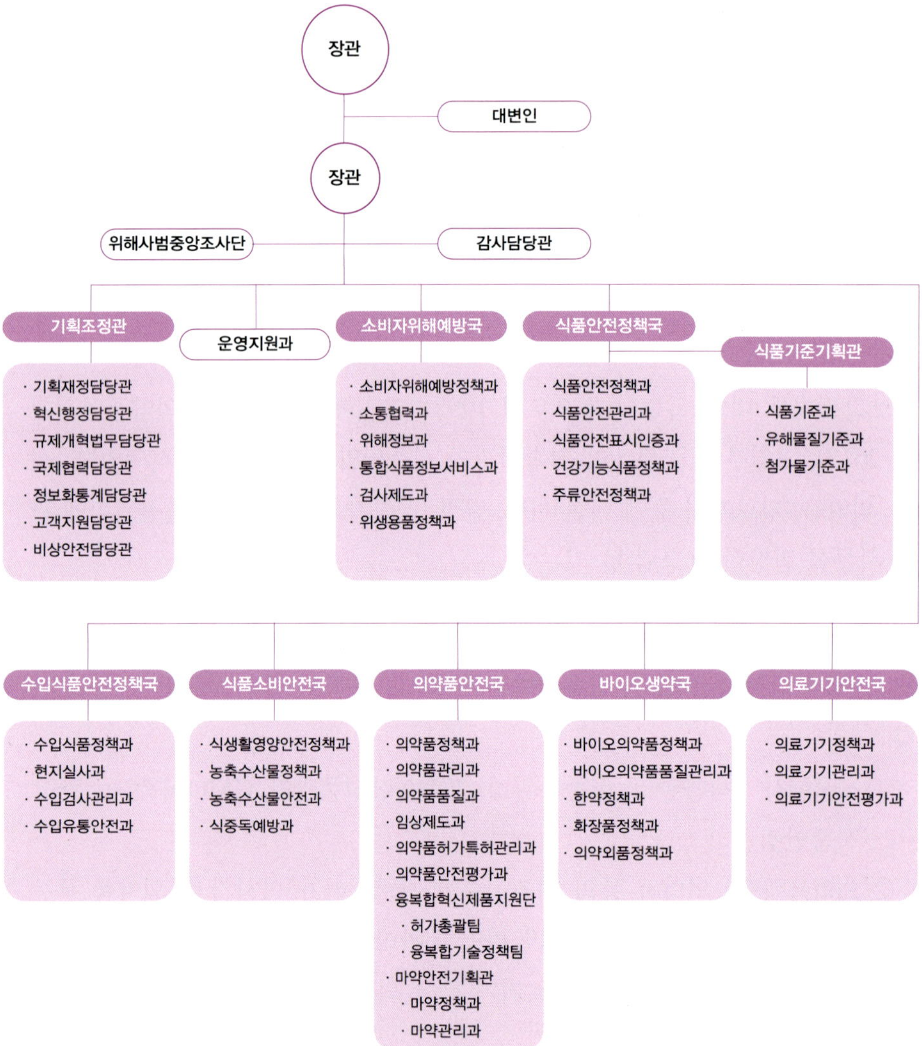

그림 11-2 식품의약품안전처 조직도(2020년 현재)

표 11-1 지방식품의약품안전청의 명칭, 위치 및 관할지역

명칭	위치	관 할 지 역
서울식품의약품안전청	서울특별시	서울특별시, 강원도, 경기도 북부
부산식품의약품안전청	부산광역시	부산광역시, 울산광역시, 경상남도
경인식품의약품안전청	인천광역시	인천광역시, 경기도 남부
대구식품의약품안전청	대구광역시	대구광역시, 경상북도
광주식품의약품안전청	광주광역시	광주광역시, 전라북도, 전라남도, 제주도
대전식품의약품안전청	대전광역시	대전광역시, 세종시, 충청북도, 충청남도

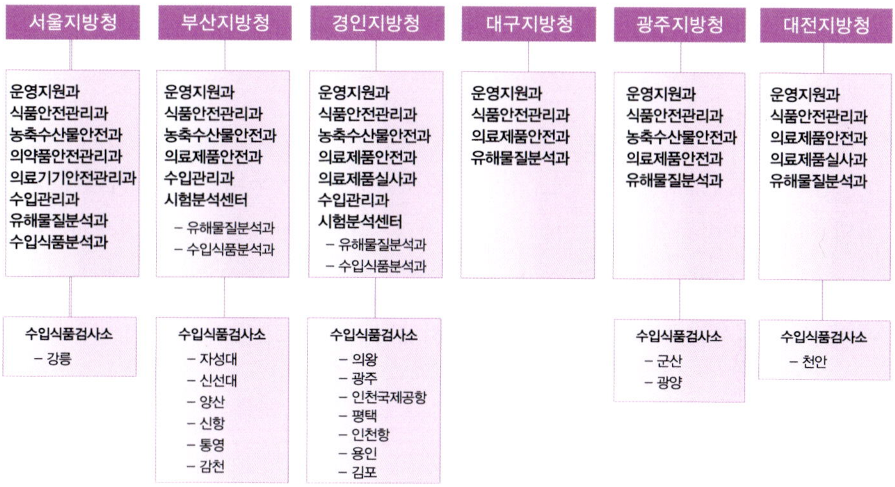

그림 11-3 지방의약품안전처 조직도(2020년 현재)

3) 질병관리청(차관급)

국립보건원에서 2004년 1월 질병관리본부로, 2020년 8월 다시 질병관리청으로 확대 · 개편되었으며 그 산하에 국립보건연구원과 국립검역소를 두고 있다.

조직으로는 청장 밑에 기획조정부와 운영지원팀이 있으며, 직속으로 긴급상황센터, 감염병관리센터, 감염병분석센터, 질병예방센터가 있고, 국립보건연구원장 밑에 연구기획과와 생물안전평가과가 있으며, 직속으로 감염병연구센터, 생명의과학센터, 유전체센터를 각각 설치 · 운영하고 있다. 그리고 국립장기조직혈액관리원 아래에 장기기증지원과와 장기이식관리과 및 혈액안전감리과가 있으며 국립검역소 아래에 13개소의 검역소가 있다.

질병관리청은 감염병, 생물안전, 만성질환, 기후 변화, 의료방사선안전관리, 장기 · 조직 · 혈액관리 등의 주요청책사업을 수행한다. 〈개정 2020. 8. 18〉

국립검역소는 검역감염병인 콜레라, 페스트, 황열, 중증급성 호흡기증후군(SARS)의 국내 유입 및 국외 전파 방지를 위해 입 · 출항 항공기, 선박 등의 검역업무와 수입 식품 등에 대한 안전성 검사를 실시한다.

현재 인천공항, 부산, 인천, 군산, 목포, 여수, 마산, 김해, 통영, 울산, 포항, 동해, 제주(총 13개소)에 검역소를 두고 있다.

(2) 지방기구

지방의 식품위생 행정업무는 서울특별시 · 광역시 · 도의 지방자치단체에 설치된 사회복지여성국 내에 있는 식품안전과, 위생과, 보건과, 보건위생과 등에서 담당하고 있다. 일선 식품위생 행정업무는 서울특별시와 광역시에서는 구청에서, 각 도에서는 시 · 군의 위생관계부서에서 담당하고 있다.

일선에서 식품위생행정을 직접 수행하는 공무원인 식품위생감시원은 식품의약품안전처, 시 · 도, 시 · 군 · 구의 위생관련 부서에 배치되어 업무를 수행하고 있으며, 보건소는 식중독이나 감염병 관계의 역학분야 업무를 담당하고 있다.

- 또한, 식품의약품안전처장, 시 · 도지사 또는 시장 · 군수 · 구청장은 식품위생관리를 위하여 법에 따라 등록한 소비자 단체의 임직원 중 해당 단체의 장이 추천한 자나 식품위생에 관한 지식이 있는 자를 '소비자식품위생감시원' 으로 위촉할 수 있다. (식품위생법 제33조제1항)

11-2 식품위생법규

1. 식품위생법

식품위생법은 1962년 1월 20일 법률 제1007호로 제정 · 공포된 이래 여러 차례의 개정과 2009년 2월 6일 전부개정을 거치고 2014. 5. 28 일부개정을 거쳐 오늘에 이르고 있다. 현행 식품위생법은 13장, 102조, 부칙으로 구성되어 있으며, 식품위생법의 세부적인 내용은 식품위생법 시행령 및 동법 시행규칙에 각각 구체적으로 규정되어 있다. 식품위생법의 장별 내용은 다음과 같다

제1장 총칙

법의 목적, 용어의 정의, 식품 등의 취급에 대하여 규정하고 있다.

제2장 식품과 식품첨가물

위해식품 등의 판매 등 금지, 병든 동물고기 등의 판매 등 금지, 기준 · 규격이 고시되지 아니한 화학적 합성품의 판매 등 금지, 식품 또는 첨가물에 대한 기준과 규격 등에 관하여 규정하고 있다.

제3장 기구와 용기 · 포장

유독기구 등의 판매 · 사용금지, 기구 및 용기 · 포장에 관한 기준 및 규격에 대하여 규정하고 있다.

제4장 표시

식품, 첨가물, 기구와 용기 · 포장, 유전자재조합식품의 표시기준, 식품의 영양표시, 허위표시 등의 금지를 규정하고 있다.

제5장 식품 등의 공전

식품, 첨가물, 기구 또는 용기 · 포장의 기준과 규격, 식품 등의 표시기준을 수록한 공전작성 · 보급에 대하여 규정하고 있다.

제6장 검사 등

식품 등의 위해평가, 소비자의 위생검사 등 요청, 위해식품에 대한 긴급대응, 유전자재조합식품 등의 안전성 심사 등, 검사명령 등, 특정 식품 등의 수입 · 판매 등 금지, 출입 · 검사 · 수거, 식품 등의 재검사, 자가품질검사 의무, 자가품질검사의무의 면제, 식품위생감시원, 소비자식품위생감시원, 소비자 위생점검 참여 등에 관하여 규정하고 있다.

제7장 영업

영업소의 시설기준, 영업허가, 영업허가 등의 제한, 영업승계, 건강진단, 식품위생교육, 품질관리 및 보고, 영업제한, 영업자 등의 준수사항, 위해식품 등의 회수, 이물발견보고, 위생등급, 식품안전관리인증기준, 식품이력추적관리제도 등에 관하여 규정하고 있다.

제8장 조리사 등

조리사 및 영양사의 배치의무와 그 자격요건, 면허, 결격사유, 교육 등에 관한 내용을 담고 있다.

제9장 식품위생심의위원회

식품위생심의위원회의 설치, 조직과 운영에 관하여 규정하고 있다.

제10장 식품위생단체 등

동업자조합, 식품산업협회 및 식품안전정보원의 설립과 사업 등에 관하여 규정하고 있다.

제11장 시정명령과 허가취소 등 행정 제재

위법사항의 시정명령, 폐기처분, 위해식품의 공표, 시설 개수명령, 허가취소, 품목 제조정지, 폐쇄조치, 면허취소, 청문, 과징금 등에 관한 사항을 규정하고 있다.

제12장 보칙

경비의 국고보조, 식중독에 관한 조사와 대책협의기구설치, 집단급식소, 식품진흥기금, 포상금 지급, 정보공개, 권한의 위임, 수수료 등에 관한 내용을 담고 있다.

제13장 벌칙

식품위생법상의 각 조항별 위반사항에 대한 벌칙과 양벌규정, 과태료 등에 대하여 규정하고 있다.

2. 식품위생법규의 주요 내용

식품위생법규로는 식품위생법 외에 식품위생법에서 위임된 사항과 그 시행에 필요한 사항을 규정한(영 제1조) 동법 시행령, 동법과 시행령에서 위임되거나 시행에 필요한 사항을 규정한(규칙 제1조) 동법 시행규칙, 식품 등의 기준 및 규격, 식품첨가물의 기준 및 규격 등이 있으며, 이들을 중심으로 주요 내용을 개괄적으로 설명하고자 한다.

(1) 식품위생법의 목적

식품위생법의 목적을 "식품으로 인하여 생기는 위생상의 위해를 방지하고 식품영양의 질적 향상을 도모하며 식품에 관한 올바른 정보를 제공하여 국민보건의 증진에 이바지함"에 두고 있음을 명확히 하고 있다.

외국의 식품위생법과는 달리 식품영양의 질적 향상을 목적에 명기하고 있다는 점에서 우리나라 식품위생행정은 단순한 식품위생뿐만 아니라 식품의 품질 향상까지를 포함한다(법 제1조).

(2) 용어의 정의

법을 운용함에 있어 기초가 되는 식품, 식품첨가물, 화학적 합성품, 기구, 용기 · 포장, 위해, 영업, 영업자, 식품위생, 집단급식소, 식품이력추적관리, 식중독, 집단급식소에서의 식단 등에 대한 정의를 내리고 있다(법 제2조, 영 제2조).

(3) 위해식품 등의 판매 등 금지

썩거나 상하거나 설익은 것, 유독 · 유해 물질이 들어있거나 묻어있는 것(다만 식품의약품안전처장이 인체의 건강을 해칠 우려가 없다고 산정하는 것 제외), 병원미생물에 의해 오염된 것, 불결하거나 다른 물질이 섞이거나 첨가된 것, 안전성 평가를 받지 아니하였거나 안전청 심사에서 식용으로 부적합하다고 인정된 것, 수입금지된 것이나 수입신고 없이 수입된 것, 영업자가 아닌 자가 제조 · 가공 · 소분한 것 등의 식품은 판매하거나 판매목적으로 채취, 제조, 수입, 가공, 사용, 조리, 저장, 소분, 운반 또는 진열하지 못하도록 금지하고 있으며(법 제4조, 규칙 제3조), 병든 동물고기 등(법 제5조, 규칙 제4조), 유독기구 등(법 제8조)도 위와 같은 규제를 하고 있다.

(4) 식품 등의 기준과 규격

식품의약품안전처장은 국민보건상 판매를 목적으로 하는 식품, 첨가물, 기구 및 용기 · 포장의 기준과 규격을 정하여 고시할 수 있다. 따라서 고시된 기준과 규격에 따라 제조되어야 함은 물론 기준과 규격에 맞지 않는 것은 판매 등을 금하고 있다.

또한 식품의약품안전처장은 기준과 규격이 고시되지 아니한 식품 또는 식품첨가물의 기준과 규격을 인정 받으려는 자에게 제1항 각호의 사항을 제출하게 하여 「식품 · 의약품 분야 시험 · 검사 등에 관한 법률」에 따라 식품의약품안전처장이 지정한 식품전문시험 · 검사기관 또는 같은 조 제4항 단서에 따라 총리령으로 정하는 시험 · 검사기관의 검토를 거쳐 법에 따른 기준과 규격이 고시될 때까지 그 식품 또는 식품첨가물의 기준과 규격으로 인정할 수 있다(법제7조제2항). 〈개정 2016. 2. 3〉

식품의약품안전처장은 식품 또는 식품첨가물의 기준 · 규격, 기구 및 용기 · 포장의 기준 · 규격, 식품 등의 표시기준을 수록한 식품 등의 공전을 작성 · 보급하여야 한다(법 제14조).

(5) 화학적 합성품의 등의 판매 등 금지

식품의약품안전처장은 식품위생심의위원회의 심의를 거쳐 인체의 건강을 해칠 우려가 없다고 인정되는 화학적 합성품에 대하여 그 기준 · 규격을 정하여 고시하게 되는데, 지정 · 고시되지 아니한 화학적 합성품인 첨가물의 이를 함유한 물질을 첨가물로 사용할 수 없으며 판매 등의 행위도 금지하고 있다(법 제6조).

(6) 식품 등의 표시기준 〈개정 2018. 3. 13〉

생명공학기술을 활용하여 재배 · 육성된 농산물 · 축산물 · 수산물 등을 원료로 하여 제조 · 가공한 식품 또는 첨가물은 유전자변형식품임을 표시하여야 한다. 다만, 제조 · 가공 후에 유전자변형 DNA 또는 유전자변형 단백질이 남아 있는 유전자변형식품 등에 한정한다.(법 제12조의 2). 〈개정 2016. 2. 3〉

(7) 긴급대응과 위생검사 요청

식품위해사고 등에 효율적으로 대응하고 소비자불안 해소를 위해 위해식품 등에 대한 긴급대응(법 제17조, 영 제7조, 제8조, 규칙 제10조, 제11조), 소비자의 위생검사 등 요청(법 제16조, 영 제6조), 특정식품 등의 수입 · 판매 등 금지(법 제21조, 영 제11조) 등의 조항이 마련되었다.

(8) 검사

검사에는 위해평가, 수입품 검사, 식품위생감시원에 의해 출입 · 검사 · 수거, 자가품질검사 등이 있다. 식품의약품안전처장은 유해물질의 함유가 의심되는 식품 등에 대한 위해평가를 실시해야 한다(법 제15조, 제15조의 2, 영 제4조, 제5조, 제5조의 2). 유전자변형식품의 경우는 별도의 안전성 평가를 실시하여야 한다(법 제18조, 영 제9조, 제10조).

식품의약품안전처장, 시 · 도지사 또는 시장 · 군수 · 구청장은 관계공무원으로 하여금 영업장소 등에 출입하여 서류나 자료의 제출요구, 검사 · 수거 등의 조치, 필요한 경우 다른 행정기관이나 지자체에 행정응원을 요청할 수 있다(법 제22조, 영 제12조, 제13조, 규칙 제19조~제22조).

또한 검사결과에 이의가 있으면 재검사를 요청할 수 있으며(법 제23조, 영 제14조), 식품 등 제조 · 가공 · 영업자에 대해서는 자가품질검사가 의무화되어 있다(법 제31조, 규칙 제31조).

(9) 식품위생감시원

식품영업소 등에서 행하여지는 식품위생감시원의 감시 및 지도는 식품위생행정의 중심이기 때문에 대단히 중요하다. 이런 점을 감안하여 식품의약품안전처, 특별시 · 광역시 · 특별자치시 · 도 · 특별자치도 또는 시 · 군 · 구에 식품위생감시원을 두고 있다(법 제32조). 또 식품접객영업자에 대한 위생관리 상태의 점검 등을 행하기 위하여 소비자식품위생감시원을 두고 있다(법 제33조). 식품위생감시원의 자격 및 임명(영 제 16조), 식품위생감시원의 직무(영 제17조), 소비자식품위생감시원의 자격(영 제18조) 등은 하위 법률에 규정이 마련되어 있다.

(10) 영업

식품 등의 제조업과 식품접객업을 하려는 자는 업종별로 시설을 갖추어야 한다(법 제36조, 규칙 제36조). 영업의 종류(영 제21조), 유흥종사자의 범위(영 제22조), 즉석판매제조 · 가공업의 대상(규칙 제37조), 식품소분업의 신고대상(규칙 제38조), 기타 식품판매업의 신고 대상(규칙 제39조) 등은 영업 관련 세부 규정이다.

영업의 허가나 신고 및 등록과정을 거쳐야 영업자로 인정하며(법 제37조), 허가대상 영업과 허가관청(영 제23조), 신고대상 업종(영 제25조), 등록대상 업종(영 제26조의 2), 영업허가 등의 제한(법 제38조), 영업 승계(법 제39조), 영업 제한(법 제43조, 영 제28조), 영업자의 준수사항(법 제44조, 영 제29조, 제30조, 규칙 제55조~제57조) 등도 영업과 관련된 내용을 담고 있다.

식품제조 · 가공업소, 식품접객업소 및 집단급식소는 위생등급 판정 결과에 따라 우수 또는 모범업소로 지정받을 수 있다(법 제 47조, 영 제32조, 규칙 제 61조).

(11) 건강진단과 식품위생교육

식품의 취급과 직접 관련된 영업자나 그 종업원은 건강진단을 받아야 하며, 그 결과 타인에게 위해를 끼칠 우려가 있는 질병이 있거나 건강진단을 받지 아니한 자는 영업에 종사할 수 없다(법 제40조). 건강진단 대상자(규칙 제49조), 영업에 종사하지 못하는 질병의 종류(규칙 제50조)는 따로 규정되어 있다.

영업자 및 유흥종사자를 둘 수 있는 식품접객업소 영업자의 그 종업원은 제1조 식품위생에 관한 교육을 받아야 하며, 영업자는 특별한 사유가 없는 한 식품위생교육을 받지 아니한 자를 영업에 종사하게 하여서는 안 된다(법 제41조). 이와 관련하여 교육 대상(영 제27조), 교육기관(규칙 제51조), 교육시간(규칙 제52조), 교육교재(규칙 제53조) 등 별도의 규정을 두고 있다.

(12) 조리사와 영양사

대통령령이 정하는 식품접객영업자와 집단급식소 운영자는 조리사를 두도록 되어 있다. 다만, ① 집단급식소 운영자 또는 식품접객영업자 자신이 조리사로서 직접 음식을 조리하는 경우 ② 1회 급식 인원 100명 미만의 산업체의 경우 ③ 법에 따른 영양사가 조리사의 면허를 받은 경우 등의 어느 하나에 해당하는 경우에는 조리사를 두지 아니하여도 된다. (법 제51조, 영 제36조)

조리사가 되려는 자는 국가기술자격법에 따라 해당 기능분야의 자격을 얻은 후 특별자치시장 · 특별자치도지사 · 시장 · 군수 · 구청장의 면허를 받는다(법 제53조, 규칙 제80조, 제81조). 〈개정 2016. 2. 3〉

영양사는 대통령령으로 정하는 집단급식소에 두도록 되어있으며, 직무에 관한 규정도 따로 정하고 있다(법 제52조, 영 제37조, 규칙 제79조).

영양사시험 응시자격은 고등교육법에 따른 대학, 산업대학, 전문대학 또는 방송통신대학에서 식품학 또는 영양학을 전공한 자로서 교과목 및 학점이수 등에 관하여 보건복지부령이 정하는 요건을 갖춘 자 등으로 제한하고 있으며(국민영양관리법 제15조), 영양사 국가시험에 합격한 후 보건복지부장관의 면허를 받아야 영양사가 될 수 있다(국민영양관리법 제15조~제21조, 제20조의 2).

정신질환자, 감염병 환자, 마약 기타 약물중독자, 면허취소 후 1년이 지나지 아니한 자는 조리사가 될 수 없으며(법 제54조), 명칭사용 금지(법 제55조), 면허취소(법 제80조, 규칙 제82조) 등도 조리사와 관련이 있다.

조리사와 영양사를 대상으로 교육을 실시하는 규정도 마련되어 있다(법 제56조, 영 제38조, 규칙 제83조, 제84조).

(13) 식품위생심의위원회

식품위생행정을 학술적 · 실무적 차원에서 뒷받침하기 위하여 보건복지부장관 또는 식품의약품안전처장의 자문기관으로 식품위생심의위원회를 두어 운영하도록 규정하고 있다(법 제57조). 식품위생심의위원회의 조직과 운영 등은 따로 세부적으로 정하고 있다(법 제58조, 영 제39조~제47조).

(14) 식품위생단체

영업자는 영업의 발전과 국민보건향상을 위하여 영업 또는 식품의 종류별로 법인형태의 동업자조합을 설립할 수 있다(법 제59조~제63조, 제60조의 2 · 3 · 4, 영 제48조~제50조, 제49조의 2). 식품산업의 발전과 식품위생의 향상을 위해 법인형태의 식품산업협회를 설립하여 식품산업 관련 각종 사업을 시행하고 있다(법 제64조~제66조).

식품안전정보원은 식품의약품안전처장의 위탁을 받아 식품이력 추적관리 업무와 식품안전에 관련된 업무를 수행한다(법 제67조~제70조, 규칙 제85조, 제86조).

(15) 식중독 대책

식중독 의심 환자를 발견한 의사 또는 한의사와 집단급식소의 설치 · 운영자는 지체 없이 관할 특별자치시장 · 시장 · 군수 · 구청장에게 보고하여야 한다. 보고를 받은 특별자치시장 · 시장 · 군수 · 구청장은 지체없이 그 사실을 식품의약품안전처장 및 시 · 도지사에게 보고하고 대통령령으로 정하는 바에 따라 원인을 조사하여 그 결과를 보고하게 되어 있다(법 제86조).
〈개정 2018. 12. 11〉

또한 식중독 발생의 효율적인 예방과 확산방지를 위하여 유관기관으로 구성된 식중독대책협의기구를 설치 · 운영하고 있다(법 제87조, 영 제60조).

(16) 집단급식소

집단급식소 설치 · 운영자는 사전에 특별자치시작 · 특별자치도지사 · 시장 · 군수 · 구청장에게 신고하여야 하며, 시설의 유지 · 관리 등 급식을 위생적으로 관리하기 위하여 조리 · 제공한 식품의 보관 의무 등을 철저히 지켜야 한다(법 제88조). 신고절차(규칙 제94조), 준수사항(규칙 제95조), 시설기준(규칙 제96조) 등은 이와 관련된 세부 내용이다.

(17) 식품회수제도

영업자는 위해식품, 병든 동물고기, 불허용 화학적 합성품, 기준 · 규격 위반 식품 등의 판매금지 조항을 위반한 사실을 알게 된 경우, 지체 없이 유통 중인 해당 식품을 회수하거나 회수하는 데에 필요한 조치를 하도록 하는 식품회수제도(recall)를 실시하고 있다. 이 경우 영업자는 회수계획을 식품의약품안전처장, 시 · 도지사 또는 또는 시장 · 군수 · 구청장에게 미리 보고해야 하며, 회수결과를 받은 시 · 도지사 또는 또는 시장 · 군수 · 구청장은 이를 지체없이 식품의약품안전처장에게 이를 보고하여야 함(법 제45조, 영 제31조, 규칙 제58조, 제59조).

(18) 식품안전관리인증기준 (법 제48조)

① 식품의약품안전처장은 식품의 원료관리 및 제조 · 가공 · 조리 · 소분 · 유

통의 모든 과정에서 위해한 물질이 식품에 섞이거나 식품이 오염되는 것을 방지하기 위하여 각 과정의 위해요소를 확인 · 평가하여 중점적으로 관리하는 기준(이하 "식품안전관리인증기준"이라 한다)을 식품별로 정하여 고시할 수 있다.

② 총리령으로 정하는 식품을 제조 · 가공 · 조리 · 소분 · 유통하는 영업자는 제1항에 따라 식품의약품안전처장이 식품별로 고시한 식품안전관리인증기준을 지켜야 한다.

③ 식품의약품안전처장은 제2항에 따라 식품안전관리인증기준을 지켜야 하는 영업자와 그 밖에 식품안전관리인증기준을 지키기 원하는 영업자의 업소를 식품별 식품안전관리인증기준 적용업소(이하 "식품안전관리인증기준적용업소"라 한다)로 인증할 수 있다. 이 경우 식품안전관리인증기준적용업소로 인증을 받은 영업자가 그 인증을 받은 사항 중 총리령으로 정하는 사항을 변경하려는 경우에는 식품의약품안전처장의 변경 인증을 받아야 한다.
〈개정 2016. 2. 3〉

④ 식품의약품안전처장은 식품안전관리인증기준적용업소로 인증받은 영업자에게 총리령으로 정하는 바에 따라 그 인증 사실을 증명하는 서류를 발급하여야 한다. 제3항 후단에 따라 변경인증을 받는 경우에도 또한 같다.
〈개정 2016. 2. 3〉

⑤ 식품안전관리인증기준적용업소의 영업자와 종업원은 총리령으로 정하는 교육훈련을 받아야 한다.

⑥ 식품의약품안전처장은 식품안전과리인증기준적용업소의 효율적 운용을 위하여 총리령으로 정하는 식품안전관리인증기준의 준수 여부 등에 관한 조사 · 평가를 할수 있으며, 그 결과 식품안전관리인증기준적용업소가 다음 각 호의 어느 하나에 해당하면 그 인증을 취소하거나 시정을 명할 수 있다. 다만, 식품안전관리인증기준적용업소가 제1호의2 및 제2호에 해당할 경우 인증을 취소하여야 한다(법제48조제8항). 〈개정 2018. 3. 13〉

1. 식품안전관리인증기준을 지키지 아니한 경우
1의2. 거짓이나 그 밖의 부정한 방법으로 인증을 받은 경우
2. 제75조에 따라 영업정지 2개월 이상의 행정처분을 받은 경우
3. 영업자와 그 종업원이 제5항에 따른 교육훈련을 받지 아니한 경우

4. 그 밖에 제1호부터 제3호까지에 준하는 사항으로서 총리령으로 정하는 사항을 지키지 아니한 경우

(19) 이물관리제도

식품의 이물과 관련하여 소비자의 피해를 예방하고 식품의 안전성 확보를 위하여 식품의약품안전처에서는 이물관련 소비자 불만사항을 신속히 조사 · 처리하고, 이물혼합 원인에 대한 분석 및 시정조치를 통한 재발방지대책을 마련하고 있다(법 제46조, 규칙 제60조).

(20) 식품이력 추적관리제도

식품이력추적관리등록기준(법 제49조) 및 식품이력추적관리정보의 기록 · 보관 등(법 제49조의2)과 식품이력추적 관리 시스템의 구축 등(법 제49조의3) 식품이력 추적관리제도를 도입 · 운영하고 있다.

(21) 행정제재

식품위생법 및 관련 규정에 의하여 설정된 사항은 국민의 보건향상을 위하여 반드시 지켜져야 하며, 이와 같은 사항을 준수하지 아니한 경우에는 각종 행정처분을 받게 된다.

행정처분에는 시정명령(법 제71조), 폐기처분 등(법 제 72조), 위해식품 등의 공표(법 제73조, 영 제51조, 규칙 제88조), 시설의 개수명령 등(법 제74조), 허가 취소 등(법 제75조, 영 제52조), 품목의 제조정지 등(법 제76조), 영업허가 등의 취소요청(법 제77조), 폐쇄조치 등(법 제79조, 규칙 제90조)이 있다. 또한 행정제재처분의 효과는 그 처분기간이 끝난 날부터 1년간 양수인이나 합병후 존속하는 법인에 승계하도록(법 제78조)하고 있으며, 영업허가의 취소, 영업소의 업무정지, 면허 취소(제80조) 등의 행정처분은 사전에 처분대상자의 의견을 듣는 청문(법 제81조)을 실시하도록 하고 있다.

시정이 가능한 사항에 대한 행정처분에 대하여는 행정처분 대신 과징금으로 납부할 수 있도록 처분대상자의 편의를 제공하고 있다(법 제82조, 제83조, 영

제53조~제57조, 규칙 제92조). 또한 행정제재를 받은 영업자는 위반사실을 공표하도록 되어 있다(법 제84조, 영 제58조).

(22) 식품진흥기금

식품위생과 국민영양의 수준향상을 위한 사업을 하는 데 필요한 재원을 충당하기 위하여 시 · 도 및 시 · 군 · 구에 식품진흥기금을 설치할 수 있도록 하였으며, 기금의 재원은 식품위생단체의 출연금, 과징금, 수입금 등으로 조달하며, 영업자의 영업시설 개선을 위한 융자사업 등을 수행하는 데 사용하도록 하고 있고, 시행령으로 기금을 사용할 수 있는 사업이 규정되어 있다(법 제89조, 영 제61조, 제62조).

Chapter 12

식품위생검사

12-1 검체의 채취

1. 검체채취의 의의

식품위생검사의 대상이 되는 검사재료를 검체라고 한다. 검체(sample)는 검사대상물(모집단)을 대표하는 표본이고 검사대상물의 이력을 충실히 전하는 증거물이다. 따라서 검체의 채취법에 대한 충분한 지식을 가지고 확실히 그것을 실행할 필요가 있다.

2. 검체의 채취 및 취급방법

검체의 채취수량은 대상식품의 종류나 검사목적에 따라 다르겠지만 전체를 대표할 수 있는 최소의 수량을 채취하는 것이 원칙이다. lot 또는 batch의 번호나 기타의 식별기호가 분명할 때는 구성비율을 고려하여 채취한다.

균질한 구성식품 또는 첨가물은 원칙적으로 lot 또는 batch에서 한 검체씩을 취한다. 검사결과 어느 lot가 불량으로 판정되면 그 lot에 대하여 재검사를 한다.

불균질한 검체는 혼합검체(composite sample)로 하여 검사하는데 이때는 lot 또는 batch별로 무작위추출법(random sampling)이 적용된다. 불량식품을 가려내기 위한 검체의 채취방법은 현장에서 육안검사(sensory examination)나 간단한 선별검사(screening test)를 실시하여 그중에서 이상이 있거나 의심이 가는 것을 발췌하여 검체로 한다.

병조림, 통조림, 통, 상자 등의 소형의 용기에 담긴 식품은 1용기를 최저 검체 단위로 하고, 대형 용기에 담긴 것은 충분히 내용물을 섞어서 그 일부를 검체로 한다.

세균학적 검사의 대상이 되는 검체의 채취는 반드시 무균적으로 실시해야 하며, 멸균한 용기에 넣어 원칙적으로 저온(5°C 이하)에서 신속히(4시간 이내) 운반하여 되도록 빨리 시험을 실시한다. 시료채취 시에는 건열멸균된 핀셋이나 스푼 등을 미리 준비하여 채취시료마다 바꾸어 가며 사용한다. 곡분이나 분유처럼 건조되어 부패가 어려운 것은 흡습에 주의하여 상온에서 운반해도 좋다.

12-2 식품의 미생물학적 검사

식품의 신선도를 판정하거나 유통과정의 위생적인 취급 여부 등을 판정하기 위해서는 미생물 검사가 일반적이다. 미생물은 식품 중에서 증식과 사멸이 동시에 일어나므로 미생물 검사에 있어서는 생균과 사균을 구별하는 경우가 많다. 즉, 생균과 사균을 모두 포함하는 총 균수를 측정하는 경우와 생균수만을 측정하는 경우의 2가지가 있다.

총 균수 검사는 유제품이나 통조림 등 가열 · 살균제품의 가열 이전의 원료상태나 취급의 양부를 추측할 수 있는 반면, 생균수 검사는 현재 시점의 식품의 오염정도나 부패의 진행도를 추정할 수 있다.

1. 총 균수 검사

식품 중에 존재하는 균의 총수를 측정하여 그 식품의 미생물에 의한 오염도를 조사하는 방법이다. 원리는 균일한 시료의 일정량을 일정 면적 내에 골고루 펴서 그 단위용적당의 총 균수를 산출하는 것이다.

세균의 총 균수 검사법으로는 Breed법이 있는데 주로 생우유의 총균수 측정에 이용된다. 이 방법은 일정량의 시료를 1cm^{2}의 크기로 구획된 Breed슬라이드 상의 일정 면적에 도말하고 건조 · 염색 · 검경하여 염색된 세균의 수를 측정하며, 현미경 시야의 면적과의 관계에서 시료 중에 존재하는 세균수를 추정하는 방법이다.

효모의 세포수나 곰팡이의 포자수를 알기 위해서는 Thoma의 haematometer(혈구계수기)를 이용한다. 먼저 혈구계수기의 중심부에 잘 혼합된 시료의 일정량을 멸균 마이크로피펫을 사용하여 떨어뜨리고 기포가 들어가지 않게 커버 글라스를 덮은 다음에 300배의 배율로 검경한다.

검경결과는 곰팡이의 포자 또는 효모의 세포수/시료의 mL 또는 g으로 나타낸다.

한편, 곰팡이의 균사검사에 있어서는 Haward법이 주로 이용된다. 이 방법은 시료를 Haward씨의 균사계산용 slide glass 위에 떨어뜨려 약 90배로 최소한 50회 반복 검경하여 균사의 출현 횟수를 백분율로 나타낸다.

2. 세균수(생균수) 검사

세균수 측정에 있어서 중온조건에서 표준한천배지에 발육하는 균의 총수를 표준평판균수(standard plate count; SPC)라고 하는데 시료와 한천배지를 페트리 접시 중에서 혼합 응고시켜 배양 후 발생된 집락수에서 시료 중의 생균수를 산출하는 방법이다.

액체시료는 잘 섞어 혼합하고 고체시료는 적당히 전처리하여 균질하게 한 후 인산완충 희석수로 10배 단계로 희석한다. 각 희석액 1mL를 멸균 페트리접시 2매에 넣고 미리 가온하여 녹인 약 50°C의 표준한천배지 약 15mL를 무균적으로 넣어 잘 혼합하여 냉각 · 응고시킨다.

확산집락의 발생을 막기 위하여 그 위에 다시 용해한 한천배지를 3~5mL 첨가하는 경우도 있다. 시료를 페트리접시에 가하고 나서 배지를 넣을 때까지 20분 이상이 경과되면 안 된다.

배양은 35±1°C, 24~48시간(검체에 따라서는 30°C, 72±3시간) 실시하고 집락계산기를 써서 발생 집락수를 산정한다. 집락수의 산정은 확산집락이 없고

(전면의 반 이하이면 무관) 1평판당 30~300개의 집락이 나타나는 평판을 선별하여 실시하는 것이 원칙이다.

희석액 1mL를 배양에 사용하였다면, 1평판의 집락 또는 2평판 이상의 평균에 희석배수를 곱한 값이 시료 1mL (또는 1g) 중의 생균수이다. 이때 숫자는 맨 윗자리에서 셋째자리를 반올림하여 유효숫자를 2자리만 기재하고 그 이하는 0을 붙여 표시한다.

3. 대장균군 검사

그람음성, 무아포의 간균으로서 유당을 분해하여 가스를 생성하는 모든 호기성 또는 통성 혐기성의 세균군을 대장균군(coliform group)이라고 한다.

식품이 분변과 직접 · 간접으로 접촉하면 소화기 계통의 감염병이나 식중독균에 의해 오염될 가능성이 있다. 이들 병원균과 대장균군은 대개 공존하므로 오염의 지표로서 검사가 용이한 대장균군의 검사를 실시한다. 따라서 식품 중의 대장균군 검사에 의하여 식품의 병원균 오염 여부를 판단할 수 있다.

그 밖에도 우유, 유제품, 어육연제품, 식육 등에 있어서는 제품의 가열 살균처리의 정확성 여부를 가리기 위한 방법으로 대장균군 검사가 이용된다. 이 검사법에는 정성시험과 정량시험이 있다.

(1) 정성시험

대장균군의 정성시험에는 유당 bouillon 발효관(유당 bouillon과 Durham발효관을 시험관에 넣어 살균한 것)법과 BGLB 발효관법이 있다.

영양소가 빈약한 검체, 즉 해수, 용수, 모래, 진흙, 용기, 기구, 포장재, 세척수, 흐르는 물, 조리대 등은 유당 bouillon 발효관에 접종하고, 영양소가 풍부한 일반 식품류는 BGLB 발효관에 접종한다.

1) 유당 bouillon 발효관법

이 시험은 추정 · 확정 · 완전시험의 3단계로 구분하여 시행한다.

① 추정시험

조제한 시료는 유당 부용(bouillon) 발효관(LB 발효관) 2개에 접종한다. 이를 35~37℃에서 24±2시간 배양하여 gas가 발생하면 추정시험 양성으로 확정시험을 실시한다. gas 발생이 없는 것은 다시 24시간 배양하여 결과를 판정한다.

② 확정시험

추정시험 양성의 유당 부용 발효관에서 배양액의 1백금이를 BGLB 발효관에 이식하여 35~37℃에서 48±3시간 배양한 후 gas가 발생한 것은 다시 1백금이를 EMB 한천배지 또는 Endo 한천배지의 평판 위에서 35~37℃의 상태로 24±2시간 배양하여 전형적인 대장균군의 집락이 발생하면 확정시험 양성으로 한다.

대장균군의 집락은 EMB 한천배지에서는 금속광택이 있는 황금흑색~갈색이고, Endo 배지에서는 적색을 나타낸다.

③ 완전시험

확정시험 양성인 평판의 집락을 유당 부용 발효관 및 보통한천사면배지에 이식하여 35~37℃에서 48시간 배양하여 전자의 대해서는 gas 생산유무를 관찰한다.

gas가 발생한 것은 그것과 대응하는 보통한천사면배지의 균체에 대해서도 그람염색, 포자염색 등을 실시한다. 그 결과 유당 부용에는 gas가 발생하고 그람음성을 나타내는 무포자의 간균이 확인되면 완전시험 양성이고 확인되지 않으면 음성이다.

2) BGLB 발효관법

유당 부용 발효관법처럼 추정 · 확정 · 완전시험을 구분하여 실시하지 않고 완전시험까지 계속 실시한다.

시료는 2개의 BGLB 발효관에 접종한다. 이 발효관은 35~37℃에서 24±2시간 배양하여 gas 발생유무를 관찰한 후 gas 발생이 인정되지 않으면 다시 48±3시간 후까지 배양을 계속한다. 이 결과로 gas 발생이 인정되는 BGLB 발효관에 대해서는 다음 시험을 계속한다.

BGLB 시험관에서 1백금이를 Endo 또는 EMB 한천배지 평판에 접종, 35~37℃에서 24시간 배양한다. 배양 후 정형적인 대장균군의 집락이 인정되면 집락 2개 이상을 각각 유당 부용 발효관 및 보통한천사면배지에 이식한다.

이식된 배지는 35~37℃에서 배양하여 48시간 이내에 유당 부용 발효관에서 gas가 발생하면 다시 그 균체에 대응하는 보통한천사면배지의 배양균에 대하여 그람염색 및 포자염색을 실시한다. 이 결과로 유당 부용 발효관에서 gas가 발생하고, 그람음성, 무포자의 간균이 증명되면 이 시험은 양성이고 그 밖에는 음성이다.

(2) 정량시험

대장균군수를 측정하는 방법에는 액체배지(유당 부용배지, BGLB배지)법과 고체배지(desoxycholate 한천배지)법이 있으며 사용배지의 종류는 정성시험의 판단기준과 같다.

1) 유당 부용 발효관법(MPN법)

조제한 시료 10, 1, 0.1, 0.01mL···(0.1mL 이하인 때는 그 시료 희석액의 1mL 씩을 각각 사용한다)를 각각 5개의 유당 부용 시험관(3개를 쓰는 법도 있다)에 접종한다.

이를 정성시험의 유당 부용 발효관법과 같은 조작을 한다. 양성 발효관수를 세어서 최확수(most probable number ; MPN, 표 12-1 참조)로부터 검체 100mL 또는 100g 중의 대장균군수를 산출한다.

2) BGLB 발효관법(MPN법)

정량시험의 유당 부용 발효관법과 같은 방법으로 시료를 취하고, 그 후의 조작은 각 발효관에 대하여 BGLB법에 의한 정성시험과 똑같이 하여 대장균군 유무를 조사하고 MPN표에 의해 최확수를 산출한다.

3) desoxycholate 한천배지법

적당히 희석 조제된 시료 1mL을 각각 2개의 멸균 petri dish에 넣고 미리 가온 용해하여 50℃로 유지된 desoxycholate 한천배지 약 15mL를 가하여 잘 혼합 · 응고시킨 평판으로 한 후 동일배지를 그 위에 중층하여 평판을 만든 다음에 incubator 내에서 건조시킨다.

petri dish를 거꾸로 하여 30~37℃에서 24시간 배양하여 발생한 적색 집락은 대장균군으로 계산하고 생균수 계산법에 따라 1g 또는 1mL 당의 대장균군수를 구한다.

표 12-1 최확수(MPN) 표

기하급수적으로 3단 희석한 것의 각각을 5개 접종하여 얻은 100mL시료당의 MPN

(1)	(2)	(1)	(2)	(1)	(2)	(1)	(2)	(1)	(2)	(1)	(2)
10 1 0.1		10 1 0.1		10 1 0.1		10 1 0.1		10 1 0.1		10 1 0.1	
0 0 0	0	1 0 0	2	2 0 0	4.5	3 0 0	7.8	4 0 0	13	5 0 0	23
0 0 1	1.8	1 0 1	4	2 0 1	6.8	3 0 1	11	4 0 1	17	5 0 1	31
0 0 2	3.6	1 0 2	6	2 0 2	9.1	3 0 2	13	4 0 2	21	5 0 2	43
0 0 3	5.4	1 0 2	8	2 0 2	12	3 0 2	16	4 0 3	25	5 0 3	58
0 0 4	7.2	1 0 4	10	2 0 4	14	3 0 4	20	4 0 4	30	5 0 4	76
0 0 5	9	1 0 5	12	2 0 5	16	3 0 5	23	4 0 5	36	5 0 5	95
0 1 0	1.8	1 1 0	4	2 1 0	6.8	3 1 0	11	4 1 0	17	5 1 0	33
0 1 1	3.6	1 1 1	6.1	2 1 1	9.2	3 1 1	14	4 1 1	21	5 1 1	46
0 1 2	5.5	1 1 2	8.1	2 1 2	12	3 1 2	17	4 1 2	26	5 1 2	64
0 1 3	7.3	1 1 3	10	2 1 3	14	3 1 3	20	4 1 3	31	5 1 3	84
0 1 4	9.1	1 1 4	12	2 1 4	17	3 1 4	23	4 1 4	36	5 1 4	110
0 1 5	11	1 1 5	14	2 1 5	19	3 1 5	27	4 1 5	42	5 1 5	130
0 2 0	3.7	1 2 0	6.1	2 2 0	9.3	3 2 0	14	4 2 0	22	5 2 0	49
0 2 1	5.5	1 2 1	8.2	2 2 1	12	3 2 1	17	4 2 1	26	5 2 1	70
0 2 2	7.4	1 2 2	10	2 2 2	14	3 2 2	20	4 2 2	32	5 2 2	95
0 2 3	9.2	1 2 3	12	2 2 3	17	3 2 3	24	4 2 3	38	5 2 3	120
0 2 4	11	1 2 4	15	2 2 4	19	3 2 4	27	4 2 4	44	5 2 4	150
0 2 5	13	1 2 5	17	2 2 5	22	3 2 5	31	4 2 5	50	5 2 5	180
0 3 0	5.6	1 3 0	8.3	2 3 0	12	3 3 0	17	4 3 0	27	5 3 0	79
0 3 1	7.4	1 3 1	10	2 3 1	14	3 3 1	21	4 3 1	33	5 3 1	110
0 3 2	9.3	1 3 2	13	2 3 2	17	3 3 2	24	4 3 2	39	5 3 2	140
0 3 3	11	1 3 3	15	2 3 3	20	3 3 3	28	4 3 3	45	5 3 3	180
0 3 4	13	1 3 4	17	2 3 4	22	3 3 4	31	4 3 4	52	5 3 4	210
0 3 5	15	1 3 5	19	2 3 5	25	3 3 5	35	4 3 5	59	5 3 5	250
0 4 0	7.5	1 4 0	11	2 4 0	15	3 4 0	21	4 4 0	34	5 4 0	130
0 4 1	9.4	1 4 1	13	2 4 1	17	3 4 1	24	4 4 1	40	5 4 1	170
0 4 2	11	1 4 2	15	2 4 2	20	3 4 2	28	4 4 2	47	5 4 2	220
0 4 3	13	1 4 3	17	2 4 3	23	3 4 3	32	4 4 3	54	5 4 3	280
0 4 4	15	1 4 4	19	2 4 4	25	3 4 4	36	4 4 4	62	5 4 4	350
0 4 5	17	1 4 5	22	2 4 5	28	3 4 5	40	4 4 5	69	5 4 5	430
0 5 0	9.4	1 5 0	13	2 5 0	17	3 5 0	25	4 5 0	.41	5 5 0	240
0 5 1	11	1 5 1	15	2 5 1	23	3 5 1	29	4 5 1	48	5 5 1	350
0 5 2	13	1 5 2	17	2 5 2	25	3 5 2	32	4 5 2	56	5 5 2	540
0 5 3	15	1 5 3	19	2 5 3	26	3 5 3	37	4 5 3	64	5 5 3	920
0 5 4	17	1 5 4	22	2 5 4	29	3 5 4	41	4 5 4	72	5 5 4	1600
0 5 5	19	1 5 5	24	2 5 5	32	3 5 5	45	4 5 5	81	5 5 5	2400

(1) 이식량에 대한 발효관양성수　　(2) 시료 100mL 중의 최확수

4. 장구균의 검사

장구균은 *Streptococcus faecalis, S. faecium* 등을 위시한 일군의 세균을 총칭하는데, 대장균처럼 사람이나 동물의 소화관 내에 상재하므로 분변의 오염지표균으로 이용된다.

장구균은 대장균군에 비해 외계에서 증식하기 어렵고 자연계의 물이나 토양 등에 분포가 극히 희박하기 때문에 분변오염의 지표로서 오히려 우수하다고 볼 수 있다. 또한 식품을 냉동하면 대장균군은 현저히 사멸하지만 장구균은 거의 생존하기 때문에 냉동식품의 동결 전 오염 여부를 확인하는 데 이용된다.

장구균 검사법은 AC(azide citrate)배지에 의한 방법이 널리 쓰인다. 이 방법은 그림 12-1과 같이 추정시험과 확정시험의 결과 각 희석액의 양성관(배지)수에서 대장균군의 경우와 똑같이 검체 100mL(g)당의 균수를 MPN치로 나타낸다.

완전시험을 할 경우에는 확정시험 양성의 시료를 포도당 한천배지에 평판배양하여 생긴 집락을 대상으로 균의 성상을 조사하여 장구균 완전시험 양성유무를 확인한다.

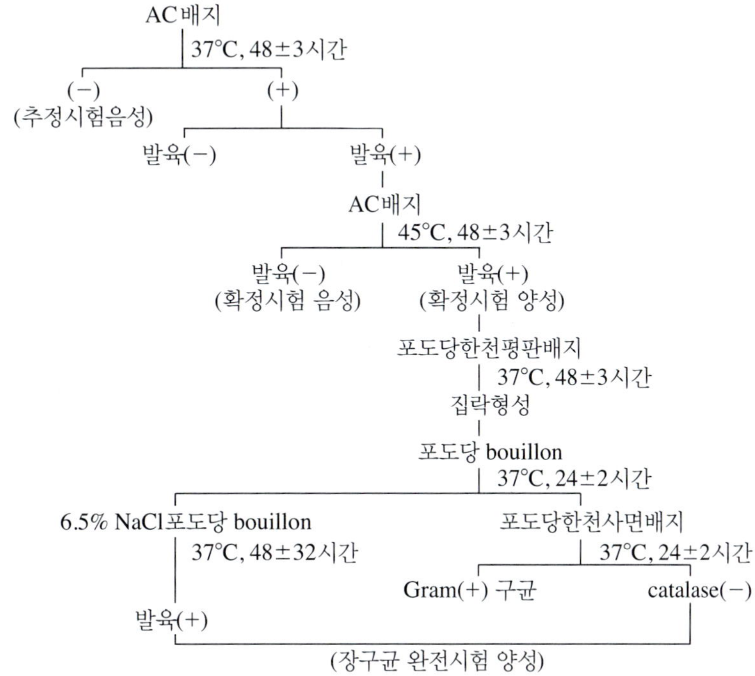

그림 12-1 장구균의 검사법

5. 세균성 식중독균의 검사

세균성 식중독균은 형태나 생화학적 성상 및 그들 나름대로 지니고 있는 항원이 각각 다르기 때문에 이들에 관하여 하나하나 조사함으로써 검사 목적을 달성할 수 있다.

따라서 각 식중독 세균마다의 조사항목, 즉 증균배양, 분리배양, 확인배양, 생화학적 성상 등을 검사하기 위해서는 목적에 맞는 배지를 선정하고 그 배지를 효과 있게 조합해 나가야 한다. 균형(菌型)을 조사하기 위한 면역혈청도 제대로 선정하여 잘 이용하면 식중독균을 분리 · 확인할 수 있다.

(1) 살모넬라

살모넬라 보균자의 검색을 위한 검변 시에는 시료를 직접 DHL한천이나 SS 한천 등의 분리배지에 도말하는 것이 보통이다. 식품 중의 살모넬라 검색에는 시료 50g을 적당히 분쇄하여 Harner의 tetrathion 산염배지나 SBG sulfur배지 250~500mL에 가하여 잘 섞고 43°C에서 24시간 배양한다.

가공식품처럼 살모넬라가 물리 · 화학적 손상을 받을 우려가 있으면 미리 EEM bouillon에서 37°C, 24시간 배양하여 1mL를 SBG sulfur배지 10mL에 접종하고 43℃에서 24시간 배양한다.

다음 증균배양으로 1백금이를 DHL 평판배지나 MLCB 평판배지에 도말하여 37°C에서 24시간 배양한다. 살모넬라는 유당 비분해성이고 대부분 H_2S를 생산하므로 투명집락의 중심부가 흑색을 나타낸다.

집락의 중심부를 백금선으로 조균(釣菌)하여 확인배지(TSI배지)의 고층으로 천자하고 다시 그대로 사면에 도말하여 37°C에서 24시간 배양한다. 사면부가 불변(적색)이고 고층부가 변색(황색 및 흑색), H_2S생산이 확인되는 균주는 lysine시험용 배지 및 malon 산염배지에 1백금이 이식한다.

lysine시험에서 양성이고 malon 산염배지에서 발육하지 않으면 살모넬라로 결정한다.

(2) 병원성 대장균

일반 세균수 측정용으로 조제한 시료원액을 희석액으로 10배 단계로 희석한다. 희석액 0.1mL를 DHL한천이나 MacConkey한천 또는 BTB 유당한천의 평판상에 도말하여 35℃에서 18~24시간 배양한다. 분리배지상에서는 병원성 대장균과 비병원성 대장균이 구별되지 않는다.

대부분의 병원성 대장균은 DHL한천이나 MacConkey한천상에서 일반대장균과 동일한 적색집락(유당분해성)을 만들지만 때로는 무색집락(유당비분해 또는 분해지연)을 형성하는 경우도 있다.

확인배양을 위한 집락의 선정에 있어서는 적색 집락만 나타나면 임의로 5개의 집락을 선정하여 TSI한천 또는 SIM배지에 조균하지만, 적색집락과 회백색반투명 집락이 있을 때는 각각 5개의 집락을 TSI한천 또는 SIM배지에 조균분리한다. 분리균에 대하여 생화학적 성상과 혈청학적 검사 및 독소검사를 실시한다.

(3) 장염 비브리오

적당히 희석한 시료 0.1mL를 TCBS 한천평판 위에 도말하여 37℃에서 18시간 배양한 후 녹색으로 불투명한 집락을 장염 비브리오로 판정한다. 이때 배양시간을 24시간 이상으로 하면 잡균발생이 우려되거나 *Vibrio alginolyticus* 등의 황색집락이 나타나므로 주의를 요한다.

장염 비브리오로 판단되는 집락은 우선 3% 식염 TSI 한천배지에 접종하고 이어 3% 식염 peptone수와 무염 펩톤에 이식한다. 3% 식염 TSI한천배지의 이식은 고층부에서는 천자배양으로 하고, 사면부에서는 전면에 도포한 다음에 이를 37℃에서 18시간 배양한다.

장염 비브리오는 식염 TSI한천의 고층부에서는 산을 생성하지만 gas, H_2S는 생산하지 않으며 사면부에서는 심홍색을 나타낸다. 3% 식염 펩톤수에는 잘 발육하지만 무염 펩톤수에는 전혀 생육하지 않는다. 또한 cytochrome oxidase의 시험(+)을 실시한다.

식품 유래의 경우는 VP반응 (−)이나 인돌반응 (+)의 성상을 검토하는데 이때의 배지로는 장내세균에 쓰이는 VP 반유동배지와 SIM배지에 각각 식염 3%를 첨가하여 사용하며 살모넬라에 준하여 실험한다.

(4) 웰 치 균

조제된 시료는 비가열상태로 평판상에서 분리배양을 실시한다. 웰치균의 균수측정과 분리를 위해서는 적당하게 희석한 시료 0.1mL를 kanamycin(200μg/mL)함유 난황 CW 한천평판상에 도말하여 37°C에서 18~24시간 혐기배양한 후 집락을 관찰한다.

CW 한천상의 웰치균은 직경 2mm 전후인 단추모양의 약간 융기된 유황색(乳黃色)의 집락을 만들며, 집락 주위에 lecithinase 반응에 의한 약한 유황색의 백탁환을 형성하므로 이 집락을 일반 세균수 측정요령으로 산정한다. 백탁환이 형성된 집락은 순수배양한 후 생화학적 성상의 검사를 실시한다.

웰치균은 그람양성의 대간균(大桿菌)으로 통상 아포는 형성하지 않는다. 이어 혈액한천 또는 보통 한천에 균을 접종하여 37°C에서 24시간 호기배양하여 발육유무를 조사하며 이때 웰치균은 편성 혐기성 균이므로 발육하지 않는다.

균형의 판별을 위해서는 TGC배지에서 증균배양한 다음에 탄수화물 분해시험, indole시험, 운동성 시험, 우유응고가스 생산시험, lecithinase 억제시험, 시판 Hobbs형 진단용 면역혈청을 이용한 혈청학적 성상을 조사한다.

(5) 포도상구균

각 희석액 0.1mL씩을 난황함유 mannite식염 한천 평판상에 도말하여 37°C에서 48시간 배양한다. 평판상의 집락 주변에 난황반응 양성(약한 유황색의 백탁환을 형성)을 나타내면 포도상구균이다. 이어 그람염색을 실시하여 포도송이 모양으로 배열된 그람양성의 구균으로 확인되면 coagulase시험을 한다.

포도상구균 식중독검사에서는 시료 중의 황색 포도상구균수가 중요하다. 시료 10배 단계 희석액 0.1mL씩을 난황함유 만니트식염한천에 도말하여 난황반응

양성인 집락의 수를 계산하여 시료 1g 중의 황색 포도상구균수를 산출한다.

(6) 보툴리누스

검사재료를 3등분하여(미처리, 60°C에서 15분 동안 가열, 80°C에서 20분 동안 가열), 각각에 대하여 직접 분리배양과 간편(肝片)함유 간장 부용에서 30°C에서 2일 동안 증균배양 후 균을 분리한다.

분리배양은 시료 0.1~0.5mL를 난황함유 CW한천배지 평판상에 도말하여 이를 혐기병에 넣어 37℃에서 48~72시간 배양한다.

보툴리누스균의 집락은 주변부가 불규칙하며 융기하지 않은 편평한 모양이고 색조는 회백색이거나 불투명하며 집락의 주위에 lipase에 의한 진주층이 확인된다.

lecithinase 생산균주는 진주층 외에 유광반응(乳光反應)을 나타내기도 한다. 보툴리누스의 증균배양은 상기 시료를 각각 1g씩 간편함유간장 bouillon 또는 cooked meat배지에 접종하여 30°C에서 48시간 배양한 후 앞서의 분리배지에서 균을 분리한다. 동시에 증균배양을 5일 동안 실시하면서 그 동안에 연속적으로 보툴리누스균의 독소증명시험을 실시한다.

분리균에 대해서는 형태[양단둔원(兩端鈍圓)의 대형 간균], 그람염색(신선균에서는 양성), 아포의 유무, 편모 등을 관찰하고 이어 단백분해성, 탄수화물 분해성 등의 생화학적 성질을 조사한다.

12-3 식품의 이화학적 검사

1. 식품첨가물의 검사

(1) 보 존 료

식품 중의 보존료는 미리 용매추출법이나 수증기증류법으로 분리한 다음에 확인 및 정량시험을 실시한다.

확인(정성)시험에는 박층 chromatography법, 자외부 흡수스펙트럼법, gas chromatography법 등이 이용된다. 정량시험에는 가스 크로마토그래피법, 자외부 흡수스펙트럼법 등이 널리 쓰인다.

안식향산 및 그 염류는 $FeCl_3$ 반응, Mohler법으로 확인하고 0.05N NaOH를 이용한 적정법으로 정량하며, 소르브산 및 그 K염은 박층 크로마토그래피법이나 2-thiobarbituric acid법으로 정성한다. 데히드로초산 및 Na염은 salicylaldehyde법으로 확인 및 비색정량한다.

파라옥시안식향산 에스테르류의 정량에는 4-aminoantipyrine에 의한 비색법이 쓰이며 프로피온산 및 그 염류는 가스 크로마토그래피법으로 정성 · 정량한다. 실리실산은 $FeCl_3$ 반응, Jorissen 반응, Millon-Lintner 반응, nitro 반응으로 정성하고, $FeCl_3$ 에 의한 비색법으로 정량하며, 붕산 및 그 염류는 curcuma 시험지법으로 확인하고 알킬기에 의한 적정법과 curcumin을 이용한 비색법으로 정량한다.

(2) 산화방지제

식품에 함유된 산화방지제는 용매추출법이나 증류법 등으로 추출한 후 확인 및 정량시험을 실시한다. 정성법으로는 박층 크로마토그래피법이 널리 쓰이는데, 이 방법은 BHT 및 BHA의 검출이나 몰식자산 propyl 등의 검출로 구분해서 실시한다. 한편, 가스 크로마토그래피법은 BHT 및 BHA에 한하여 정성 및 정량이 가능하다.

(3) 착 색 료

식품의 착색료 검사는 전처리에 의해 시료용액을 조제하고 중화시켜 수욕상에서 증발 · 농축하는 방법으로 색소를 추출 · 분리한 후 정제 · 확인하는 조작을 거친다.

tar색소 중 수용성 산성색소의 정제 · 확인을 위해서 색소추출액에 탈지양모를 넣고 초산산성으로 하여 가온하면 색소는 양모에 염착된다. 다시 이 양모를 꺼내 수세하고 암모니아수 알칼리성으로 하여 가온하면 색소는 양모에서 용출된다.

염기성 색소는 반대로 암모니아 알칼리성에서 가온하면 염착하고 초산 산성에서 가온하면 용출된다.

이를 모사염색법이라고 하는데, 이들 용출액을 여지 크로마토그래피나 박층 크로마토그래피 또는 용매분리법을 거쳐 단일색소로 분리한다.

단리(單離)된 색소는 표준색소를 대조로 하여 여지 크로마토그래피, 박층 크로마토그래피, 용액의 반응, 흡수 스펙트럼의 측정 등을 실시하여 색소를 확인한다. 식품 중의 형광염료는 허용 외의 첨가물인데, 암모니아 알칼리성 물에 침지시켜 식품에서 형광염료를 용출시키고 나서 그 용출액에 대하여 염착시험을 실시한다. 형광염료는 일반적으로 $-SO_3H$기를 가지는 산성 염료이고 직접성이기 때문에 목면(木綿)에 염착된다.

(4) 표 백 제

식품의 환원성 표백제인 아황산 및 차아황산염류는 요오드산 칼륨 · 전분지법이나 아연분말 환원법으로 정성하며, Monier-Williams법(중화적정법)이나 수증기증류법 및 비색법 등으로 정량한다. 과산화수소는 황산티탄법이나 황산바나디움법으로 정성하고, 요오드법으로 정량한다.

(5) 인공감미료

식품의 인공감미료는 용매추출법(액상식품)이나 투석법(반유동상 또는 고형식품)으로 시험용액을 조제하여 박층 크로마토그래피법으로 분리확인한다. 사카린, 사이클라민산나트륨, 둘신이 대상이 된다.

사카린나트륨의 정성시험에는 감미시험, 정색반응인 살리실산 반응, 침전반응인 황산반응, Börnstein 반응 등이 있다. 그리고 정량시험에는 적정법, 자외부흡수법, 가스 크로마토그래피법 등이 쓰인다.

솔비톨은 박층 크로마토그래피법법이나 가스 크로마토그래피법법으로 정성하고 과요오드산 적정법으로 정량한다. 사용금지된 첨가물인 둘신은 감미시험, Berlinerblau-Thoms 반응, Jorissen 반응 등으로 확인하고, xanthohydrol을 이용한 중량법으로 정량한다.

글리실리진산나트륨은 박층 크로마토그래피법으로 정성하고, 가스 크로마토그래피법법으로 정성 및 정량한다.

(6) 발 색 제

대표적인 발색제인 아질산 및 그 염류는 diazo화 반응에 의한 정색을 이용하는 diazo화법, uranyl 아연법 등으로 정량한다.

2. 유해성 물질의 검사

(1) 유해성 중금속

1) 전처리

식품 중 중금속을 측정하기 위해서는 다음과 같이 유기물을 미리 분해 · 제거한 후 용매에 의한 추출 · 농축 과정을 거친다.

① **습식회화법** : 질산, 황산, H_2O_2, 과염소산 등의 산화제로 가열분해하는 방법인데 일반적으로 황산-질산법이 쓰이나 Hg는 황산-질산환류법을 사용한다.

② **건식회화법** : 시료를 건조 후 약 500℃에서 가열 · 분해한다. As, Sb 등은 MgO, F는 CaO의 존재하에서 회화(灰化)한다. Hg와 같이 휘산(揮散)되기 쉬운 것은 산소봄베 중에서 시료를 산화분해하는 산소봄베연소법으로 회화한다.

2) 측정법

중금속의 정량시험법에서 기기분석법으로 원자흡광법과 polarography법 및 비색분색법으로 dithizone법 등이 널리 쓰인다(표 12-2 참조).

원자흡광법은 시험용액 중의 금속원소를 가열, 원자증기화하여 생긴 기저 상태의 원자가 그 증기층을 통과하는 빛에서 특유한 파장을 가진 빛을 흡수하는 원리를 이용하여 측정하는 방법이다. 목적 원소의 특정파장에 있어서의 흡광도에서 시료용액 중의 농도를 산출한다.

표 12-2 유해성 중금속의 정량시험법

금속 \ 정량법	기기분석			비색분석	
	원자흡광법	polarography 법	기 타	dithizone법	기 타
Zn	○	○		○	
Cd	○	○		○	
Cr	○				diphenyl carbazid 법
Hg	○*			○	
Sn		○			salicylideamino-2-thio-phenol(SATP)법
Cu	○	○			diethyl dithiocarbamate 법 pyridine thiocyanate 법
Pb	○	○		○	
As					Gutzeit 법 diethyl dithiocarbamate 법
Se			gas chroma-tography법		형광법
Sb	○				

* 환원기화법, 가열분해법 등의 특수한 원자흡광법

시료는 직접법이나 용매유출법으로 전처리하는데, 직접법은 방해물질이 적고 함량이 비교적 많을 때 적용한다.

용매추출법은 목적원소를 유기용매나 킬레이트제 등을 써서 추출 · 분리하는 방법으로서 금속함량이 적거나 킬레이트제와 반응하지 않는 방해물질에서 분리하기 위해서 사용된다.

킬레이트제로서 DDTC, 용매로서 MIBK를 사용하는 DDTC-MIBK법이 널리 쓰인다. 화학적 방법인 dithizone에 의한 정량법은 디티존이 chloroform이나 CCl_4 등의 유기용매에 용해되어 녹색을 나타내지만, 금속이온용액과 섞으면 금속이온은 dithizone chelate(dithizonate)가 되어 유기용매에 추출되면서 등(橙)이나 홍(紅) 혹은 자색 등 특유의 색을 나타낸다. 이 정색의 강도로 금속을 비색정량한다.

(2) 시안화합물

청매(青梅), 수수, 미얀마콩 등에 분포하는 cyan 배당체는 가수분해에 의하여 유리 cyan을 생성시켜 식중독의 원인이 된다.

정성시험에는 피크린산 시험지법, 디페닐카르바지드 수은지법 등이 이용된다. 그리고 정량시험에는 pyridine-pyrazolone법, isonicotinic acid법, ion 전극법 등이 있다.

(3) 메틸알코올

알코올 음료의 유해물질인 메탄올검사법으로는 가열 · 산화된 동망(銅網)에 의하여 메탄올을 포름알데히드로 산화시켜 Rimini 반응으로 검출하는 동망산화법과 푸크신의 발색 정도를 비색법으로 측정하는 푸크신 아황산법 등이 널리 쓰인다. gas chromatography법에 의한 정성 및 정량도 가능하다.

(4) 포름알데히드

식품의 정균 · 살균 및 표백의 목적으로 불법 사용되기 쉬운 포름알데히드의 검출법으로는 Rimini 반응이나 난백철 반응이 있다. 정성 및 정량법으로는 acetyl acetone법, chromotropic acid법 등이 있다.

3. 잔류농약 및 공업약품의 검사

(1) 유기염소계 살충제

시료의 유지를 hexane으로 추출하고 다시 acetonitrile로 분배추출한 후 그 추출액에 NaCl을 가하여 핵산으로 재추출한다. 이 핵산층을 gel 칼럼으로 정제 농축하여 gas chromatography(ECD 검출기 사용)법으로 정량한다.

(2) 폴리염화비페닐(PCB)

유기염소계 살충제와 같은 방법으로 분리하여 silca gel 칼럼으로 분리 · 농축한 것을 gas chromatography(ECD)법으로 측정한다.

(3) 유기인계 살충제

저유지성 시료를 acetonitrile로 추출한 추출액에 NaCl을 가하여 hexane으로 추출한 후 그 핵산층을 활성탄칼럼에 통과시킨 후 가스 크로마토그래피법(염광광도형 혹은 열이온방사형 검출기 사용)으로 측정한다.

(4) 카바메이트계 살충제

시료를 dichloromethane과 헥산포화 acetonitrile로 연속 추출하여 알루미나 칼럼으로 정제한다. 이것을 acetone-hexane으로 용출한 농축잔류물을 trifluoroacetyl화한 다음에 가스 크로마토그래피(ECD)법으로 정량한다.

(5) 유기수은 화합물

시료에 HCl을 가하여 벤젠으로 추출하고 다시에 cysteine acetate용액으로 추출한다. 염산을 가하여 생긴 수층에 다시 염산을 가하여 벤젠으로 추출농축한 후 가스 크로마토그래피(ECD)법으로 정량한다.

(6) 프탈산 에스테르

시료를 acetonitrile로 추출한 다음 H_2SO_4을 가하고 헥산으로 추출한다. 이를 gel칼럼으로 정제하여 가스 크로마토그래피(ECD)법으로 정량한다.

4. 이물의 검사

(1) 체분별법

식품이 분말 혹은 세립인 경우 비교적 큰 이물을 체위에 포집하는 방법으로서 곡류나 곡분 등에 섞여있는 곤충의 충체, 작은 금속편, 토사 등을 분리할 수 있다.

(2) 정치법

이 방법은 투명한 액체식품에 함유된 소량의 침전물 등을 포집하는 데 적당하다. 주로 투명하고 담색의 미세한 침전물의 포집에 쓰인다.

점성이 적고 비중이 1에 가까운 수용액 중에서 대부분의 이물은 장시간 방치하면 침강하기 때문에 정치 후 상등액을 경사나 사이폰에 의하여 포집할 수 있다.

(3) 여과법

액체식품이나 쉽게 용액으로 될 수 있는 식품을 대상으로 여과지 위에 이물을 포집하는 방법이다. 상압여과, 흡인여과, 가압여과 등으로 실시할 수 있다.

(4) 침강법

광물성 이물이나 쥐똥 등의 무거운 이물을 비중의 차를 이용하여 포집하는 방법이다. 시료에 3~5배 정도 비중이 큰 액체를 가하고 교반하면 액체보다 무거운 것은 밑바닥에 가라앉고, 비중이 적은 식품의 조직 등은 위에 뜨므로 이를 경사하여 분리 · 여과하면 무거운 이물을 포집할 수 있다. 비중이 큰 액체로서는 chloroform, CCl_4 등이 쓰인다.

(5) 부상법 (Wildman trap flask에 의한 포집법)

전처리에 의하여 식품의 조직을 분산 · 현탁시킨 시료 용액을 Wildman trap flask(그림 12-2 참조)에 넣고 소량의 가솔린이나 파마자유 등을 가하여 격렬하게 교반 후 방치하면 다시 기름이 위에 분리되어 나온다. 이때 소수성의 이물이 유층에 떠올라서 분리되므로 이 유층을 흡인여과하면 주로 동물성의 가벼운 이물을 분리 · 포집할 수 있다. 또한 토사나 쥐똥 등의 무거운 이물도 flask의 밑바닥에 침전되므로 별도로 포집이 가능하다.

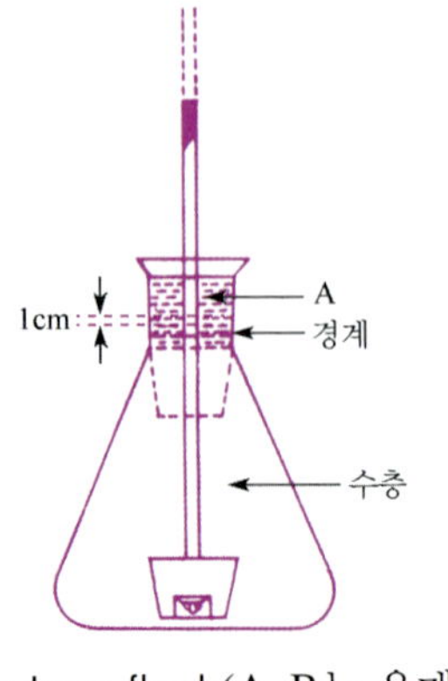

그림 12-2 Wildman trap flask(A, B는 용매의 종류를 나타냄)

5. 식품용 용기 및 포장 검사

식품용 기구 및 용기 · 포장은 식품의 산, 염류 등에 의해 유해성분이 용출될 우려가 있으므로 위생상 문제가 된다. 식품 등의 기준 및 규격에는 이들의 기준 및 규격이 정해져 있으며 재질별로 시험방법이 마련되어 있다.

따로 규격이 정해진 합성수지 이외의 합성수지제품은 규정된 침출용액으로 침출한 후 페놀, 포름알데히드, 중금속, 색소, 증발잔류물, $KMnO_4$ 소비량 등을 검사한다. PVC 제품에 대해서는 재질시험으로서 납과 카드뮴, 디부틸주석화합물, 염화비닐 등을 검사하며, 용출시험은 일반 합성수지제품 검사와 거의 동일하게 실시한다.

셀로판제 용기 및 포장은 침출용액에 대하여 비소, 중금속, 타르색소, 증발잔류물 검사를 실시하며, 종이 또는 가공지제품에 대해서는 비소, 중금속, 포름알데히드, 형광증백제, 타르색소, 증발잔류물을 각각 검사한다.

금속제품은 예리한 칼로 재질의 일부를 긁어내어 납, 안티몬 등의 규격여부를 검사한다. 고무제품의 경우는 재질시험으로 납 및 카드뮴의 정량을 실시하고 염소를 함유한 검체에 대해서는 메르캅토이미다졸린 검사를 실시하며, 용출시험으로는 페놀, 포름알데히드, 중금속, 아연, 증발잔류물 등을 검사한다.

도자기제나 옹기류 또는 법랑도포 제품은 검체를 4% 초산용액으로 침출한 후 중금속인 납 · 비소 · 카드뮴의 함량을 조사한다. 유리제품은 초산으로 침출한 시료에 대하여 납 · 비소 · 알칼리의 규격을 조사하며, 에틸렌 및 프로필렌수지 제품은 재질시험으로 납 및 카드뮴을, 용출시험으로 중금속 · 증발잔류물 · $KMnO_4$ 소비량을 시험한다.

스틸렌수지 제품은 납 및 카드뮴, 휘발성 물질의 재질시험을 실시한다. 에틸렌 및 프로필렌수지와 동일한 용출시험을 실시하되, n-헵탄을 침출용액으로 하는 경우에 그 양이 240mg/L 이하여야 한다.

염화비닐리덴수지 제품은 재질의 납 · 카드뮴 및 바륨을 검사하고 PVC 제품과 동일한 용출시험을 실시하되, 증발잔류물의 양은 30mg/L 이하여야 한다.

에틸렌 테레프탈레이트 제품은 납과 카드뮴의 재질시험과 중금속, $KMnO_4$ 소비량, 증발잔류물, 안티몬, 게르마늄의 용출시험을 실시한다.

금속관은 식품과 직접 접촉하는 면이 합성수지로 도장되어 있지 않은 것을 대상으로 납과 카드뮴 및 비소의 시험, 페놀, 포름알데히드, 증발잔류물, 염화비닐 등의 시험을 실시한다.

12-4 식품의 신선도 및 이상검사

1. 어육 및 어육연제품

(1) 어육의 신선도 검사

1) 암모니아, 휘발성 아민(Ebel법)

에벨시약, 즉 25% 염산 1, 알코올 3, 에테르 1의 혼합액에 어육을 1cm 높이로 하여 관찰했을 때 염화암모늄의 백연이 발생하면 부패된 것이다.

2) pH 측정

시료를 온탕에서 균질기로 현탁하여 여과한 후에 액의 pH를 측정했을 때 사후 3~6시간이면 pH 5.0이야야 한다. 신선어육은 pH 5.5, 초기부패육은 pH 6.0~6.2, 부패육은 pH 6.5 이상이다.

3) 단백질의 승홍침전반응

$HgCl_2$를 사용하여 어육의 혼탁 및 침전유무로 부패정도를 판정한다.

4) 휘발성 염기질소

NH_3, 휘발성 아민(TMA, DMA 등)이 중요 휘발성 염기질소에 해당되며, 정량방법에는 통기법, 감압법, Conway의 미량확산법 등이 있다. 극히 신선한 어육에서는 5~10mg%, 보통 선도의 어육에서는 15~25mg%, 초기부패 어육에

서는 30~40mg%, 부패한 어육에서는 50mg% 정도의 값을 나타낸다.

5) 히스타민 검사

히스타민 시험은 allergy 성 식중독 원인식품의 검사나 또는 어패류 등의 부패검사로서 실시된다. 특히 histidine 함량이 큰 붉은살 어류나 전갱이, 고등어, 꽁치, 정어리 등에 대하여 히스타민 시험을 하는 경우가 많다.

6) 어패류의 히스타민 정성시험 (종이 크로마토그래피 법)

[시료] 부패한 고등어(2주간 지퍼백에 넣어 상온에서 부패시킨 것)

[시약] 염산 · 알코올용액(ethanol : 0.1N HCl = 3 : 2의 비율로 제조)
전개용매 (n−butanol : acetic acid : H_2O = 4 : 1 : 2 비율로 제조)
diazo화 sulfanilic acid 용액 (sulfanilic acid 0.5%를 함유하는 1N HCl과 1% $NaNO_2$를 같은 양으로 혼합한다. 이것은 사용하기 5분 전에 제조)
히스타민 표준액(히스타민 염산염 약 10mg을 증류수 50mL에 용해)
10% NaOH(10g의 NaOH를 100mL 까지 증류수를 넣어 녹여 제조)

[기구] 막자사발, 막자, 피펫, 피펫필러, 시약 스푼, 비커, 주사기, 여지, 증발접시, water bath, chromato용 여지, 분무기, 후드, 모세관, 연필, 드라이기, 핀셋, 칼, 도마, 저울

[방법]

① 고등어를 핀셋과 칼을 이용하여 1g 채취하여 막자사발에 넣고 염산알코올 3~4mL 정도와 함께 곱게 마쇄한다(작은 막자사발을 사용하여 고등어를 마쇄).

② 주사기 앞에 여지를 크기에 맞춰 끼우고 마쇄한 액을 주사기에 넣고 천천히 압력을 가해 여과한다(이때, 너무 세게 압력을 가하면 여지가 찢어져 걸러지지 않을 수 있으므로 주의한다).

③ 여과한 시료액을 증발접시에 놓고 water bath에서 증발 건조시킨다.

④ 건조된 시료액에 염산 · 알코올용액 0.5mL를 가해 잔사를 녹여 검액으로 사용한다.

⑤ chromato용 여지의 밑 부분 5cm쯤에 선을 긋고, 시액을 떨어뜨렸을 때 퍼져서 합쳐지지 않을 정도로 간격을 두고 검액과 histamine 표준용액을 모세관을 이용하여 각각의 지점에 여러 번 찍는다(선을 그을 때 흑연 연필을 이용한다).

⑥ 찍은 부분을 건조시킨 다음에 cylinder에서 전개시킨다.

⑦ 전개 후 여지를 꺼내고 용매가 얼마나 올라왔는지 지점을 표시한다.

⑧ 건조시킨 여지에 diazo화 sulfanilic acid 용액을 분무기에 넣어 분무한다.

⑨ 드라이기를 이용하여 건조시킨 후 10% NaOH를 분무하면 히스타민 부분만 등적색으로 나타난다. 각각의 지점을 선에서부터 길이 측정하여 Rf값을 확인하고 비교해 본다.

$$Rf = \frac{\text{원점에서 이동한 spot의 중심까지의 거리}}{\text{원점으로부터 용매선단까지의 거리}}$$

(2) 어육연제품의 전분량 간이측정

요오드용액(N/100~N/2,000)에 연제품을 일정시간 담근 후 정색 유무로 판정한다.

2. 식육 및 식육제품

(1) 식육의 신선도 검사

1) pH 측정

식육의 pH는 7.3~7.4의 알칼리성에서 사후가 되면 해당작용 등의 영향으로 젖산이나 인산 등이 축적되어 pH가 감소한다. 그러나 단백질 부패 등으로 인해 암모니아 등이 생기면 다시 알칼리 쪽으로 상승하는데 이러한 pH의 변화를 통하여 신선도를 판정한다.

예를 들어 돼지고기의 경우에 사후 직후 pH 7.3~7.4에서부터 서서히 강하하여 6~8시간 후에는 pH가 5.6~5.7에 이르고 약 24시간 후에는 pH 5.3~5.5에 이르게 된다. 일반적으로 pH 6.0~6.2 정도가 되면 초기 부패가 시작된 고기로, pH 6.5 이상이면 부패한 고기로 판단한다.

2) 식육의 신선도 검사(pH 측정법)

[시료] 부패한 돼지고기, 신선한 돼지고기

[기구] pH meter, 티슈, stomacher, stomacher bag, 메스실린더, 100mL 비커 3개, 피펫필러, 피펫, 증류수, 스토마커 백을 막을 수 있는 bag 클립

[방법]

① 스토마커 백에 라벨링을 한 후 저울을 이용하여 시료를 30g씩 넣는다.

② 돼지고기 30g과 검체의 2배량의 물을 스토마커 백에 넣는다.

③ 스토마커 기기의 timer를 150sec에 맞추고 확인 후 검체와 물이 섞여있는 스토마커 백을 기기에 넣고 작동시킨다.

④ 스토마커 백을 기기에서 꺼내 pipette을 이용하여 분쇄된 액만을 취해 비커에 옮겨 담는다(이때 고기의 작은 덩어리가 피펫에 걸려 피펫이 막힐 위험이 있으므로 시약스푼이나 여과지가 있는 스토마커 백을 이용하여 액상만을 취한다).

⑤ pH meter로 pH를 3회 평균치를 계산한다.

3) 휘발성 염기질소

주성분은 NH_3이며, 측정결과 신선한 것은 20mg% 이하이고, 30mg% 이상이면 부패로 판정한다.

(2) 말고기의 감별

쇠고기와 말고기 구별법은 지방을 추출한 다음에 지방의 융점이나 요오드가 등을 측정하는 방법도 있으나 가장 확실하고 쉬운 방법은 glycogen 측정법이다. 이 실험은 수산화나트륨, 요오드액, 질산 등을 사용해서 간단한 조작으로 할 수 있는데, 말고기의 경우 시험관에 담자색 환이 생성된다.

3. 우유 및 유제품

(1) 우유의 신선도 검사

1) 산도측정(젖산표시법)

우유 중의 젖산을 0.1N NaOH로 적정하여 젖산으로 표시할 때 0.14~0.16%면 신선, 0.18~0.20%면 초기부패, 0.25% 이상이면 부패유로 본다.

2) 우유의 산도측정(젖산표시법)

[시료] 부패된 우유, 신선한 우유

[시약] 0.1N NaOH(4g 정도의 NaOH를 증류수에 녹여 1L로 한 후 f값을 정한다).
1% 페놀프탈레인 용액(1g의 페놀프탈레인을 증류수에 녹여 100mL로 한다).

[기구] 피펫 3개, 피펫필러, 100mL 비커 4개, 삼각플라스크 4개, 뷰렛, 스탠드, 증류수

[방법]

① 부패우유와 신선한 우유를 비커에 넉넉히 취한다.
② 각각의 라벨링이 되어있는 4개의 삼각플라스크에 피펫을 이용하여 신선한 우유 10mL씩 2개, 부패한 우유 10mL씩 2개를 담는다.
③ 각각의 시료가 담긴 삼각플라스크에 10mL의 증류수를 섞고, 1% 페놀프탈레인 지시약을 3~4방울 가한다.
④ 0.1N NaOH 표준용액으로 적정해 엷은 핑크색이 30초 동안 지속되는 것을 종말점으로 한다.
⑤ 소비된 0.1N NaOH 표준용액의 mL수를 구하여 산도를 계산한다.

$$\text{우유의 산도(\%)} = \frac{\text{NaOH 적정량} \times 0.009 \times f}{\text{S(시료량)} \times d}$$

f: 0.1N NaOH의 역가
d: 우유의 비중
0.009: 0.1N NaOH 1mL에 해당하는 젖산의 g수

3) 자비법

산도가 높으면 우유 중의 casein이 응고되는 원리를 이용한 방법으로, 정상우유는 응고물이 생기지 않고, 산도 0.25% 이상인 우유는 응고물이 생긴다.

단백질은 열에 의해 변성되는데 신선한 우유도 고온에서 자비시키면 응고된다. 부패한 우유의 경우에는 응고현상이 더 확실하게 일어난다.

4) 에탄올법

에탄올의 탈수작용으로 산도가 높은 우유는 casein이 응고된다. 따라서 정상우유는 백색과립상의 응고물이 생기지 않으나 산도 0.21% 이상인 우유는 응고 및 침전물이 생긴다. 신선한 우유에 알코올을 넣어 흔들면 응집이나 침전물이 쉽게 보이지 않지만 부패한 우유의 경우 신선유보다 눈에 띄게 침전물이 생긴다.

5) resazurin법

우유에 세균이 증식하면 세균의 reductase에 의해 resazurin 색소가 환원되는 원리를 이용하여 색의 변화로 우유 중의 세균수를 간접적으로 측정할 수 있다.

6) methylene blue법

Hastring 시험법 혹은 reductase법이라고도 한다. reductase는 우유 본래의 성분이 아니고 세균에 의해 생성되며 이 효소에 의해 메틸렌 블루가 환원 · 탈색되는데, 탈색시간이 짧을수록 세균오염의 정도가 심한 우유이다.

7) alizarin법

alizarin색소의 탈색 유무로 세균오염 정도를 알 수 있다.

(2) 우유의 포스파타아제 시험

우유의 phosphatase가 가열에 의해 파괴되는 성질을 이용하여 우유의 저온살균이 완전히 실시되었는지를 판정할 수 있다. 62.8°C에서 30분 혹은 71.1°C에서 5초 가열로 포스파타아제는 완전히 음성이 된다. 이 가열조건은 우유의 살균조건과 거의 일치하므로 살균유가 완전하게 열처리되었을 경우 포스파타아제는 음성이 된다.

포스파타아제측정법은 표준색과 비교하여 단위를 나타내는 간이법과 검량선에 의하여 단위를 산출하는 Sanders-Seger법이 있다.

(3) 세균의 발육 저지물질 검사(TTC test)

이 시험은 주로 원유에 있는, 소의 몸에서 나온 항생물질 또는 우유 중에 존재하는 보존료 등 세균의 발육저지물질의 존재 여부를 판정하는 생물학적 시험법이다.

이 시험법의 원리는 우유에 세균의 발육을 저지하는 물질이 존재하면 시료에 *Streptococcus thermophilus*를 배양하여도 균이 증식하지 않으므로 TTC(2,3,5-triphenyl-2,1,3,4-tetrazolium chloride)는 환원되지 않지만 만일 저지물질이 존재하지 않으면 사용균은 증식하고 TTC가 환원되어 적색의 2,3,5-triphenyl formazan을 만드는 것이다.

따라서 TTC가 환원되어 적색의 착색물질이 생성되면 음성이고, 우유의 색깔이 그대로면 양성(발육저지물질의 함유)이다.

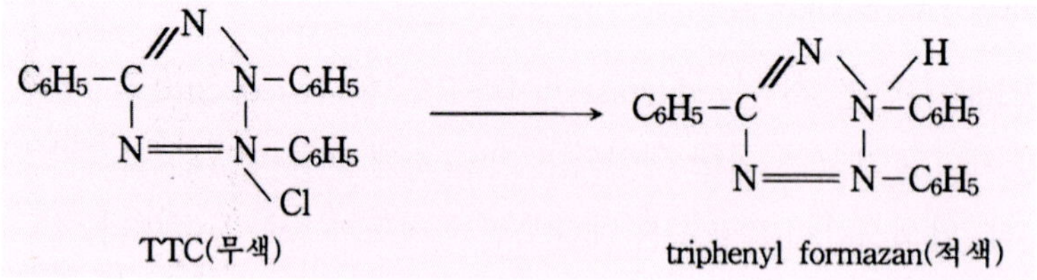

(4) 우유의 지방측정법

용량법으로 Gerber법, Babcock법이 있고, 중량법으로는 Röse-Gottlieb법이 있다.

(5) 우유의 가수시험

우유에 물을 가했거나 물을 가했을 것으로 의심되는 우유에 대해 실시한다.

우유의 비중이 1.028 미만(정상우유비중 1.028~1.034)이거나 초산유청의 비중이 1.026 미만이면 가수우유라고 볼 수 있고, 우유에서 NH_3-N이 검출되어도 가수우유이다.

4. 그 밖의 식품검사

난 및 난제품은 난황계수 및 난백계수측정법, 비중측정법, 투시검란법 등이 이용되고, 통조림의 경우에는 indole 시험이나 가온보존시험이 쓰인다.

그리고 식물성 식품인 곡류나 곡분 및 그밖의 제품에 대해서는 산도를 측정한다. 유지류와 그 제품은 과산화물가, 산가, 카르보닐가를 측정하는 방법 외에 크라이스 반응, 티오바르비탈산 반응, 디니트로페닐히드라진법 등의 정색반응을 실시한다.

찾아보기

ㅈ

ㅊ

ㅋ

ㅌ

ㅍ

ㅎ

참고 문헌

- 강옥구 외, "식품위생관계법규", 지구문화사, 2015.
- 구난숙 외, "식품위생학", 파워북, 2008.
- 김덕웅 외, "21C 식품위생학", 수학사, 2007.
- 김미라 · 김미정, "식품위생안전성학", 교문사, 2010.
- 노광래 외, "식품위생학", 양서원, 2011.
- 송재철 외, "새로운 식품위생학", 동서문화원, 2005.
- 식품위생안전성학회, "SAFE FOOD(Vol.2 No.3)", 2007.
- 우세홍 외, "최신식품첨가물", 신광문화사, 2008.
- 이흠숙 · 강성태 · 이숙경, "식품위생학", 형설출판사, 2002.
- 최석영, "식품오염", 울산대학교 출판부, 1995.
- 프레데릭 살드만, "손을 씻자", 문학세계사, 2008.
- 한국식품공업협회, "식품공업", 1982~1996.
- 한국식품공업협회, "식품공전", 2011.
- 한국식품공업협회, "식품위생정보", 2002~2007.
- 한국식품공업협회, "식품첨가물공전", 2011.
- 한국음식업중앙회, "위생교육교재", 2011.
- 한삼희, "리스크 테이블", 샘터사, 2009.
- 鴻巣章二, 橋本周久 編, 변재형 · 전중균 역, "수산이용화학", 수학사, 1994.
- 和田攻 저, 이영환 · 정문호 역, "금속과 사람", 신광출판사, 1993.
- 藤原喜久夫 · 粟飯原景昭 監修, "食品衛生ハンドブック", 南江堂, 1992.
- 細具祐太郎 外, "原色 食品衛生圖鑑", 建帛社, 1994.
- 前田英勝 外 編集, "微生物工學技術ハンドブック", 朝倉書店, 1990.
- J. I. Pitt and A. D. Hocking, "Fungi and food spoilage", Academic Press, 1985.
- K. Longree and G. Armbruster, "Quantity food sanitation", Wiley, 1987.
- R. K. Guthrie, "Food sanitation, Avi, 1974.
- http://www.kfda.go.kr (식품의약품안전청)
- http://www.mw.go.kr (보건복지부)
- http://www.cdc.go.kr (질병관리본부).
- http://law.go.kr (법제처 국가법령정보센터)

[개정 5 판]

에센스 식품위생학

2011년 8월 6일 초판 발행
2012년 7월 10일 초판 2쇄 발행
2014년 2월 20일 수정 제2판 발행
2015년 8월 20일 개정 제3판 발행
2017년 8월 20일 개정 제4판 발행
2020년 9월 1일 개정 제5판 발행

저 자 송형익 · 김경림 · 김미정 · 배지헌 · 배현수
오창환 · 이미영 · 이웅수 · 최소례 · 최찬익

발행인 주 병 오

발행처 지구문화사 JIGU PUBLISHING Co.

경기도 파주시 회동길 209
파주출판문화정보산업단지
영업부 (031) 955-7566 · 7577
편집부 (031) 955-7731
FAX (031) 955-7730

등록번호 1979년 7월 13일 제 9-57 호

ISBN 978-89-7006-758-2 정가 24,000 원

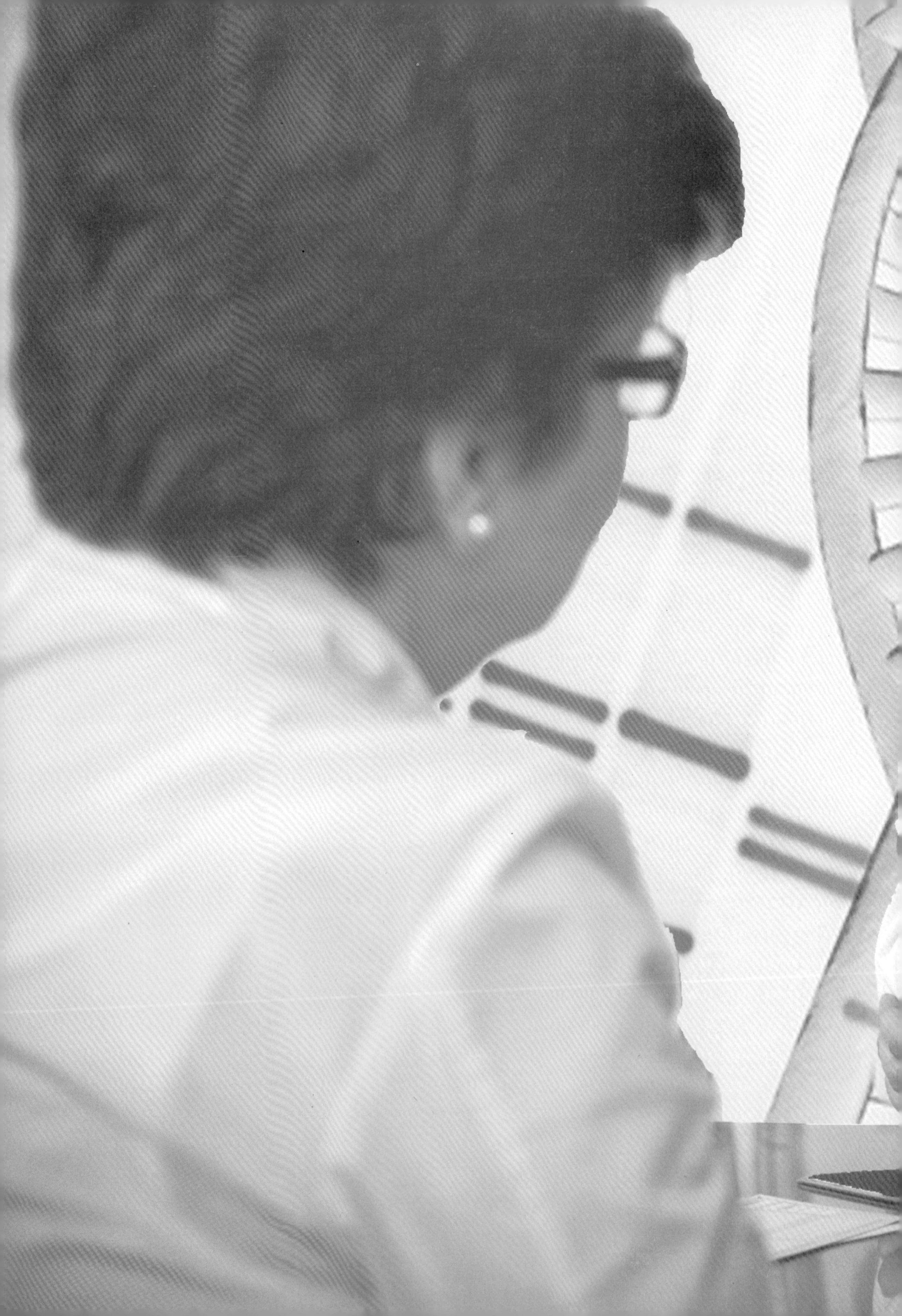